南アフリカ金鉱業史

ラント金鉱発見から第二次世界大戦勃発まで

佐伯 尤

新評論

母，故佐伯アヤ，と，兄，故佐伯濟に捧げる。

南アフリカ金鉱業史　目次

はじめに——研究対象と分析視角……………………………………………… 1
　課題と意義／時期限定と期間区分／我が国の南ア金鉱業研究／本書の構成と分析視角

第Ⅰ部　金鉱業の展開

第1章　金鉱山開発と鉱業金融商会………………………… 12

第1節　露頭鉱山開発から深層鉱山開発への移行
　　　　（1886～1899年）………………………………………… 17
　（1）ラント金鉱山開発とキンバリーの大資本家　17
　　　初期のラントと鉱業商会の設立／鉱脈の変質とマッカーサー＝フォレスト法
　（2）深層鉱山開発と鉱業金融商会の成立　23
　　　深層鉱山の発見／鉱業金融商会の成立
　（3）ラント金鉱業とトランスヴァール政府　28
　　　1890年代後半における鉱業金融商会鉱山グループ別生産／低品位鉱石とコスト問題／鉱山会議所の設立とアフリカ人労働者賃金の引き下げ／アフリカ人労働者をめぐる競争の激化

第2節　低品位鉱業としての確立（1902～1910年）……… 36
　（1）低品位鉱業への移行と中国人年季労働者の導入　36
　　　低品位鉱業への移行とアフリカ人労働者の確保難／中国人年季労働者の導入
　（2）技術革新と鉱山合同　42
　　　技術革新／鉱山合同／1900年代における鉱業金融商会鉱山グループ別生産／Far East Rand 金鉱地の開発と採鉱権貸与制
　（3）Central Mining and Investment 社の設立とウェルナー・バイト，エックシュタイン両商会の解散　48
　　　Central Mining and Investment 社の設立／ウェルナー・バイト，エックシュタイン両商会の解散

第3節　労働過程再編成とFar East Rand金鉱地への
　　　　重心移動（1910〜1932年） ……………………………54
　（1）金鉱業の危機と労働過程の再編成　54
　　　　金鉱業の危機／金鉱業主の反撃／ラントの反乱／労働過程再編成とジャック・ハンマー・ドリルの導入
　（2）Far East Rand金鉱地と鉱業金融商会　60
　　　　Far East Rand金鉱地／1928年における鉱業金融商会鉱山グループ別生産
第4節　金本位制度崩壊による金鉱業ブーム（1933〜1938年）　69
　　　　金本位制の崩壊と金鉱業の大ブーム／新金鉱地の探査

第2章　鉱業金融商会とグループ・システム ……76

第1節　グループ・システムと鉱業金融商会の成立……………………77
　　　　グループ・システムとは／Rand Mines社の設立／グループ・システムと鉱業金融商会の成立／エックシュタイン商会の集中的管理の立ち後れ
第2節　鉱業金融商会の収益構造……………………………………87
　　　　鉱業金融商会の収益／株式売却収益／配当収益
第3節　鉱業金融商会の手数料収益 ………………………………103
　　　　手数料収益／「巧妙な会計処理」／採鉱権貸与制と手数料収益

第3章　金鉱業と外国資本 ……………………………………113

第1節　金鉱山への投資額 …………………………………………113
　　　　金鉱山への時期別投資額／国別投資
第2節　鉱業金融商会にたいする支配 ………………………………119
　　　　ドイツ系鉱業金融商会の支配／CGFSAの支配／CMの支配／鉱業金融商会とシティ／Anglo American Corporation of South Africa社の設立と南ア人の所有の増大

第4章　ロスチャイルド，南ア金鉱業主と南ア戦争 …………………………129

第1節　ホブスンによる南ア鉱業支配構造の把握 …………131
金融業者／各鉱業金融商会の金生産支配／ホブスンによる南ア鉱業支配構造の把握

第2節　生川榮治氏による南ア鉱業支配構造の把握 ………141
資本輸出の3系統／生川氏による南ア鉱業支配構造の把握／南ア鉱業支配構造把握における単純な事実誤認／「連結支配体系」の検討

第3節　The Exploration Co と発起業務 …………………160
（1）ロスチャイルド，鉱山技師と The Exploration Co　160
チャップマンにおけるマーチャント・バンクと鉱業投資／ロスチャイルドと The Exploration Co／The Exploration Co による鉱山評価と投資勧誘
（2）The Exploration Co の発起業務　168
The Exploration Co の発起業務／The Exploration Co の配当／The Exploration Co による南ア金鉱業会社の発起

第4節　南アフリカ新産金の価値実現過程とロンドン金市場 ………………………………………178
（1）イギリス帝国内の新産金と国際金本位制　178
南ア新産金の価値実現過程／新産金と国際金本位制／イングランド銀行の金準備
（2）南アフリカ新産金の価値実現過程とロンドン金市場　182
ロンドン新産金市場／南ア新産金の価値実現費用／価値実現費用の引き下げ努力／ロスチャイルド商会と鉱業金融商会の結びつき

第5節　南アフリカ金鉱業，イングランド銀行金準備と南ア戦争 ……………………………………………194
（1）ホブスン南ア戦争原因論にたいする批判　194
ホブスン南ア戦争原因論にたいする批判／ホブスン批判者たちの見解批判
（2）イングランド銀行金準備と南ア戦争　199
南ア戦争を惹き起こした帝国的利害／南ア戦争の原因としての南ア産金の意義の否定／イングランド銀行の金準備が低位でありえた理由／南ア産金の意義

第Ⅱ部　金鉱業における人種差別的出稼ぎ労働システムの確立

第5章　アフリカ人低賃金出稼ぎ労働者モノプソニーの模索と確立 ……… 212

第1節　クルーガー政権期（1886〜1899年） ……… 213
アフリカ人労働力不足と鉱山会議所の設立／鉱山会議所とモザンビークでのアフリカ人労働者募集／特別パス法／アフリカ人労働者をめぐる競争激化と金鉱業の対策／トランスヴァール＝モザンビーク協定／アフリカ人労働力不足と金鉱業の危機

第2節　直轄植民地期（1902〜1906年） ……… 222
金鉱業主の戦後構想／ミルナーの金鉱業政策／アフリカ人労働力不足／トランスヴァール労働委員会／中国人年季労働者の導入／アフリカ人労働力供給状況／イギリスのキャンベル＝バナマン政府と中国人労働者／WNLA崩壊の危機

第3節　責任政府期（1907〜1910年） ……… 239
ヘット・フォルクの労働政策／1907年白人労働者ストライキ／中国人労働者の段階的送還／アフリカ人労働力供給の増加／トランスヴァール＝モザンビーク協定／アフリカ人労働者募集の混乱と悪弊の蔓延／ケープタウン労働会議

第4節　南アフリカ連邦期（1910〜1930年） ……… 254
（1）南アフリカ連邦新政府のアフリカ人鉱業労働者政策　254
植民地連絡会議と全国会議／南アフリカ連邦成立とアフリカ人差別法
（2）NRCの設立と南アフリカにおけるアフリカ人労働者モノプソニーの確立　258
調査委員会／コーナーハウス傘下へのERPMの編入／Native Recruiting Corporationの設立／募集コスト削減の試み／バックル原住民苦情調査報告書／アフリカ人労働者をめぐる競争の存続／アフリカ人労働者モノプソニーの確立

（3）北部トランスヴァール国境地域における外国アフリカ人労働者
モノプソニーの模索　267
　　　　　　1910年代国別年平均アフリカ人労働者数／熱帯労働者の雇用と募集の禁止
　　　　　　／熱帯労働者の密入国／ギャングの横行／NRC＝ゼーリグ商会協定／NRC
　　　　　　の協定違反

第6章　白人労働者とジョブ・カラーバー ……276

　　第1節　クルーガー政権下におけるジョブ・カラーバー
　　　　　の成立 ………………………………………………………278
　　　　　　白人労働者の職種構成／最初のジョブ・カラーバー／1896年鉱業規制法

　　第2節　直轄植民地期から第一次世界大戦終了前後までの
　　　　　ジョブ・カラーバーの展開 ……………………………285
　　　　　　ミルナー統治下における鉱業規制／アフリカーナー労働者の増加／1911年
　　　　　　鉱山・仕事法の下での鉱業規制／1913年白人労働者ストライキ／1914年白
　　　　　　人労働者ストライキ／第一次世界大戦中の白人労働者減少の影響／現状維
　　　　　　持協定

　　第3節　1922年ラント反乱とジョブ・カラーバーの確立…297
　　　　　　金鉱業の危機／金鉱業主の反撃／1922年ストライキとラントの反乱／白人
　　　　　　労働者賃金引き下げと労働過程の再編成／技術革新／ヒルディック・スミ
　　　　　　ス判決／産業調停法／協定政府の労働政策

あとがき ……………………………………………………………………315

事項索引 ……………………………………………………………………319
主要人名索引 ………………………………………………………………327
本書を執筆する際に参照・使用した文献目録 …………………………331

略記

AAC : Anglo American Corporation of South Africa, Ltd.
Anglo-French : Anglo-French Exploration Company, Ltd.
BSAC : British South Africa Company.
CGFSA : Consolidated Gold Fields of South Africa, Ltd.
CM : Central Mining and Investment Corporation, Ltd.
CMS : Consolidated Mines Selection Company, Ltd
De Beers : De Beers Consolidated Mines, Ltd.
ERPM : East Rand Proprietary Mines, Ltd.
GM : General Mining and Finance Corporation, Ltd.
GFSA : Gold Fields of South Africa, Ltd.
JCI : Johannesburg Consolidated Investment Company, Ltd.
NCGF : New Consolidated Gold Fields, Ltd.
NRC : Native Recruiting Corporation, Ltd.
RM : Rand Mines, Ltd.
RNLA : Rand Native Labour Association, Ltd.
WNLA : Witwatersrand Native Labour Association, Ltd.

南アフリカ金鉱業史

ラント金鉱発見から第二次世界大戦勃発まで

はじめに――研究対象と分析視角

課題と意義　本書の課題は，ウィトワータースラント[1]での金鉱発見から第二次世界大戦勃発までの，約半世紀にわたる南ア金鉱業[2]史を探求することにある。

なぜ南アフリカの金鉱業史を取り上げるのか。そして，なぜ時期を第二次世界大戦前に限定するのか。最初に，この2つの疑問に答えておかなければならない。

まず，南アフリカの金鉱業史を研究対象にする理由であるが，次の3点を指摘できる。

第1に，その生産物がそれ自体貨幣であるという金鉱業の特殊性からして，南アフリカは，19世紀末以降，金本位制にたつ世界経済の焦点に押し出され，世界経済に特異な地位を占めるにいたった。第2に，金鉱業は南アフリカ経済の産業化・資本主義化を促進する主導産業となり，放牧，果樹園，穀物栽培，綿花プランテーションなど農業が中心であった南アフリカ経済を近代的産業構造に転形した。第3に，南アフリカは，つい最近までアパルトヘイトの国であった。アパルトヘイトの要となったのが，金鉱業において確立されたアフリカ人にたいする人種差別的権威主義的労働システムであった。

以上の3点についてやや詳しく述べておこう。

まず，第1の点について。

南アフリカは金の国である。南アフリカは1900年代半ば以降現在にいたるまで世界最大の産金国である。世界金本位制の下では，世界貨幣は金であった。世界経済の中心国であったイギリスのポンドは国際通貨として広く使われてい

---

[1] Witwatersrand。ridge of white water の意で，略してラントと呼ばれる。1960年から，ラントという名は南アフリカ通貨の名称となる。
[2] ケープ植民地，ナタール，トランスヴァール，オレンジ・リバー植民地の4植民地によって，南アフリカ連邦が結成されるのは1910年であるから，それ以前のラント金鉱業を南ア金鉱業と呼ぶのは正確には正しくないであろう。トランスヴァールが南アフリカ連邦の一州となっていくという意味において，また，ラント金鉱業の連続性を表現する意味において，本書では，連邦結成以前のラント金鉱業も南ア金鉱業と呼んでおく。

たが，そのポンドへの信頼はイングランド銀行が保有する金におかれていた。しかし，1890年のベアリング恐慌以降，イングランド銀行の金準備の低位は当事者の関心事となっていた。19世紀末，金鉱業が存在するトランスヴァールは，国際経済舞台のひとつの焦点となった。すなわち，トランスヴァールは，世界貨幣たる金を世界経済に供給することによって，誰がトランスヴァールを支配するかが緊要な問題となった。ドイツのヴィルヘルム2世はトランスヴァールに接近し，トランスヴァールのクルーガー大統領もこれに応えようとした。これはひとつのエピソードに終わるが，金鉱業コストが上昇するなかで大量の安定した安いアフリカ人労働者を確保することの困難は，金鉱業の苦境をまねき，ついには南ア戦争を惹き起こすのである。その結果，南アフリカはイギリスの支配下に収まり，以後南アフリカ全体はイギリスの重要な植民地となるのである。そして，第一次世界大戦中と第二次世界大戦中に，イギリスは南アフリカの全部の新産出金を直接押さえるのである。

　第2の点について。

　S・H・フランケルは，1938年，南ア金鉱業について次のように述べている。「ほぼ50年間，金鉱業は（南アフリカ）連邦における近代企業の発電所（power-house）であり，ヨーロッパ貨幣市場から資本を引き寄せる連邦の主要な誘因力であった。」[3]

　金鉱業の急速な発展が南アフリカ経済に及ぼしたいくつかの影響を挙げれば，次の点が指摘できる。第1に，金鉱業は，炭坑とその他鉱業，電力，小規模ではあるが諸々の製造業を興し，南アフリカの産業化の牽引者となった。金鉱業が存在しなければ，これらの産業は，開発と起業が遅れるか，より小規模となるか，あるいは全く異なったものとなっていたであろう。第2に，金鉱業は南アフリカへの移民を増やした。移民は南ア戦争前後に最高潮に達するが，南アフリカの白人人口は1890／91年度と1911年の間に2倍となった。ラント金鉱山が位置するトランスヴァールのそれは同じ期間に2.5倍にも達していた[4]。第3に，金鉱業はたくさんの新しい町の位置を決定した。そのうち最も重要なの

---

3) S. H. Frankel, *Capital Investment in Africa : Its Course and Effects*, London, Oxford University Press, 1938, p. 75.

4) L. Katzen, *Gold and the South African Economy : The Influence of the Goldminig Industry on Business Cycles and Economic Growth in South Africa 1886–1961*, Cape Town, A.A. Balkema, 1964, p. 44–45.

がヨハネスブルグである。第4に，それは南アフリカの鉄道輸送のパターンを決定した。南アフリカの初期の鉄道は主にラントと海をむすびつけるように企画された。ラント金鉱の発見とその開発がなければ，産業と人口の中心地が内陸部に位置することはなかったであろう。第5に，金鉱業は，南アフリカと近隣植民地から多数のアフリカ人出稼ぎ労働者を引きつけ，彼らを貨幣経済にまきこみ，彼らの共同社会に変容をもたらした。

ここで，南アフリカ経済における金鉱業の重要さを知るために，いくつかの基本的指標を確認しておこう。ただし，南アフリカの基本的経済統計が整備されるのは，1910年の連邦結成以降なので，それ以前については不明であることを断っておきたい。

まず国民所得に対する金鉱業の貢献度から見ると，1910年代の15.9％から1920年代には12.5％に低下し，1930年代には回復して17.4％となる。同期間について農漁業と製造業を見ると，農漁業は19.6％，18.5％，13.2％と漸次低下するが，製造業は逆に9.1％，12.5％，15.9％と増大している[5]。金鉱業の貢献度は，1910年代には製造業より大きく，1930年代には農漁業，製造業を凌駕して最大となる。この全期間をとおして，金鉱業は最大の単一産業であった。政府歳入に占める金鉱業からの収入の割合は，1910年代の8.8％から1920年代には9.6％に上昇し，そして，1930年代には実に24.7％となった[6]。政府歳入に対しても，金鉱業は単一産業として最大の貢献をしていた。そして，金鉱業が有する反景気循環的性格は，1930年代に典型的に見られるように，南アフリカ経済の不況を緩和し隆盛へと導いた。

南アフリカ経済に対する金鉱業の貢献は輸出にもっとも典型的に現れている。南アフリカ国内産輸出に占める金の割合は，1910年代には59.1％，1920年代

---

[5] *Ibid*., pp. 48. 1910年代は，1911／12年度と1917／18・1918／19年度の3年間の年平均。1920年代と1930年代はそれぞれ，1919／20～1928／29年度と1929／30～1938／39年度の年平均。

[6] *Ibid*., pp. 56-57. 1910年代は，1911／12～1918／19年度の年平均。1920年代は，1919／20～1928／29年度の年平均。1930年代は，1929／30～1938／39年度の年平均。この時期の南アフリカの歳入表では，金鉱業からの収入は経常勘定と借入勘定に分けられ，前者に所得税，利潤税が，後者に採鉱権貸与料とベヴァルプラーツェン収入（ボタ山の下の鉱地の採掘料・使用料）が組み入れられている。南アフリカの歳入にたいする金鉱業の貢献度を知るためには，経常勘定における金鉱業からの収入るだけでは十分でない。そのため，採鉱権貸与料とベヴァルプラーツェン収入を経常勘定に合算して，歳入にたいする金鉱業の貢献度を算出した。

52.1％，そして，1930年代には71.3％に達している[7]。国内で生産される1ポンドの価値ある金と1ポンドの価値ある国内消費財は価値としては等しいが，国民経済を越えて世界市場に出るとき，両者の「価値」は全く異なってくる。南ア製造業は，1937／38年度に4500万ポンドの価値ある輸入財を使用していたけれども，250万ポンドの価値の生産物を輸出しているだけであった[8]。製造業が必要とする輸入物に必要な外貨は，他の産業に依存していた。南ア金鉱業は，最大の外貨の稼ぎ手として製造業の発展に必要な機械や技術の輸入を可能にしたのである。そればかりでなく，金鉱業は南アフリカの農業と製造業に市場を提供した。さらに，主として第二次世界大戦後のことであるが，金鉱業に蓄積された資本が製造業に投資されることになる。金鉱業はまさに南アフリカの産業化の牽引者であった。

最後に第3の点について。

南アフリカは1990年までアパルトヘイトの国であった。いや一時期，南アフリカと言えば，アパルトヘイトであり，アパルトヘイトと言えば，南アフリカであった。アパルトヘイトとは，一般に「分離」・「隔離」を意味するが，現実には，非白人，就中人口の一番多いアフリカ人を徹底的に抑圧する人種差別体制であった。このアパルトヘイトの基礎となったのが，金鉱業において確立されたアフリカ人にたいする人種差別的権威主義的労働システムであった。

アパルトヘイト体制は，1948年5月の総選挙で成立した国民党政権のもとで冷徹につくられていった。国民党政権は，1940年代末から1950年代にかけて，すべての国民を4人種に分類し，人種間の結婚と性交渉を禁止し，都市地域において人種別居住区を厳格に定め，アフリカ人の反体制運動を弾圧し，公園，海水浴場からレストラン，ホテル，列車，学校など，ありとあらゆる公共の場所に白人専用と非白人専用を指定した法律を制定・実施した。16歳以上のすべてのアフリカ人は，何時でも個人データと雇用経歴を記したパスを提示することを強制された。パス法を強制するため，通常の警察と裁判所に加えて，特別警察と法廷システムが作られた。さらに，1959年バントゥー自治促進法を制定し，原住民居留地を10カ所に整理して，1963年のトランスカイを皮切りに自治を与えた。これは，各人種の「分離発展」という美名の下に，アフリカ人を

---

[7] *Ibid*., pp. 60-61. 1910年代は，1911～1919年の年平均。1920年代は，1920～1929年の年平均。1930年代は，1930～1939年の年平均。

[8] *Ibid*., pp. 59.

「白人の南アフリカ」から切り離す政策であった。そして，ついには1970年代後半から，トランスカイ（1976年），ボブタツワナ（1977年），ベンダ（1979年），シスカイ（1981年）に独立を付与する。しかし，これは「南アフリカ」を白人の国とし，原住民居住地から働きにくるアフリカ人を外国人にして，彼らからの権利の剥奪を合法化しようとするものであった。

アパルトヘイト成立には種々の要因があげられるであろう。歴史的に見ると，ファン–リーベックがケープに上陸して数年経たないうちに導入された奴隷の使用の拡大，グレート・トレックでのアフリカ人との対立・抗争，カルヴィン派の選民思想を継承したオランダ改革教会の教義，就業をめぐるアフリカ人との競争，これらが白人の人種差別主義を生み出していた。この人種差別主義がアパルトヘイトを生み出す大きな要因となったことは疑いない。ことに，1940年代末にアパルトヘイトが確立されたのは，アフリカ人居留地の農業生産力が人口増加と家畜数の増大による土地の疲弊によって著しく減退し，貧困化した多くの人びとが都市に流入したが，これらの人びとが都市住民となっていくのをするのを阻止し，出稼ぎ労働を維持するためであった。ここで注目したいのは，アパルトヘイトと鉱業，ことに金鉱業との関係である。すなわち，金鉱業でうち立てられたアフリカ人労働者にたいするパス法やジョブ・カラーバー（人種的職種差別）が社会と他の経済分野に広げられ，この人種差別的権威主義的労働システムがアパルトヘイトのひとつの要となったことである。

時期限定と期間区分　では，なぜ第二次世界大戦までに時期を限定するのか。1886年にラントで金鉱が発見されてから現在まで，115年余が経過するが，筆者はこの長期間の南ア金鉱業史を大きくは3つの時期に区分できると考えている。

第1期は，1886年のラント金鉱発見から第二次世界大戦勃発までの期間で，南ア金鉱業の中心がCentral Rand, West Rand および East Rand の3金鉱地にあった時期である。

第2期は1939年から1970年までの時期である。この時期に，3金鉱地の生産は1941年に頂点に達し，その後鉱石の枯渇によって漸減傾向に入るが，1930年代から探査・発見された Far West Rand, Klerksdorp, Orange Free State などの新金鉱地は第二次世界大戦後急速に開発され，1950年代半ばには，南ア金鉱業の中心となるのである。そして，生産は1970年に最高潮に達する。

第3期は1971年以降今日までであり，ニクソン・ショックによるドルの金との交換停止，金価格の変動，アフリカ人鉱山労働者の争議の増加とアフリカ人労働組合承認，賃金の引き上げなどによって，金鉱業をとりまく国の内外の環境がすっかり変わった時期である。

　経営形態，金融方式，開発・抽出技術，アフリカ人労働者にたいする権威主義的抑圧的支配など南ア金鉱業の骨格と性格は，この第1の時期にこそ確立され，第2期はそれを受け継ぎ，第3の時期に変化が生じるのである。本書が研究対象を第1期に絞ったのはこの理由による。

　ところで，この第1期自体さらに次の4つの期間に区分できる。それぞれの期間とその大まかな特徴を挙げれば，次のとおりである。

　第1の期間：クルーガー政権期（1886～99年）。金鉱業は，露頭鉱山の発見・開発から深層鉱山の開発へと移行した時期である。この期間，金生産高は急速に成長し，南ア金鉱業の中心となるラントにおける金鉱発見の1886年から南ア戦争勃発までの成長率は年平均で36.3％であった[9]。

　第2の期間：直轄植民地期と責任政府期（1902～10年）。金鉱業が低品位鉱業として確立された時期である。1904～10年には金生産高の年平均成長率は12.7％に低下するが，1910年までには金鉱業は成熟した発展段階に達する[10]。

　第3の期間：南ア連邦（南アフリカ党政府・協定政府）期（1910～32年）。ラント金鉱業は，危機から脱出するために労働過程再編成を敢行する。また，金鉱業の重心は Far East Rand へと移動する。

　第4の期間：南ア連邦（国民党＝南アフリカ党連合政府）期（1933～38年）。大恐慌下の金本位制崩壊によって，金鉱業が一大ブームを享受する。

我が国の南ア金鉱業研究　産業化あるいは資本主義化を達成したどの国にも，経済の転形をリードした産業が存在する。例えば，イギリスでは産業革命期の綿工業と鉄工業，ドイツでは急速な工業化の時期の鉄鋼業や化学工業や電機工業，アメリカでは南北戦争後の産業大躍進時代の鉄道業と石油業などが挙げられるであろう。先に指摘したように，南アフリカでは，金鉱業である。しかしながら，我が国では，イギリス，ドイツ，アメリカの産業の歴史に比して，南ア金鉱業の歴史は最近まではほとんど研究されてこなかったと言っても過言ではない。

---

9) *Ibid*., p. 44.
10) *Ibid*., p. 44.

このことは，我が国の研究で南ア金鉱業が無視されてきたことを意味しない。それどころか，南ア金鉱業はいくつかの点から注目を浴びてきた。

ごく常識的にも，南アフリカは世界で一番の産金国であること，南アフリカ金鉱山は，金鉱発見とともにラントにやってきたセシル・ローズ，チャールズ・ラッド，アルフレッド・バイトなどキンバリーのダイヤモンド大資本家たちによって開発されたこと，さらには，1930年代以降，金鉱業はセブン・ハウジズと呼ばれた7大鉱業金融商会によって支配されたこと，などはよく知られている。

学問的にも，南ア金鉱業はいくつかの点で取り上げられた。

第1に，南ア金鉱業への投資は，古典的帝国主義期におけるイギリス資本輸出のひとつの典型例として注目を引いた。生川榮治氏は，古典的帝国主義期におけるイギリス資本輸出について，「生産過程への原始蓄積系統」，「商品流通過程吸着系統」，「利子生み資本へのレントナー系統」の3つの類型を析出し，南ア金鉱業への投資を第1の類型の典型とした。それと同時に，氏は，マーチャント・バンカーの雄，ロスチャイルドを頂点とする南アフリカ鉱業の支配構造を解明した[11]。山田秀雄氏も，古典的帝国主義期のイギリス資本輸出を分析することによって，国債・インフラストラクチュア投資が資本輸出の主流であることを指摘するとともに，民間事業投資，今日言う民間直接投資が増えていることに注目し，その中で南ア金鉱業投資が大きな割合を占めていることを明らかにした[12]。

第2に，20世紀への世紀転換期に起きた南ア戦争は最初の帝国主義戦争のひとつであるが，戦争を惹きおこした要因として，鉱山で働く安い大量のアフリカ人労働力を確保するための金鉱業主の共謀が問題とされた。この説自体は，J・A・ホブスンの主張であるが，このホブスンの主張を紹介したのは山田秀雄氏である[13]。

第3に，金鉱業につくられたアフリカ人労働者にたいする人種差別的権威主義的労働システムはアパルトヘイトの原型として理解された。最近の例をあげ

---

11) 生川榮治『イギリス金融資本の成立』有斐閣，昭和31年，292—311ページ。
12) 山田秀雄『イギリス植民地経済史』岩波書店，1971年，12，14ページ。
13) 山田秀雄「イギリスにおける帝国主義論の生成」，内田義彦・小林昇・宮崎義一・宮崎犀一編『経済学史講座3：経済学の展開』有斐閣，1965年刊所収。
14) 峯陽一『南アフリカ：「虹の国」への歩み』岩波新書，1996年。

ると，峯陽一氏の業績を挙げることができる[14]）。

　第4に，小池賢治氏は南ア金鉱業に特有な経営形態を解明し，その本質を追求した[15]）。

　第5に，天野紳一郎氏は，マルクス経済学の立場から，貨幣商品金の価値を規定するために，ラント金鉱業の具体的分析を試みた[16]）。

　これらの考察はどれも有意義であり，その取り上げ方も間違ってはいない。しかし，南ア金鉱業史研究の立場から見るとき，第1から第3の考察は「他の事象」との関係における金鉱業への言及であり，金鉱業史の研究を目的としたものではない。第4と第5の研究は，南ア金鉱業自体の研究ではあるが，前者は南ア金鉱業の特殊研究に位置づけられるであろうし，後者は「南ア金鉱業の経済学」と称すべき研究であって，ともに南ア金鉱業史の研究ではないことを指摘しなければならない。本書が南ア金鉱業の歴史を研究対象にしたのは，このためである。

本書の構成と分析視角　本書の構成は2部に分かれている。第Ⅰ部「金鉱業の展開」は，鉱業金融商会を中心とする金鉱山開発の展開を概観しようとしたものである。それに対して第Ⅱ部「金鉱業における人種差別的出稼ぎ労働システムの確立」は，アフリカ人労働者にたいする金鉱業主と国家の労働政策の具体的展開に焦点をあてている。より具体的に述べれば次のとおりである。

　第Ⅰ部は4章から構成されている。第1章「金鉱山開発と鉱業金融商会」は，南ア金鉱業の発展を，1886年のラントでの金鉱の発見から第二次世界大戦勃発までの期間について通観したものである。それぞれの時点で金鉱業が遭遇した問題を明らかにするとともに，鉱業金融商会による金鉱山の支配状況を示すことにつとめている。第2章「鉱業金融商会とグループ・システム」と第3章「金鉱業と外国資本」は，第1章で十分に述べられなかった2つの論点について考察し，第1章を補足するものである。すなわち，第2章では，金鉱業の開発金融様式と経営形態，すなわち，グループ・システム（group system）を考察し，その本質をどこに求めべればいいか考察した。第3章では金鉱業における外国資本を取り上げている。金鉱業は誰の手にあったか，またどれだけの額の資本が投資されたかが，ここでの問題である。

15）　小池賢治「鉱山商会と『グループ・システム』」『アジア経済』第23巻第7号，1982年。
16）　天野紳一郎『金の研究：貨幣論批判序説』弘文堂，1960年。

第4章「ロスチャイルド，金鉱業主と南ア戦争」は，第1章にたいする特殊研究となっている。我が国では，ロスチャイルドが南ア鉱業を支配していた，そして，ロスチャイルドによる支配こそ「南阿の植民地体制をその局地性から開放して，全世界的な帝国主義体制に編入する根拠をなす」とする生川榮治氏の見解がなお通説となっていると言える。生川氏のこの説は1956年という早期に打ち出されたものであり，最近の研究水準からすると，再検討すべき課題が残っている。本章は，最近の研究の到達点によりつつ，20世紀への世紀転換期における南ア鉱業の支配構造を吟味するとともに，金鉱業主とロスチャイルドの南ア戦争への関わりを検討したものである。

　第Ⅱ部は2章から成る。第5章「アフリカ人低賃金出稼ぎ労働者モノプソニーの模索と確立」は，アフリカ人労働者の確保のための，鉱業金融商会間の協力と対立，ならびに金鉱業主の国家労働政策への依存を取り扱っている。旺盛な鉱山開発は大量のアフリカ人労働者を必要とした。アフリカ人労働力需要はほとんど常に供給をうわまわり，アフリカ人労働者獲得をめぐる鉱業金融商会間，鉱山間，募集員間の競争は激化した。どのようにアフリカ人労働者の「逃亡」防止策がとられ，そのためにどのように国家に依存したか，また，どのような過程を経てアフリカ人労働者モノプソニー（買手独占）が確立されたか，これらの考察がここでの課題である。

　第6章「白人労働者とジョブ・カラーバー」では，金鉱業におけるジョブ・カラーバー（人種的職種差別）の進展を考察している。南ア金鉱業は開発当初から高度な熟練労働と大量の不熟練労働を必要とした。白人とアフリカ人の間の技術格差からして，開発当初，熟練労働は白人がおこない，不熟練労働はアフリカ人が担うより選択の道はなかった。問題は，アフリカ人労働者が就労時間の経過とともに熟練度を増していったにもかかわらず，この分業体制はそのまま続き，アフリカ人の無権利状態と相俟って，アフリカ人労働者にとって過酷な人種差別的出稼ぎ労働システムとして骨化したことである。何故に，どのようにこれが押し進められたかが本章の主題である。

　第Ⅰ部とⅡ部においてアフリカ人労働者に関わる同じ問題が取り扱われているが，第Ⅰ部においては，金鉱業が発展過程において遭遇した問題——中心的問題であるが——としてであり，第Ⅱ部では，アフリカ人労働者モノプソニーの確立とジョブ・カラーバーの確立それ自体に焦点が置かれている。

　本書は，南ア金鉱業史の分析視角として次の2点に留意した。

第1は，鉱業金融商会を金鉱業資本の担い手，すなわち金鉱山開発主体として把握することである。ラントに金鉱が発見された直後，キンバリーの大資本家は大挙してラントに赴き，鉱業商会やシンジケートを結成して土地を買い占めた。土地に鉱脈が発見されると，彼らは金鉱山会社を設立していった。南アフリカでは資本は少なく，技術者と熟練労働者も稀少であった。このため，彼らは，一方では資本を外国に求め，他方で数多くの低品位深層鉱山を開発するために独特な経営方式を採用した。すなわち，鉱山にたいする金融，管理，支配の集中的管理方式の適用である。この経営方式は南アフリカ鉱業に独特なものであり，グループ・システムと呼ばれている。このグループ・システムの成立とともに，金鉱探査，金鉱山会社の発起，鉱区・金鉱山会社株の取引に従事するにすぎなかった鉱業商会は，鉱業金融商会に転化し，以後，鉱業金融商会が金鉱業経営の中心となるのである。

　第2は，金鉱業と国家との関係が如何なるものであったか追求することである。アフリカ人労働者の確保については，金鉱業は当初から国家の政策に期待していた。パス法，特別パス法，主人・召使法は国家の法律であった。しかし，クルーガー政権下では国家は金鉱業の要求に応じきれず，南ア戦争が勃発する。しかし，それ以降，両者の関係は順調であった。金鉱業はイギリス系白人が支配し，南ア戦争直後の直轄植民地期を除いて，国家はアフリカーナーの支配するところであったが，イギリス系白人とアフリカーナーの対立にもかかわらず，国家は陰に陽に金鉱業を支援した。南アフリカ連邦結成直後の金鉱業に関わる一連の法律制定と1922年のラント反乱の鎮圧とはその頂点であった。反乱鎮圧後，政府は産業調停法を制定し，白人労働者の産業争議を非政治化し，組織された白人労働者を国家の管理機構に吸収する。他方，国家は金鉱業から税の形でかなりの収入を得ていた。すでに見たように，金鉱業が未曾有の繁栄をみた1930年代には，国家歳入に占める金鉱業からの収入は25％近くにも達していた。さらに，金は南アフリカの最大の輸出品であり，それが稼ぐ外貨は南アフリカ経済の運営にとって不可欠であった。金鉱業は国家の協力を必要とし，国家は金鉱業の存続・発展を必要としていたのである。

第Ⅰ部　金鉱業の展開

第1章　金鉱山開発と鉱業金融商会

　最盛期の南ア金鉱業[1]は，トランスヴァール南東のエバンダーからヨハネスブルグの南を通ってクラークスドルプに達し，さらに，オレンジ・フリー・ステイトのウェルコムに至る，長さ300マイルにわたるいわゆる黄金の半円（golden semicircle）に展開していた。主要金鉱地は7カ所あり，東からEvander, East Rand, Central Rand, West Rand, Far West Rand, Klerksdorp, Orange Free Stateである（図1—1参照）。南ア金鉱業史上生産が最大であった1970年に，金生産量99万9857kgのうち，Orange Free Stateが35％，Far West Randが31％，Klerksdorpが16％，そしてEvanderが6％を産出し，ヨハネスブルグに隣接しているEast Rand, Central Rand, West Randの3鉱地は，合せて11％を産出しているにすぎなかった[2]。しかし，Far West RandとKlerksdorpの金鉱地開発は1936年から，そしてOrange Free State金鉱地の開発は1946年，Evander金鉱地のそれは1955年から始められ，ともに本格的操業は第二次世界大戦後に属するのに対し，1886年のラントにおける金鉱発見から第二次世界大戦直後まで，金鉱業の中心はCentral Rand, West Rand, East Randの3鉱地にあった[3]（図1—2）。

---

1) 南ア金鉱業の最盛期は，年生産が600トンを越える1959年から1986年までの期間と考えておきたい。この期間，最後の3年間を除き，世界の金生産に占める南アの割合は60％を越えており，就中，1963年から1980年までは，1971年の79.1％を頂点に70％を凌駕していた。
2) Chamber of Mines, *Annual Report 1970*, pp. 64–65.
3) 本章では，ラント金鉱発見以前に開発されていた群小の鉱山は取り扱わず，対象をラント金鉱業に限定する。ラント金鉱地の一部の呼び名が，第二次世界大戦の前と後では相違するので注意を要する。East Randは，第二次世界大戦以前にはFar East Randと呼ばれていた。そして，East Randという名はCentral Randの東部を指していた。ただし，Central Randの東部のEast Rand Proprietary Mines, Ltd（ERPM）は，Far East Randには含まれていないが，第二次世界大戦後のEast Randには含まれている。第二次世界大戦勃発までのラント金鉱業の発展を研究テーマとする本章では，East Randの代わりに，Far East Randの呼び名を使用する。

第1章 金鉱山開発と鉱業金融商会 13

図1-1 1990年代初頭の南ア金鉱地

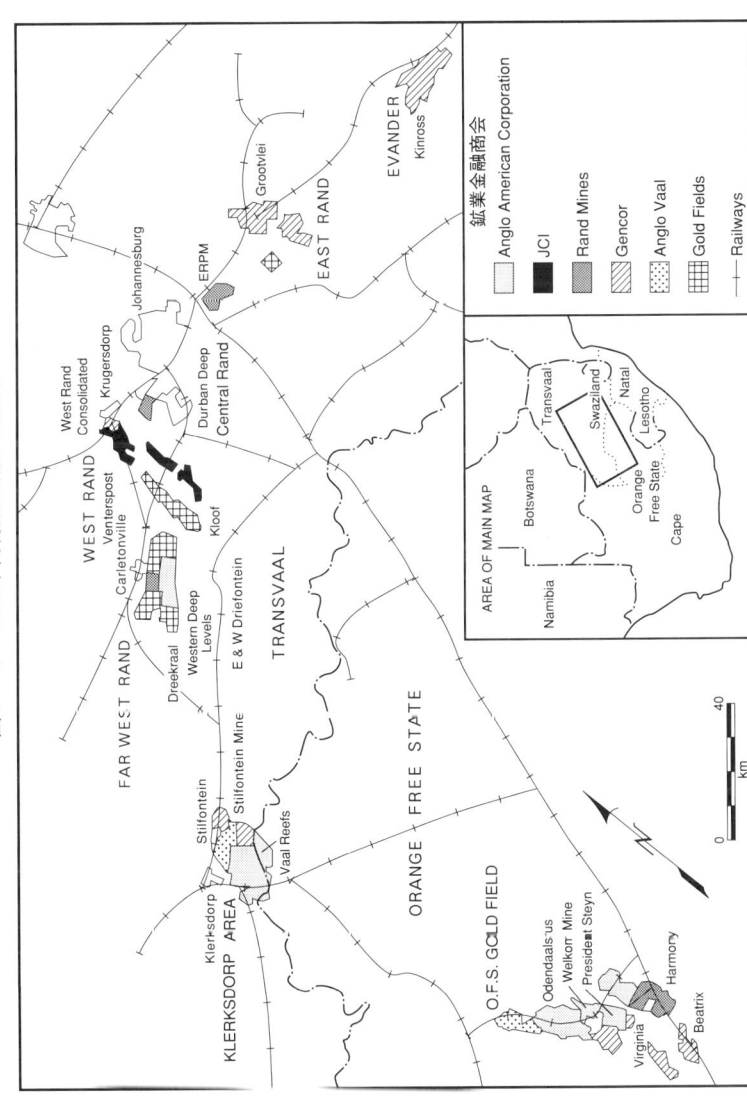

[出所] J. Crush, A. Jeeves and D. Yudelman, *South Africa's Labor Empire : A History of Black Migrancy to the Gold Mines*, p. 1.

図1−2 ランド金鉱地（1930年代半ば）

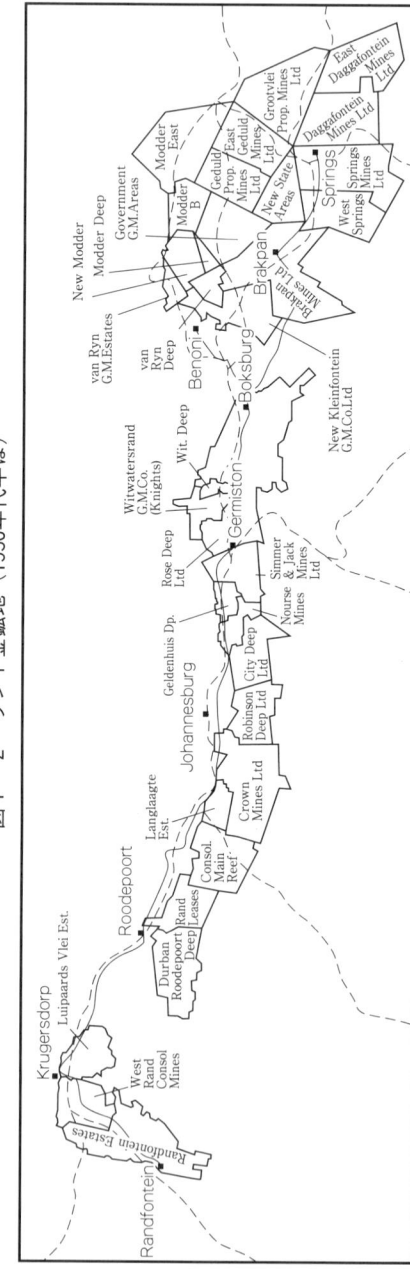

[出所] A. H. Jeeves, *Migrant Labour in South Africa's Mining Economy : The Struggle for the Gold Mines Labour Supply 1890-1920*, p. 36.

金鉱発見以降のラントの開発は急速であった。発見の翌年に世界の金生産に占める南アフリカの比重は1％にも満たなかったが，1890年には7％強，1898年には27％強に達していた。南ア戦争の後は，1906年には戦前の水準を回復し，1913年には40％を占めるにいたった。そして，1920年代にはほとんどの年に50％を越え，30年代の世界的金鉱ブームの時には若干低下するが，それでも第一次世界大戦前の水準を上回っていた[4]。南アフリカは，1900年代中葉以降世界最大の産金国であった。

　世界金生産における南ア金鉱業のこうした際立った地位にもかかわらず，従来，南ア金鉱業の歴史を通観した研究は，我が国にも外国にもほとんど存在しないことも事実である。本章の目的は，ラント金鉱発見から第二次世界大戦勃発までの半世紀余の南ア金鉱業の発展を概観することにある。

　ラントの金鉱脈は膨大かつ規則的に賦存していたけれども，極めて低品位であった。この地質学的特質は，ラント金鉱業の性格に決定的影響を及ぼした。ラント金鉱山の開発は当初から，資本集約的であると同時に労働集約的であった。ラント金鉱山は，一方では精巧な大型の機械・装置を設置し，他方では大量の労働力を使用しなければならなかった。そのためには，巨額の資本をヨーロッパから導入しなければならず，また，安価な大量のアフリカ人労働者の獲得に努めねばならなかった。本章は，それぞれの時期に，ラント金鉱業が遭遇し克服しなければならなかった主要な問題を明らかにするとともに，開発主体となった鉱業金融商会の支配状況を示すことに努めた。

　第1節は，第1の期間（クルーガー政権期）におけるラント金鉱業の成立とそれが遭遇した問題に焦点を当てている。金鉱発見の知らせとともに，各地から多数のディガーたちがラントに集合するが，掘りやすい沖積世鉱脈と異なり，ディガーたちはラントの鉱脈には歯が立たず，結局，ラント金鉱業は，資本と技術を有するキンバリーの大資本家たちが組織した一握りの鉱業金融商会が支配するところとなる。低品位鉱業たるラント金鉱業は当初からコストに配慮しなければならなかった。機械・装置・資材は輸入品であったし，白人労働者の賃金は引き下げることが困難であったので，コスト低下はもっぱらアフリカ人労働者の賃金引き下げに求められることになる。しかし，金鉱山開発があまりに急速であったため，アフリカ人労働者は増加していたけれども，常に不足を

---

4) C. J. Schmitz, *World Non-Ferrous Metal Production and Prices 1700-1976*, Sussex, R. J. Ackford Ltd., 1979, pp. 84-85, 90-91.

きたし，労賃の高騰をまねいたばかりか，鉱山相互間でのアフリカ人労働者の盗み合いとアフリカ人労働者の逃亡を引き起こした。クルーガー政権がアフリカ人労働者の創出と確保を十分にできないことが，南ア戦争を惹き起こす主要な原因となる。

第2節は，第2の期間，すなわち，南ア戦争後から南アフリカ連邦成立までの期間を取り扱っている。南ア戦争後，大半の鉱山は深層鉱山へと移行したため，高品位鉱脈だけを選択的に採掘することはできなくなった。しかも，戦後の混乱と戦後復興活動により，十分な数のアフリカ人労働者を確保することはできなかった。ここに中国人年季労働者が導入されることになる。中国人労働者の導入は，アフリカ人労働者の賃金を引き下げたばかりか，金鉱業の人種的労働力構造の維持に貢献する。1907年以降，アフリカ人労働力供給は回復し，南ア金鉱業に独自な技術開発と相俟って，連邦成立の時期には，低品位鉱業としての金鉱業が確立される。

第3節は，第3の期間，連邦成立から1932年までに焦点を据えている。この期間の最大の問題は，第一次世界大戦の影響による金鉱業の危機であった。戦争による機械・装置・資材の騰貴と白人労働者の賃金上昇は金鉱業の収益性の危機を生む。法的ならびに慣習的なジョップ・カラーバーは，半熟練労働にアフリカ人労働者を使用することを禁じていて，収益性の危機からの脱却の道を塞いでいた。金鉱業主が慣習的ジョップ・カラーバーの廃止を通達すると，白人労働者によるゼネラル・ストライキとラントの反乱がおこった。国家はラントの反乱を鎮圧し，金鉱業主は労働過程と人種的労働力構造の再編成を実施し，危機から脱出する。これを技術的に支えたのは，ジャック・ハンマー・ドリルの広範な採用であった。この期間には，金鉱業の中心が Far East Rand 金鉱地に移行した。

第4節は，世界の金本位制崩壊を契機とする金価格の高騰による金鉱業の未曾有のブームを考察する。

第1節　露頭鉱山開発から深層鉱山開発への移行（1886～1899年）

（1）ラント金鉱山開発とキンバリーの大資本家

初期のラントと鉱業商会の設立　ラントでは，金鉱発見が知れわたるや，カリフォルニア（1849年），オーストラリア（1851年）に次いで，19世紀世界で3番目のゴールド・ラッシュが生じた。一攫千金を夢みる男たちが各地から集まった。当初ラントの露頭鉱脈は酸化鉱石で比較的容易に採掘でき，しばしば高品位であった。しかし，程なく鉱脈は地中深く埋没し，鶴嘴，シャベル，鉄さね，選鉱鍋などの道具を所持するにすぎない圧倒的多数のディガーたちの手に負えぬものとなった。沖積世鉱脈で粉砕と選鉱もしくは洗鉱で比較的たやすく採金できた世界の多くの鉱脈と異なって，ラントの金鉱脈は，ほとんど肉眼では見えない微粒子の金を含む無数の小石大の石英がケイ酸質によって膠結された礫岩層であり，平均23度，場所によってはもっと急角度で南方に向かって地中深く傾斜していた。金を得るためには，鉱区を獲得し，鉱脈をつきとめ，鉱石を地上に運び上げるだけでは十分でなく，さらに鉱石を微塵に砕き，アマルガム処理を施すことが必要であった。鉱区所有者はその開発に，鉱区認可料，水利権，ダイナマイト，木材とセメント，砕鉱機，回収施設，化学薬品，アフリカ人労働者の食料と賃金などの購入と支払に少なくとも1万ポンドを要した[5]。ラントで最初の「公開金鉱地」が宣言されたとき，すでに長さ30マイルのベルト地域に3000人が探査活動に従事していた。彼らはほとんど，採金それ自体よりも，高価格での鉱区の売却もしくは有利な条件での合同を目指していた[6]。

　初期のキンバリーと異なり，ラントでは個人の所有鉱区数に制限がなかった。それにもかかわらず，当初は次の事情によって，独占と大規模開発は制約されていた。第1に，操業に必要な機械と装置は直ぐには入手できなかった。それらはヨーロッパに発注されねばならず，また，ラントと港湾をむすぶ鉄道もなかった。それらの入手にはおよそ1年間を要した。第2に，鉱区所有者は鉱区

5）　A. P. Cartwright, *The Corner House : The Early History of Johannesburg*, Capo Town, Purnell, 1965, p. 5.

6）　O. Letcher, *The Gold Mines of Southern Africa : The History, Technology and Statistcs of the Gold Industry*, (1936), reprint, New York, Arno Press, 1974, p. 80.

内の鉱物採鉱権を有していたが，自己の鉱区を越えて鉱脈を追求することはできなかった。第3に，ブール人農民から農園を購入しても，すべての採鉱権を確保できるとはかぎらなかった。公開金鉱地宣言が出された土地では，鉱脈発見者にも鉱区設定権が与えられていた。第4に，ラント金鉱地そのものが広大で，鉱区所有者は必然的に分散していた。1887年には数百人の鉱区所有者が存在していた。彼らは，自分の資力では開発が不可能だと悟るや，金鉱山会社の発起人に転じていった[7]。1886年末に90社がラントに設立されていたが，翌年にはその数は270社となった。さらに，1889年の暮には数百の金鉱山会社の株式がヨハネスブルグ株式取引所で取り引きされていた[8]。

初期のラントにも初期のキンバリーに似た競争状態が出現していたが，両者の間にはひとつの大きな相違があった。ラントでは，ディガーたちにまじってキンバリーの大資本家たちが姿を見せていたことである。彼らは相互にいくつものシンジケートを結成し，鉱区・鉱地の買取りに狂奔していた。彼らは，キンバリーから所持した資金が枯渇するや，一斉に鉱業商会を設立し，ヨーロッパからの資本の導入をはかった。

イギリスから資本を導入することを最初に試みたのはセシル・ローズとチャールズ・ラッドであった。彼らは，1887年2月ロンドンに授権資本金25万ポンドの Gold Fields of South Africa 社（GFSA）を設立した。この時すでにローズは，キンバリーにおいて De Beers 鉱地を制覇する直前であったが，ロンドンでの名声はそれほど高くなく，資本募集にはラッドの人脈が利用された。London Joint Stock Bank の取締役であった彼の弟，トーマス・ラッドを通して，同じく同銀行の取締役であり，アーバスノット・レイサム商会（Arbuthnot Latham and Co：マーチャント・バンク）のパートナーであった W・R・アーバスノット，東インド関係の商人・保険業者，株式ブローカーとジョバー，ダイヤモンド商人，エディンバラとグラスゴーの銀行家・会計士・判事などが資本募集に引寄せられた[9]。

GFSA の設立に続いて，当時ヨーロッパにおける最有力ダイヤモンド商会であったパリのポージェ商会（J. Porges & Co.）によってラントにエックシュタ

---

7) R. V. Kubicek, *Economic Imperialism in Theory and Practice : The Case of South African Gold Mining Finance 1886–1914*, Durham, Duke University Press, 1979, p. 42.
8) *Ibid.*, p. 42.
9) *Ibid.*, p. 89.

イン商会（H. Eckstein & Co）が設立された。ポージェ商会自身は，1889年のジュレ・ポージェの引退によって解散し，翌年残った2人のパートナー，ジュリアス・ウェルナーとアルフレッド・バイトに新しくM・ミカエリスとC・E・ルーベを加えてウェルナー・バイト商会（Wernher, Beit & Co.）としてロンドンで再発足した[10]。エックシュタイン商会はラントにおけるポージェ商会（1890年以降はウェルナー・バイト商会）の投資執行者となり，鉱区・株式の取引，金鉱探査，金鉱山会社の発起に従事した。エックシュタイン商会は，ポージェ商会が準備した資金を使い果たすと，J・ポージェの従兄弟でパリの金融業者であるR・カン，ハンブルグのバイト家の友人たち，ドイツ・オーストリア・フランスのロスチャイルド家に資金をあおいだ[11]。

1888年にはアルビュ兄弟によってアルビュ商会（G. & L. Albu & Co.）が設立され，翌年にはバーナト・ブラザーズ商会（The firm of Barnoto Brothers）によってJohannesburg Consolidated Investment社（JCI）と，G・ファッラーとロンドンの株式仲買人たちによってAnglo-French Exploration社（Anglo-French）が，さらに1893年にはDeutsche BankとBerliner Handels-Gesellschatの後援によりゲルツ商会（A. Goerz & Co.）が設立された。

C・ローズはGFSAのためにラント西方に2つの農園を購入したが，その選択は不運であった。そのひとつのウィトポールトジー農園は主鉱脈統（Main Reef Series）が途切れたところであったし，もうひとつのルイパールズ・ブレイ農園は鉱脈が低品位であることが判明した。GFSAは所有鉱地をベースに金鉱山会社を発起し，鉱地提供の見返りに売主株と現金を取得し，さらには売主株を浮揚した株式市場で売却することによって収益をあげてはいた。しかし，1891年11月には，GFSAの投資総額43万9000ポンドのうち，ラント金鉱山会社への投資は取得原価3万3000ポンドの金鉱株10万株にすぎず，残りはDe Beers Consolidated Mines社（De Beers）をはじめとするダイヤモンド鉱山株（28万7000ポンド）とトランスヴァール以北への投資（11万5000ポンド）で

---

10) ポージェ商会が如何に富裕であったかは，J・ポージェが引退した際の資産の配分から見て取れる。ポージェは現金75万ポンドと100万ポンドの価値ある証券を受け取るとともに，2年以内に返済されるべき50万ポンドの債権を残した。ポージェの去った商会（ウェルナー・バイト商会）には100万ポンドの現金，ダイヤモンド・非投機的証券と，150〜250万ポンドの種々の投機的証券が残された（R. Turrell, 'Rhodes, De Beers, and Monopoly', *The Journal of Imperial and Commonwealth History*, Vol. 1, No. 1 (1982), p. 340.）。

11) A. P. Cartwright, *The Corner House*, pp. 78-79.

あった[12]。キンバリーにおいては1887年以降ダイヤモンド鉱山独占化の最終段階を迎えており，翌年3月にはDe Beersが成立した。またローデシアでは，ロベングラからチャールズ・ラッドの獲得した利権を基礎に，1889年特許会社British South Africa Company（BSAC）が設立された。この2つの会社の設立に主役を演じたローズは，ラントで有望鉱山の取得に失敗していたGFSAの資本を自己の金融的支柱として動員したのであった[13]。GFSA（南ア金鉱地会社）は，その名称にもかかわらず，ほとんど南アフリカの金鉱山会社であることを止めようとしていた[14]。

これに対してエックシュタイン商会は，ラントに設立された鉱業商会のうち最大の成功を収めた。ポージェ商会のパートナーであったバイトはいくつかのシンジケートを結んでいた。J・B・ロビンスンと結成していたロビンスン・シンジケート（Robinson Syndicate）はCentral Rand中央部にいくつかの農地を買い占めていたが，そこに発見された鉱脈は幸運にも高品位であった。ロビンスン・シンジケートを通して，バイトは，LanglaagteとLanglaagte Bの各3分の1の権益とRobinson鉱山，Bantjes鉱山およびRandfontein鉱地の各2分の1の権益を獲得した[15]。1888年中葉までにエックシュタイン商会は，

---

12) R. V. Kubicek, *op. cit.*, p. 91.

13) GFSAとDe Beers Consolidated Mines社（De Beers）の定款（Trust Deed）は，ローズをして資本をもっとも必要とするところに振り向けることを可能にしていた。1888年初めにはダイヤモンド鉱山が彼の関心事であり，1889～1892年にはトランスヴァール以北が彼の専念事であった。ローズは，1888年にはキンバリーのダイヤモンド生産独占に向けてKimberley Centralの株式購入のためにGFSAの資本を使用し，1889～1892年には，De BeersとGFSAを特許会社（BSAC）の金融的支柱にした。A・ケッペル＝ジョーンズは，浩瀚な著書の中で次のように指摘している。「ひとつの自分の帽子を被ったローズが別の帽子を被ったローズの救済にやってきた」（A. Keppel-Johns, *Rhodes and Rhodesia : The White Conquest of Zimbabwe 1884-1902*, Kingston and Montreal, McGill-Queens University Press, 1983, p. 298.）。ローズのこうした行為はDe BeersとGFSAの株主の批判を招いた。ことに，De Beersの資金を特許会社に使うことについては，ロスチャイルドから厳しい抗議を受けた。キンバリー，ラント，ローデシアにおけるローズの利権の相互関係については，A. P. Cartwright, *Gold Paved the Way : The Story of the Gold Fields Group of Compaies*, London, Macmillan, 1967, pp, 38, 45；I. R. Phimister, 'Rhodes, Rhodesia, and the Rand', *Journal of Southern African Studies*, Vol. 1, No. 1 (1974), pp. 76, 86；R. Turrell, *op. cit.*, p. 323-333を参照。なお，タレルの論文は，De Beers成立過程におけるローズとバーナト両巨人の戦いという伝説——これは，H. A. Chilvers, *The Story of De Beers*, London, Cassell and Co., 1939とT. Gregory, *Ernest Oppenheimer and the Economic Development of Southern Africa*, London, Oxford University Press, 1962によって流布された——を批判した労作である。

14) A. P. Cartwright, *Gold Paved the Way*, London, Macmillan, 1967, pp. 60-61.

Bantjes, Langlaagte, Robinson の鉱山会社を設立し, J・B・ロビンスンのもつ Robinson 鉱山会社の権益を25万ポンドで購入するとともに, Ferreira と Henry Nourse 鉱山会社を買収し, さらに, Jubilee, Salisbury, Wolhuter の鉱山会社にもかなりの資本参加をしていた[16]。1888年には株式取引により100万ポンドを越える収益を実現し, 同年末にはラントで比類のない地位を確立していた。

鉱脈の変質とマッカーサー＝フォレスト法 ラントで露頭鉱山の開発が進捗するかたわら, ロンドンとパリでは金鉱株ブームが生じた。ラント金鉱山会社の新規発行資本金は, 1887年の153万ポンド, 1888年の400万ポンドから1889年には一挙に1200万ポンドにはね上がった[17]。このうち3分の2は鉱区の資本化を表す売主株から成っていたが, それらを含めて新規発行株式のかなりの部分がロンドンとパリで購入された。

このブームの最中(1889年3月), ラントの露頭鉱山(Langlaagte と City & Suburban)では地下170～180フィートの深さ, ほぼ地下水面のあたりで黄鉄鉱を含む鉱脈につきあたった。鉱脈の礫岩層は灰色から青色に転じ, 鉱石のきめはより細かくなり, 黄鉄鉱が母岩の支配的特徴となった[18]。この鉱石は従来のアマルガム法ではほとんど溶解せず, 金の回収率はいちじるしく低下した。このニュースが知れわたるや, 頂点にあった金鉱株価は大暴落し, ブームは急速に終息した。金鉱株価は75%がた低下し, 信用で機械や装置を注文し, 信用で鉱地や株式を購入していた数百の会社やシンジケートが崩壊した。しかし, ブームの崩壊は資力のない個人やシンジケートには災厄であったが, 資力のあるものには絶好の機会となった。エックシュタイン商会は大ブームの際には「価値のない株式」を売って巨利を博していただけではない。非溶解性の黄鉄鉱鉱石出現のニュースをいち早くキャッチし, 株価の崩壊寸前に大量の株式を売却して崩壊をいとも容易に切り抜けるとともに, さらには崩落した価格で株式や鉱区の購入をはかり, ラント金鉱山における支配を拡大した。

---

15) A. P. Cartwright, *The Corner House*, p.32.
16) R. V. Kubicek, *op., cit.*, p. 60.
17) S. H. Frankel, *Capital Investment in Africa : Its Course and Effects*, London, Oxford University Press, 1938, p. 95.
18) J. J. Van-Helten, *British and European Economic Investment in the Transvaal with Specific Reference to the Witwatersrand Gold Fields and District, 1886-1910*, 1981, unpublisbed Ph. D. Thesis (The University of London), p. 138.

皮肉なことに，この金鉱株ブーム崩壊のすこし前（1887年）に，グラズゴーの実験室で黄鉄鉱金鉱石から金を分離する方法が完成していた。この方法は，3人の発明者（ロバート・フォレスト，ウイリアム・フォレスト，ジョン・S・マッカーサー）の名をとって，マッカーサー＝フォレスト法と呼ばれているが，原理そのものは簡単で，青酸カリの希溶液に微塵に砕いた鉱石を入れて金を溶解し，亜鉛くずの上で金を沈殿させる回収方法であった。これに気付いたBarberton鉱山の技術者たちは，金回収シンジケート（Gold Recovery Syndicate）を設立し，パテントを所持するCassel Gold Extracting社と使用許可の交渉に入った。1890年の6月から8月にかけてSalisbury鉱山で小型プラントの試験が実施された[19]。結果は見事であった。黄鉄鉱金鉱石から易々と金が回収できただけでなかった。アマルガム法の回収率が平均60％にすぎなかったのに対し，この方法では85～90％の回収が可能であった[20]。さらに従来放棄されていた選鉱くず（tailings）や残滓（residues）からも金の回収が可能となった。実際，選鉱くず・残滓からの金の回収は，1892年には総産出高のうち15.8％，93年には27.2％を占めていた[21]。

1890年11月にはSalisbury鉱山とRobinson鉱山とにプラントが設置され，以後ラントはマッカーサー＝フォレスト法の時代を迎えた。マッカーサー＝フォレスト法の成功は金鉱株価の回復と安定をもたらしただけでなかった。それは，ジュリアス・ウェルナー，アルフレッド・バイト，ヘルマン・エックシュタイン，J・B・テイラー，ライオネル・フィリップスなど，深層鉱山の開発に進もうとするコーナーハウス（Corner House）[22]の人々にとってのみならず，ラ

---

19) F. H. Hatch and J. A. Chalmers, *The Gold Mines of the Rand*, London, Macmillan and Co, 1895, p. 214.
20) *Ibid.*, p. 215.
21) *Ibid.*, p. The face page of p. 286.
22) 当初Beit's Buildingと呼ばれていたエックシュタイン商会の建物はいつしかEckstein's Buildingと呼ばれるようになり，次いでコーナーハウス（Corner House）と呼ばれるようになった。カートライトは，H・エックシュタイン自身が自分の名（Eck＝Corner, Stein＝Stone）を転用して用い始めたと指摘している。商会のパートナーたちは，コーナーハウスという名を建物のみならず，商会自身を指す非公式の称号として受け入れた（A. P. Cartwright, *The Corner House*, pp. 71-72.）。今日では，コーナーハウスという名称は，エックシュタイン商会，ウェルナー・バイト商会，深層鉱山開発のために設立されたRand Mines, Ltd. (RM)および1905年に設立されたCentral Mining and Investment Corporation, Ltd. (CM)の4支配会社の総称として用いられている。後述のように1880年代末以降第二次世界大戦直後まで，このコーナーハウス鉱山グループはラント最大の金生産者であった。

ント金鉱業自体にとって大きな意義を有していた。

（2）深層鉱山開発と鉱業金融商会の成立

深層鉱山の発見　ラントで最初の公開金鉱地宣言が発せられて3年が経過しても，大多数の鉱区は東西に延びる露頭鉱脈からおよそ南に3000フィートの距離内の土地に設定されているにすぎなかった[23]。しかし，段々と深くなる鉱脈からの規則的な生産は，南方の遠く隔たった地域で垂直に竪坑を掘削すれば，採算可能な鉱脈と深部で交差することを示唆していた。

この深層鉱山の可能性をいち早く認識し，露頭鉱山の南側の鉱地獲得に乗り出したのは，アメリカから来ていた鉱山技師J・S・カーティスと，GFSAの顧問技師P・ターバトおよび彼の同僚であった。彼らはほとんど鉱区認可料に近い価格で鉱地を購入していった。しかし，彼らの資力には限りがあった。ターバトがローズとラッドを説得するのに失敗するあいだに，カーティスの提言を受け入れたバイトとフィリップスは迅速に行動した。1889年中葉からエックシュタイン商会は代理人を使って秘密裡に行動し，1890年初葉までにはランハラーフテからモダーフォンテインに至る富裕な露頭鉱山の南側に隣接する鉱地と既存の鉱山会社とを買い占めた[24]。

露頭鉱山の開発はおよそ1万ポンドで可能であった。しかし，深い竪抗と幾重もの地下坑の掘削と，より大型の砕鉱機と回収装置を必要とする深層鉱山の開発には，その30～40倍の資本を必要とし，それも絶えず上方に修正されねばならなかった[25]。こうした巨額の資本に加えて，1889年の金鉱株ブームの崩壊以後，株価は期待したようには上昇せず，深層鉱山会社の発起には難行が予想された。この金融逼迫の打開策としてウェルナー・バイト，エックシュタイン

---

23) F. H. Hatch and J. A. Chalmers, op., cit., p. 88.
24) A. P. Cartwright, *The Corner House*, p. 109.
25) 1895年，2人の鉱山技師，F・H・ハッチとJ・A・チャルマーズは，鉱脈の深さ3000フィートの鉱山を開発するには，2本の竪坑の掘削と設置に30万ポンド，2台のポンプ10万ポンド，鉱山開発費10万ポンド，粉砕・回収装置設置15万ポンド，合計65万ポンドが必要であり，鉱山の懐妊期間を6年と見て，利子分も含めると，開発費は75万ポンドに達すると見積もっている（F. H. Hatch and J. A. Chalmers, *op. cit.*, p. 106.）。1895年以前，アメリカには，1つの鉱床に30万ポンド以上投資した鉱山会社は皆無であった（G. Blainey, 'Lost Causes of the Jameson Raid', *The Economic History Review*, sec. ser., Vol. 18 (1965), p. 355.）から，ラントの深層金鉱山の開発には如何に巨額の費用を要したかがうかがわれる。

両商会によって採用されたのが，深層鉱山各社の開発・経営に携わる持株会社の設立であった。

鉱業金融商会の成立　1891年末から92年初葉にかけてウェルナー・バイト，エックシュタイン両商会は深層鉱山開発計画を策定し，ローズとロンドンのロスチャイルドを勧誘することを決定した[26]。両商会は，①持株会社の当初資本金の半分，最大20万ポンドまで深層鉱山10社の開発に賭けること，②取締役会を支配すること，③創業者権として利潤の25％を取得すること，を計画した[27]。1892年4月，両商会はローズを通してDe Beersに資本金の半額を出資するよう申し入れた。しかし，この申し込みはDe Beersのロンドン委員会（ロスチャイルドの利益を代表する）で否決された[28]。ウェルナー・バイト商会は，新たに，資本金30万ポンド，株式持分をウェルナー・バイト商会60％，GFSA10％，ロスチャイルド20％，隣接鉱区の提供者であるS・ノイマン，A・ベイリー，C・ハナウたち10％とする案を提起した[29]。バイトによって深層鉱山の可能性を説得されたローズは即座に承認したが，ロスチャイルドは創業者権に難色を示した。長い接衝の末，資本金総額に等しい配当が支払われた後に，創業者権（利潤の25％を獲得する権利）を認めることで両者の折合いがつけられた[30]。

1893年2月，授権資本金40万ポンドのRand Mines社（RM）がトランスヴァールに登録された。当初の発行資本金は30万ポンド（1ポンド株30万株）に決められた。エックシュタイン商会は1300鉱区と5つの鉱山会社の多数株を提供して20万株を受け取った。残りの10万株は額面価格で発行され，CGFSA（後述）に3万株（10％），ロスチャイルド2万7000株（ロンドン・ロスチャイルドのナサニエル・メイヤー，アルフレッド，レオポルドの3兄弟に各8000株，パリ・ロスチャイルド3000株），ドイツ生れのマーチャント・バンカー，E・カッセル6000株，パリの金融業者R・カン3000株，ダイヤモンド・シンジケート（Diamond Syndicate）への参加商人8400株，ロスチャイルドの3人の顧問技師（ドークレイノー，H・C・パーキンス，ハミルトン・スミス）とエッ

---

26)　A. P. Cartwright, *The Corner House*, p.126.
27)　R. V. Kubicek, *op., cit.*, p.64.
28)　A. P. Cartwright, *Gold Paved the Way*, p.65.
29)　*Ibid.*, p.65.
30)　A. P. Cartwright, *The Corner House*, p.128.

クシュタイン商会の顧問技師（ヘネン・ジェニングズ）計1万5000株，そして3人のラントの発起業者（A・ベイリー，C・ハナウ，S・ノイマン）に1万7000株が割り当てられた[31]。

この割り当てには2つの特徴が見られた。そのひとつは，RMを設立する以前には，エックシュタイン商会はラントの金鉱山会社の発起に際し，主としてフランスとドイツの金融関係者に資本を求めてきたにもかかわらず，この度はロンドンに資本をあおいだことである。これは，RMの子会社として設立される深層鉱山10社の開発には巨額の資本の要することが予想され，当時世界最大の金融センターであったロンドンからの資本導入を考慮したからにほかならない。ロスヴィルドやカッセルの権威は，子会社の株式発行に際し一般投資家に好影響を及ぼすことが期待された。もうひとつは，CGFSAとS・ノイマン，C・ハナウ，A・ベイリーなど，ラントの他の鉱業商会や発起業者の資本参加を許したことである。さらに，エックシュタイン商会はCGFSAに対してRMの利潤の25％取得権（創業者権）のうち「10％」の権利を穏当な値段で譲渡した[32]。バイトの説明によれば，「ローズの頭脳は馬鹿にすべきでない。利害が一致していなければ，絶えず摩擦が生じるだろう」[33]というものであり，他の発起業者の参加については，「有利な取引から彼らを排除すれば，うまい話はわれわれを通り過ぎてしまう」[34]というものであった。広大なラント金鉱地での競争と協調，これがエックシュタイン商会の戦略であった。

1892～99年の間，ことに1895年の金鉱株ブームの時期を中心に，RMの下には10の金鉱山会社が設立された。そのうちのひとつのGeldenhuis Deepは1895年に生産を開始した。これは深層鉱山では最初の生産であった。残る鉱山もSouth Nourseを除いて，1897～99年には操業を開始した。RMは，これらの鉱山会社の発起・発行業務に携わるとともに，各社の取締役会を制し，支配人，顧問技師，秘書役のポストを確保し，集中的管理（＝グループ・システム）を

---

31) R. V. Kubicek, *op., cit.*, pp.64-65.
32) 6年後の1899年，RMはエックシュタイン商会からこの創業者権を同社の株式11万903株で買い戻した。当時RMの1株は45ポンドで取り引きされていたから，この市場価額はおよそ500万ポンドにものぼっていた（A. P. Cartwright, *The Corner House*, p. 128）。このうちCGFSAは100万ポンド以上の価値ある株式を受け取った（A. P. Cartwright, *Gold Paved the Way*, p. 66）。
33) A. P. Cartwright, *The Corner House*, p. 130.
34) R. V. Kubicek, *op., cit.*, p.65.

実施していった。

　1892年には，GFSAを取り巻く状況は大きく変化していた。黄鉄鉱金鉱石を処理するマッカーサー＝フォレスト法プラントは成功裡に導入されていたし，何よりも深層鉱山開発の可能性が開かれつつあった。さらには，ローズが期待したローデシアには，第2のラントも第2のキンバリーも発見できなかった。しかし，GFSAのラントへの復帰を促したのは，ローズでもラッドでもなかった。

　P・ターバトも，深層鉱山の可能性についてローズとラッドの説得に失敗する間，同僚の鉱山技師たちと設立していたThe African Estates Agency社を使用して多数の深層鉱山・鉱地を購入した。彼はまた，露頭鉱山の南側に最初に設立されたVillage Main Reefの開発者でもあった。GFSAの第1書記を務め，1889年に取締役に昇格していたH・デイヴィスは，鉱地取引と鉱山会社発起を業務とするSouth African Gold Trust Agency社と金鉱山投資会社African Gold Share Investment社を経営していた。この2つの会社も同様に深層鉱山鉱地の獲得に乗り出していた。深層鉱山に対するローズの懐疑とラッドの慎重さも，バイトからRMへの資本参加を申し込まれるにいたって，ようやく解消した。そして，GFSAのラントへの復帰に途を開いたのはデイヴィスとターバトであった。

　1892年8月2日，GFSAとターバトの1社およびデイヴィスの2社とが合同して，授権資本金125万ポンドのConsolidated Gold Fields of South Africa社（CGFSA）が設立された。ターバトとデイヴィスの会社がどのように評価されたかは，新会社の株式配分とデイヴィスおよびターバトの処遇から推測することができる。デイヴィスとターバトの3社には24万6500株，すなわちGFSAの株主たちが獲得した株数（50万株）のおよそ半分が割り当てられ，さらに6万1625株を額面価格で取得する権利が与えられた。デイヴィスは副会長に選ばれ，ターバトは取締役に選出された。ローズとラッドは新会社株8万株と額面価格で2万5000株を取得する権利が与えられたが，彼らがGFSAにおいて有していた創業者権（利潤の20％を取得する権利）は放棄せざるをえなかった[35]。

　ラントに復帰したローズたちの行動は迅速であった。CGFSAの未発行株式

---

[35] The Consolidated Gold Fields of South Africa, Ltd., *The Gold Fields 1887-1937*, London, The Consolidated Gold Fields of South Africa, Ltd., 1937, pp. 33-34 ; A. P. Cartwright, *Gold Paved the Way*, pp. 68-69 ; R. V. Kubicek, *op., cit.*, p. 97.

33万6875株は，1893年7つの露頭鉱山会社の相当数の株式と交換に発行された。さらに，CGFSA は Gold Fields Deep 社を設立して深層鉱山開発に向かった。この年 CGFSA は，ターバトから40万ポンドで Village Main Reef の発行株式の3分の2を購入し，翌年には Simmer & Jack に広大な鉱地を提供してその最大株主となり，これを傘下に収めた。Gold Fields Deep 社は，単独もしくは Simmer & Jack と共同で，1894年に Robinson Deep を，翌年には Rand Victoria Mines の他，Simmer & Jack East，Simmer & Jack West，Knights Deep，Glen Deep，South Solomon の5会社を設立し，売主株として Robinson Deep からは7万5000株，5会社からは合計37万5736株を取得した[36]。1898年には Simmer & Jack は South Rose Deep と South Geldenhuis Deep（これは Rand Victoria Mines と共同）を設立し，翌99年に Rand Victoria Mines は Rand Victoria East を設立した。

RM 傘下の深層鉱山群を南と東で取り巻く形で設立された CGFSA 傘下の鉱山群は，鉱脈がより深かっただけに，その開発には RM 傘下鉱山以上の資本と時間が必要であった。南ア戦争以前に，RM 傘下ではすでに9鉱山が生産を開始していたのに，CGFSA 傘下では，1898年に Simmer & Jack と Robinson Deep がようやく生産を始めたにすぎなかった。

こうした RM と CGFSA の深層鉱山開発への進出に対して，他の鉱業商会も一斉に追随していった。パートナー形式の商会は株式会社に転化され，株式会社は新たに株式発行を行なうことによって資本を増強した。JCI の資本金は設立時の17万5000ポンドが1896年には275万ポンドとなり，Anglo-French の資本金も10万ポンドから1896年に70万ポンドとなった。アルビュ商会は，1895年，Dresdner Bank，Disconto-Gesellschaft およびドイツ最大の金融業者 S・ブライヒレーダーの資本参加によって，株式会社 General Mining & Finance 社（GM，資本金125万ポンド）となり，ゲルツ商会は，1897年，Deutsche Bank と Berliner Handels-Gesellschaft の出資額が増大されて改組され，資本金100万ポンドのトランスヴァール登録会社となった。さらに，ダイヤモンドの販売独占体ダイヤモンド・シンジケートに参加していたドゥンケルスブーラー商会（Dunkelsbuhler and Co）は，1897年 Darmstädter Bank の資本参加を得て

---

36) C. S. Goldmann, *South African Miners : Their Position, Results, & Development ; Together with an Account of Diamond, Land, Finance, and Kindred Concerns*, Vol. 1, London, Effingham, 1895, p. 148.

Consolidated Mines Selection 社（CMS，資本金30万ポンド）を設立した。これら鉱業商会の多くは，Central Rand および Far East Rand の深層鉱地を獲得し，RM と CGFSA と同様に，1895-96年と1899年の金鉱株ブームを利用して，一斉に金鉱山会社を設立していった。

エックシュタイン商会が秘密裡に深層鉱地の買収を始めた1890年初頭に，Central Rand では東西に伸びる露頭鉱脈から3000フィート離れた南の地域に設定された鉱区は皆無であった。しかし，90年代中葉には3マイルまでの地域はすべて採鉱権が設定されていた[37]。ラントの東部では，モダーフォンテインから南に向かって順次採鉱権が設定され，Heiderberg 金鉱地とほとんど接続するまでになった（モダーフォンテイン以南の鉱地は Far East Rand 金鉱地と呼ばれるが，1920年代末葉には Heiderberg 金鉱地もそれに含められるようになる）。そして，1890年代後半には，Central Rand に露頭鉱山群，第1列深層鉱山群および第2列深層鉱山群が作り出す2列の回収工場と1列の竪坑とが並ぶにいたった。深層鉱山開発の進行とともに，RM によって最初に実施された傘下鉱山各社の集中的管理方式はラント全域で採用され，コスト低下のために効率的経営が追求された。ここにグループ・システムが成立し，ラントの初期に設立された鉱業商会は，傘下各社に対し発起・発行，金融，管理・支配の3機能を果たす鉱業金融商会へと転化していった。同時にラントの金鉱業は深層鉱山への移行によって，長期的大規模産業へと転身していった。

（3）ラント金鉱業とトランスヴァール政府

1890年代後半における鉱業金融商会鉱山グループ別生産　ラントの金産出高は，1890年には1887年の20倍を上回る49万5000オンス（金地金），94年には90年の4倍の200万オンス，さらに98年には94年の2倍強の430万オンスへと増大した（表1—1）。傘下鉱山各社に対する集中的管理方式がラント全域に採用されていった90年代後半における主要商会鉱山グループの生産（表1—2）をみると，1895年にはコーナーハウス（エックシュタイン商会と RM）鉱山グループがラント金生産の32.6%（74万オンス）を占めて，圧倒的に他を凌駕し，次いで，ロビンスン鉱山グループ（23万オンス）と JCI 鉱山グループ（20万オン

---

37)　F. H. Hatch and J. A. Chalmers, *op. cit.*, pp. 88–89.

表1―1　ラント金鉱業の基本的指標Ⅰ（1887―99年）

	粉砕鉱石量 (ton)	生産高 (地金) (oz)	生産額 (£)	粉砕鉱石 トン当り金量 (dwts)	粉砕鉱石 トン当り収入 (s/d)
1887年		23,155			
1888年		208,122	1,250,000		
1889年		369,557			
1890年	702,825	494,817	1,855,000	13.829	53/0
1891年	1,175,465	729,238	2,560,000		43/4
1892年	1,921,260	1,201,867	4,297,610		44/9
1893年	2,203,704	1,478,473	5,187,206		47/1
1894年	2,827,365	2,024,159	6,963,100		49/0
1895年	3,456,575	2,277,635	7,840,779	12.562	46/0
1896年	4,041,697	2,281,874	7,864,341		39/4
1897年	5,325,355	3,034,674	10,683,606		40/0
1898年	7,331,446	4,295,602	15,141,376		41/4
1899[1)]年	6,639,355	4,069,166	14,046,686	10.091	41/2

注）1）1月から9月まで
出所）粉砕鉱石量，生産額，粉砕鉱石トン当り収入は，*Mines of Africa, 1910–11*, edited by R. R. Mabson, p. xv. 生産高は，1887～94年まで C. S. Goldmann, *South African Mines : Their Position, Results & Development*, vol. I, p. vii. 1895～98年は，*The Statist*, Feb. 11, 1899, p. 205. 1899年は，D. H. Houghton & J. Dagut, *Source Material on the South African Economy : 1860–1970*, vol. II, p. 34. 粉砕鉱石トン当り金量は，S. H. Frankel, *Investment and the Return to Equity Capital in the South African Gold Mining Industry 1887–1965*, p. 28.

ス）が10％弱，CGFSA 鉱山グループ（9万オンス）とゲルツ商会鉱山グループ（8万6000オンス）が4％前後，ノイマン商会（S. Neumann & Co）鉱山グループ（4万オンス）と Anglo-French 鉱山グループ（4万オンス）が2％弱であった。1898年には，コーナーハウス鉱山グループは45.3％（195万オンス）と半分近くも占めるようになり，CGFSA，ノイマン商会，Anglo-French の各鉱山グループもそれぞれ6.2％（26万オンス），4.8％（21万オンス），5.6％（24万オンス）と比重を高めた。これに対し，JCI，ロビンスン，ゲルツ商会，GM の各鉱山グループの比重は低下したけれども，いずれも生産量は増大していた。これら主要鉱山グループの生産増大の背景には，RM 鉱山グループと CGFSA 鉱山グループに典型的に現れているように，1897-98年に開始された深層鉱山の生産が存在していた。上記8鉱山グループのラントの全生産に占める比重は1895年の68％から98年には84％へと上昇したが，これはラント金鉱業が深層鉱山に移行するとともに，主要鉱業金融商会のラントに対する支配が一層拡大したことを反映するものであった。

低品位鉱石とコスト問題　こうした生産の増大にかかわらず，ラント金鉱業は

表1—2 主要鉱業金融商会鉱山グループの金生産量[1] (1895—99年)

(単位：オンス，( ) 内は％)

	1895年	1896年	1897年	1898年	1899年
Ⅰ．Corner House 鉱山グループ					
(1) RM 鉱山グループ	6,889 (0.3)	56,031 (2.5)	187,046 (6.2)	671,305 (15.6)	752,142 (18.5)
(2) Eckstein 商会鉱山グループ	736,601 (32.3)	876,715 (38.4)	1,081,498 (35.6)	1,274,712 (29.7)	1,061,907 (26.1)
合 計	743,490 (32.6)	932,746 (40.9)	1,268,544 (41.8)	1,946,017 (45.3)	1,814,049 (44.6)
Ⅱ．CGFSA 鉱山グループ	92,941 (4.1)	96,803 (4.2)	75,266 (2.5)	264,577 (6.2)	305,293 (7.5)
Ⅲ．JCI 鉱山グループ	203,514 (8.9)	167,877 (7.4)	227,201 (7.5)	323,770 (7.5)	301,629 (7.4)
Ⅳ．Goerz 商会鉱山グループ	85,727 (3.8)	83,185 (3.6)	94,112 (3.1)	151,513 (3.5)	185,447 (4.6)
Ⅴ．GM 鉱山グループ	125,882 (5.5)	119,111 (5.2)	142,611 (4.7)	149,262 (3.5)	182,647 (4.5)
Ⅵ．Neumann 商会鉱山グループ	40,321 (1.8)	110,562 (4.8)	159,939 (5.3)	207,401 (4.8)	151,075 (3.7)
Ⅶ．Robinson 鉱山グループ	225,120 (9.9)	151,329 (6.6)	228,860 (7.5)	319,816 (7.4)	267,570 (6.6)
Ⅷ．Anglo-French 鉱山グループ	39,628 (1.7)	24,263 (1.1)	133,772 (4.4)	240,908 (5.6)	270,040 (6.6)
Ⅸ．上記8商会鉱山グループ	1,556,623 (68.3)	1,685,876 (73.9)	2,330,305 (76.8)	3,603,264 (83.9)	3,477,750 (85.5)
Ⅹ．その他金鉱山会社	721,012	595,998	704,369	692,338	591,416
Ⅺ．ラント金鉱山生産総計	2,277,635 (100)	2,281,874 (100)	3,034,674 (100)	4,295,602 (100)	4,069,166 (100)

注) 1) 金地金
出所) *South African Mining Manual 1900*, lxxi-lxxii. 生産総計は表1—1と同じ

大きな弱点をかかえていた。ラントの金鉱脈は膨大かつ規則的であったけれども，金鉱山の国際的水準からすると著しく低品位であった[38]。しかも，鉱脈は深くなればなるほど鉱石品位は低下する傾向にあった。実際，ラント金鉱山の鉱石品位は，1890年の粉砕鉱石トン当り13.829dwts（ペニーウェイト。20分の1オンス。約1.56グラム）から，1895年12.562dwts, 1899年10.091dwtsへと低下した（表1—1）。特殊商品たる金の価格は一定であったので，これは当然に粉砕鉱石トン当り収入に反映され，同じ期間に53シリングから46シリング，さらには41シリング2ペンスへと低下した。粉砕鉱石トン当り利潤を維持するには，ただひとつ営業コストを引き下げることであった。しかし，当時のトランスヴァールのクルーガー政府はブール人大土地所有者の政権で，資本制

---

38) 当時オーストラリアで採掘されていた金鉱石の含有量は粉砕鉱石トン当り12dwtsであり，カナダのKlondike鉱山のそれは10dwtsであった。これに対し，ラント金鉱山の平均品位は6.5dwtsにすぎなかった（J. J. Van-Helten, *op., cit.*, p. 143.）。

的経営の金鉱業の要求には容易に対応できず，そのため，コスト低下の実現には難しい問題がはらまれていた。

1890年代中葉のラント金鉱山全体のコスト構造は，おおよそアフリカ人労働者費用3分の1，白人労働者賃金3分の1，ダイナマイト10％，石炭10％、化学薬品・木材・鉄鋼・道具・蝋燭・管理費など10数％であった[39]。これらの費用のそれぞれについて，ラント金鉱業主はトランスヴァール政府に大きな不満を抱いていた。政府が与えた生産・販売独占利権によって，ダイナマイト価格は40～50％高くなっていた[40]。また，主たるエネルギー源であった石炭は，ラント近くのボクスブルグとハイデルブルグで産出されていたにもかかわらず，Netherlands South Africa Railway 社に与えられた鉄道利権による高運賃のために，価格は50％がた高くなっていた[41]。さらに，トランスヴァール内のトン・マイル当り鉄道運賃は，ケープ線ではケープ植民地内の5.9倍，ナタール線ではナタール内の2.5倍，デラゴア・ベイ線はケープおよびナタール内の2倍に設定されており[42]，高関税と相俟って，ラント金鉱山の必要とする機械・装置・薬品・食料等の輸入品価格を引き上げていた。しかし，こうした資材の高価格にもまして金鉱業主が不満を抱いていたのは，十分な数の安価なアフリカ人労働者が確保できないことであった。

1890年代を通して，ラント金鉱山における白人労働者の賃金はアフリカ人労働者賃金の8～9倍であった。資料が利用できる1894年についてみると，白人労働者数5500人，アフリカ人労働者数は4万2500人であったが，両者の年間賃金総額はほぼ同じ（170万ポンド）であった[43]。白人労働者の賃金引下げが実現できるならば，大幅なコスト低下が実現されたことであろう。しかし，種々の理由からそれは不可能であった。第1に，白人労働者はコーンウォールおよびオーストラリアからの移住者が多く，彼らは労働組合を経験していた。した

---

39) C. S. Goldmann, *op. cit.*, p. v ; E. P. Rathbone, 'Some Economic Features in Connexion with Mining on the Witwatersrand Goldfields, South African Republic', *Transactions of Institute of Mining and Metallurgy, 1896-97*, Vol. 5, p. 64.

40) J. E. Evans, (British vice-counsul at Johannesburg), *Report of the Trade, Commerce, and Gold Mining Industry of the South African Republic for the Year 1897* (C 9093), (1898), Irish University Press Series of British Parliamentary Papers, Colonies Africa 43, p. 11.

41) E. P. Rathbone, *op. cit.*, p. 64.

42) J. E. Evans, (British vice-counsul at Johannesburg), *op. cit.*, p. 14.

43) C. S. Goldmann, *op. cit.*, p. xvii.

がって，白人労働者に対する攻撃は手痛い反撃を呼び起こすことは必至であった。第2に，かなり多くの白人労働者は戦略的に重要な開発作業に従事しており，彼らは強い交渉力を有していた。第3に，金鉱業主はトランスヴァール政府から種々の譲歩を引き出すのに，白人労働者の支持を得る必要があった[44]。こうしてラント金鉱山におけるコスト低下の要請は，一層アフリカ人労働者に求められることになった。

　アフリカ人労働者は定住を許されぬ出稼ぎ労働者であった。出稼ぎ労働は産業化の初期にどこにでも見られる現象であるが，キンバリーのダイヤモンド鉱山とラントの金鉱山ではこれが存続することになる。そのひとつの重要な理由は，賃金を定住労働者のそれより安くできたことである。家族とともに定住した労働者には，家族全員の生活費と再生産費を支払わなければならないであろう。しかし，出稼ぎ労働者には，家族が故郷の農村で自給生活を営んでいたので，1人分の生活費を支払えばよかった。さらに，老齢や病身で働けなくなった場合，故郷で面倒を見てもらえるので，鉱山は「社会保障費」を節約できた。

　アフリカ人労働者は鉱山で働く期間コンパウンドに収容された。まさに，コンパウンドは出稼ぎ労働と一体であった。ラントのコンパウンドとキンバリーのコンパウンドの違いと言えば，後者はいくつもの建物が高い塀に囲まれ，塀の入口がひとつの監獄のようで，ダイヤモンド原石の窃盗や不法販売を防止する名目で，アフリカ人は働く2，3カ月の契約期間中コンパウンドに閉じ込められ，厳格な身体検査に服さねばならないクローズド・コンパウンドであったのにたいし，ラントのそれは，監獄のような建造物であることに変わりはなかったが，収容されたアフリカ人労働者は比較的自由に外部に出ることができた。コンパウンドは出稼ぎ労働を維持するための不可欠な施設であったが，同時に労働者管理，労務規律教育の場所ともなった。

　ラント金鉱山に働くアフリカ人労働者数は，1890年1万5000人[45]，1895年5万1000人[46]，1899年10万7500人[47]と急速に増加した。しかし，こうした増加にもかかわらず，開発の進行は余りに急激であったため，常にアフリカ人労働力

---

44) D. Innes, *Anglo American and the Rise of Modern South Africa*, London, Heinemann Educational Books Ltd,1984, pp. 59-60.

45) S. T. Van der Horst, *Native Labour in South Africa*, London, Oxford University Press, 1971, p. 127.

46) C. S. Goldmann, *op., cit.*, p. xvii.

の需要は供給を上回り，賃金の引き下げは容易でなかった。トランスヴァール内のアフリカ人は苛酷な地下労働を嫌って，できるかぎり鉱山への就業を回避していた。鉱山各社は労働者募集員を雇用したり募集会社に依頼してモザンビーク（ポルトガル領東アフリカ）南部に労働者を求めねばならなかった。1890年代を通して，ラントのアフリカ人労働者の60％はその地の出身者であった[48]。

鉱山会議所の設立とアフリカ人労働者賃金の引き下げ　1889年に設立された鉱山会議所の主要任務は，当初からアフリカ人労働者の確保と賃金引き下げにおかれていた。1890年当時，アフリカ人労働者の賃金は，Barberton鉱山で月額33シリング，Pilgrim's Rest鉱山で27シリング，農園で20シリング程度であった[49]。しかし，ラントでは旺盛な労働力需要によって，同年10月には63シリングに達していた。鉱山会議所は加盟鉱山会社66社と協議して，これを25％引き下げることを決定した[50]。しかし，結果は無残であった。この決定は直ちに多数の労働者の離職を招き，再び鉱山各社の労働者争奪は激しさを加え，賃金は旧の水準あるいはそれ以上となった。この失敗から明らかとなったことは，アフリカ人労働者の供給を支配できなければ，彼らの賃金も統制できないということであった。

　鉱山会議所は，賃金の引き下げを実行すると同時に，トランスヴァール政府に対して，農村におけるアフリカ人労働者募集に協力すること，鉱山からの逃亡を阻止するためにパス法を制定すること，鉱山への往復路におけるブール人農民によるアフリカ人の強制使用を取り締まること，移動中のアフリカ人労働者を保護するために幹線道路に宿泊所を設けること，を要求していた。しかしながら，政府はこれらの要求に容易に応じようとはしなかった。

アフリカ人労働者をめぐる競争の激化　深層鉱山の大規模な開発が本格化した1890年代中葉には，アフリカ人労働者の需要は未曾有の規模に達し，アフリカ

---

47) N. Levy, *The Foundations of the South African Cheap Labour System*, London, Routledge & Kegan Paul, 1982, p. 296.
48) F. Wilson, *Labour in the South African Gold Mines, 1911-1969*, Cambridge, Cambridge University Press, 1972. p. 70.
49) D. Innes, *op., cit.*, p.51.
50) S. T. Van der Horst, *op., cit.*, p.150.

人労働者をめぐる鉱山各社の競争は激化するとともに，賃金は40〜60シリング，熟練者の場合には70シリングまでになっていた[51]。鉱山会議所と加盟鉱山各社は再びアフリカ人労働者に対し攻撃を加えることとなった．

その第1は特別パス法の制定である。アフリカ人労働者の募集について，募集員あるいは募集会社に大きく依存していた鉱山各社は，手数料として，多い場合には1人当り4ポンドを支払わねはならなかった。それにもかかわらず，「1890年代には，最も安い最も容易な募集はラント自身で生じていた。」[52]すなわち，他の鉱山会社で働く労働者を賃金の引き上げもしくは待遇の改善を条件に引き抜くことが，日常茶飯事のごとく生じていた。この労働者の「盗み」と「逃亡」を阻止するには，ラントにおけるアフリカ人の移動を規制することが必要であった。特別パス法は，アフリカ人が「労働地区」（鉱業地域）に入ると，地区パスもしくは雇用者のパスを所持する必要を規定したもので，所持していないと逮捕され，刑罰が科されるものであった[53]。鉱山会議所による再三再四の要請によって，1895年，特別パス法はトランスヴァール議会を通過した。

第2は賃金引き下げである。1896年，鉱山会議所と加盟鉱山各社はアフリカ人労働者の賃金を一律30％引き下げるとともに，鉱山各社の競争を阻止するために，労働時間の下限と食料等待遇の上限を定め，さらに翌年には，1日当り最高賃金を2シリング6ペンス，最低賃金を1シリングとすること，熟練アフリカ人労働者にはアフリカ人雇用数の7.5％まで特別賃金表を適用してもよいこと，これらが実行されているかどうかを監視する視察官を設けること，が決定された[54]。

第3は鉱山会議所自身によるアフリカ人労働者募集組織，Rand Native Labour Association Ltd（RNLA）の設立である。アフリカ人労働者の募集を募集員や募集会社に依存してきた鉱山各社は，頭割り手数料を支払わねはならなかったのみならず，未統制な募集から生じる種々の弊害を忍ばねばならなかった。ラント鉱山会社のこの統一募集組織は，手数料を不要にし，かつ種々の弊害を除去するばかりか，アフリカ人労働者の供給そのものを支配することに

---

51) *Ibid.*, p.130.
52) A. H. Jeeves, *Migrant Labour in South Africa's Mining Economy : The Struggle for the Gold Mines' Labour Supply 1890-1920*, Kingston and Montreal, McGill-Queen's Unversity Press, 1985, p. 43.
53) S. T. Van der Horst, *op., cit.*, pp.133-134.
54) *Ibid.*, p.131.

よって，賃金の引き下げをも実現しようとするものであった。

　鉱山会議所と鉱山各社のこうした政策も，大規模な深層鉱山開発の旺盛な労働力需要と鉱山各社の激しい労働者争奪のために，所期の目的を達成することは困難であった。統一募集組織である RNLA の活動は，労働者募集員を僅かな費用で買収できたモザンビークでは成功したが，南アフリカの各地では失敗であった。そこでは複雑にからみ合った，現地政府，募集員，首長などのアフ

---

55) *Ibid.*, p.135.
56) ジェイムスン襲撃事件とは，ヨハネスブルグの「外国人」の蜂起に呼応して，ジェイムスンが率いる騎馬隊がベチェアナランドからヨハネスブルグに雪崩れ込み，ここを制圧し，クルーガー政権を瓦解させることを目論んだものである。ヨハネスブルグでは蜂起は生じず，ジェイムスンの騎馬隊はクルーガー政権の軍隊に包囲されてあっけなく事は終わった。ジェイムスン襲撃事件の背後の首謀者はセシル・ローズとアルフレッド・バイトであった。時のイギリスの植民地相チェンバレンはこの企てに暗黙の承認を与えていた。言うまでもなく，バイトは南アフリカ最大の金生産者，エックシュタイン商会を支配するウェルナー，バイト商会の上級パートナーであり，ローズはケープ植民地の首相にして，ダイヤモンド独占体 De Beers の取締役会長，特許会社 British South Africa Co の取締役，および CGFSA の専務取締役であった。RM と CGFSA は深層鉱山に着手したところであった。彼らの目的は，クルーガー政権よりも金鉱山に対しもっと好意的で効率的な政権の樹立にあった。
　G・ブレイニーは，ジェイムスン襲撃に参加しなかった鉱山資本家がいるのは何故か，との疑問から出発し，露頭鉱山と深層鉱山の生産条件を検討して，深層鉱山開発にかかわっていた鉱業金融商会（コーナーハウスと CGFSA）と資本家（G・ファッラー）こそがクルーガー政権打倒による経済環境改善に至大な利害を有しており，ジェイムスン襲撃に参加しなかった鉱山資本家は露頭鉱山の開発に限られていた，と主張した。このブレイニーの主張をめぐっては，一連の論争が展開された。ここでは，文献だけを挙げておきたい。G. Blainey, *op., cit.*; D. J. N. Denoon, '"Capitalist Influence" and the Transvaal Government during the Crown Colony Period, 1900-1906', *The Historical Journal*, Vol. 11, No. 2 (1968); R. V. Kubicek, 'The Randlords in 1895 : A Reassessment', *The Journal of British Studies*, Vol. 11 (1972); A. A. Mawby, 'Capital, Government and Politics in the Transvaal, 1900-1907 : A Revision and A Reversion', Vol. 17. No. 2 (1974); R. Mendelsohn, 'Blainey and the Jameson Raid : The Debate Renewed', *Journal of Southern African Studies*, Vol, 6. No. 2 (April 1980); E. Katz, 'Outcrop and Deep Level Mining in South Africa before the Anglo-Boer War : Re-examining the Blainey Thesis', *Economic History Review*, Vol. XLIII, No. 2 (1995). わが国では，ブレイニーに拠りつつジェイムスン襲撃を解明したものに，市川承八郎「ジェイムソン侵入事件とラント金山二大会社」『史林』第3巻第2号（昭和45年）（同『イギリス帝国主義と南アフリカ』，晃洋社，1982年の第1章として収録）がある。また，谷口栄一氏はブレイニーの分析に依拠して南ア戦争の経済的背景を解明せんと試みている（谷口栄一「アングロ＝ボーア戦争におけるランド鉱山金融会社の経済利害について」『経済と経済学』第37号，1976年2月）。なお，市川承八郎氏は，「帝国植民省とジェイムソン侵入事件」『史林』第54巻第1号，昭和46年（前掲書第2章として収録）において，ジェイムスン襲撃事件へのJ・チェンバレン植民相の関わりを余すところなく暴露している。

リカ人協力者の利害と衝突したばかりか，RNLAのメンバーである鉱山会社の募集員と競合する有様であった[55]。賃金引き下げも再び多くの離職者を生み出し，労働者を確保しようとする鉱山各社の競争によって，賃金は再び旧の水準に復帰した。特別パス法も，トランスヴァール政府の無力と腐敗によって効力がうすく，鉱山各社相互の労働者の「盗み」がアフリカ人労働者の「逃亡」を助長していた。

　1895年末に，ローズとバイトをバックに，RMの会長で鉱山会議所会長を務めていたフィリプス，CGFSAの取締役F・ローズ（セシル・ローズの兄），顧問技師J・H・ハモンド，Anglo-Frenchの専務取締役G・ファッラー，ローデシアにおけるBSACの行政官L・S・ジェイムスンらによって，クルーガー政府を打倒せんとするジェイムスン襲撃事件（Jameson Raid）が引き起こされた[56]。1890年代末葉には，これらの者たちのみならず，ジェイムスン襲撃事件を非難し，クルーガー政府の施策に期待を寄せていたJ・B・ロビンスンとJCIの代表者たち，さらにはドイツ資本を代表するA・ゲルツやG・アルビュたちもまた，イギリス帝国によるトランスヴァールの併合を支持するにいたっていた。ラントの金鉱業主たちには，ダイナマイト，鉄道，関税等に対するいらだちにまして，アフリカ人のプロレタリア化の過程を支配できぬ不満が渦巻いていた[57]。

第2節　低品位鉱業としての確立（1902～1910年）

（1）低品位鉱業への移行と中国人年季労働者の導入

低品位鉱業への移行とアフリカ人労働者の確保難　南ア戦争中ラントの金生産は大幅に減少した。1899年10月から1900年10月まで，トランスヴァール政府に

---

[57]　ブール人農民と金鉱業資本家の対立の背後に，アフリカ人に対する両者の人種差別が存在すること，並びに南ア戦争はアフリカ人労働力の確保をめぐる両者の戦いであったこと，を正しく指摘したのは，J・A・ホブスンであった（J. A. Hobson, *The War in South Africa : Its Causes and Effects*, London, Macmillan, 1900, pp. 229-240, 179-195参照）。我が国で，この点を明らかにしたのは山田秀雄氏である。山田秀雄「イギリスにおける帝国主義論の生成」，内田義彦・小林昇・宮崎義一・宮崎犀一編『経済学史講座3：経済学の展開』有斐閣，1965年刊所収を参照されたい。

よって操業を許可された2, 3の鉱山を除き，鉱山は活動を停止した。イギリスの軍政下, 1901年5月から操業は本格的に再開されたが，戦争による社会の混乱のために生産ははかばかしくは回復しなかった。1899年には南ア戦争勃発までの9カ月間に, 363万7713オンスの金が生産されていたのに, 1900年と01年の2年間の生産は僅か60万6793オンスにすぎなかった[58]。生産とともに配当と投資も大幅に減少した。そればかりではなく，鉱山の操業停止によって生産施設は減価をきたし，借入金や社債の利子も累積した。戦争中ラント金鉱山が蒙った損失は，財務的にみて，直接的被害690万ポンド，間接的損失2500万ポンドに達した[59]。

南ア戦争はラント金鉱業史における一大分岐点であった。大土地所有者の政権であったクルーガー政府に代わってイギリスの直接支配が登場し，ラント金鉱業を取り巻く政治的環境が変化しただけでない。南ア戦争を境に，ラント金鉱業の中心は深層鉱山へと完全に移行したからである。

深層鉱山への移行はラント金鉱業に深刻は問題を投げかけた。開発に一層巨額の資本が必要となったばかりでない。鉱脈が深くなるにつれて鉱石品位は低下し，コストの引き下げが以前にもましてラント金鉱業の死活を決定することになったからである。このことは，南ア戦争の以前からラント金鉱業主に明らかであった。すでに1890年代後半に，採掘鉱脈が深くなるにつれて鉱石品位は急速に低下し，収益をあげるために, Central Randの3鉱脈のうち比較的高品位のSouth ReefとMain Reef Leaderのみが採掘されていた[60]。しかし，戦後にはこうした選択的採鉱は不可能であった。1900年10月，ケープ・タウンに疎開していた金鉱業主は，操業再開後の低品位鉱石に対処するため, RNLAを改組して新たにWitwatersrand Native Labour Association Ltd（WNLA）を設立し，南アフリカとポルトガル領東アフリカでの労働者募集を一元化するとともに，アフリカ人労働者の賃金を月額30〜35シリングまで引き下げることを決定していた[61]。

ラントの採掘鉱石品位は, 1899年から1910年までの期間, 1887年から1965年

---

58) P. Richardson, *Chinese Mine Labour in the Transvaal*, London, The Macmillan Press, 1982, p. 13.

59) *Ibid.*, p. 13.

60) P. Richardson and J. J. Van-Helten, 'The Gold Mining Industry in the Transvaal 1886~99', in *The South African War : The Anglo-Boer War 1899-1902*, Essex, Longman, 1980, edited by P. Warwick, p. 25.

表1—3　ラント金鉱業の基本的指標Ⅱ（1902—13年）

	粉砕鉱石量 (ton)	生産高 (純金) (oz)	生産額 (£)	粉砕鉱石 トン当り 金量 (dwts)	粉砕鉱石トン当り		
					収入 (s/d)	コスト (s/d)	利潤 (s/d)
1902年	3,416,813	1,691,519	7,179,074		42/0	25/9	16/2
1903年	6,105,016	2,862,141	12,146,307	8.483	39/9	24/9	15/0
1904年	8,058,295	3,645,700	15,520,329		38/6	24/4	14/2
1905年	11,160,422	4,729,657	19,991,658		35/9	23/6	12/3
1906年	13,571,554	5,568,645	23,615,400		34/6	22/2	12/4
1907年	15,523,229	6,221,096	26,421,837		34/0	20/10	13/2
1908年	18,196,589	6,780,757	28,810,393		31/8	18/0	13/8
1909年	20,543,759	7,043,359	29,900,359		28/11	17/1	11/10
1910年	21,432,541	7,228,448	30,703,912	6.752	28/6	17/7	10/11

出所）粉砕鉱石量，生産額，粉砕鉱石トン当り収入およびコストは，R. V. Kubicek, *Economic Imperialism in Theory and Practice*, p. 50. 生産高1902年は D. H. Houghton & J. Dagut, *Source Material on the South African Economy : 1860-1970*, vol. II, p. 34. 1903 - 10年は *Office Year Book on the Union of South Africa 1939*, No. 20, p. 842. 粉砕鉱石トン当り金量1903年と1910年は，S. H. Frankel, *Investment and the Return to Equity Capital in the South African Gold Mining Industry 1887-1965*, p. 28.

までの間のどの期間よりも急速に低下した[62]。粉砕鉱石品位は1890年代にはトン当り11.748dwts であったが，1903年には8.483dwts，1910年には6.752dwts まで低下し，ラント金鉱山全体の平均品位に近づいていた（表1—3）。採掘鉱石品位の急激な低下によって生じる生産コストの上昇に対して，ラント金鉱業の主要な努力は，①切り下げた賃金での多数の不熟練労働者の確保，②機械化と機械・施設の大型化，③隣接小規模鉱山の吸収・合同による巨大鉱山の形成，に向けられた。

　南ア戦争の終了とともに，再び金鉱株ブームが生じた。1902年だけで299の新しい金鉱山会社が設立され[63]，これらは既存の会社とともに一斉にアフリカ人労働者を求めた。しかし，戦争による混乱のために，アフリカ人労働力供給は崩壊したままであった。故郷に帰ったアフリカ人は，社会の混乱が収まらぬ限り容易に出稼ぎに出ようとはしなかった。そのうえ，軍当局はなお多数のアフリカ人を雇用しており，高賃金と多くの食料とを支給していた。港湾活動も活発で，鉄道・道路の復旧にも多くの労働者を要していた。したがって，ラン

---

61) S. T. Van der Horst, *op., cit.*, pp.163–165 ; J. J. Van–Helten, *op., cit.*, pp. 292–293 ; P. Richardson, *op., cit.*, p. 14.

62) S. H. Frankel, *Investment and the Return to the Equity Capital in the South African Gold Mining Industry 1887-1965 : An International Comparison*, Oxford, Basil Blackwell, 1967, p. 28.

63) P. Richardson, *op., cit.*, p.14.

ト金鉱業は，各地の強い労働力需要の中で募集せねばならず，引き下げた賃金とあいまって，アフリカ人労働者の確保はいちじるしく困難であった。1901／02年度から1902／03年度の1年間に，ラント金鉱山の不熟練アフリカ人労働者の賃金は37％上昇した[64]。就業者も増加傾向にあったけれども，旺盛な需要を充たすには不十分であった。

　1903年7月に召集されたトランスヴァール労働委員会（Transvaal Labour Commission）の多数者報告[65]は，当時のトランスヴァール全産業のアフリカ人労働力不足を22万人と見積っていた。このうち鉱業部門の不足数はおよそ13万人であった。少数者報告の指摘するように，鉱業部門のこの数は明らかに過大であった。しかし，南ア戦争勃発時に10万人を越えるアフリカ人労働者がラント金鉱山に雇用されていたのに対し，労働委員会調査時のトランスヴァール鉱業部門の雇用数は6万8280人にすぎなかった[66]。こうしたアフリカ人労働力不足は再び賃金上昇をもたらし，1903年には50～60シリングになって南ア戦争直前の水準に復帰するにいたった。

　アフリカ人労働力不足に直面したラント金鉱山は，1902-03年の間，一連の短期的対応策を採用した。ラント金鉱山は，低品位鉱石採掘政策を一時放棄して優良鉱脈採掘政策に復帰するとともに，生産過程においては，アフリカ人労働者を多く使用していた選鉱作業を大幅に削減し，また掘削では手動ドリルに代えて機械ドリルを漸次導入した[67]。しかし，狭い採鉱石場での機械ドリルの使用は鉱脈以外の岩石を一層多く採掘する結果となり，優良鉱脈採掘政策への復帰にもかかわらず，選鉱作業の削減とあいまって，粉砕鉱石品位の低下をきたした。1902年と03年を比較すると，選鉱作業の削減と機械ドリルの導入によって，粉砕鉱石トン当り営業コストは3.9％低下していたが，粉砕鉱石トン当り営業収入は5.4％低下したので，粉砕鉱石トン当り営業利潤は16シリング

---

64) *Ibid.*, p. 16.
65) 以下の1903年のトランスヴァール労働委員会報告の内容は，S. T. Van der Horst, *op., cit.*, pp. 168-169 によった。この委員会報告を詳細に紹介・検討したものに，大西威人「南アフリカ金鉱業と原住民労働——1903年『トランスヴァール労働委員会報告を中心に——」杉原薫・玉井金五編『世界資本主義と非白人労働』大阪市立大学経済学会・研究叢書13，1983年刊所収，がある。
66) 1904年12月，ラント金鉱山のアフリカ人労働者の雇用状態は，その必要数の46.4％を満たしているにすぎなかった（P. Richardson. *op., cit.*, p. 16.）
67) P. Richardson, 'Chinese Indentured Labour in the Transvaal', in *Indentured Labour in the British Empire 1834-1920*, edited by K. Saunders, London, Croom Helm, 1984, p. 264.

2ペンスから15シリングへと7.2％低下した（表1—3）。1903年には，ミルナーの統治下，ダイナマイト独占の廃止，関税の引き下げ，高率鉄道運賃の改訂などの諸施策が実施されていたにもかかわらず，粉砕鉱石トン当り利潤はコストよりも急速に低下したのであった。こうした事態は，戦争直後の金鉱株ブームを短期間に終焉させ，株式市場での営業資本の募集を困難にし，営業利潤の減少にもかかわらず，開発資金を内部蓄積に求めることを余儀なくさせた。したがって，この資本の危機から脱却し，さらには膨大な低品位鉱石に立脚する永続的な鉱業を確立するためには，優良鉱脈採掘政策への復帰，選鉱作業の削減などの短期的政策では不十分なことが明らかとなった[68]。ラント金鉱業主たちは，1902年にはアジア人労働者の導入を検討していたが，ここに中国人労働者導入を最終的に決意するにいたった。

中国人年季労働者の導入　1904年5月に導入が開始された中国人年季労働者の数は，1906年11月の導入終了までの間に6万3695人に達した[69]。中国人労働者の契約期間は3年で，白人労働者の要求によってもっぱら鉱山の不熟練労働に使用された。1906年のイギリス下院選挙における自由党の勝利と翌年のトランスヴァール議会選挙におけるヘット・フォルク（Het Volk）の勝利によって，1906年11月末日には新たな中国人労働者募集は停止され，翌年7月には年季終了者の送還が開始された。

　ラント金鉱山に働く中国人の数は，それぞれ年央で見ると，1905年1万9986人，06年4万2356人，07年4万8876人，08年3万2290人，09年1万242人で，最も多かった06年と07年には不熟練労働者のうち34.8％と36.3％を占めていた[70]。中国人労働者は，各鉱業金融商会に割り当てられた後，各鉱山会社に配分されたが，各鉱業金融商会への割当ては，①1905年2月まではほぼ2200人が均等に配分され，②それ以後同年4月の第20回輸送船の到着までは希望数に応

---

68) J. J. Van-Helten, *op., cit.*, p. 297.

69) P. Richardson, *Chinese Mine Labour*, p. 166. 中国人労働者の圧倒的多数（97.8％）は山東・直隷の北部2州から募集された。当初は，南部の広東・広西・福建3州での募集を考えていたが，英領マラヤへの移民を取扱う中国の既得権者の反対に逢い，急拠北からの募集に変更したものである。北での募集が成功した最大の要因は，日露戦争によって満州への出稼ぎが閉ざされていたことであった（*Ibid.*, p. 107; P. Richardson, 'Chinese Indentured Labour', p. 272.）

70) P. Richardson, *Chinese Mine Labour*, p. 204.

じて比例配分，③その後最終便までは中国人労働者雇用比率の低い商会へ優先的にふり分けられた[71]。中国人労働者の割当ては，アフリカ人労働者の割当てとは無関係になされていたから，コーナーハウス，CGFSA および当時鉱山会議所の会長をしていた G・ファッラーの Anglo-French など，中国人労働者の導入を積極的に推進した商会の鉱山がより多くの中国人労働者を獲得した。ダーバン港に上陸した 6 万3695人のうち，コーナーハウスが 2 万1621人（エックシュタイン商会 1 万 3 人，RM 1 万1618人，両者で33.9％）を確保し，Anglo-French は 1 万5036人（23.6％），CGFSA は8923人（14.0％），JCI は8399人（13.2％）を得た[72]。

当時地上労働に従事するアフリカ人労働者の賃金は日額最低 1 シリング 6 ペンスであったが，中国人労働者の賃金は 1 シリング，6 カ月を経ると 1 シリング 6 ペンスと決まっていた。そのため，中国人労働者は地上作業にではなく地下作業に使用するのが有利であった。中国人労働者の90％は生産鉱山に雇用され，また80％が地下作業に使われた。彼らはそこで手動ドリルによる採掘労働に従事した[73]。

中国人労働者の導入はラント金鉱山の不熟練労働力市場に大きな影響を及ぼした。3 年契約の中国人労働者の存在はアフリカ人労働力供給の季節的変動の衝撃を緩和し，労働者全体の交替率の大幅低下をもたらした。また，中国人労働者の導入は，後の南アフリカ労働党の指導者，F・H・P・クレスウェルなどの白人不熟練労働者の雇用を失敗させ，白人熟練労働者に対する有色人不熟練労働者の割合を高めた。さらに，中央アフリカおよびドイツ領南西アフリカなど募集費のよりかかる労働者の採用を不要にするとともに，アフリカ人労働者の賃金上昇傾向を抑制し，ついにはこれを逆転させた。1907年中葉から，契約期間の終了した中国人労働者は次々と送還されていったが，1907年初葉以降，不況と不作に襲われた南部アフリカでは，ラント金鉱山に働くアフリカ人労働者の数は漸次増加していた。中国人労働者が最初に導入された1904年には，ラント金鉱山のアフリカ人労働者数は 7 万6000人であったが，1908年中葉には11万人を突破し，1910年中葉には15万人を越えるにいたった。

ラント金鉱山の収益性に及ぼした中国人労働者の影響は，不熟練労働力市場

---

71) *Ibid.*, p. 167.
72) *Ibid.*, p. 205.
73) *Ibid.*, pp. 169, 171.

に対するそれに劣らず大きかった。多数の中国人労働者を手動ドリルによる採鉱という生産過程の戦略的作業に使用することによって、鉱山各社は採掘地点を拡大し、高賃金の白人機械ドリル鉱夫の数を減少させ、さらには機械ドリルの有効的使用をもたらした。こうして金を含まない岩石の混入を削減し、地上の選鉱作業の再導入とあいまって、粉砕・回収に回される鉱石品位を高め、低品位鉱石への移行から生じるコスト上昇圧を相殺した。ラントの金産出高は1905年には472万9657オンスを記録し、戦前の最高水準を突破していたが、その年までは粉砕鉱石トン当り営業収入に占めるコストの比率は上昇を続けていた。しかし、この年を境にこの比率は減少に転じた。1905年にトン当り営業収入35シリング9ペンスのうち、コストは23シリング6ペンス(65.4％)であったのに対し、1908年には営業収入31シリング8ペンス、コスト18シリング(58.3％)となった(表1—3)。それ以後、営業利潤に占める営業コストの比率は再び上昇するが、それはコストの上昇によるものではなく、低品位鉱石採掘から生じる粉砕鉱石品位の低下によるものであった。実際、粉砕鉱石品位は1905〜07年のトン当り8.0〜8.5dwtsから09年以降は6.5〜7.0dwtsに低下し、ラント金鉱山の平均品位(6.5dwts)に近づいたのであった。ここにラント金鉱業は高品位鉱石の選択的採掘から脱却して低品位鉱業としての自己を確立した。1909年と10年には再び金鉱株ブームが生じ、1000万ポンドを越える営業資本が募集された[74]。また、1906年から10年までの期間、年額80〜135万ポンドに達する資本が鉱山会社の内部蓄積から投資されていた[75]。

(2) 技術革新と鉱山合同

技術革新 中国人労働者は、アフリカ人労働者のいちじるしい不足時に導入され、ラント金鉱山の低賃金依存の資本構成を維持し、手動ドリルと選鉱作業の再導入によって低品位鉱石の採掘を可能にし、低品位鉱業としてのラント金鉱業の収益性の基礎を確立するのに大きく寄与した。しかし、中国人労働者は一時期(1906年6月)鉱山労働者の最大部分を占めていた[76]にしても、全体的にはアフリカ人労働者が圧倒的多数であったこと、並びに中国人労働者の導入は

---

74) S. H. Frankel, *Capital Investment in Africa*, p. 95.
75) *Ibid.*, pp. 96–97.
76) P. Richardson, *Chinese Mine Labour*, p. 176.

不断の技術革新を背景に行なわれたこと,に留意しておかなければならない。

　南ア戦争以前には,アメリカとオーストラリアの鉱山技術と技術者に依存していたラント金鉱業も,戦後には自立の度合を高め,採掘・回収技術に様々な工夫を試みると同時に,大型砕鉱機,チューブ・ミル,機械ドリルなど新しい技術革新を導入した。大型砕鉱機の導入は,1901年から10年の間に,砕鉱機1日1機当り粉砕鉱石量を4.6トンから7.2トンに増加させた[77]。チューブ・ミルは砕鉱機で粉々にされた鉱石を一層の微粒子にする鋼鉄製の回転シリンダーで,1905年に初めて2台導入された後,急速に普及し,1908年23台,1910年には181台が稼動していた[78]。チューブ・ミルは人手による選鉱作業の必要を減少させ,同時に金の回収率を粉砕鉱石トン当り2dwts引き上げた[79]。これは鉱石品位が2dwts上昇したのと同じ意義を有し,低品位鉱たるラント金鉱山のコスト低下に著しく貢献した。また機械ドリルは細くて薄い鉱脈には不適であったけれども,適当な厚さの鉱脈ではその威力を発揮し,1900年の200台から1913年には5500台に増加した[80]。重くて扱いずらかったこの機械ドリルには幾度となく改良が加えられ,1920年代初めには労働者が2人で扱う軽便なジャック・ハンマー・ドリルとして完成し,非常な労働節約をもたらすことになる。さらに,従来の傾斜竪坑に代わって大型垂直竪坑が導入され,1908年以降には昇降機の動力として電力が使われ始めた。1910年には,ラント鉱山一帯に電力を供給する発電所が完成し,電力は急速に蒸気力にとって代わっていった。

鉱山合同　こうした機械・施設の大型化・効率化を背景に,1905年から11年までの期間には,グループ内隣接鉱山各社の合同が数多く進行した。表1—4は合同した会社と新会社とを鉱山グループ別に示しているが,実に73社が合同して20社となった。これらの合同は次のことを狙いとしていた[81]。第1に,単独

---

77) P. Richardson and J. J. Van-Helten, 'The Development of the South African Gold-Mining Industry, 1895-1918', *The Economic History Review*, sec. sers., Vol. 37, No. 3 (August 1984), p. 334.
78) *Ibid.*, p.334.
79) P. Richardson, *Chinese Mine Labour*, p. 182.
80) R. V. Kubicek, *op., cit.*, p. 49.
81) P. Richardson and J. J. Van-Helten, 'The Development of the South African Gold-Mining Industry', pp. 329-330.

表1−4　ラント金鉱山の合同（1907—11年）

	合同年	新　会　社	合　同　し　た　会　社
Ⅰ．Corner House 鉱山グループ			
A．Eckstein 商会鉱山グループ	1908	City Deep	City Deep, South City, South Wolhuter, Wolhuter Deep, Klipriviersberg 農園
	1908	Village Deep	Village Deep, Turf Mines.
B．RM 鉱山グループ	1908	Nourse Mines[1]	Henry Nourse, Nourse Deep, South Nourse
	1909	Crown Mines	Crown Reef, Crown Deep, Paarl Central, Langlaagte Deep, Robinson Central Deep, South Rand GM, Central Deep, New Vierfontein Mines, South Langlaagte, South Deeps.
	1909	Geldenhuis Deep	Geldenhuis Estate, Geldenhuis Deep, Jumpers Deep.
	1909	Rose Deep	Rose Deep, Glen Deep.
Ⅱ．CGFSA 鉱山グループ	1906	Simmer Deep	South Geldenhuis Deep, South Rose Deep, Rand Victoria Mines, Rand Victoria East, Simmer & Jack East.
	1907	Jupiter	Jupiter, Simmer & Jack West.
Ⅲ．Neumann 商会鉱山グループ	1908	Witwatersrand Deep	Witwatersrand Deep, Driefontein Deep（125鉱区）.
	1908	Knights Central	Knights Central, South Knights.
	1909	Cons. Main Reef	Cons. Main Reef, Main Reef East, Main Reef Deep.
	1911	Princess Estate	Princess Estate, West Roodepoort GM, Roodepoort Central Deep.
Ⅳ．Farrar/Anglo-French 鉱山グループ	1908	ERPM	Angelo, Driefontein Cons., New Comet, New Blue Sky, Cinderella, Cason, Angelop Deep, Driefontein Deep, H. F. Co., Hercules
Ⅴ．GM 鉱山グループ	1907	West Rand Cons. Mines	West Rand Mines, Violet.
	1909	Roodepoort United Main Reef	Roodepoort United, Roodepoort GM.
Ⅵ．Goerz 商会鉱山グループ	1909	Lancaster	Lancaster, Lancaster West.
Ⅶ．Robinson 鉱山グループ	1907	Randfontein Central	Block 'A' Randfontein, Mynpacht Randfontein, West Randfontein.
	1909	Randfontein Central	Randfontein Central, Ferguson Randfontein, Van Hulsteyn Randfontein, Johnstone Randfontein.
	1909	Randfontein South	Robinson Randfontein, Porges Randfontein, South Randfontein, North Randfontein, Stubbs Randfontein.
	1911	Randfontein Central	Randfontein Central, Randfontein South.

注1）Henry Nourse と Nourse Deep の合同は1905年。
出所）P. Richardson and J. J. Van-Helten, 'The Development of the South African Gold-Mining Industry, 1895-1918', *The Economic Histry Review*. sec. ser., Vol. 37, No. 3 (August 1984), pp. 339-340.

では採算のとれない小規模鉱山を生産軌道に乗せること。第2に，鉱区を拡大することにより大型機械・施設の効率的運用をはかり，規模の経済を実現すること。第3に，合同は開発資本の入手難の解決策でもあった。1902年の金鉱株ブームの崩壊以降，金鉱株は低迷を続け，新規営業資本の募集は困難をきわめていた。資本を必要としている開発途上鉱山会社と収益を生んでいる生産鉱山会社とを合同し，後者の余力資金で前者の資本不足の解消を計ったのであった。もちろん配当率の減少する後者の会社の一般株主からは不平が洩らされたのであるが，開発途上会社の株主は提供した鉱区・鉱地の代償に配当を取得できるようになり，他方，生産鉱山会社の株主は，資本増大による配当率減少の代償に，より長い鉱山寿命を得ることになった。

　第4に，合同は，他地域のリスクの多い開発に賭けるよりも既存鉱山資産を強化しようとする保主的姿勢とも結びついていた。ことにこの傾向は，ラント金鉱業の第一人者であったコーナーハウスに顕著であった。1908-09年に集中したコーナーハウス鉱山グループの合同では，22鉱山会社が消滅し，6鉱山会社（Village Deep, City Deep, Nourse Mines, Geldenhuis Deep, Rose Deep, Crown Mines）が残った。Central Rand 金鉱地に執着するこの経営姿勢は，1911年の East Rand Proprietary Mines（ERPM）の経営権の獲得，1917年のノイマン商会鉱山グループの吸収にも貫かれていた。

　露頭鉱山会社と第1列深層鉱山会社，または第1列深層鉱山会社と第2列深層鉱山会社の合同によって，Central Rand 金鉱地では以前の3列の鉱山群に代わって，深さ1000～2500フィートの深層鉱山群と深さ2500～4500フィートの深層鉱山群の2列が現れた。露頭鉱山と深層鉱山という明確な区分は解消され，1890年代中葉のように，鉱業金融商会を露頭鉱山グループと深層鉱山グループに分けるブレイニーの区分[82]も妥当性を失った。しかし，このことは鉱業金融商会の相違を解消したわけではなかった。今やその相違の鍵は，Central Rand 金鉱地における所有鉱区の質と Far East Rand の新しい鉱地に対する関わりの程度に存在した[83]。

　1905年に戦前水準を回復したラント金鉱業は，中国人労働者の導入，機械・装置の大型化・効率化，アフリカ人労働者の復帰などによってコストの大幅低

---

82) G. Blainey, *op., cit.*, p. 362.
83) P. Richardson and J. J. Van-Helten, 'The Development of the South African Gold-Mining Industry', p. 336.

表 1 — 5　鉱業金融商会鉱山グループ別金生産と配当（1902—1910年）

（かっこ内は%）

	金　生　産		配　当
	oz	£	£
Ⅰ．Corner House 鉱山グループ	19,598,976(42.8)	83,280,774	28,315,576(54.2)
Ⅱ．CGFSA 鉱山グループ	5,657,719(12.4)	23,947,508	6,552,145(12.5)
Ⅲ．Anglo-French/Farrar 鉱山グループ	4,460,357(9.8)	18,984,725	5,749,972(11.0)
Ⅳ．JCI 鉱山グループ	3,634,483(7.9)	15,428,037	3,412,079(6.5)
Ⅴ．Robinson 鉱山グループ	3,206,306(7.0)	13,621,039	2,726,275(5.2)
Ⅵ．GM 鉱山グループ	2,730,956(6.0)	11,604,651	2,203,978(4.2)
Ⅶ．Neumann 商会鉱山グループ	2,614,858(5.7)	11,107,201	2,163,172(4.1)
Ⅷ．Goerz 商会鉱山グループ	1,737,822(3.8)	7,394,625	1,149,909(2.2)
Ⅸ．その他	2,102,526(4.6)	8,939,599	13,680(0.03)
Ⅹ．合計	45,744,003(100)	194,308,159	52,286,786(100)

［注］ラント金鉱山のみ．配当は，1904〜1907年の合計．
［出所］Chamer of Mines, *Annual Report* より作成．

下を実現し，1908年には戦後最良の年を迎えた．金生産高は1908年に678万オンス，1910年に723万オンスを記録した（表1 — 3）．また，配当も1908年以降780〜1050万ポンドになった[84]．

1900年代における鉱業金融商会鉱山グループ別生産　南ア戦争終了から1910年までの間の主要鉱業金融商会鉱山グループの金生産をみると（表1 — 5），ラント金鉱山総生産量4574万オンスのうちコーナーハウス鉱山グループが1960万オンス（42.8%）でトップにあり，次いで第2グループとして CGFSA 鉱山グループ566万オンス（12.4%），Anglo-French/Farrar 鉱山グループ446万オンス（9.8%），第3グループとして，JCI 鉱山グループ363万オンス（7.9%），ロビンスン鉱山グループ321万オンス（7.0%），GM 鉱山グループ273万ポンド（6.0%）であった．この期間にラント金鉱山会社の配当総額に占めるコーナーハウス鉱山グループの比重（54.2%（1904〜1907年））が生産に占めるそれよりもはるかに高いのは，Crown Mines をはじめ RM 傘下の Central Rand 中央部の深層鉱山会社が高収益だったことによる．実際，RM は1909年以降第1次最盛期を迎え，1910年当時発行資本金わずか46万7000ポンド程度であったにもかかわらず，1909年から13年までの間は年100万ポンドを越える配当収益を実現していた．これに対し，1905年ウェルナー・バイト商会によって資本金

---

84) S. H. Frankel, *Capital Investment in Africa*, p. 95.

600万ポンドで設立された Central Mining & Investment 社（CM）は，1908年すでに資本金40％の切下げを余儀なくされていたが，ウェルナー・バイト，エックシュタイン両商会の資産を引き継いだ後の収益も年30万ポンド程度にすぎず，資本金の大きさ（510万ポンド）に比して，みすぼらしい成果であった。

Far East Rand 金鉱地の開発と採鉱権貸与制　ラントにおけるこの期間の重要な発展は Far East Rand 金鉱地の開発であった。Central Rand 金鉱地の開発に較べてこの鉱地の開発が遅れたのは，Central Rand 金鉱地と異なって露頭鉱脈は存在せず，金鉱脈の存在を直接知る手がかりが皆無であったことによる。コーナーハウスは，1890年代中葉に，Far East Rand 金鉱地の最北端の New Modderfontein 鉱山の開発に成功していたけれども，Central Rand 金鉱地の開発に精力を集中していて，モダーフォンテイン以南の土地を敢えて獲得しようとはしなかった。これらの土地の開発に向かったのは，Central Rand では有力鉱山を持たないゲルツ商会と Consolidated Mines Selection 社（CMS）であった。ゲルツ商会は，ヘドゥルド農園での試掘坑の掘削によって金鉱脈を発見し，南ア戦争の直前，Geduld Proprietary を設立した。CMS は，Transvaal Coal Trust 社が石炭層の掘削調査中に偶然発見した金鉱の採掘権を借り受けて，Brakpan と Springs を設立した。これらの鉱山は，湧水が激しく，開発は難航したが，Geduld Proprietary は1908年，Brakpan は1911年，Springs は1917年に採鉱を開始した。

1900年代 Far East Rand 金鉱地の可能性は徐々に明らかになっていたにもかかわらず，1890年代に果敢な拡張を遂げたコーナーハウス，CGFSA および Anglo-French は，Far East Rand 金鉱地への進出に慎重であった。ことにそれは，モダーフォンテインにおける政府採鉱権貸与の獲得にみられた。

トランスヴァール政府は，Far East Rand 金鉱地の開発を促進するとともに金鉱山からの収入を増加させる目的で，1908年に従来の金法（gold law）を改訂し，公開採掘と鉱区制に代えて，政府採鉱権貸与制（system of mining lease）を導入した。Central Rand 金鉱地の鉱脈の露出したところでは公開採掘と鉱区制は開発促進に有効であったけれども，地下2000～3000フィートのところに鉱脈の存在さえあやふやな鉱地の開発は到底個人には期待できなかった[85]。政府採鉱権貸与制は，採掘権を国家所有とし，採鉱権を開発者に貸与するもので，開発者は政府に対し鉱山に通常賦課される利潤税のみならず，採鉱

権リース料として，さらに利潤の一部を支払わねはならなかった[86]。採鉱権リースの獲得は入札によって決定された。

1909年，New Modderfontein と Modderfontein B の南側のモダーフォンテイン農園に対する入札が実施された。コーナーハウスは，CGFSA, CMS および Anglo-French の各商会とシンジケートを組織して入札に臨み，対抗馬がいないことを予想して想定される最低価格で入札した。しかし，見事に裏をかいたのは，B・バーナトの後継者となっていた JCI の S・ジョウルであった[87]。1910年 JCI 社はこの採鉱権貸与鉱地に Government Gold Mining Areas (Modderfontein) を設立した。この鉱山は6年後に生産を開始し，一時期ラントで最も収益の多い鉱山となった。Far East Rand 金鉱地は Central Rand 金鉱地に比して高品位鉱であった。1914年，Far East Rand 金鉱地は，ラント金総生産の15％程度を占めるにすぎなかったが，配当では26％に達していた[88]。Far East Rand 金鉱地の開発は，各商会の消長と密接に関わっていた。

(3) Central Mining and Investment 社の設立とウェルナー・バイト，エックシュタイン両商会の解散

Central Mining and Investment 社の設立　ウェルナー・バイト，エックシュタイン両商会はこの時期まで南ア金鉱業をリードしてきただけに、両商会の解散と次の時代の金鉱業をリードする Central Mining and Investment 社 (CM) の設立とについて述べておかなければならない。両商会の解散にはその上級パートナーである A・バイトの死と J・ウェルナーの引退が関わっていた。

南ア戦争直後の金鉱株ブームが崩壊してから1907年まで，ラント金鉱業の収益性は低品位鉱石への移行とアフリカ人労働者の不足により悪化し，金鉱株価は低迷を続けた。この状況は，一般投資家だけでなく，金鉱業主にもきわめて不都合であった。ますます深くなっていく鉱山の開発には不断に付加的資本を必要としたが，株価の低迷は新規営業資本の募集を著しく困難にしたからであ

---

85)　A. P. Cartwright, *Golden Age : The Study of the Industrialization of South Africa and the Part Played in it by the Corner House Group of Companies*, Cape Town, Purnell, 1968, p. 24.
86)　A. P. Cartwright, *The Gold Miners*, Cape Town, Purnell, 1962, pp. 179-180.
87)　A. P. Cartwright, *Golden, Age*, pp. 24-25.
88)　T. Gregory, *Ernest Oppenheimer and the Economic Development of Southern Africa*, London, Oxford University Press, 1962, p. 495.

表1—6　African Venture Syndicate Ltd の資本応募（1903年）

(数字は株数)

		内訳
WB 商会のパートナー	300	
Ludwig Breitmeyer		26
Charles Rube		20
WB 商会の元パートナー	95	
ロスチャイルド	40	
ロスチャイルド卿		20
Carl Meyer		20
Earnest Cassel	25	
ファークワ	30	
ロンドンのダイヤモンド商人	31	
イギリス計	521	
ドイツ6銀行	650	
Disconto Gesellschaft		150
Dresdner Bank		150
Bank für Handel & Industrie		100
Nationale Bank für Deutscheland		50
Berliner Bank		25
Commerz & Disconto Bank		25
ドイツ金融業者	67	
Julius & Ernst Weltheimer		25
Fritz Andreae & Alfred Daniel		15
ドイツ計	717	
フランス4銀行	384	
Cie. Française de Mines d'Or du L'Afrique du Sud		116
Banque Française pour Commerce et l'Industrie		34
フランス金融業者	92	
Albert Kahn		25
Jules & Teodore Porges		80
ブローカー、ジャーナリストなど	103	
フランス計	579	
スイスの1銀行	28	
南ア金鉱山の大立者（グループに所属せず）	155	
総計	2000	

［出所］R. V. Kubicek, 'Finance Capital and South African Gold Mining 1886-1914', The Journal of Imperial & Commonwealth History, Vol. 3 (1975), pp. 390-391 ; do, Economic Imperialism in Theory and practice, 1979, p. 77. ただし、内訳は、J. J. Van-Helten, British and European Economic Investment in the Transvaal with Special Reference to the Witwatersrand Gold Fields and District 1886-1910, 1981, pp. 302-303 による。キュビセックとファン-ヘルテンでは、ドイツの6銀行とフランスの金融業者の所で、数字が食い違っているが、指摘するに止める。

金鉱株ブーム崩壊の直後（1903年11月），ウェルナー・バイト商会は，ドイツの銀行家、フランスの銀行家と金融業者、ロンドンの金融業者に支持され，ラント金鉱株相場を回復し，同時にフランスとドイツの資本を新たに動員する目的で，African Venture Syndicate（AVC）を設立した。授権資本金は200万ポンドで、額面1000ポンド、2000株から成っていた。額面から明らかなように、AVCは一般投資家を引き寄せることを考えていなかった。主たる株式の応募者は，ウェルナー・バイト商会のパートナーとドイツとフランスの銀行であった。南ア戦争後のトランスヴァールの経済環境の好転を期待したDisconto Gesselschaft ,Dresdner Bank, Bank für Handel und Industrie などドイツの6銀行と金融業者は717株を購入し（表1—6）、また、ラント金鉱株の下落を恐れたフランスの4銀行と金融業者、株式ブローカーなどが579株を引き受けた。イギリスは521株で、そのうち、ウェルナー・バイト商会のパートナーが395株、ロスチャイルド40株、E・カッセル25株、ファークワ30株、ダイヤモンド商人31株であった。

　AVCは、J・B・ロビンスンの設立したRandfontein Estatesを除けば、それまで南ア金鉱山に対する金融会社として設立されたもののうち最大であった[89]。しかし、AVCは、額面1000ポンドのうち400ポンドが払い込まれただけで、ついに活発な会社とはならなかった。1905年5月にAVCの金鉱株保有高は80万8993ポンドに上っていた[90]が、授権資本のすべてが金鉱株の購入に使用されたとしても、金鉱株相場を引き上げることは困難であった。

　AVCを設立して2年経たないうちに、ウェルナー・バイト商会は再び巨大商会の設立をはかった。1905年5月ロンドンに登録されたCMである。授権資本金600万ポンドで、鉱業会社としてそれまでロンドンとパリで設立されたどの会社よりも大きかった。

　CMはAVCの事業を引き継いだが、それに止まらなかった。金鉱株相場の安定をはかることのほかに、底値を利用して有望鉱山に支配を広げること、大型機械・装置の導入に必要な資本を提供すること、グループ内諸会社の管理を改善すること、一言でいえば、CMを第2のRMたらしめることであった。それのみならず、ウェルナー・バイト商会の上級パートナーであるウェルナーと

89）　A. P. Cartwright, *The Corner House*, p. 219.
90）　J. J. Van-Helten, *op., cit.*, p. 303.

表1—7　CMの株式所有

(数字は株数．かっこ内は％)

		内訳
イギリス・南ア	120,798[40.3]	
WB商会のパートナー		60,000
フランス	146,650[48.9]	
3預金銀行（Crédit Lyonnais, Comptoir D'Escompte, Société Générale）		3,500
Banque de Paris et des Pays-Bas		9,000
Banque Française pour le Commerce et l'Industrie		2,800
Compagnie Française de Mines d'Or du L'Afrique du Sud		18,700
個人銀行家（246人）		37,800
株式仲買人（112人）		21,000
地主・金利生活者（262人）		12,730
専門職・国家官吏（119人）		3,900
商人・産業家（77人）		5,200
その他個人（432人）		24,620
法人		7,400
ドイツ	29,941[10.0]	
オーストリア・ベルギー・スイス	2,611[0.9]	
合計	300,000[100]	

［出所］R. V. Kubicek, 'Finance Capital and South African Goldmining 1886–1914', *The Journal of Imperial and Commonwealth History*, vol. 3 (1975), p. 391 ; do, *Economic Imperialism in Theory and Practice*, pp.188–189 ; A. P. Cartwright, *The Corner House*, p. 246.

バイトにとって特殊な目的があった。ひとつはウェルナー・バイト商会の所有する金鉱株ならびにその他資産の流動化を図ることであり，もうひとつはウェルナー・バイト商会とエックシュタイン商会の資産の継承を考慮することであった。

　バイトは，ローズの死（1902年3月）後，ローデシアにおける特許会社（BSAC）の経営に専念していた。しかし，彼は病みがちであった。一方，ウェルナーは高齢に達していた。2人の引退による両商会の解散後，他のパートナーたちにいかにして世界最大の金鉱山グループを継承させるか，これが2人に深刻な問題となっていた。

　CMが発行する30万株（額面20ポンド）のうち，15万株はAVCの株主に割り当てられ，残り15万株は1株20ポンド5シリングで売り出された。CM発足時の株主の分布を見ると，全株式の40％がイギリス・南アフリカで所有され，そのうちウェルナー・バイト商会のパートナーたちがほぼ半分を持っていた（表1—7）。残りの60％はヨーロッパ大陸にあり，その圧倒的部分（全株式のほぼ半分）はフランスで所有されていた。AVCの株主構成と比較して，CMの株主構成のひとつの特徴は，ドイツとフランスの大銀行が後景に退いたことである。ラント金鉱株相場の引き続く低迷が2年前に比して彼らを慎重にして

いた。代わって登場したのがフランスの金融業者，個人銀行家，株式仲買人，金利生活者，地主などの個人投資家であった。かれらは個々の金鉱山会社株を嫌避していたが，ひとつの鉱山の失敗が他の鉱山の成功によってカバーされる確率の高い持株会社株には関心を有していた。彼らと，ウェルナー・バイト商会のパートナー，およびコーナーハウス・グループ諸会社のパリ代理店となっていた Compagnie Française の持株合計は全発行株式の半分を越えており，実際，CM はウェルナー・バイト商会パートナーとパリの有力金融関係者との連合であった。CM の取締役6名のうち，3名はウェルナー・バイト商会によって指名され，残りの3名はパリで選出され，パリに居住することが定められていた。ウェルナー・バイト商会からは，ウェルナー，バイト，F・エックシュタイン（H・エックシュタインの弟）が取締役となり，パリからは，かつてウェルナー・バイト商会のパートナーであり，Compagnie Français の取締役となっていたG・ルーリオとド–コマンドが選出された（1名は空席）。

1906年7月，A・バイトは死亡した。予期されたことではあるが，彼の死はウェルナー・バイト商会にとって衝撃であった。この金融的術策の天才は700〜800万ポンドにのぼる資産を残した[91]が，その大部分はウェルナー・バイト商会の最上級パートナーとしての彼の持分からなっていた。彼の死の直後に，遺産継承者に彼の持分を支払わなければならなかったならば，ウェルナー・バイト商会は決定的打撃を受けていたことであろう。ウェルナー・バイト商会の所有する有価証券は減価しており，また，この年、損益計算書は赤字を示していた。支払いは2年間延長された。残されたもう1人の最上級パートナー，ウェルナーはバイトの残した日常業務を引き継ぐとともに，バイトの持分を区分する複雑な仕事に取り組んだ[92]。

生涯独身をとおしたバイトと異なり，ウェルナーには2人の息子がいたが、2人とも後継者足り得なかった。ウェルナーは，ほとんど資本を持たない他のパートナーたちの利益を擁護する最良の方法は，ウェルナー・バイト，エックシュタイン両商会をCMに吸収させることであることを同僚に指摘した[93]。両商会のCMへの売却が決定された。しかし，両商会の所有する金鉱株価は低落

---

91) A. P. Cartwright, *The Corner House*, p. 260.
92) *Ibid.*, p. 262.
93) M. Fraser and A. Jeeves, *All That Glittered : Selected Correspondence of Lionel Phllips 1890–1924*, Cape Town, Oxford University Press, 1977, p. 207.

していたため，実行は数年先に引き伸ばされた。

ウェルナー・バイト，エックシュタイン両商会の解散　病弱となったウェルナーの差し迫る隠退により，1911年1月，両商会の解散計画が実行に移された。ウェルナー・バイト商会のダイヤモンド販売業務は特殊な性格を有するため，新たに設立されたブライトメイヤー商会（Breitmeyer and Co）に移管された[94]。両商会の金鉱株とその他の資産は，CMとRMに売却された。CMに対しては，ヨハネスブルグの建物と敷地，種々の鉱地，傘下外の金鉱株，諸外国に散在する種々の利権などが譲渡され，その代金115万ポンド9シリング11ペンスとして，CMの額面12ポンド株式7万5679株と現金4ポンド14シリング11ペンスが支払われた[95]。同時に，両商会のパートナーたちは参加取締役（participating directors）に就任した。かれらは，15％の配当を支払った残りの利潤の25％を取得する権利を有した。RMに対しては，市場性の高いコーナーハウス・グループの金鉱株を中心に約50万の金鉱株と3つの鉱地に対する権益がRM5シリング株式25万6343株で売却された[96]。

従来の研究においては，ウェルナー・バイト，エックシュタイン両商会資産のRMへの譲渡についてははとんど触れられていない。しかし，取引き時のRM5シリング株の相場は8ポンド4シリング6ペンスであり[97]，RM株式25万6343株の時価は210万8421ポンドにもなるのである。これは実にCMに譲渡された資産額の1.8倍にも当たる。RMへの優良金鉱株の譲渡は，CMの参加取締役に就任する他のパートナーたちの非難するところではあった。しかし，ウェルナーにとってRMの株式を所有する方がはるかに有利であった。けだし，CMの収益性は，ラント中央部の最優良鉱山を所有・経営するRMのそれに及ぶべくもなかったからである。ウェルナーが1912年に亡くなったとき，1280万ポンドにのぼる遺産を残していた[98]。ランドロード（Randlord）たちが残した資産のうち，これは最高額であった。

---

94) *The Statist*, Dec. 24, 1910, p. 1660.
95) *Ibid.*, p. 1660.
96) *The Economist*, May 13, 1911, p. 1031 ; *Stock Exchange Official Intelligence 1911*, p. 1702.
97) *Ibid.*, p. 1702.
98) A. P. Cartwright, *Golden Age*, p.102.

第3節　労働過程再編成と Far East Rand 金鉱地への重心移動 (1910～1932年)

(1) 金鉱業の危機と労働過程の再編成

金鉱業の危機　利潤が生産物の実現された価格とコストの差額である点においては，金鉱業はなんら他の産業と異ならなかった。異なる点は，他産業の生産物は，市場が保障されていず，不断の価格変化があるのに対し，特殊商品たる金は，市場は保障されていたが，長期間価格が一定であることであった。この金本位制度の時代，金価格の変化はただひとつ世界通貨制度の変化の結果であったが，世界通貨制度の変化は物価水準全般の変化の結果であった。

　第一次世界大戦の勃発とともに，南アフリカ連邦政府は一般商品の輸出と同様，金の輸出に対しても統制を加えた。南アフリカ政府とイングランド銀行との間に協定が成立し，南ア金鉱山で産出される金は，従来の民間取引に代わって，金平価でイングランド銀行に引き取られることになった[99]。

　大戦の進行は，ラント金鉱山で使用される資材の価格を引き上げた。ヨーロッパとアメリカの工業は軍需品生産に振りかえられ，資材の供給は不規則となった。南アフリカの金鉱山で消費される資材・食料価額は，価格騰貴によって，1914年の1020万ポンドから，16年1230万ポンド，20年1440万ポンドへと増大した[100]。さらに消費財も騰貴した。金鉱山と社会に存在した抑圧によって，アフリカ人労働者の賃金は微増にとどまった（1911年年賃金29ポンド，1916年30ポンド，1921年33ポンド）が，白人労働者の賃金は1911年の年間333ポンドから1916年355ポンド，1921年496ポンドになった[101]。

　こうした大戦中のインフレによる資材・食料価格の騰貴と白人労働者賃金の高騰並びに労働者不足による不完全操業から生じた単位原価の上昇によって，粉砕鉱石トン当りコストは再び上昇した。1914年には17シリング1ペンスであったが，1918年には21シリング7ペンスとなった。この間，粉砕鉱石トン当り収入は26シリング6ペンスから27シリング11ペンスへと微増したけれども，

---

99) T. Gregory, *Ibid.*, p.493. 実際には，金平価から100ポンドにつき25シリングの保険・運送・精錬・仲介の費用を差し引いた価格で引き取られた。
100) D. Innes, *op., cit.*, p. 75.
101) *Ibid.*, p. 76.

第1章　金鉱山開発と鉱業金融商会　55

表1-8　ラント金鉱業の基本的指標Ⅲ（1914-31年）

	粉砕鉱石量 (ton)	生産高 (純金) (oz)	生産額 (£)	粉砕鉱石トン当り金量 (dwts)	粉砕鉱石トン当り			金価格オンス当り (£)
					収入 (s/d)	コスト (s/d)	利潤 (s/d)	
1911年	23,888,258	7,910,034	33,543,479	6.57	27/11	18/ 0	9/11	4.24773
1912年	25,486,361	8,731,970	37,182,795	6.82	29/ 0	18/ 8	10/ 3	4.24773
1913年	25,628,432	8,424,951	35,812,605	6.54	27/ 9	17/11	9/10	4.24773
1914年	25,701,954	8,034,389	34,124,434	6.23	26/ 6	17/ 1	9/ 0	4.24773
1915年	28,314,579	8,771,920	37,264,992	6.18	26/ 3	17/ 5	8/ 5	4.24773
1916年	28,525,252	8,968,270	38,107,909	6.27	26/ 8	18/ 1	8/ 2	4.24773
1917年	27,251,960	8,705,413	37,017,633	6.38	27/ 1	19/ 2	7/ 6	4.24773
1918年	24,922,763	8,194,944	34,823,017	6.56	27/11	21/ 7	6/ 0	4.24773
1919年	24,043,638	8,109,059	34,454,478	6.72	31/ 7	22/11	8/ 6	4.71450
1920年	24,096,277	7,949,084	33,767,691	6.53	35/ 3	25/ 8	9/ 7	5.59000
1921年	23,400,605	7,930,700	33,661,281	6.73	35/ 2	25/ 8	9/ 6	5.34167
1922年	19,512,614	6,797,772	28,940,515	6.90	31/ 4	23/ 6	8/ 0	4.61400
1923年	26,538,875	8,915,815	37,823,491	6.66	29/ 5	20/ 0	9/ 5	4.54417
1924年	28,209,073	9,329,276	39,726,453	6.55	29/10	19/ 7	10/ 3	4.67250
1925年	28,303,108	9,341,049	39,702,245	6.54	27/11	19/ 2	8/ 9	4.24773
1926年	29,485,572	9,656,778	41,062,385	6.51	27/ 9	19/ 0	8/ 9	4.24773
1927年	29,133,717	9,715,015	41,317,101	6.62	28/ 3	19/ 7	8/ 8	4.24773
1928年	30,218,533	9,899,895	42,052,082	6.55	28/ 0	19/ 9	8/ 3	4.24773
1929年	30,502,800	9,979,107	42,297,268	6.49	27/ 9	19/ 7	8/ 2	4.24773
1930年	31,119,800	10,241,021	43,274,658	6.52	27/10	19/ 5	8/ 5	4.24773
1931年	32,015,520	10,351,828	43,867,228	6.43	27/ 5	19/ 4	8/ 1	4.24773
1932年	34,466,750	10,984,618	46,525,413	6.33	27/ 4	19/ 0	8/ 4	4.30641

出所）粉砕鉱石量と生産額は，1911-29年，*The Mineral Industry 1929*, vol. 38, p. 293, 1930-32年は *ibid. 1938*, vol. 47, p. 275. 金生産高は *Official Year Book of the Union of South Africa 1939*, No. 20, p. 842. 金価格は T. Gregory, *Ernest Oppenheimer and the Economic Development of Southern Africa*, p. 492. その他は，1911-23年は，*Official Year Book the Union of South Africa 1910-1924*, No. 7, p. 502. 1924-29年は，*ibid. 1929-1930*, No. 13, p. 480. 1930-32年は，*ibid. 1933-1934*, No. 16, p. 502.

営業利潤は9シリングから6シリングへと低下した（表1-8）。このため，鉱石品位の低い限界的鉱山は，再び南ア戦争直後と同様の利潤率の危機に逢着した。

　この危機を救済したのは金価格プレミアムであった。スターリング・ポンドがドルに対して減価をきたすや，金のドル価格とポンド価格には格差が生じた。1919年7月，ラントの金鉱山会社は，このドルに対するポンド価値の低下を利用することが許され，生産された金はドル価格で売られた。金のドル価格は不変であったが，ポンドに換算されると，より多い収入をもたらした。換言すると，金の標準ポンド価格と実際に実現されたポンド価格との差が金プレミアムであった。1920年と21年には，金プレミアムは1ポンドを越えていた[102]（表1-8）。この金プレミアムによって，ラント金鉱業の粉砕鉱石トン当り営業

利潤は，1919年8シリング6ペンス，20年9シリング7ペンスともり返した。こうしてラント金鉱業の利潤率の危機は後方に退いたけれども，それは金プレミアムが存続するかぎりのことであり，コストの引下げを実現せぬかぎり，危機の再現は必至であった。

　1914年以来，生活の苦しくなったアフリカ人労働者の戦闘性は高揚し，彼らは賃金引上げと待遇改善を求めてしばしば直接行動に訴えていた。ことに，大戦直後（1918年7月）には入坑拒否行動がラント全域に広がった。これは武装警官の出動によって押さえ込まれたが，その後も根強い抵抗が続けられた。1919年12月と20年2月，金鉱業主たちはボーナス制度を導入するとともに，基本賃金の3ペンス引上げを実施した[103]。しかし，戦後インレーションの中でこの程度の譲歩は何の役にも立たず，アフリカ人労働者の戦闘性は一層燃えあがり，1920年2月に再びストライキに突入した。このストライキには，ラント金鉱山で雇用されているアフリカ人労働者17万3000人のうち7万1000人が参加し，操業中であった35鉱山のうち22鉱山が巻き込まれた[104]。それまでのアフリカ人労働者の抵抗運動には必ず無計画な本能的騒動が伴っていたのに対し，このストライキは「完全に平穏な作業の停止」[105]であり，アフリカ人労働者の意識の高さを示していた。こうして1920年初葉には，ラント金鉱業主はアフリカ人労働者の高揚した戦闘性・組織性と白人労働者の賃上げによるコストの上昇という2つの難題に直面していた。

金鉱業主の反撃　この2つの問題に対して，金鉱業主は労働過程の再編成で応えた。すなわち，アフリカ人労働者の一部を半熟練労働に昇格させ，半熟練労働に従事していた白人労働者にとって替える案である。これは，半熟練労働に従事する一部アフリカ人労働者の賃金を引き上げ，彼らの中立化をはかるとともに，白人労働者の賃金水準の引下げを策したものであった。この戦略の唯一の問題点は，生産性の上昇が同時に生じなければ，ただアフリカ人労働者の賃

---

102) 当時インドへの金の輸出が許されていたならば，より高いプレミアムを実現可能であった。しかし，金のより高い（ルピー）価格から生じる付加的プレミアムの実現は，インド金市場を独占的に支配しようとするインド省によって阻止されていた（T. Gregory, *op., cit.*, p. 494.）。
103) D. Innes, *op., cit.*, p. 77.
104) *Ibid.*, p. 77.
105) T. Gregory, *op., cit.*, p. 496.

金水準の上昇をもたらすにすぎないことであったが、これに対して、金鉱業主は、ラント全域にわたる最新のウェット型ジャック・ハンマー・ドリルの導入を考えていた。

労働過程のこの再編成は、同時に人種的労働力構造の再編制でもあった。というのは、この戦略はラント金鉱山における既存のジョブ・カラーバーを修正しようとするものであったからである。当時、2種類のジョブ・カラーバーがあった。ひとつは法的に決定されていたもので、32業種が白人労働者に確保され、7057人が雇用されていた[106]。もうひとつは、1918年鉱山会議所と白人労働者の間で結ばれた現状維持協定によって認められた慣習的ジョブ・カラーバーで、19職種が指定され、4020人が該当していた[107]。金鉱業主が廃止を狙ったのは後者で、それによって指定されていた職種から白人労働者を追放し、代わってアフリカ人労働者を導入しようとした。この戦略は、外見上は白人労働者のごく一部分にのみ向けられたかに見えたが、その実、ラント金鉱山の全労働者に対する攻撃であった。金鉱業主が実現を策したことは、慣習的ジョブ・カラーバーを廃止し、労働過程にウェット型ジャック・ハンマー・ドリルを広範に導入することによって、生産過程から白人労働者の一部を追放するばかりでなく、白人労働者全般の脱技能化を促進し、アフリカ人労働者の搾取水準を高めることであった。もし、人種的労働力構造を変更することなく、ウェット型ジャック・ハンマー・ドリルの使用を拡大したとすれば、強力に組織されている白人労働者は生産性の上昇に見合う賃上げを要求したであろう。それ故、金鉱業主にとって、ウェット型ジャック・ハンマー・ドリルの導入に伴う労働過程の再編成は、アフリカ人労働者の有効利用が必須であった。また、もし労働過程を再編成することなく人種的労働力構造を修正し、賃金を引き上げたアフリカ人労働者を広範囲に使用することになれば、生産性の上昇を実現することなくアフリカ人労働者の賃金総額を増大させることに終わったであろう。ウェット型ジャック・ハンマー・ドリルの導入による労働過程の再編制と人種的労働力構造の修正、これがアフリカ人労働者の高まる要求と白人労働者の高賃金によるコスト上昇に対する金鉱業主の回答であった。

ラントの反乱　労働者に対する攻撃の開始時は金プレミアムが減退する時期に

---

106) D. Innes, *op. cit.*, p. 81.
107) *Ibid.*, p. 81.

定められた。1920年7月から21年7月までの金価格はオンス当り平均111シリングであった。1921年12月には97シリング9ペンスまで低下したが，その11月，金鉱業主は，慣習的ジョブ・カラーバーを廃止し，アフリカ人労働者の昇進を認めて地下作業を再編成することを通告した[108]。白人労働者から直ちに強力な抵抗が起こった。1922年1月2日の白人石炭坑夫のストライキに続き，10日にはラント金鉱山の白人労働者は一斉にストライキに突入した。その2カ月後ラントの反乱が始まった。ラントの鉱脈に沿ってあちこちで激しい戦闘が繰り返されたのち，政府軍は労働者の反乱を鎮圧し，3月16日に戒厳令が敷かれてストライキは終息したが，それまでに約250名が殺され，4758人が逮捕されていた[109]。白人労働者の組織は完全に崩壊した。

労働過程再編成とジャック・ハンマー・ドリルの導入　金鉱業主は通告を実行に移した。その効果は即時的であった。粉砕鉱石トン当りコストは1921年の25シリング8ペンスから，ストライキの翌年には20シリングに低下した。同じ期間に粉砕鉱石量は2340万トンから2654万トンに増大した（表1-8）。他方，賃金総額は1670万ポンドから1330万ポンドに減少し，配当総額は730万ポンドから850万ポンドへと増大した[110]。賃金総額減少の主要な要因は，多数の白人労働者が金鉱山から排除されたことであった。1921年には2万1036人の白人労働者が雇用されていたが，23年には1万7727人になった。アフリカ人労働者数は17万2694人から17万7855人へと増加した[111]。解雇を免れた白人労働者も大幅な賃金引下げを甘受せねばならなかった。白人労働者の平均賃金は1シフト当り10シリング（23.5％）切り下げられて32シリング6ペンスとなった[112]。

　白人労働者の労働条件の引下げは，金鉱業主が確保した利益の一部にすぎなかった。確かに，賃金コストの面では白人労働者が矢面に立たされた。しかし，労働生産性の点ではアフリカ人労働者が矢面に立っていた。金鉱業主が全労働者の搾取を強めえたのは，白人労働者の賃金引下げを達成すると同時に，アフリカ人労働者の生産性の引き上げを実現したことによるものであった。

---

108)　*Ibid.*, p. 81.
109)　*Ibid.*, p. 82.
110)　*Ibid.*, p. 83.
111)　F. Wilson, *op., cit.*, p. 157.
112)　D. Innes, *op., cit.*, p. 83.

表1—9 コストと鉱石品位の相関 (1921年)

(数字は鉱山会社数)

	埋蔵鉱石トン当り金含有量 (dwts)						
	5～6	6～7	7～8	8～9	9以上	不明	合計
産出金オンス当りコスト (1921年12月)							
(a) (イ) 95シリング以上	1	5					6
(ロ) 90～95シリング	5	4				1	10
計	6	9				1	16
(b) 80～90シリング	2	6	3				11
(c) 39～80シリング		1	1	6	4		12
合計	8	16	4	6	4	1	39

出所)　産出金オンス当りコスト, *Supplement to South African Mining Journal*, Dec. 9 th, 1922, 'Mining Industry Board Report', p. 3. 埋蔵鉱石品位は, *The South African Mining & Engineering Journal*, July 15, 1922, p. 1528.

　1922年のストライキの終結後，ウェット型ジャック・ハンマー・ドリルの普及は急速であった。すでに1921年にウェット型ジャック・ハンマー・ドリル数（4455）はラント鉱山で使用されている全ジャック・ハンマー・ドリル（8018）の56％を占めていたが，1928年には99％となった（8601のうち8560[113]）。旧式のドライ型ジャック・ハンマー・ドリルの能力は，1シフト当り16フィートであったのに対し，ウェット型の能力はその4倍近い63フィートであった[114]。ウェット型ジャック・ハンマー・ドリルは通常2人で操作され，手動ハンマーを使用する15～20人分の作業量をこなした[115]。ジャック・ハンマー・ドリルは，鉱山業における単一発明品としては何よりも生産を増加させコストを低下させた[116]。

　1924年以降，ラント金鉱山の粉砕鉱石トン当り金量は6.33～6.62dwtsで推移し，コストもトン当り19シリング台が維持された。1928年には粉砕鉱石量が3000万トンを越え，全生産量は1924年に900万オンスを凌駕したのち，1930年1000万オンスに達した（表1—8）。ウェット型ジャック・ハンマー・ドリルの広範な使用からラント金鉱業主が引き出した利益は，現代科学の奇跡の産物ではなく，労働者の抵抗を打ち砕き，労働者に利益の分与を拒否することによって得られた成果であった。

---

113) *The Mineral Industry 1929*, p. 294.
114) D. Innes, *op., cit.*, p. 84.
115) *Ibid.*, p. 95.
116) A. P. Cartwright, *The Gold Miners*, p. 148.

(2) Far East Rand 金鉱地と鉱業金融商会

Far East Rand 金鉱地　労働過程の再編成とウェット型ジャック・ハンマー・ドリルの導入はどの鉱山にも大きなコスト低下をもたらしたけれども，鉱山の収益性は一様ではなかった。鉱山には，主に鉱脈の賦存状況と鉱石品位などの地質的条件に規定されて，富裕鉱山，中位鉱山，劣位鉱山があった。

　鉱山会議所と鉱山各社が労働過程の再編成を通告した直後（1921年12月）における生産会社39社の産出金オンス当りコストをみると（表1—9），(c)コスト39～80シリングの鉱山が12社，(b)80～90シリングの鉱山が11社，(a)90～111シリングの鉱山16社であった。当時の金価格はオンス当り95シリングであったから，(a)16社のうち6社は採算割れであり，また金価格が標準価格（85シリング）通りであったとすると，この16社すべてが赤字操業であった。これらの会社をそれぞれの埋蔵鉱石品位からみると，(a)16社中，埋蔵鉱石トン当り金量5～6dwtsが6社，6～7dwtsが9社，(b)11社では，5～6dwtsが2社，6～7dwtsが6社，7～8dwtsが3社，(c)12社では，6～7dwtsが1社，7～8dwtsが1社，8～9dwtsが6社，9dwts以上が4社であり，鉱山各社の産出金オンス当りコスト（したがって収益）は鉱石品位に強く規定されていることがうかがわれるのである。鉱山による鉱石品位の違いは，各金鉱地の鉱石品位の相違を反映していた。

　この当時，ラント金鉱山は，Cons Main Reef 以西の West Rand，Langlaagte から ERPM までの Central Rand および New Kleinfontein 以東の Far East Rand の3鉱地から成っていた。ラント金鉱山開発が始まったのは前2鉱地においてであり，南ア戦争勃発時には第1列深層鉱山まで開発が進んでいたのに対し，後者は北端のモダーフォンテインの一部を除いてその頃まだ金鉱脈は発見されていず，もっぱら炭坑地域とみなされていた。炭層の下に金鉱脈が発見された後，開発が進められたが，地下水の洪水に阻まれて採掘は難航し，本格的開発は1910年以降となった。

　Far East Rand 金鉱地の鉱脈は，Central Rand および West Rand の金鉱地のそれに比して深かったけれども，鉱石品位ははるかに高かった。表1—10に示したように，1921年に Central Rand と West Rand の生産鉱山会社28社のうち，埋蔵鉱石トン当り金含有量が9dwts以上であるのは2社にすぎず，残りはす

表 1—10 ラント金鉱山の埋蔵鉱石品位 (1921—30年)

(数字は鉱山会社数)

	蔵鉱石トン当り金含有量 (Dwts)						
	4〜5	5〜6	6〜7	7〜8	8〜9	9以上	合計
(1) 1921年[1]							
Central Rand		4	13	2		2	22[2]
West Rand		2	3	1			6
Far East Rand[1]		2		1	6	2	11
合　計		8	16	4	6	4	39[2]
(2) 1927年							
Central Rand	1	7	5				13
West Rand	1	1	1	2			5
Far East Rand	1	1	2	4	5	1	14
合　計	3	9	8	6	5	1	32
(3) 1930年							
Central Rand	1	6	4	1			12
West Rand		2	2				4
Far East Rand	1	2	3	4	4	2	16
合　計	2	10	9	5	4	2	32
1930年							
Central Rand	Rose Deep (4.8)	Witwatersrand (5.5) Geldenhuis Deep (5.6) Village Deep (5.8) Witwatersrand Deep (5.9) Robinson Deep (5.9) City Deep (5.08)	Simmer & Jack (6.0) Nourse Mines (6.1) ERPM (6.2) Crown Mines (6.6)	Langlaagte Est (7.4)			
West Rand		Luipaards Vlei (5.4) West Rand Cons (5.6)	Randfontein Est (6.0) Cons Main Reef (6.9)				
Far East Rand	Van Ryn Est (4.0)	New Kleinfontein (5.01) Modder East (5.9)	West Springs (6.0) Geduld Prop (6.6) Modder B (6.9)	East Geduld (7.0) Van Ryn Deep (7.0) Brakpan (7.8) New Modder (7.8)	Daggafontein (8.4) Modder Deep (8.6) Govt Areas (8.9) New State Areas (8.9)	Springs (9.3) Sub Nigel (17.3)	

注) 1) Sub Nigel を含まない。 2) 不明 1 を含む。
出所) 1921年は, *The South African Mining & Engineering Journal*, July 15, 1922, p. 1528. 1927年は, *ibid.*, March 10, 1928, p. 42. 1930年は *ibid.*, Oct. 10, 1931, p. 127.

表1−11 ランド9鉱山の費用構成（粉砕鉱石トン当り）—1930年—

	Witwaters-rand (Central) Rand (シリング)	Randfontein (West Rand) (シリング)	West Rand Cons (West Rand) Rand (シリング)	Langlaagte (Central) Rand (シリング)	Van Ryn (Far East) Rand (シリング)	Van Ryn Deep (Far East) Rand (シリング)	Sub Nigel (Far East) Rand (シリング)	New State (Far East) Rand (シリング)	Govt Areas (Far East) Rand (シリング)
探 鉱	7.61	9.94	7.80	10.39	9.33	11.27	19.48	11.00	8.71
開 発	1.22	2.29	3.00	1.51	1.80	1.85	12.81	1.95	1.29
昇 降	2.41	1.35	1.42	2.80	1.00	1.82	—	2.09	1.39
排 水	0.68	0.87	1.11	0.77	0.26	0.63	0.88	0.43	0.40
鉱石運搬	0.33	0.30	0.21	0.32	0.26	0.08	0.35	0.17	0.16
選別・探鉱	0.36	0.13	0.53	0.16	0.34	0.48	0.63	0.71	0.44
粉 砕	1.16	0.54	0.33	0.60	1.54	0.69	0.66	—	0.48
チューブ粉砕	0.58	0.49	0.97	0.94		0.80	1.54	1.84	1.03
シアン化回収	1.17	0.77	0.95	1.08	1.23	0.92	2.00	1.48	0.84
一 般 費	1.63	1.43	1.75	1.78	2.01	1.69	5.04	1.37	1.40
本 社 費	0.38	0.22	0.23	0.48	0.38	0.54	0.62	0.50	0.27
合 計	17.53	18.34	18.30	20.82	18.15	20.75	44.01	21.53	16.40
収 入	18.68	21.55	22.68	28.84	20.01	32.78	69.88	40.70	38.65
営業利潤	1.15	3.21	4.38	8.02	1.86	12.03	25.87	19.17	22.25
産出金オンス当りコスト (s/d)	77/10	72/6	68/5	61/6	77/7	53/9	53/4	45/2	38/5
埋蔵鉱石品位 (dwts/ton)	5.5	6.0	5.6	7.4	4.0	7.0	17.3	8.9	8.9

出所）*The South African Mining & Engineering Journal*, July 11, 1931, p. 526.
ただし、埋蔵鉱石品位は第1−10表と同じ。

第1章　金鉱山開発と鉱業金融商会　63

表1—12　Far East Rand[1]とその他Randの比較（1929年）

(かっこ内は％)

	Far East Rand	Central・West Rand	Randの合計
粉砕鉱石量（ton）	13,030,700(42.3)	17,766,600(57.7)	30,797,300(100)
産　出　量（oz）	5,312,543(52.3)	4,836,819(47.7)	10,149,362(100)
ヨーロッパ人賃金（£）	3,025,483(37.0)	5,162,588(63.0)	8,188,071(100)
ヨーロッパ人労働者数	8,150(36.9)	13,957(63.1)	22,107(100)
アフリカ人賃金（£）	2,358,100(37.1)	3,991,877(62.9)	6,349,977(100)
アフリカ人労働者数	76,980(38.2)	124,360(61.8)	201,340(100)
内ポルトガル領東アフリカから	22,855(30.0)	53,362(70.0)	76,217(100)
資材・食料等購入（£）	6,065,432(42.5)	8,195,541(57.5)	14,260,973(100)
配　　　　当（£）	7,251,146(86.5)	1,133,872(13.5)	8,385,018(100)

注）1）Sub Nigelを含む。
出所）*The South African Mining & Engineering Journal*, Oct. 11, 1930, p. 128.

べて8dwts以下であった。これに対し，Far East Randの11社のうち，8dwts以下は3社で，8dwts以上が8社であった。1930年についてみても，Central RandとWest Randの16社のうち，15社までが7dwts以下であるのに対し，Far East Rand16社のうち，10社が7dwts以上であった。極めて自明のことであるが金鉱山の経営で損失を出さないためには，粉砕鉱石トン当り金含有量が少なくとも粉砕鉱石トン当りコストに等しいか，あるいはそれを上回らなければならない。コストが一定であれば，鉱石品位が高ければ高いほど，営業収入，したがってコストを差し引いた営業利潤は大きくなり，また鉱石品位を一定とすれば，コストが小さければ小さいほど営業利潤は大となる。ラント金鉱山の場合，鉱脈の深さと鉱脈の賦存状況に応じて採鉱（これは最大の費用項目）と昇降のコストに相違が存在するが，いったん竪坑と横坑が完成し回収装置が設置されると，鉱山各社の粉砕鉱石トン当りコストはいちじるしく接近していた。表1—11は，1930年におけるラント9金鉱山の費用項目を示している。Sub Nigelを除き，8鉱山の費用は16.40〜21.53シリングの間にあり，その差は主として採鉱・開発・昇降コストによるものであった。この8鉱山に較べてSub Nigelのコストが44.01シリングと高いのは，鉱脈が深かったことにもよるが，この時期まさに一大開発に従事していたからにほかならない。Sub Nigelのもうひとつの特徴は他のラント金鉱山に比して飛び抜けて高品位の埋蔵鉱石（17 dwts/ton）を有していたことであり，そのため高コストにもかかわらず収益が高く，この時期ラント有数の優良鉱山として頭角を現していた。このSub Nigel程ではなかったけれども，Van Rynを除いて他のFar East Randの鉱山も高品位であり，Central RandおよびWest Randの鉱山よりもはるかに高い営

表1—13 ラント金鉱山会社の鉱業

	発行資本金 £000	粉砕鉱石量 1000ton
Ⅰ. CM-RM 鉱山グループ	13,465(36.4)	13,322(43.9)
(a) Far East Rand (3)	3,027(8.2)	3,237(10.7)
Modderfontein B	700	830
Modderfontein East	927	745
New Modderfontein	1,400	1,662
(b) Central・West Rand (11)	10,438(28.2)	10,085(33.3)
Cons Main Reef	1,248	719
Crown Mines	940	2,611
ERPM	1,500	1,686
Geldenhuis Deep	586	795
Nourse Mines	828	720
Village Deep	1,061	660
Ⅱ. JCI 鉱山グループ	10,508(28.4)	8,212(27.1)
(a) Far East Rand (3)	4,111(11.1)	4,051(13.4)
Govt GM Areas	1,400	2,384
New State Areas	1,514	908
Van Ryn Deep	1,197	759
(b) Central・West Rand (4)	6,397(17.3)	4,161(13.7)
Langlaagte Estate	1,520	969
Randfontein Estates	4,064	2,500
Ⅲ. AAC 鉱山グループ	4,313(11.7)	2,495(8.2)
(a) Far East Rand (3)	4,313(11.7)	2,495(8.2)
Brakpan	1,020	1,017
Springs	1,500	831
West Springs	1,793	647
Ⅳ. Union 鉱山グループ	1,828(4.9)	1,509(5.0)
(a) Far East Rand (2)	1,828(4.9)	1,509(5.0)
Geduld Pty	1,328	979
Modderfontein Deep	500	530
Ⅴ. CGFSA 鉱山グループ	2,282(6.2)	2,098(6.9)
(a) Far East Rand (1)	750(2.0)	282(0.9)
Sub Nigel	750	282
(b) Central・West Rand (2)	1,532(4.1)	1,816(6.0)
Robinson Deep	907	918
Ⅵ. GM 鉱山グループ	2,715(7.3)	1,311(4.3)
(a) Far East Rand (1)	500(1.4)	465(1.5)
(b) Central・West Rand (2)	2,215(6.0)	846(2.8)
Meyer & Charlton	200	203
West Rand Cons	2,015	643
Ⅶ. その他	1,926(5.2)	1,382(4.6)
(a) Far East Rand (1)	1,152(3.1)	613(2.0)
(b) Central・West Rand (2)	774(2.1)	769(2.5)
Ⅷ. Rand 全体	37,019(100)	30,327(100)
(a) Far East Rand (14)	15,681(42.4)	12,652(41.7)
(b) Central・West Rand (21)	21,338(57.6)	17,677(58.3)

注) 鉱地名の後の( )内の数字は鉱山会社数
出所) Chamber of Mines, *Annual Report 1928*.

第1章　金鉱山開発と鉱業金融商会　65

金融商会別・金鉱地別指標（1928年）

（　）内は％

産出高（純金）oz	粉砕鉱石トン当り営業収入　s／d	粉砕鉱石トン当りコスト　s／d	営業利潤 £	配当 £
4,341,054(43.0)			4,466,442(34.4)	3,428,762(40.7)
1,443,780(14.3)			3,071,545(23.6)	2,689,762(31.9)
312,653	32／2	18／3	577,592	560,000
232,575	26／7	20／10	214,372	169,762
898,552	46／1	18／8	2,279,581	1,960,000
2,897,274(28.7)			1,394,897(10.7)	739,000(8.8)
274,109	32／5	25／10	235,493	136,388
853,734	27／10	20／5	967,283	507,684
440,848	22／3	21／2	94,246	0
168,888	18／6	18／3	10,566	14,167
213,271	25／2	23／5	63,649	39,183
181,369	23／4	22／3	37,508	25,003
2,780,617(27.5)			4,519,151(34.8)	2,167,728(25.7)
1,761,508(17.4)			3,926,668(30.2)	1,928,012(22.9)
1,080,121	39／2	16／7	2,687,750	1,260,000
381,021	36／1	21／1	682,930	189,255
300,366	34／0	19／4	555,988	478,757
1,019,109(10.1)			592,483(4.6)	239,716(2.8)
303,132	26／11	20／10	293,974	227,975
567,707	19／7	17／5	268,032	0
1,002,610(9.9)			1,735,056(13.4)	1,160,388(13.8)
1,002,610(9.9)			1,735,056(13.4)	1,160,388(13.8)
387,560	32／3	19／10	631,793	497,250
403,869	41／3	20／10	846,258	506,250
211,181	27／8	19／9	257,005	156,888
586,226(5.8)			1,273,156(9.8)	1,123,217(13.3)
586,226(5.8)			1,273,156(9.8)	1,123,217(13.3)
305,980	26／10	16／8	497,829	448,217
200,246	45／1	15／10	775,327	675,000
734,342(7.3)			787,268(6.1)	525,000(6.2)
263,535(2.6)			549,007(4.2)	450,000(5.3)
263,535	79／1	40／3	549,007	450,000
470,807(4.7)			238,261(1.8)	75,000(0.9)
254,033	23／6	19／8	174,808	75,000
333,964(3.3)			174,067(1.3)	25,000(0.3)
116,993(1.2)			74,544(0.6)	25,000(0.3)
216,971(2.1)			99,523(0.8)	0(0)
53,413	22／6	20／8	18,617	0
163,558	21／10	19／4	80,906	0
325,420(3.2)			35,585(0.3)	0(0)
139,261(1.3)			5,217(0.0)	0(0)
186,159(1.8)			30,368(0.2)	0(0)
10,104,233(100)			12,990,725(100)	8,430,095(100)
5,313,913(52.6)			10,635,193(81.9)	7,376,379(87.5)
4,790,320(47.4)			2,355,532(18.1)	1,053,716(12.5)

業利潤を実現していた。すなわち，総じて Far East Rand の鉱山は高品位であり高収益であった。

1914年7月に Far East Rand はラント全体の利潤の20％を占めるにすぎなかたが，1917年7月には48％，1918年7月には59.9％と増大した[117]。1919年には Far East Rand に設立された11鉱山会社で，ラント金鉱山粉砕鉱石量に占める割合は27％にすぎなかったが，配当では実に70％に達していた[118]。金生産量からみても Far East Rand の比重は，1918年の25％から1924年には45.3％に上昇し[119]，収益性においてばかりではなく産出量においても，ラント金鉱業の重心は Far East Rand へ急速に移行していった。1927年には Far East Rand はラントの全産出量の半分を越え，その鉱脈の深さからくる危険と困難を克服して，南ア金鉱業の最も富裕な新しい中心地となった。Far East Rand は南アの「第3の地質的奇跡」[120]であった。

表1—12は1929年における Far East Rand と「その他 Rand」の対比を示している。Far East Rand は産出量と配当において「その他 Rand」を凌駕していたけれども，ヨーロッパ人とアフリカ人労働者の雇用数・賃金および資材・食料等の購入では，なお「その他 Rand」が Far East Rand を凌駕していた。雇用効果と市場効果の点からすると，低品位鉱であった「その他 Rand」はなお Far East Rand より重要であった。

Far East Rand 開発の進行はラント金鉱業を支配していた鉱業金融商会相互の関係に広範な影響を及ぼした。Far East Rand は他の Rand に較べ高収益であったから，Far East Rand 鉱山を支配した資本が，低品位・低収益の鉱山を支配するにすぎない資本よりも，より急速な拡大の潜在力を持つに至ることは明らかであった。

1928年における鉱業金融商会鉱山グループ別生産　1928年に Far East Rand では14鉱山会社が稼動していた。コーナーハウス傘下では14社のうち3社，JCI 傘下では7社のうち3社，CGFSA と GM 傘下ではそれぞれ3社のうち1社が Far East Rand にあり，Anglo American Corporation of South Africa 社（AAC）

---

117)　D. Innes, *op., cit.*, p. 87.
118)　*Ibid.*, p. 87.
119)　*Ibid.*, p. 88.
120)　A. P. Cartwright, *The Gold Miners*, p. 175.

表1－14　主要鉱業金融商会の利潤Ⅰ（1925―29年）

			1925年	1926年	1927年	1928年	1929年	合　計
Ⅰ. CM		粗利潤	896,467	781,569	836,815	832,718	668,518	4,016,087
（£3,400,000）		純利潤	851,212	730,672	786,794	785,607	626,351	3,780,636
Ⅱ. RM		証券売却益	80,971	169,037	151,820	19,700	5,909	427,437
（£531,499）		配当収益	494,125	431,834	436,357	419,330	486,532	2,268,178
		その他収益	87,643	115,795	121,603	123,643	92,309	540,993
		粗利潤	662,739	716,666	709,780	562,673	584,750	3,236,608
		純利潤	616,196	680,390	673,970	526,190	545,570	3,042,316
Ⅲ. JCI		粗利潤	775,835	773,744	827,193	719,353	621,265	3,717,390
（£3,950,000）		純利潤	744,671	743,538	793,827	692,771	593,199	3,568,006
Ⅳ. AAC		粗利潤	694,537	1,060,860	876,826	815,624	770,825	4,218,672
（£3,718,453）		純利潤	672,653	1,028,944	840,201	771,344	720,967	4,034,109
Ⅴ. Union		粗利潤	424,055	436,398	441,941	520,447	457,088	2,279,929
（£875,000）		純利潤	352,765	383,990	386,160	428,582	418,033	1,969,530
Ⅵ. NCGF		粗利潤	418,817	463,900	551,197	736,778	930,127	3,100,819
（£4,500,000）		純利潤	388,879	438,715	512,014	694,788	887,950	2,922,346
Ⅶ. GM		粗利潤	297,320	407,998	413,699	153,129	162,923	1,435,069
（£1,264,579）		純利潤	240,897	342,832	325,187	90,293	112,224	1,111,433

備考）鉱業金融商会名の後の金額は発行資本金。
出所）The Statist.

傘下3社，Union社（Union Corporation 1918年ゲルツ商会が改名）傘下2社およびAnglo-French傘下1社はすべてFar East Randに属していた（表1―13）。これらのうち，コーナーハウス傘下のModderfontein East，GM傘下のVan Ryn EstateおよびAnglo-French傘下のNew Kleinfonteinは低品位・低収益であったけれども，残りの鉱山は高品位・高収益であった。1928年についてみると，Central Randで最大の粉砕鉱石量（261万トン）と最大の産出量（85万3734オンス）を示したコーナーハウス傘下のCrown Minesが営業利潤96万9093ポンド，配当50万7684ポンドであったのに対し，Far East Randにおける同商会傘下のNew ModderfonteinとJCI傘下のGovernment GM Areasとは，産出量においてこれを凌駕し，それぞれ営業利潤224万ポンド，261万ポンド，配当189万ポンド，126万ポンドをあげていた。また，コーナーハウス傘下のModderfontein B，JCI傘下のVan Ryn Deep，AAC傘下のBrakpanとSprings，Union Corporation傘下のGeduld ProprietaryとModderfontein Deep，CGFSA傘下のSub NigelなどFar East Randの鉱山も，産出量においてはCrown Minesの30～50％にすぎなかったけれども，配当は45万～67万ポンドに達し，Crown Minesに匹敵する地位にあった。

　こうしたFar East Randの鉱山の開発とCentral Randの鉱山の鉱脈の漸次的

枯渇によって，第一次世界大戦前に比較すると，各鉱業金融商会傘下の鉱山グループの相対的地位にはかなり大きな変化が生じた。1902～10年の期間に，コーナーハウス鉱山グループはラント金鉱山生産量の42.8%を占めていたのに対し，1928年には43%を占め，戦前とほぼ同じ地位にあったが，配当でみると，戦前には48.6%を占めていたのに，1928には40.7%に低下し，Central Rand における収益性の低下と Far East Rand への進出の失敗を反映していた。これに対し，JCI鉱山グループは，大戦前においては生産量の7.9%，配当の6.5%を占めるにすぎなかったが，1928年には生産量の27.5%，営業利潤の34.8%，配当の25.7%を占め，鉱山グループとして第2位の地位に浮上していた。1929～31年には，JCI鉱山グループは，営業利潤ではコーナーハウス鉱山グループすら凌駕していた。さらに，すべての鉱山が Far East Rand に位置していた AAC 鉱山グループ（1922年 CMS 傘下鉱山は AAC 傘下に移った）と Union Corporation 鉱山グループも，1928年にはそれぞれ生産量で9.9%，5.8%，配当で13.8%，13.3%を占め，AAC と Union Corporation はともにラント金鉱業の中堅鉱業金融商会として自己を確立していた。

表1—14は，1920年代後半における主要鉱業金融商会の利潤を示している。粗利潤についてみると，1925～29年の合計では AAC が一番大きくて422万ポンド，次いで CM402万ポンド，JCI372万ポンド，RM324万ポンド，CGFSA の機能会社である New Consolidated Gold Fields 社 (NCGF) 310万ポンド，Union Corporation 228万ポンド，GM144万ポンドであった。RM の場合を除いて，これらの利潤は一括して公表されているため，配当収益と証券売却収益とがどれだけの大きさであるかはまったく不明であるし，また配当収益のうちどれだけがラント金鉱山会社からのものであるかもわからない。注目すべきことは，この時期には主要鉱業金融商会の投資は，部門的にも地域的にもかなりの多様化を遂げていたことである。すでに第一次世界大戦の直前に，コーナーハウス (CM, RM, WB 商会，エックシュタイン商会) の投資の23.2%は，トランスヴァール金鉱山以外のアフリカ (12.1%)，イギリス (5.2%)，ヨーロッパ (4.0%)，アメリカ (1.9%) に投下されていた[121]。また，CGFSA の場合には，トランスヴァール内金鉱山会社への投資は全投資の46.5%にすぎず，残りはそれ以外のアフリカ (19.9)，アメリカ (23.2%)，イギリス (4.4%) など

---

121) R. V. Kubicek, *op., cit.*, p. 225.

に向けられていた[122]。したがって，先にあげた利潤には，当然ラント金鉱山以外の投資からの収益が含まれている。しかし，AAC の利潤が最大であること，JCI の利潤が CM のそれと並ぶほど大きいこと，さらに資本金の大きさに比して Union Corporation の利潤が巨額であったことの背景には，高収益である Far East Rand の金鉱山に対する投資があった。

第 4 節　金本位制度崩壊による金鉱業ブーム（1933〜1938年）

金本位制の崩壊と金鉱業の大ブーム　世界大恐慌のさなかの1931年 9 月，イギリスは金本位制を離脱した。ラント金鉱業主の主張にもかかわらず，南アフリカはこの時イギリスに追随せず，ようやく15カ月後に金本位制を離脱した。その間，南アフリカ通貨はイギリス・ポンドに対して騰貴したため，イギリスを主要な市場としていた羊毛・葡萄酒・果物など南アフリカの輸出農業は惨澹たる状況に追い込まれていた。他方，イギリスの金本位制離脱の時からロンドンでの金価格は再び上昇していたので，ラント金鉱業は他の産業とは様相を異にしていた。しかし，1926年 6 月以降，鉱山会議所と南アフリカ準備銀行との協定によって，Rand Refinery 社で精練されたラント産金は南アフリカ準備銀行が一定価格で購入することになっていたから，ラント金鉱業はロンドンでの金価格の上昇を直ちに利用できる立場にはなかった。

　1932年12月の南アフリカの金本位制離脱は「南ア金鉱業史上最大のブーム」[123]を呼び起こした。南アフリカが金本位制を離脱すると同時に，南アフリカ準備銀行による一定価格での産金購入は中止され，それ以降ラント金鉱業は金価格上昇の利益を享受することになった。

　金価格上昇がラント金鉱業に与えた最も重要な影響のひとつは，従来採算がとれず放置されてきた膨大な量の低品位鉱石がペイ・リミット（pay limit：採算の合う最低鉱石品位）内に入ってきたことである。既存の鉱山ばかりでなく，操業を停止していた鉱山や，それまであまりに投機的であったため開発が見合わせられていた鉱地における鉱山の低品位鉱石が採掘可能となった。ラントの金鉱石埋蔵量は一挙に 2 倍となり，閉鎖直前であった鉱山が10年あるいは20年

---

122)　*Ibid.*, p. 232.
123)　S. H. Frankel, *Capital Investment in Africa*, p. 98.

表1—15 ラント[1]金鉱業の基本的

	粉砕鉱石量 (ton)	生産高[2] (純金) (oz)	粉砕鉱石トン当り金量 (dwts)	粉砕鉱石トン	
				収入 (s／d)	コスト (s／d)
1932年	34,906,450	11,378,064	6.481	28／0	19／3
1933年	36,860,900	10,841,054	5.843	36／6	19／5
1934年	39,722,850	10,304,923	5.147	35／8	19／5
1935年	44,234,650	10,564,904	4.729	33／8	18／11
1936年	48,221,120	11,117,327	4.569	32／1	18／10
1937年	50,725,750	11,445,087	4.462	31／5	18／11
1938年	53,834,150	11,839,077	4.349	31／1	19／3

注) 1) Heiderberg 地域（Sub Nigel 鉱山と Nigel 鉱山）を含む。
出所) Chamber of Mines, *Annual Report*. 金価格は *Official Year Book of the Union of South Africa 1939*,

と寿命を延ばした。

　金本位制時代の金平価はオンス当り84シリング11ペンスであった。これに対し，ロンドンの価格は，1931年10月～12月に平均113シリング2ペンスであったが，1933年には平均124シリング10ペンス，1935年以降は140シリングを越え，「7ポンド時代」を迎えた。他方，ラント金鉱山の粉砕鉱石トン当り品位は，こうした金価格の騰貴に対応して漸次低下し，1932年までの6 dwts 台から，1933～34年には5 dwts 台，さらに35年以降の「7ポンド時代」には4 dwts 台へと低下した（表1—15）。

　この期間のラント金鉱山の活発な活動は，粉砕鉱石量の増大からみてとることができる。1932年に3490万トンであった粉砕鉱石量は，35年には約1000万トン増加して4420万トン，38年にはさらに約1000万トン増加して5380万トンとなった。新しく開発される鉱山のみならず既存の鉱山にも新たに深い竪抗が掘削され，回収装置が設置された。金鉱山の資材・食料購入額は，トランスヴァール全体では1930年の1500万ポンドから，35年2560万ポンド，37年2920万ポンドへと増大した[124]。1933年初頭から36年末までの4年間に，株式の新規発行4350万ポンド，社債発行で120万ポンド，利潤再投資で530万ポンド，合計5000万ポンドが新たに南ア金鉱山に投下された[125]。第一次世界大戦前の1895-96年と1909-10年の2つの金鉱株ブーム時におけるラント金鉱山会社の株式発行による営業資本の募集額がそれぞれおよそ1200万ポンドと1000万ポンドで

---

124) *The Mineral Industry 1939*, p. 834.
125) S. H. Frankel, *Capital Investment in Africa*, p. 98.
126) *Ibid.*, p. 95.

第1章　金鉱山開発と鉱業金融商会　71

指標Ⅳ（1932—38年）

当り利潤 (s／d)	営業収入 (£)	営業コスト (£)	営業利潤 (£)	配当 (£)	金価格 オンス当り (s／d)
8／9	48,832,094	33,541,198	15,306,035	8,978,995	118／1
17／1	67,267,320	35,769,566	31,497,754	13,550,526	124／10
16／3	70,857,132	38,593,213	32,263,919	15,828,025	137／8
14／9	74,413,919	41,773,656	32,640,263	16,391,166	142／1
13／3	77,367,036	45,317,911	32,049,125	17,237,216	140／3
12／6	79,712,658	48,008,241	31,704,417	17,015,866	140／9
11／10	83,620,595	51,724,900	31,895,695	17,207,368	142／7

2）群小鉱山の生産を含む。
No. 20, p. 853.

あった[126]から，この時期の資本投下がいかに巨額であったかがわかる。株式発行によって募集された資本の大部分は新しい鉱山開発向けであり，既存鉱山の拡大は主として利潤の再投資によって賄われた。

　注目すべきことに，粉砕鉱石量の増加にもかかわらず，金産出量は増大しなかった。1933年以降36年まで産出量は32年の水準（1137万8064オンス）を下回っており，ようやく37年にこれを凌駕した。このことは，ペイ・リミットに入ってきた大量の低品位鉱石が採掘された結果であるが，同時に，それぞれの鉱山で寿命延長のために高品位鉱石温存政策が採用されたことも見逃すことはできない。産出量そのものは増大しなかったけれども，金価格の騰貴と長期不況による労賃・資材価格の低下によって，営業利潤はいちじるしく増大し，1933年以降は32年の水準の2倍となった。それと同時に配当も1934年以降は32年の2倍を越えた。

　金価格の上昇はどの金鉱山にも等しく有利な状況をつくり出し，営業利潤と配当はほとんどの鉱山で増大した。表1—16は，1928年，1935年および1938年の3カ年について，ラントの主要な金鉱山の基本的指標を比較している。コーナーハウス鉱山グループの Modderfontein B と New Modderfontein, Union Corporation 鉱山グループの Modderfontein Deep, JCI 鉱山資本グループの Van Ryn Deep など，Far East Rand の早期に開発された鉱山の営業利潤と配当が30年代に減少傾向を示しているのは，各鉱山の埋蔵鉱石品位そのものが低下したためであるが，Modderfontein East（コーナーハウス），New State Areas（JCI），Brakpan, Springs, West Springs（AAC），Geduld Proprietary（Union Corporation），Sub Nigel（CGFSA），New Kleinfontein（Anglo-French）などその他の

表 1—16 ラントの主要金鉱山会社の産出高，

	産 出 高（純 金）		
	1928年 (oz)	1935年 (oz)	1938年 (oz)
Ⅰ．CM-RM 鉱山グループ	4,341,054	3,638,459	8,320,161
Modderfontein B	312,653	183,024	181,706
Modderfontein East	232,575	244,119	273,260
New Modderfontein	898,552	536,576	427,139
Crown Mines	853,734	981,102	1,026,266
ERPM	440,848	507,196	560,426
Ⅱ．JCI 鉱山グループ	2,780,617	2,622,336	2,421,384
Govt GM Areas	1,080,121	857,919	623,276
New State Areas	381,021	444,547	427,046
Van Ryn Deep	300,366	230,773	207,649
Randfontein Estate	567,707	744,741	740,279
Ⅲ．AAC 鉱山グループ	1,002,610	1,428,485	1,703,322
Brakpan	387,560	403,018	423,001
Daggafontein		409,780	482,533
Spring	403,869	435,244	514,011
West Spring	211,181	180,443	216,360
Ⅳ．Union 鉱山グループ	586,226	837,608	1,056,957
East Geduld		360,931	505,407
Geduld Proprietary	305,980	324,698	326,526
Modderfontein Deep	280,246	151,979	81,591
Ⅴ．CGFSA 鉱山グループ	734,342	1,036,378	1,364,177
Sub Nigel	263,535	475,261	501,816
Robinson Deep	254,033	302,718	330,911
Simmer & Jack	216,774	258,399	292,041
Ⅵ．GM 鉱山グループ	333,964	465,177	512,076
West Rand Cons.	163,558	358,202	417,397
Ⅶ．Anglovaal 鉱山グループ			300,638
Rand Lease			300,638
Ⅷ．その他	325,420	430,527	528,539
New Kleinfontein	139,261	122,467	164,839
Ⅸ．Rand 全体	10,104,233	10,564,904[2]	11,839,077[3]
(a)　Far East Rand	5,313,913	5,541,697	5,987,780
(b)　Central・West Rand	4,790,320	4,917,273	5,719,474

注）1）1928年については，幾つかの鉱山会社の場合，1928年6月30日で終わる1年間である。
出所）1928年は本章第6—11表．1935年は *The South African Mining & Engineering Journal*, Jan. 25, 1936, p. 685 ;

第1章　金鉱山開発と鉱業金融商会　73

営業利潤および配当（1929[1]―38年）

営　業　利　潤			配　　当		
1928年 （£）	1935年 （£）	1938年 （£）	1928年 （£）	1935年 （£）	1938年 （£）
4,466,442	9,600,182	8,792,395	3,306,945	5,160,614	4,988,193
577,592	548,537	540,578	560,000	420,000	350,000
214,372	627,341	675,096	169,726	244,337	302,512
2,279,581	2,214,585	1,288,974	1,960,000	1,470,000	735,000
967,283	3,239,186	3,076,117	507,684	1,603,206	1,791,819
94,246	1,117,213	1,199,722	0	495,000	630,000
4,519,151	8,472,409	6,110,184	2,167,728	3,628,180	3,005,401
2,687,750	3,878,025	2,187,951	1,260,000	1,680,000	980,000
682,930	1,896,926	1,696,822	189,255	378,510	454,212
555,988	586,466	400,339	478,757	359,068	269,301
268,032	1,589,403	1,358,949	0	812,710	914,300
1,735,056	4,929,160	5,384,766	1,160,388	2,392,525	2,738,375
631,793	1,272,962	1,268,642	497,250	603,750	718,750
	1,492,110	1,636,735		765,625	896,875
846,258	1,789,616	1,817,217	506,250	838,500	819,000
257,005	374,472	551,586	156,888	184,650	241,875
1,273,156	3,594,695	3,868,887	1,123,217	2,249,475	2,299,392
	1,498,515	2,187,118		776,875	1,035,000
497,829	1,479,216	1,369,023	448,217	1,022,600	1,095,642
775,327	616,964	99,788	675,000	450,000	100,000
787,268	3,793,536	4,513,820	525,000	1,826,590	2,230,296
549,007	2,327,158	2,370,475	450,800	1,350,000	1,328,906
174,808	919,527	981,458	75,000	326,590	537,500
63,453	546,851	680,706	0	150,000	293,750
174,067	1,254,711	1,286,303	50,000	631,250	770,833
80,906	1,078,494	1,214,421	0	531,250	708,333
		654,429			337,500
		654,429			337,500
5,511	781,322	1,077,172	0	505,527	837,378
5,217	164,255	350,943	0	129,598	314,272
12,990,725	34,426,015	31,687,956	8,430,095	16,391,166	17,207,368
10,635,193	21,142,363	19,562,528	7,376,379	10,947,337	10,084,522
2,355,532	11,283,652	12,125,428	1,053,716	5,443,829	7,122,846

2）小鉱山の生産105,943オンスを含む。3）小鉱山の生産131,823オンスを含む。
Feb. 1, 1936, p. 717. 1938年は、*ibid*., Feb. 4, 1939, p. 667.

表1—17　主要工業金融商会の利潤Ⅱ（1932—38年）

			1932年	1933年	1934年	1935年	1936年	1937年	1938年
Ⅰ.	CM	純利益	569,660	705,977	764,969	809,871	822,357	743,863	456,921
Ⅱ.	RM	証券売却益	15,465	139,185	244,117	232,972	337,304	271,092	193,356
		その他収益	546,817	764,346	862,133	900,499	962,162	960,409	923,827
		純利益	562,282	903,531	1,106,250	1,133,471	1,299,466	1,231,501	1,117,183
Ⅲ.	JCI	純利益	359,675	824,269	1,347,576	1,142,031	1,086,201	1,141,878	720,380
Ⅳ.	AAC	純利益	120,324	470,478	829,235	819,223	1,161,638	1,638,678	1,019,889
Ⅴ.	Union	純利益	256,058	452,055	565,816	604,920	685,044	682,855	611,535
Ⅵ.	NCGF	純利益	448,556	875,112	1,327,076	1,465,185	1,272,231	2,159,365	1,180,394
Ⅶ.	GM	純利益	229,378	363,354	371,892	361,387	541,522	527,599	526,578

出所）*The Statist.*

Far East Rand の鉱山は20年代を大きく上回る業績をあげていた。他方，Central Rand と West Rand の鉱山の業績も，ほとんど例外なく30年代には20年代を凌駕していた。ことに低品位鉱石ながら膨大な埋蔵量を有していた大鉱山の業績回復はいちじるしかった。Crown Mines は産出高においても営業利潤と配当においても世界最大の金鉱山となり，また，ERPM（コーナーハウス），Randfontein Estates（JCI），Robinson Deep，Simmer & Jack（CGFSA），West Rand Cons（GM）など，1920年代末にほとんど配当を生むのに失敗していた鉱山が，30年代にはラント有数の高収益鉱山となった。こうした Central Rand と West Rand の鉱山の業績が回復することによって，この両金鉱地の鉱山会社の配当総額は1928年の108万ポンド（全ラント金鉱山配当の12.9%）から1935年544万ポンド（33.2%），1938年712万ポンド（41.4%）へと増大した。

　表1—17は1930年代の主要鉱業金融商会の純利潤を示している。20年代後半に較べると，1933年以降，CM を除いてどの商会の利潤も大幅に増大している。30年代の不況期には，ダイヤモンド，卑金属，石炭，製造工業品など他の投資収益は大きく低下したことを考えれば，これは顕著な業績といわねばならない。ラント金鉱山からの収益は他の投資収益の減少を相殺してなお余りあるものであったのである。

新金鉱地の探査　Central Rand, West Rand および Far East Rand 3 金鉱地の金鉱山が，ラント開発以来最大の繁栄を享受していたとき，次代の南ア金鉱業を担う金鉱地の探査と開発が着々と進行中であった。その発端は，大恐慌下職を求めてベルリンから南アフリカに移住していた経済地理学専攻の R・クラーマンが，CGFSA に金鉱脈の磁気探査法を持ち込んだことにあった。金鉱脈の存

在するラントの地層は，主鉱脈統の下400フィートのところに鉄分の多い磁気性のケツ岩があることを特徴としていた。磁気探査法とは，磁気メーターの使用によってこのケツ岩の存在を探り，間接的に金鉱脈を探知する方法であった[127]。CGFSAは，この方法を採用して，1931年3月頃からFar West Randのミドゥルブレイからモーイ川河畔までの長さ35マイルにわたるベルト地帯をひそかに探査し，West Randのラントフォンテイン以西の長く求められた「見失われた鉱脈（lost reef）」の発見に成功した。一片の土地を掘ることなく金鉱脈を探知するこの方法はまことに革命的であった。

CGFSAは，この広大なベルト地帯——これはすぐにWest Wits Lineと呼ばれるようになる——のほとんど全域の鉱物権を23万3800ポンドで入手した[128]。そして，南アフリカが金本位制を離脱する6週間前（1932年11月12日）に，この地域の開発に向けて，持株会社West Witwatersrand Areas社を設立した。1934年から38年にかけて，CGFSAが管理するVenterspost（1934年），Libanon（1936年），West Driefontein（1938年）とCMの管理するBlyvooruitzicht（1937年）の4鉱山会社が設立され，さらに，戦後にはAACの管理するWestern Deep Levelsが設立された。

Far West Randにおける金鉱脈の発見は再び探査活動を活発にし，クラークスドープ地域に続いてオレンジ・フリー・ステイトにおいても金鉱が発見された。第二次世界大戦後においては，南ア金鉱業の重心はOrange Free State, Klerksdorp, Far West Rand, Evanderの4金鉱地に移動したが，これら鉱地をどの程度支配したかによって，南ア金鉱業における各鉱業金融商会の地位は決定されることになる。

---

127) A. P. Cartwright, *Gold Paved the Way*, p. 152.
128) *Ibid.*, p. 161.

第2章　鉱業金融商会とグループ・システム

　ほんの一握りの鉱業金融商会が南アフリカの鉱業を支配してきたことは，よく知られている。わが国でも，南アフリカ鉱業における鉱業金融商会による独特な経営方式であるグループ・システムが注目を浴びてきた。例えば，1984年発行の『社会経済史学の課題と展望』において，「イギリス植民地」の章を担当した荒井政治氏は，植民地時代のインドとアフリカに関する研究課題のひとつとして，インドにおける経営代理制度と南アフリカのダイヤモンドおよび金鉱山会社の経営方式の比較研究を呼びかけた[1]。

　ラントは，一定の限られた地域であるから，ラント金鉱山は，鉱業金融商会自身の部局鉱山として開発することも可能であったであろう。しかし，何故に，鉱業金融商会自身とは別の法的に独立した存在（別会社）として設立され，また，これを集中的に管理する方式（グループ・システム）が採用されるにいたったのか。集中的管理とはどのようなものか。鉱業金融商会にとって集中的管理はどのようなメリットを生むものであったか。そもそも，こうしたグループ・システムは何時成立し確立されたのか。こうした問題が問われるであろう。

　本章は，これらの問題を考えようとするものである。第1節において，1890年代中葉から第一次世界大戦までのラント金鉱山会社の経営方式を，第2節と第3節において，鉱業金融商会の収益を考察し，グループ・システムの本質をあきらかにすることを課題とした。事柄を鮮明にするために，第二次世界大戦後の事態に一部踏み込んだことをお断りしておきたい。

---

[1]　荒井政治「イギリスと植民地」社会経済史学会編『社会経済史学の課題と展望』（社会経済史学会創立50周年記念）有斐閣，1984年，174ページ。

第1節　グループ・システムと鉱業金融商会の成立

グループ・システムとは　ラント金鉱山会社の経営に特徴的なことは，ほとんどすべての会社が一握りの鉱業金融商会の支配・管理下におかれていたことである。鉱業金融商会は各分野の優秀な専門家を多数かかえているが，それ自体では生産業務を営まない。他方，金鉱山会社は法的には独立した存在であり，独自の取締役会と独自の経営・技術・事務スタッフを有して日常の生産活動に従事しているが，経営の重要事項に関しては常に支配会社たる鉱業金融商会の指導・監督を受けている。南ア金鉱業のこうした経営方式は，通常グループ・システムと呼ばれており，具体的には次のような支配・管理を指している[2]。

① 鉱業金融商会は取得した鉱区を基礎に鉱山各社を発起し，株式の発行・引受けなど鉱地の資本化にかかわる業務を行う。その際，鉱業金融商会は鉱地その他の現物出資の見返りとして大量の売主株（vendors' share）を取得する。

② 発起人であると同時に大株主である鉱業金融商会は，各社の取締役会を支配するに足る取締役ポストを確保し，同時に鉱山各社と種々の経営契約をと

---

[2]　以下に述べるグループ・システムの具体的内容は，小池賢治氏の秀れた定式化（小池賢治「鉱山商会と『グループ・システム』」『アジア経済』第23巻第7号，1982年，86-87ページ）に依った。小池氏の定式化は，氏自らが述べているように（同上193ページ），J. Martin, 'Group Administration in the Gold Mining Industry of the Witwatersrand', *The Economic Journal*, Vol. 34, No. 56 (Dec. 1929), pp. 536-553 を基に整理されたものであるが，氏とマーティンとでは本質的相違がある。マーティンは，ラント金鉱業においては，一握りの鉱業金融商会が取締役会を制し，顧問技師・秘書役・本店・バイヤーとなることによって，ほとんどすべての金鉱山会社を支配・管理していることを，正しく指摘している。しかし，マーティンは，支配・管理される鉱山会社の「視点」からグループ・システムを把えているにすぎない。それ故，マーティンにおいては，管理の側面（狭義のグループ・システム）だけが強調され，管理・支配は鉱業金融商会の株式所有の重みに依存するのでなく，商会の与えるサーヴィスの優秀性に対する株主の評価と承認に基づいている，サーヴィスの対価たる手数料は割高ではない，支配商会の権利の濫用は回避されている，等の弁護論に堕している（*Ibid.*, pp. 540-542.）。これに対して，小池氏は，支配・管理する側の鉱業金融商会に視点を据えて定式化されており，グループ・システムを商会自体の発起・発行，金融，管理の3側面から総体的に把握されている。氏の論稿の中心的課題は，集中管理（＝サーヴィスの提供）にともなう手数料収入の意義の検討におかれているが，傘下鉱山各社に対する持株・金融の側面もなおざりにされてはいない。氏のこの論文は，南ア金鉱業のグループ・システムを本格的にとりあげた秀れた先駆的業績である。なお，筆者は，1970年代中葉における南ア鉱業を分析した際，経営主体は鉱業金融商会であり，鉱山各社の独立性は法的擬制である，と指摘したことがある（拙稿「現代南アの鉱業と巨大独占体」，林晃史編著『現代南部アフリカの経済構造』アジア経済研究所，1979年，30ページ）。

り結ぶ。

③ 管理契約・技術契約によって，鉱業金融商会は各社の支配人（manager），顧問技師（consulting engineer）の指名権を確保し，鉱脈の賦存状況・鉱石品位など鉱山の枢要事項に関する情報を独占するとともに，開発・操業から生じる種々の技術的問題を，鉱山技術・機械・地質・冶金など専門スタッフを適宜派遣して解決に当たる。

④ さらに，鉱業金融商会は鉱山各社の本店（head office）と秘書役（secretaries）を兼ね，取締役会および年次総会に付随する事務，株式登記簿の作成・保管，保険手配，地所取引，税務，鉱区認可出願，事務書式の統一，統計作成等の事務を集中的に行う。

⑤ 鉱山各社の必要に応じて，鉱業金融商会は融資業務を行う。

⑥ 鉱業金融商会は，鉱山各社のバイヤーとなり，鉱山の必要とする資材・食料品の一括購入を行う。

⑦ 上記③，④，⑥のサービスに対して，鉱業金融商会は手数料を徴収する。

以上述べた関係は，鉱業金融商会各社の慣行や，同一商会傘下でも鉱山会社の成立経緯によって，細部においては相違があるものの，いずれも「発起・管理・金融」の三位一体的集中支配が貫徹していることに変わりはない[3]。

Rand Mines 社の設立　こうしたグループ・システムによる鉱山各社の集中的支配方式が最初に採用されたのは，深層鉱山開発のためにウェルナー・バイト，エックシュタイン両商会によって設立された RM においてであった。Central Rand 中央部の露頭鉱山の直ぐ南側の鉱地をいち早く獲得したエックシュタイン商会は，1893年，他の商会に先駆けて深層鉱山の開発に着手した。深層鉱山の開発には巨額の資本が必要であったにもかかわらず，1889年の金鉱株ブーム崩壊後，ヨーロッパの一般投資家は金鉱株を回避し，銀行家や金融業者も鉱山投資の投機性を嫌っていた。この資本募集難の打開策として，両商会は高収益と低リスクを約束する企業形態を案出した。これが，自己の発起した鉱山各社

---

3)　S・H・フランケルは，鉱業金融商会を「支配・持株会社，投資トラスト並びに発行・発起商会の結合体」と呼んでいる (S, H, Frankel, *Capital Investment in Africa, : Its Course and Effects*, London, Oxford University Press, 1938, p. 93.)。ラント金鉱業で開始されたグループ・システムは，両大戦間期には，南アの他の鉱工業にとどまらず，アフリカ各地の鉱業に拡大されていった (*Ibid.*, p. The face page of p. 79.)。

を集中的に支配・管理する持株会社の創設である。

低リスクは危険の分散によってもたらされた。確かに，個々の鉱山会社に対する投資の場合のように，桁はずれの収益を獲得するチャンスはなくなるが，RMに対する投資はより安全であった。ひとつの鉱山が失敗であったとしても，残りの鉱山の成功によって埋め合わされる可能性が大であったからである[4]。他方，高収益は低コストの実現によって達成されるが，この低コストは多数の生産鉱山会社を単一の統制下におく効率的経営の実施によって可能となった。ウェルナー・バイト，エックシュタイン両商会は，ロンドンとパリの金融業者の後援を得て，授権資本40万ポンドのRMを設立した。RMは，1895年の金鉱株ブームの再来を利用して，次々と深層鉱山会社を設立した。ここに，低コストと低リスクの実現を目指すグループ・システムが開始された。

RMのこの経営方式は他の商会によって直ちに模倣されていった。RMならびにRMによる深層鉱山各社の設立と並行して，他のキンバリーの大資本家によって設立されていた鉱業商会は，株式会社への転化や増資によって資本を増強し，鉱地・鉱区の獲得をはかるとともに深層鉱山開発へと邁進した。ローズとラッドのGFSAは，1892年にデイヴィスやターバトの3会社と合併してCGFSAとなり，さらに，その資本金は，設立時の125万ポンドから，1894年187万5000ポンド，1897年270万ポンド，1898年325万ポンドへと増大した。バーナト・ブラザーズ商会が設立していたJCIの資本金は，設立時（1889年）17万5000ポンドにすぎなかったが，何度かの増資の後，1896年には275万ポンドとなった。Anglo-Frenchも1894年と96年の増資により，その資本金は当初の10万ポンドから70万ポンドになった。

パートナー形式をとっていた鉱業商会では，アルビュ商会が，1895年，Dresdner Bank, Disconto-Gesellshaftおよびドイツ最大の金融業者S・ブライヒレーダーの資本参加によって株式会社に改組され，GM（資本金125万ポン

---

[4] 鉱業金融商会への投資による「危険の分散」といっても，一般投資家にはまったく無縁であった。鉱業金融商会の設立は，一般投資家からの資本募集を目的としたものではなく，ロンドンとパリの金融業者の資本参加を狙いとしていた。RMが設立されたとき，その株式は，売主たちの友人や銀行家，金融業者，株式仲買人たちに提供された。一般投資家がRMの株式を入手しうるのは，株式取引所においてであり，最初に入手した者が手離すときであった。したがって，購入価格は発行価格を何倍も上まわっており，一般投資家はせいぜい平均利子率に近い利回りを得るだけであった。しかし，最初に入手したものは，巨額の創業者利得を獲得できた。

表2—1 主要鉱業金融商会によるラント金鉱山会社⑴設立数 (1894—1899)

	1894年	1895年	1896年	1897年	1898年	1899年	合計
I　Corner House 資本グループ							
(1)　RM 資本グループ	4	2			1	1	8
(2)　Eckstein 商会資本グループ		3			2	5	10
II　CGFSA 資本グループ	2	6			2	1	11
III　JCI 資本グループ		3	2				5
IV　Goerz 商会資本グループ		2		1		3	6
V　GM 資本グループ	1	1					2
VI　Neumann 商会資本グループ		3	1			1	5
VII　Robinson 資本グループ	2	4		1		6	13
VIII　Anglo-French 資本グループ	1	6					7
合　　計	10	30	3	2	5	17	67

(注)　⑴新設会社のみ。
〔出所〕 *The South African Mining Manual, 1900*.

ド)となった。他方，1887年，ベルリンで設立されていたゲルツ商会は，1899年，Deutsche Bank と Berliner Handels-Gesellschaft による資本の増強によって，同名のまま資本金100万ポンドのトランスヴァール登録の株式会社となった。ダイヤモンドの販売独占体ダイヤモンド・シンジケートに参加していたドゥンケルスブーラー商会は，1897年，Darmstädter Bank の金融的支持を得，CMS (資本金30万ポンド) を設立し，2つの鉱業会社を吸収した。ラントにおける有数の鉱業商会のうち，ノイマン商会とロビンスンのパートナーシップはついに株式会社とならなかったのであるが，ロビンスンのパートナーシップの場合には，それは，ラントに一番乗りしたJ・B・ロビンスンがランハラーフテとラントフォンテインに広大な鉱地を獲得しており，また Langlaagte Estate という Robinson 鉱山 (エックシュタイン商会傘下) に次ぐ収益性の高い露頭鉱山会社を支配していた5)ことによる。

　以上のように鉱業商会の資本が増強されるかたわら，1890年代中葉から深層鉱山会社の設立が相次いでなされた。*The South African Mining Manual 1900* から筆者の集計したところでは，1894年から1899年の間に，上記の鉱業商会によって，ラントの深層鉱山を中心に67社の金鉱山会社が設立されていた。これらの設立は，表2—1の示すように，1894-95年と99年に集中しているが，95年と99年の金鉱株ブームを利用して一挙になされたものであることは明

---

　5)　1895年6月までの配当額は，Robinson (1887年設立) は122万5337ポンド，Langlaagte Estate (1888年設立) は78万8590ポンドに達していた (F. H. Hatch and J. A. Chalmers, *The Gold Mines of the Rand*, London, Macmillan and Co, 1895, Table III.)

らかであろう。

グループ・システムと鉱業金融商会の成立　鉱業商会傘下の鉱山会社が増加していくにつれて，グループ・システムの管理構造が徐々に姿を現わしてきた。商会傘下の鉱山会社には，開発・操業に責任を有するヨハネスブルグ取締役会と金融・投資の決定権を有するロンドン委員会[6]の他に，鉱山の日常経営の責任者である支配人，技術上の問題を解決する顧問技師，種々の事務を処理するロンドンとヨハネスブルグに秘書役と事務所がおかれた。支配会社たる鉱業商会は，自社の取締役と上級スタッフとでこれら取締役会を制し，主としてアメリカから招聘した鉱山技師を顧問技師として派遣し，商会自身もしくは関連事務会社を両都市の秘書役・事務所に指名した。ここに，鉱山各社を集中的に管理・支配するグループ・システムが誕生し，鉱業商会は鉱業金融商会へと転化していった[7]。

表2－2は，1899年における主要鉱業金融商会の支配する鉱山各社（ただし，1899年に産金中の会社のみ）の支配人，顧問技師，秘書役・事務所を示している。RM傘下の鉱山各社の場合には，その会社独自の鉱山支配人（mining manager）を任命している上，RMの総支配人G・E・ウェバーと顧問機械技師L・I・セイモアをそれぞれの総支配人（general manager）および顧問機械技師（consulting mechanical engineer）として指名し，RMの秘書役F・ラレ

---

6) ラントの金鉱山会社はほとんど例外なく2つの取締役会を有していた。トランスヴァール登録会社の場合には，ロンドンの取締役会はロンドン委員会（London Committee）と呼ばれ，ロンドン登録会社の場合には，ヨハネスブルグの取締役会は地方委員会（Local Committee）または地方取締役会（Local Board）と呼ばれていた。イギリスの会社法に較べてトランスヴァールのそれはルースであったので，大多数の金鉱山会社はトランスヴァールに登録されていた。鉱業金融商会傘下の鉱山会社の場合，商会自身の取締役と上級スタッフが両取締役会の多数を占めるよう派遣されたのであるが，他方で，ラントにおける商会の取締役と上級スタッフは商会自身のロンドン取締役会の指図の下にある管理者（caretaker）にすぎなかった（'Seven Golden Houses', *Fortune*, Dec. 1948, p. 186.）。

7) マーティンは，「少数の金融グループの掌中に鉱山各社の支配が相当程度集中した結果，1897年までには，鉱業の一般的組織は，規模は小さく適用は不完全であったけれども，現在のグループ・システムに広く類似した形態をとるにいたった」と述べて，1897年の，トランスヴァール政府によって任命された産業調査委員会報告書の次の1節を引用している。「ほとんどの鉱山は，自分の時間とエネルギーと知識を鉱業に献げる金融家と実務家によって支配されている。かれらは最新の機械と鉱山技術のみならず，科学の識る最高度に完成された生産方法と生産過程を導入している」(J. Martin, *op. cit.*, p. 538.）。

表2−2　主要鉱業金融商会グループ金鉱山会社[1]の支配人、顧問技師および秘書役・事務所[2]（1899年）

	総支配人	支配人	顧問技師	秘書役・事務所	ロンドン秘書役・事務所	代理・連絡員・その他事務所
I．Corner House 資本グループ						
(1)RM 資本グループ						
Crown Deep	(GM) G. E. Webber	(MM) B. Searle		(S&O) F. Raleigh	(LS&O) A. Moir	(PC) BFAS
Durban Roodepoort Deep	(GM) G. E. Webber	(MM) F. H. P. Cresswell		(S&O) T. J. Ball	(LS&O) J. S. Sheldrick	(PC) CFMOE
Ferreira Deep	(GM) G. E. Webber	(MM) J. Richards		(S&O) F. Raleigh	(LS&O) A. Moir	(PC) BFAS
Geldenhuis Deep	(GM) G. E. Webber	(MM) J. Davies		(S&O) F. Raleigh	(LS&O) A. Moir	(PC) CFMOE
Glen Deep	(GM) G. E. Webber	(MM) F. G. Gale	(CME) L. I. Seymour	(S&O) F. Raleigh	(LS&O) A. Moir	(PC) BFAS
Jumpers Deep	(GM) G. E. Webber	(MM) S. Hancock	(CME) L. I. Seymour	(S&O) F. Raleigh	(LS&O) A. Moir	(PC) BFAS
Langlaagte Deep	(GM) G. E. Webber	(MM) W. Bradford	(CME) L. I. Seymour	(S&O) F. Raleigh	(LS&O) A. Moir	(PC) BFAS
Nourse Deep	(GM) G. E. Webber	(MM) L. Cazalet	(CME) L. I. Seymour	(S&O) F. Raleigh	(LS&O) A. Moir	(PC) BFAS
Rose Deep	(GM) G. E. Webber	(MM) L. Pedersen	(CME) L. I. Seymour	(S&O) F. Raleigh	(LS&O) A. Moir	(PC) CFMOE
(2)Eckstein 商会資本グループ						
Bonanza		(M) F. Spencer		(S&O) R. E. Jay	(LS&O) A. Moir	(PC) CNEP
City & Surburban	(GM) T. J. M. Macfarlane	(BM) E. M. Bird	(CE) L. I. Seymour	(S&O) W. M. Hunter	(LS&O) J. S. Sheldrick	(PC) CNEP
Crown Reef	(GM) H. S. Stark		(CE) S. J. Jennings	(S&O) H. R. Nethersole	(LS&O) A. Moir	(PA) Paribas
Ferreira GM	(GM) J. H. Johns			(S&O) R. H. Holgate	(LS&O) A. Moir	(PA) Credit Lyonnais
French Rand	(GM) R. Curnow		(CE) F. Drake	(S&O) E. J. Muller	(LS&O) A. Moir	(PC) CFMOE
Geldenhuis Estate	(GM) C. Hoffmann		(CE) L. Evans	(S&O) P. C. Haw	(LS&O) A. Moir	(PA) Credit Lyonnais
Henry Nourse	(GM) J. Witburn		(CE) L. I. Seymour	(S&O) W. M. Tudhope	(LS&O) V. Taylor	
Jumpers GM	(GM) W. H. Pront			(S&O) P. C. Haw	(LS&O) A. Moir	
New Heriot	(GM) R. Raine		(CE) L. I. Seymour	(S&O) W. M. Hunter	(LS&O) J. S. Sheldrick	
Paarl Central	(GM) H. Collins		(CE) G. E. Webber	(S&O) J. Thom	(LS&O) A. Moir	(PC) BFAS
Robinson GM	(GM) H. B. Price		(CE) S. J. Jennings	(S&O) A. P. Schmidt	(LS&O) A. Moir	(PC) Paribas
Village Main Reef			(CE) L. I. Seymour	(S&O) A. D. Coe	(LS&O) H. G. Sidgrears	(PA) Credit Lyonnais
						(BA) DTG
II．CGFSA 資本グループ						
Nigel Deep	(GM) A. H. Line		(CE) H. H. Webb	(S&O) CGFSA	(LS&O) J. T. Bedborough	(LA) CGFSA
Robinson Deep	(GM) L. Webb		(CE) H. H. Webb	(S&O) CGFSA	(LS&O) J. T. Bedborough	(LA) CGFSA
						(PA) CGFSA
Simmer & Jack	(GM) J. P. Gazzam		(CE) H. H. Webb	(S&O) CGFSA	(LS&O) J. T. Bedborough	(LA) CGFSA
						(PA) CGFSA

第2章　鉱業金融商会とグループ・システム

Ⅲ. JCI 資本グループ					
Aurora West	(GM) O. King		(S&O) JCI	(LS&O) A. J. Sharwood	
Ginsberg GM	(GM) E. Fern		(S&O) JCI	(LS&O) T. Honey	(LA) JCI
Glencairn Main Reef	(GM) J. Blane		(S&O) JCI		
New Croesus	(GM) J. Mackinnon		(S&O) JCI	(LS&O) C. C. Cannell	
New Primrose	(GM) J. Blane		(S&O) JCI	(LS&O) JCI	
New Rietfontein			(S&O) JCI	(LS&O) JCI	
New Unified M.R.	(GM) J. Penberthy		(S&O) JCI	(LS&O) T. Honey	(LA) JCI
Rietfontein A			(S&O) JCI	(LS&O) T. Honey	(LA) JCI
Roodepoort GM			(S&O) JCI	(LS&O) T. Honey	(LA) JCI
Ⅳ. Goerz 商会資本グループ					
Lancaster	(GM) W. Nass		(S&O) F. W. Diamond	(LS&O) H. Militz	(PA) P. Mariet
					(BA) DTG
May Cons. GM	(GM) A. Mitchell	(CE) W. M. James		(LS&O) L. Warren	(PA) P. Mariet
					(BS&O) DTG
Princess Estate	(GM) J. Treloar		(S&O) F. W. Diamond	(LS&O) H. Militz	(PA) P. Mariet
					(BO) DTG
Roodepoort Central Deep	(GM) J. G. West		(S&O) F. W. Diamond	(LS&O) H. Militz	(PA) P. Mariet
					(BO) DTG
Ⅴ. GM 資本グループ					
Meyer & Charlton	(GM) J. Pill		(S&O) H. B. Owen	(LS&O) A. J. Sharwood	(PA) GM
					(BA) GM
New Goch		(CE) G. A. Denny	(S&O) J. V. Blinkhord	(LS&O) A. J. Sharwood	(PA) GM
					(BA) GM
Roodepoort United M.R.	(GM) T. Dilks			(LS&O) A. J. Sharwood	(PA) P. Mariet
					(BO) DTG
Van Ryn GM	(GM) E. Wenz		(S&O) S. T. Hogg	(LS&O) Oceana	
Ⅵ. Neumann 商会資本グループ					
Cons. Main Reef	(GM) H. T. Petersen	(CE) T. H. Legett	(S&O) W. H. Dawe	(LS&O) E. Phillips	(PA) CFMOE
New Modderfontein	(GM) L. Evans	(CE) L. I. Seymour	(S&O) W. H. Dawe	(LS&O) J. Seear	(PA) BFAS
					(ALS) E. Phillips
Treasury GM	(MM) C. H. Spencer	(CE) T. H. Legett	(S&O) W. H. Dawe	(LS&O) E. Phillips	(PA) BFAS
Wolhuter GM	(MM) A. R. Robertson	(CE) T. H. Legett	(S&O) W. H. Dawe	(LS&O) V. Taylor	(PA) CCF

	総支配人	支配人	顧問技師	秘書役・事務所	ロンドン秘書役・事務所	(代理・連絡員・その他事務所)
Ⅶ. Robinson 資本グループ						
Block'B'Langlaage		(MM) F. E. Schmidt		(S&O) G. Bingham (TA&O) RSAB	(LS&O) J. Robertson	(LA) RSAB
Langlaagte Estate		(MM) J. A. Hebbard		(S&O) G. Bingham (TA&O) RSAB	(LS&O) J. Robertson	(LA) RSAB
Langlaagte Star	(GM) C. W. Thompson			(S&O) G. Bingham (TA&O) RSAB	(LS&O) J. Robertson	(LA) RSAB
Porges Randfontein	(GM) P. Yeatman	(MM) G. G. Holmes	(CE) J. H. Hammond (CME) J. H. Pitchford	(S&O) G. Bingham (TA&O) RSAB	(LS&O) J. Robertson	(LA) RSAB
Robinson Randfontein	(GM) P. Yeatman		(CE) J. H. Hammond (CME) J. H. Pitchford	(S&O) G. Bingham (TA&O) RSAB	(LS&O) J. Robertson	(LA) RSAB
South Randfontein	(GM) P. Yeatman	(MM) G. G. Holmes	(CE) J. H. Hammond (CME) J. H. Pitchford	(S&O) G. Bingham (TA&O) RSAB	(LS&O) J. Robertson	(LA) RSAB
Ⅷ. Anglo-French 資本グループ						
Angelo Gold Mines	(GM) F. Hellman			(S&O) H. P. Fraser	(LS&O) J. H. Clark	(LA) Anglo-French (PA) CFMOE
Driefontein Gold Mines	(GM) F. Hellman				(LS&O) J. H. Clark	(LA) Anglo-French (PA) CFMOE
New Comet	(GM) F. Hellman			(S&O) H. P. Fraser	(LS&O) J. H. Clark	(LA) Anglo-French (PA) CFMOE
New Kleinfontein	(GM) E. J. Way	(BM) W. E. Parker			(LS&O) J. B. Wilkinson	(LA) Anglo-French

〔備考〕 略付号は次のとおり。GM=General Manager, MM=Mining Manager, BM=Buisiness Manager, CE=Consulting Engineer, CME=Consulting Mechanical Engineer, S&O=Secretaries & Office, LS&O=London Secretaries & Office, PA=Paris Agent, PC=Paris Correspondent, LA=London Agent, BA=Berlin Agent, ALS=Active London Secretary, BFAS=Banque Francaise de l'Afrique du Sud, CFMOE=Compagnie Francaise de Mines d'Oret d'Exploration, CNEP=Comptoir Nationale d'Escompte de Paris, Paribas=Banque de Paris et des Pays-Bas, RSAB=Robinson South African Banking Co., Ltd.

〔注〕 (1) 1899年産金会社のみ。(2) トランスヴァール登録会社はヨハネスバーグの事務所が本店、ロンドン登録会社はロンドン事務所が本店。

〔出所〕 *The South African Mining Manual, 1900* より作成。

イをヨハネスブルグの秘書役・事務所に，同じく RM のロンドン秘書役 A. Moir 社をロンドンの秘書役・事務所に任命していた。CGFSA の支配する鉱山各社の場合にも，ヨハネスブルグの秘書役・事務所とロンドン代理およびパリ代理を CGFSA 自身が遂行するとともに，CGFSA の次席顧問技師 H・H・ウェッブを顧問技師に派遣していた。エックシュタイン商会を除くその他の商会傘下の鉱山各社の場合にも，ヨハネスブルグとロンドンの秘書役・事務所に統一性がみられるだけでなく，顧問技師と総支配人においても統一性の方向がうかがわれた。

　しかし，グループ・システムは，当初から円滑に機能したわけではなかった。支配商会自身が鉱山会社の枢要ポストにスタッフを派遣したり他の人材を任命していた。しかし，集中管理は直ちには実現できなかった。鉱山各社の投資や開発の重要事項については商会自身が決定しており，鉱山各社の取締役会はこれを形式的に承認するにすぎなかった。しかし，鉱山の日常経営は支配人にまかされ，支配人の個人的流儀や場当り的対応に流されがちであった。グループ・システムを他の商会に先立って導入した RM ですら，最初の10年間の管理統制はルースであった[8]。

エックシュタイン商会の集中的管理の立ち後れ　RM と同じくロンドンのウェルナー・バイト商会によって支配されていたが，エックシュタイン商会の場合には，集中的管理の立遅れは顕著であった。エックシュタイン商会傘下各社はそれぞれ異った秘書役を雇用し，それぞれ独自の会計・記録様式を採用し，多くの場合別々の事務所を有していた[9]。そればかりでなく，エックシュタイン商会が指名した顧問技師は数人に及び，技術管理の面でも集中性を著しく欠いていた。1904年，エックシュタイン商会は中央管理局（Central Administration）を設置し，そこに6鉱山会社の本店を移管するとともに，総支配人と顧問技師とを新たに任命し各鉱山の監督　指導に当らせた。しかし，こうした試みも部分的に成功したにすぎなかった。中央管理局自体は鉱山各社の日常業務の細目に立入るために設置されたものではなかったにもかかわらず，総支配人

---

[8]　M. Fraser and A. Jeeves, *All That Glittered : Selected Correspondence of Lionel Phllips 1890-1924*, Cape Town, Oxford University Press, 1977, p. 11.

[9]　*Ibid.*, p. 206 ; A. P. Cartwright, The Corner House : The Early History of Johannesburg, Cape Town, Purnell, 1965, p. 229.

表 2—3　6大鉱業金融商会資本グループ金鉱山会社の顧問技師，秘書役・事務所（1919年）

	顧問技師[1]	秘書役・事務所	ロンドン秘書役・事務所	パリ代理店または連絡所
I　CM・RM 資本グループ鉱山会社[2]	CM	RM	A. Moir & Co.	CMF[3]
II　CGFSA 資本グループ鉱山会社[4]	D. Wilkinson[9] O. P. Powell[9]	NCGF[4]	E. Ashmead	NCGF
III　JCI[5]資本グループ鉱山会社[5]	W. L. White[10]	JCI	JCI	
IV　Union[6]資本グループ鉱山会社[6]	P. H. Anderson[11]	Union	H. Rogers	M. Tourret[11]
V　CMS[7]資本グループ鉱山会社[7]	C. D. Davis[12] E. Ewing[12]	CMS	J. H. Jefferys	CMS
VI　GM 資本グループ鉱山会社[8]	H. Hay[13]	J. B. Blinkham[13]	T. E. Thorne[13]	GM

(注)　(1) GM資本グループ会社の場合のみ技術顧問（Technical Adviser）という名称である。
　　(2) WB・Eckstein 両商会の解散後，RM傘下会社とEckstein商会傘下会社はともにCMとRMの共同支配におかれた。1917年CMとRMはNeumann商会を吸収した。鉱山会社は次の18社。Bantjes Cons. Mines, City Deep, Cons. Main Reef, Crown Mines, Durban R. Deep, ERPM, Ferreira Deep, Geldenhuis Deep, Knight Central, Modderfontein B, Modderfontein East, New Modderfontein, Nourse Mines, Robinson GM, Rose Deep, Village Deep, Village Main Reef, Wolhuter GM.
　　(3) CMF=Credit Mobilier Francais.
　　(4) NCGF=New Consolidated Gold Fields, Ltd. CGFSA の産業投資は，その会社設立条項によって南ア国境内（実質は赤道以南アフリカ）に制限されていた。これを打開するため，NCGFは，CGFSAの執行会社として1919年に設立された。NCGFはCGFSAの全資産を継承し，CGFSAはNCGFの全資本を所有した。両者の取締役会は同一であり，両者は実質同一会社。鉱山会社は次の6社。Jupiter, Knights Deep, Robinson Deep, Simmer & Jack, Simmer Deep, Sub Nigel.
　　(5) 1916年Robinson 鉱山グループを吸収。次の12社。Cons. Langlaagte, Ginsberg, Glencairn, Govt. GM Areas, Langlaagte Estate, New Primrose, New State Areas, New Unified MR, Randfontein Central, Randfontein Deep, Van Ryn Deep, Wiwatersrand GM.
　　(6) 第一次世界大戦中のドイツ資本の没収にともない，1918年Goerz商会が改名。次の4社。Geduld Prop, Modderfontein Deep, Princess Estate, Van Dyk Prop.
　　(7) 1922年，CMSの南ア資産はAnglo American Corpn. of South Africa, Ltd. (AAC) に吸収され，以後AACグループとなる。次の3社。Brakpan, Springs, West Spring.
　　(8) 次の8社。Aurora West, Cinderella Cons, Meyer & Charlton, New Goch, New Steyn, Roodepoort United, Van Ryn, West Rand Cons.
　　(9) D. Wilkinson は顧問技師，O. P. Powell は監督技師（superintendent engineer）。D. Wilkinson と O. P. Powell はそれぞれ CGFSA の顧問技師と監督技師である。
　　(10) W. L. White は JCI の顧問技師。
　　(11) P. H. Anderson は Union の技術スタッフ，H. Tourret はパリ代理人である。
　　(12) C. D. Davis は顧問鉱山技師，J. Ewing は顧問機械技師。C. D. Davis は CMS の顧問技師，J. H. Jefferys は副秘書。
　　(13) H. Hay は GM の技術顧問，T. F. Thorne と J. B. Bilnkham はそれぞれ GM のロンドンとヨハネスバーグの秘書。
〔出所〕 *The Mining Manual and Mining Year Book for 1920* より作成。

は過度に干渉する傾向があり，「独立性と専制的権威」[10]を揮ってきた個々の鉱山支配人との間にしばしば摩擦を生じさせた。エックシュタイン商会による鉱山各社の管理は，日常的業務まで支配しようとする過度の中央集権と鉱山各社の実質上の自律性を許すほどに緩和された管理との間を動揺し，ついに所期の目的を達成できなかった。このようなエックシュタイン商会の集中管理の立遅

---

10) M. Fraser and A. Jeeves, *op. cit.*, p. 11.

れは，ラントで最初に成功した商会として，管理すべき鉱山会社を次々に設立していった，その先駆性とその場的対応を示すものであった。1911年，ウェルナー・バイト，エックシュタイン両商会が解散したとき，中央管理局の秘書役はRMに，技術管理はCMに引き継がれていった。

　S・H・フランケルは，ラント金鉱業のグループ・システムは，南アフリカ連邦成立時（1910年）にはしっかりと確立されていた，と指摘している[11]。1919年の各鉱業金融商会傘下鉱山各社の顧問技師，秘書役・事務所を整理すると，１．２の例を除いて，表２—３のようにまとめることができる。ここでは，コーナーハウス鉱山グループ各社に典型的に現れているように，支配商会自らが顧問技師になり，秘書役・事務所となっている。顧問技師もしくは秘書役・事務所に個人名で就任しているものも，それぞれの商会自身の顧問技師であり上級スタッフである。支配商会による傘下鉱山各社の集中管理体制が「しっかりと確立されている」ことが，ここに確認できる。

第２節　鉱業金融商会の収益構造

鉱業金融商会の収益　鉱業金融商会による鉱山各社の支配は，取締役会の支配と支配人・顧問技師など監督スタッフの指名権を獲得することによって確保されていたが，取締役会の支配と監督スタッフの指名権を維持していくには，ある程度の株式所有を必要とした[12]。事実，鉱業金融商会は傘下各社のかなり大量の株式を所有していた。しかし，この株式所有は支配にのみ関わることがらではなかった。所有する株式は鉱業金融商会にとって一大収益源であった。

　第一次世界大戦前における鉱業金融商会の主要収益源は，株式売却収益と配当収益であった。しかし，1890年代と，1900年以降とではかなり顕著な違いがあった。

　表２—４は，1890年代後半と第一次世界大戦直前とにおけるRM，JCI，ゲルツ商会およびGMの収益を示している。これから，次の諸点が確認できる。①1890年代後半には，どの商会においても，株式売却収益が最大となっている。②株式売却収益は1895年と99年の金鉱株ブームに集中している。③南ア戦争後

---

11) S H Frankel, *op. cit.*, p 84.

88

表2—4　鉱業金融商会の

I. RM	1896年	1897年	1898年	1899年	1896～99年計	1905年
配　　　　　　　　　当	——	55,443	306,255	307,802	669,500	484,483
証　券　売　却	27,510	291,324	211,146	347,823	877,803	177,485
鉱　区　売　却	——	——	——	292,344	292,344	——
利子・取引・仲介料	35,553	37,340	24,525	9,267	106,685	——
貯　水　池　純　益	667	4,142	7,836	8,873	21,518	31,982
雑　　　　　収	1,624	1,268	2,979	2,657	8,528	1,277
合　　　　　　計	95,333	389,518	552,737	968,767	1,976,355	695,228

II. JCI[(1)]	1895年	1897年	1898年	1899年	1895・97～99年計	1902年
配　　　　　　　　　当	——	89,108	105,158	121,886	316,152	53,079
証券・その他資産売却	594,029	54,997	20,377	136,742	806,145	503,810
地代・認可料・賃貸延期料	14,053	41,885	57,457	50,981	164,376	26,929
利　子　・　仲　介　料	62,407	110,532	67,589	54,059	294,587	82,613
代理・秘書報酬他[(2)]	20,097	31,532	29,828	32,817	114,274	23,486
合　　　　　　計	690,584	328,054	280,410	396,485	1,695,533	689,916

III. Goerz商会	1898年	1899年	1898～99年計	1902年	1906年	1907年
配　当　・　利　子	27,058	35,008	62,066	35,767	35,661	28,583
証　券　売　却	}166,128	193,979	}361,060	199,377	26,423	——
名儀書換・持参人証書手数料		953		481	278	120
地　代　・　仲　介　料	——	——	——	10,107	13,288	3,207
合　　　　　　計	193,186	229,940	229,940	245,733	75,649	31,910

IV. GM	1902年	1903年	1904年	1905年	1906年	1907年
配当・利子・地代・仲介料・名儀書換料他	40,660	15,076	76,360	117,930	61,162	57,643
証　券　売　却	334,284	42,332	365,717	9,751	6,189	14,876
合　　　　　　計	374,944	57,408	442,077	127,681	67,351	72,459

〔注〕(1)その年の6月30日に終わる年度。(2)ヨハネスブルグとロンドンにおける代理・秘書報酬と顧問技師部門の収益

においても，株式売却収益は，相対的に比重を低下させているが，なお大きい収益源である。④南ア戦争後，配当収益は増大し，RMにおいては最大の収益項目となっている。⑤JCIにおいては，代理・秘書報酬などの収入（後に述べる手数料収入）が，重要な収益源として現れている。

株式売却収益　ラントでは，金鉱発見の翌年から1890年代末まで，金鉱株ブームを利用しては，次々と金鉱山会社が設立された。鉱区の所有者たちは，鉱区提供の見返りに大量の売主株を取得した。S・H・フランケルの推計によれば，1887年から99年までの間に，ラント金鉱山会社によって7500万ポンドの株式が発行されたが，そのうち3900万ポンドは売主株であった[13)]。

表2—5は，1894年から99年の間に，主要鉱業金融商会によって設立された

収益（1895～1913年）

(単位：ポンド)

1906年	1907年	1908年	1909年	1910年	1911年	1912年	1913年	1905～13年計
576,914	664,318	908,782	1,120,049	1,030,354	1,025,274	1,035,119	1,129,788	7,975,081
―	21,036	93,513	861,283	32,410	59,700	108,080	128,868	1,482,375
				35,637				35,637
		12,145	18,281	35,697	37,738	32,537	16,604	153,002
29,044	21,106	30,610	36,611	18,384	25,434	23,687	13,790	230,648
4,674	3,399	2,039	2,404	8,740	3,187	6,239	2,824	31,783
607,632	709,859	1,047,089	2,038,629	1,161,223	1,151,333	1,205,664	1,291,875	9,908,532

1903年	1904年	1906年	1907年	1908年	1902～04・06～08年計
73,839	83,363	126,699	217,548	166,213	720,741
70,620	52,886	66,740	53,746	17,208	765,010
94,248	82,153	44,948	46,704	41,531	336,513
114,782	85,804	72,718	62,713	55,402	474,032
26,200	28,310	20,538	21,236	17,474	137,244
379,687	332,514	331,643	401,948	297,828	2,433,536

1908年	1909年	1910年	1911年	1912年	1913年	1902・06～13年計
38,118	50,258	53,472	40,914	18,251	20,226	321,250
100,728	267,268	79,213	65,383	20,590	1,368	760,350
343	616	266	240	178	164	2,686
9,980	18,660	24,701	3,729	4,219	2,900	90,791
149,169	336,804	157,651	110,266	43,238	24,658	1,175,078

1908年	1909年	1910年	1911年	1912年	1913年	1902～13年計
64,645	114,661	155,562	81,445	59,024	52,588	896,756
121,673	423,361	141,784	8,316	26,626	7,305	1,502,154
186,318	538,022	297,346	89,761	85,650	59,893	2,398,910

を含むその他すべての収益源からの粗利潤。〔出所〕 The Statist.

　金鉱山各社の，設立時の発行資本金を示している。総額2500万ポンドのうち，売主株は1880万ポンドを占め，営業資本獲得のために売出された現金発行株（620万ポンド）の3倍にもなっている。複数の所有者のいる鉱区・鉱地をベースに会社が設立された場合には，当然，売主も複数の個人または商会から成っていた。売主株の圧倒的部分を取得したのは，増強した資本で広大な鉱地を購入し，自ら発起・発行業務を執行していた鉱業金融商会であった（表2―5売主欄参照）。その上，鉱業金融商会は，優良鉱山もしくは有望鉱山と判断した場合には，現金発行株をもすべて自らが購入した（同表備考欄参照）。注意すべきことは，ラント金鉱山会社の発起・発行のさいにも，たとえ詐欺・瞞着でなかったとしても，かなり多くの場合，資本の水増しを回避できなかったことである。鉱業金融商会をはじめとする売主たちは提供する鉱区・鉱地の過

表 2—5　主要鉱業金融商会グループ金鉱山会社

	設立年	設立時発行株			
		合計	現金発行株	発行価格	売主株
Ⅰ. Corner House 資本グループ計		8,127,195	1,787,059		6,340,136
(1) RM 資本グループ計		4,353,908	1,046,080		3,307,828
Crown Deep（£1）	1892	250,000	50,000	20s	200,000
Durban Roodepoort Deep（£1）	1895	290,000	110,000	20s	180,000
Ferreira Deep（£1）	1898	900,000	120,000	80s	780,000
Geldenhuis Deep（£1）	1893	265,000	90,000	21s	175,000
Glen Deep（£1）	1894	500,000	134,000	30s	366,000
Jumpers Deep（£1）	1894	300,000	100,000	20s	200,000
Langlaagte Deep（£1）	1895	650,000	50,000	60s	600,000
Nourse Deep（£1）	1894	375,000	75,000	20s	300,000
Rose Deep（£1）	1894	300,000	100,000	20s	200,000
South Nourse（£1）	1899	523,908	217,080	60s	306,828
(2) Eckstein 商会資本グループ計		3,773,287	740,979		3,032,308
City Deep（£1）	1899	450,000	70,000	60s	380,000
French Rand GM（£1）	1895	480,000	70,000	25s	405,000
			5,000	45s	
Glynn's Lydenburg（£1）	1895	167,352	20,000	20s	140,000
			7,352	30s	
Klip Deep（£1）	1899	375,000	75,000	40s	300,000
Modderfontein Extension（£1）	1895	325,000	50,000	20s	275,000
Robinson Central Deep（£1）	1898	400,000	100,000	40s	300,000
South City（£1）	1899	450,278	86,742	30s	363,536
South Wolhuter（£1）	1899	450,000	70,000	50s	380,000
Village Deep（£1）	1898	283,157	94,385	40s	188,772
Wolhuter Deep（£1）	1899	392,500	92,500	30s	300,000
Ⅱ. CGFSA 資本グループ計		4,566,300	1,532,829		3,033,471
Central Nigel Deep（£1）	1895	200,000	50,000	20s	150,000
Knights Deep（£1）	1895	430,000	148,318	20s	281,682
Nigel Deep（£1）	1894	500,000	105,000	20s	395,000
Rand Victoria East（£1）	1899	375,000	102,000	40s	273,000
Rand Victoria Mines（£1）	1895	630,000	200,739	40s	429,261
Robinson Deep（£1）	1894	400,000	300,000	20s	100,000
Simmer & Jack East（£1）	1895	550,000	186,000	20s	364,000
Simmer & Jack West（£1）	1895	300,000	170,772	20s	129,228
South Geldenhuis Deep（£1）	1898	367,000	85,000	40s	282,000
South Rose Deep（£1）	1898	514,300	85,000	30s	429,300
Sub Nigel（£1）	1895	300,000	100,000	20s	200,000
Ⅲ. JCI 資本グループ計		1,037,500	n.a.	40s	n.a.
Buffelsdoorn 'A' GM（£1）	1895	212,500	37,500	40s	175,000
Chimes Mines（£1）	1895	325,000	25,000	40s	300,000

設立時の発行株（1894～99年）

(単位：株数)

売　　　主(1)	備　　　考
RM (40,000), H. Freeman Cohen (160,000)	RM は Freeman Cohen より154,150株購入
RM (455,000), Barnato Brothers 商会 (325,000)	現金発行株は RM と Barnato Brothers 商会の合弁 Rand Exploring Syndicate が購入
RM (101,500), Cons. Deep Levels (73,500)	Cons, Deep Levels は Eckstein 商会とロスチャイルドの The Exploration Co. の合弁
RM,WB 商会, Gold Fields Deep, CGFSA Neumann 商会, J. S. Curtis	
RM (156,000), Cons. Deep Levels (44,000)	現金発行株は売主が購入
RM (600,000)	現金発行株はすべて RM（売主）が購入
RM (237,500), Henry Nourse Deep Levels (62,500)	Henry Nourse Deep Level の発行株125,000のうち RM は109,813を所有。現金発行株は RM 59,375株、Henry Nourse Deep Level が15,625株購入
RM (86,634), Cons. Deep Levels (83,366) Gold Fields Deep (30,000)	現金発行株は、RM 43,318株、Cons Deep Levels 41,682株、Gold Fields Deep 15,000株購入
Champ d'OrDL (175,000), Compagnie Générale des Mines d'Or (100,000)	
CGFSA, WB 商会, Neumann 商会, Mosenthal 商会, J. S. Curtis	現金発行株は売主が購入
Rand Victoria Mines (142,600)	
Simmer & Jack (93,070), Gold Fields Deep, F. A. English 他	
Gold Fields Deep (75,000), Paar Ophir GM (25,000)	
Simmer & Jack (145,505), CGFSA,Gold Fields Deep, WB 商会, Neumann 商会, Mosenthal 商会	現金発行株は売主が購入。
Simmer & Jack (90,897), Gold Fields Deep	
Simmer & Jack (237,000), Rand Victoria Mines (45,000)	
Simmer & Jack (136,360)	
Barnato Cons. Mines (300,000)	現金発行株はすべて Barnato Cons. Mines（売主）が購入

	設立年	設立時発行株 合計	設立時発行株 現金発行株	設立時発行株 発行価格	売主株
Lindum Gold Mines（£1）	1896	500,000	205,000	n.a.	295,000
Rietfontein 'A'	1896	317,500	n.a.	n.a.	n.a.
Woodbine GM	1895	100,000	n.a.	n.a.	n.a.
Ⅳ．Goerz 商会資本グループ計		1,404,500	570,000		834,500
Lancaster GM（£1）	1895	234,500	100,000	20s	134,500
Lancaster West GM（£1）	1897	195,000	75,000	35s	120,000
Modderfontein Deep（£1）	1899	90,000	15,000	40s	75,000
Roodepoort Central Deep（£1）	1895	220,000	100,000	20s	120,000
Tudor GM（£1）	1899	340,000	140,000	30s	200,000
Geduld Proprietary（£1）	1899	325,000	140,000	20s	185,000
Ⅴ．GM 資本グループ計		778,333	228,333		525,000
Cinderella Deep（£1）	1895	178,333	78,333	20s	75,000
Violet Cons. GM（£1）	1894	600,000	150,000	20s	450,000
Ⅵ．Neumann 商会資本グループ		2,038,250	550,000		1,488,250
Cons. Main Reef（£1）	1896	711,500	100,000	35s	611,500
Driefontein Deep（£1）	1899	381,000	125,000	40s	256,000
Knight's Central（£1）	1895	400,000	200,000	20s	200,000
Marievale Nigel Gold Mines（£1）	1895	250,000	50,000	40s	200,000
Vogeltruis Cons. Deep（£1）	1895	295,750	75,000	30s	220,750
Ⅶ．Robinson 資本グループ計		5,400,000	850,000		4,537,500
Langlaaglaagte Star GM（£1）	1894	200,000	100,000	20s	100,000
Block A Randfontein GM（£1）	1895	555,000	75,000	20s	400,000
			75,000	22 1/2s・25s	
East Randfontein（£1）	1899	412,500	12,500	n.a.	400,000
Ferguson Randfontein（£1）	1899	412,500	12,500	n.a.	400,000
Johnstone Randfontein（£1）	1899	412,500	12,500	n.a.	400,000
Mynpacht Randfontein（£1）	1895	582,500	75,000	20s	500,000
North Randfontein（£1）	1894	100,000	50,000	20s	50,000
Porges Randfontein（£1）	1895	437,500	50,000	20s	387,500
Robinson Randfontein（£1）	1895	600,000	150,000	24 3/4s	450,000
South Randfontein（£1）	1897	450,000	200,000	25s	250,000
Stubbs Randfontein（£1）	1899	412,500	12,500	n.a.	400,000
Van Hulsteyn Randfontein（£1）	1899	412,500	12,500	n.a.	400,000
West Randfontein（£1）	1899	412,500	12,500	n.a.	400,000
Ⅷ．Anglo–French 資本グループ計		1,725,000	392,459		1,332,541
Angelo Gold Mines（£1）	1895	175,000	75,000	20s	100,000
Benoni Gold Mines（£1）	1895	200,000	45,125	25s	154,875
Boksburg Gold Mines（£1）	1895	625,000	100,000	20s	525,000
Chimes West（£1）	1895	150,000	50,000	n.a.	100,000
Driefontein Cons. Mines（£1）	1895	175,000	75,000	30s	100,000
Kleinfontein Central（£1）	1895	225,000	22,334	40s	202,666
Klipfontein Estate（£1）	1894	175,000	25,000	20s	150,000
Ⅸ．総計		25,077,078	6,178,180		18,861,398

〔注〕 (1)売主欄は完成したものでない。筆者の確認できたものに限られている。
〔出所〕 C. S. Goldmann, *South African Mines : Their Position, Results, and Developments*, Vols. I & II. および *The*

売　　　　　主(1)	備　　　　考
Barnato Cons. Mines	
	現金発行株は Goerz 商会が購入
	現金発行株は売主が購入
	Albu 商会ボーナスとして 25,000 株取得
WB 商会、Neumann 商会、CGFSA、 J. S. Curtis, Mesenthal 商会	
J. B. Robinson (50,000), Langlaagte Estate (50,000) Randfontein Estates (400,000)	現金発行株は J. B. Robinson が購入 5,000 株は手数料
Randfontein Estates Randfontein Estates Randfontein Estates Randfontein Estates Randfontein Estates	7,500 株は手数料
Randfontein Estates (350,000) Randfontein Estates (375,000) Randfontein Estates Randfontein Estates (400,000) Randfontein Estates (400,000) Randfontein Estates (400,000)	
Angelo GM (30,000), Driefotein GM (15,000) ERPM (55,000)	
ERPM (55,000), Driefotein GM (30,000)	

South African Mining Manual, 1900 から作成。

大資本化を行い，より大量の株式を入手していた。

鉱業金融商会は，こうして獲得した株式を，金鉱株ブームを利用しては，額面をはるかに越える相場で売却し，さらには株式操作，時には大がかりな投機すら敢行して巨利を博していた。R・V・キュビセックは，資本の水増しと投機によって「悪名高い商会 (The Houses of Ill Repute)」として，JCI を所有するバーナト・ブラザーズ商会とロビンスン，およびファッラーの Anglo-French を取り上げている[14]が，CGFSA も1895年の大ブームのときに所有するほとんどすべての露頭鉱山会社株を売却し，254万ポンドにのぼる利益を実現した。ウェルナー・バイト商会ですら，「くず (rubbish)」と呼んでいた価値のない株式を処分するのに，「偉大な商会に相応しくない」やり方で株価のつり上げ工作を行なっていた[15]。

南ア戦争後においても，JCI，ゲルツ商会および GM においては，株式売却収益がなお最大の収益源となっていた。しかし，ラント金鉱業の低品位鉱石鉱業への移行とアフリカ人労働力不足による資本の危機，イギリスの自由党とトランスヴァールのヘット・フォルクの勝利による中国人年季労働の廃止，さらには世界状勢の悪化を反映して，ラント金鉱株は低迷したままであった。金鉱株ブームは，南ア戦争直後を除けば，1909年に一度生じたにすぎなかった。

---

12) マーティン以下，グループ・システムに言及するほとんどの論者は，鉱業金融商会による傘下鉱山各社の管理・支配と株式所有の関係を切断しようとしている。確かに，支配商会が，管理下の鉱山会社の株式を過半数以上所有していることはめったにない。しかし，このことによって，両者は無関係だということにはならない。金鉱山会社の株式は多くの人々に分散しており，かつまた大多数の株主はヨーロッパに住んでいたのであるから，支配を維持していくには相当数の株式所有で十分であった。しかし，相当数の株式を所有することは必要であった。1944年の Witwatersrand Mine Native's Commission の報告書は云う。鉱山会社における「真の権力は，支配を揮うことを許すに足る十分な量の株式を所有しているグループの掌中にある」(Union of South Africa, *Report of the Witwatersrand Mine Native's Wage Commission on the Remuneration and Conditions of Employment of Natives on Witwatersrand of Gold Mines and Regulation and Conditions of Employment of Natives at Transvaal Undertakings of Victoria Falls and Transvaal, Power Company, Limited. 1943*, 1944, p. 3.)。鉱業金融商会 (Mining Finance House) は，Controlling House とも単に Group とも呼ばれていた (O. Letcher, The Gold Mines of Southern Africa : *The History, Technology and Statistcs of the Gold Industry*, (1936), reprint, New York, Arno Press, 1974, p. 411.)。

13) S, H, Frankel, *op. cit.*, p. 95.

14) R. V. Kubicek, *Economic Imperialism in Theory and Practice : The Case of South African Gold Mining Finance 1886–1914*, Durham, Duke University Press, 1979, pp. 115–140.

15) *Ibid.*, p. 67.

ウェルナー・バイト商会が1903年に African Venture Syndicate を，さらに1905年 CM を創設したときにも，金鉱株相場の安定がひとつの狙いとされていた。したがって，株式売却収益はなお大きい収益源となっていたけれども，1890年代に較べると，高価格での株式売却による収益獲得の余地は著しく狭まっていた。

配当収益　これに対し，中国人年季労働者の導入による不熟練労働力不足の解消とともに，配当収益は急速に増大した。すでに，1890年代後半には，露頭鉱山に加えて，深層鉱山の生産が次々と開始されていたが，1900年代中葉には完全に深層鉱山の時代に移行していた。ラント金鉱山会社が支払った配当総額のうち，1893年には採鉱場の探さが1000フィート以下の鉱山が77.4％，1000〜2000フィートの鉱山が21.1％であったのに，1898年には1000フィート以下が45.6％，1000〜2000フィートが43.7％，1908年には1000〜2000フィートが46.8％，2000〜3000フィートが32.9％となっていた[16]。こうした深層鉱山の開発の先頭を切ったのは，Central Rand 中央部の富裕な露頭鉱山の直ぐ南側に設立された RM 傘下の鉱山群であった。これらの鉱山からの RM の配当収益は，1896年から99年までの4年間に合計で60万ポンドであったが，1905年から13年までの9年間には実に797万ポンドに達していた（第2—4表）。自社が開発をすすめた鉱山会社からかくも巨額の配当収益をえる RM は，他の商会にとって願わしい姿であった。

　表2—6は，RM の配当収益の内訳を示している。ここにみられるように，その圧倒的部分は傘下鉱山会社からのものであった。1908年には，RM が設立した10社のうち9社までが配当を生んでおり，そのいくつかはきわめて高収益であった。Crown Deep の配当率は140％にものぼり，それから RM が得た配当収益は26万6000ポンドに達していた。Langlaagte Deep の配当率は17.5％，RM の獲得した配当収益は11万5000ポンド，以下同様に Ferreira Deep 40％・18万1700ポンド，Geldenhuis Deep 45％・5万5000ポンド，Nourse Deep 25％・7万2000ポンド，Rose Deep 37.5％・5万800ポンド，であった。ここからも明らかなように，RM は配当収益を獲得する目的で相当数の株式を所有していた。

---

16) S. H. Frankel, *op. cit.*, p. 85.

表 2-6 RM の配当収益（1905～13年）

(単位 ポンド，( ) 内は配当率%)

	1905年	1906年	1907年	1908年	1909年	1910年	1911年	1912年	1913年
Ⅰ．Corner House 資本グループ									
(1)RM 資本グループ[1]									
Crown Mines		(80)155,248	(110)209,733	(140)262,163	(65)265,852	(120)490,884	(110)466,744	(110)468,752	(110)463,802
Crown Deep[2]	(70)131,432			(17½)115,048	(70)131,081				
Langlaagte Deep[2]					(18½)120,526				
Durban Roodepoort Deep				(5)4,297	(15)12,891	(7½)6,445	(5)6,281*	(10)12,702*	(5)6,351*
Ferreira Deep	(30)136,285	(35)158,999	(35)158,999	(40)181,713	(52½)224,034	(55)217,997	(45)176,583	(42½)165,877	(50)194,225
Geldenhuis Deep	(50)61,279	(40)49,023	(32½)39,831	(45)55,151	(35)42,876	(35)94,002	(30)87,211	(15)43,389	(17½)49,453
Jumpers Deep[3]			(10)30,198	(10)30,198	(5)16,094				
Nourse Mines									
Nourse Deep[3]	(15)43,112	(25)71,853	(25)71,922	(25)71,892	(25)74,388	(22½)66,163	(19½)76,546	(15)58,137	(28½)109,815
South Nourse[3]									
Rose Deep	(25)38,558	(20)30,846	(17½)42,414	(37½)57,837	(50)104,506	(40)107,633	(40)107,633	(45)121,150	(42½)114,420
Glen Deep[3]	(10)25,152	(15)37,867	(15)37,871	(15)37,196	(20)48,694				
(2)Eckstein 商会資本グループ[1]									
Bantjes Cons.								(11½)9,162*	(7½)6,108*
City Deep								(12½)25,804	(17½)35,951
Wolhuter Deep[3]									
ERPM							(30)16,559*	(25)13,800*	(25)13,800*
Modderfontein B								(20)18,504	(45)32,035
Pearl Central[2]									
Robinson Central Deep[2]	(40)27,786	(75)52,098	(77½)49,749	(95)53,406	(50)27,873				
South Rand[2]									
Village Deep				(10)6,843	(15)9,576	(10)5,205	(10)11,199*	(17½)20,123*	(15)17,249*
Village Main Reef	(40)20,880	(40)20,979	(45)23,601	(55)28,846	(70)31,743	(70)31,743	(70)31,743	(70)31,743	(70)31,743
Ⅱ．Neumann 商会資本グループ									
Main Reef West							(22½)8,951*	(15)5,967*	(5)1,964*
New Modderfontein							(21½)19,286	(27)25,537	(30)40,404
Wolhuter GM					(5)5,066	(10)10,132	(15)6,933*	(17½)4,151*	(10)2,372*
Ⅲ．CGFSA 資本グループ									
Jupiter					(5)2,757			(5)5,778*	
Ⅳ．その他配当				4,190	2,093	150	3,187	6,239	2,824
合計	484,483	576,914	664,318	908,782	1,120,049	1,030,355	1,025,274	1,035,120	1,129,788

[備考] ※印は，各社の配当率と RM の持株から筆者が推計。

[注] (1)1911年以降，WB商会と Eckstein 商会の解散により，両グループ各社は CM が秘書役を兼ねる CM・RM 資本グループとなる。なお，Neumann 商会傘下の会社は1917年に CM・RM 資本グループに吸収される。
(2)これらの会社は1909年に合同して Crown Mines に統合される。
(3)それぞれ上記の会社と合同。

[出所] 1905年は The Economist, May 19,1906, p. v. 1906年は Ibid., May 11,1907, p. ⅲ. 1907年は Ibid., May 9, 1908, p. ⅲ. 1908 年は Ibid., May 1, 1908, p. ⅳ. 1909年は The Economist, May 14, 1910, p. 1071. 1910年は Ibid., April 22, 1911, p. 833. 1911～13年は，The Statist, April 18,1914, p. 100.

表2—7は，RMとコーナーハウスによる金鉱山会社株式の所有状況を示している。1895～1909年におけるRMの所有をみると，RMは傘下会社の株式のみならず，エックシュタイン商会傘下のいくつかの会社の株式も多数所有していた。RM自体深層鉱山開発を目的にエックシュタイン商会自身によって設立されたのであるから，このことは別に異とするにたりぬであろう。RMがその大部分の配当収益を依拠していた傘下会社の株式所有は，1895年以降，総じて徐々に減少している。しかし，1905年に，RMは傘下会社のうち9会社についてなお35～82％にわたる株式を所有していた。この所有は，支配・管理権の確保・維持以上のものであることは明らかである。

表2—7の1911年欄は，コーナーハウスの金鉱山会社株式所有の全容を示したものとして興味深い。(この統計は，ウェルナー・バイト，エックシュタイン両商会の所有資産がCMとRMに譲渡された直後のものである。) CMもまた，収益性の高いRM傘下5社——RM傘下10社は合同によって6社となっている——のかなり大量の株式を所有していることが目につくであろう。一見奇妙なことは，エックシュタイン商会傘下諸会社におけるコーナーハウスの持株比率がいくつかの場合著しく低いことである。Bantjes Cons (RM16.2％，CM 4.7％)，City Deep (16.5％，3.6％)，Village Deep (10.8％，5.4％)，Modderfontein B (CM31.7％) の場合には16～31％に達しているが，他の場合には10％を割っている。その理由のひとつとして，ウェルナー・バイト，エックシュタイン両商会の解散の際に，資産の流動化をはかったことが考えられる。しかし，それと同時に，これらの鉱山はラントで早期に開発された露頭鉱山であり，1911年にはほぼ命数の尽きた鉱山であったことを考慮しなければならない。取締役会・支配人・顧問技師のポストを掌握して鉱山の内部事情を知悉する支配商会は，他に先立ってこれら会社の持株を有利に処分することができたのであった。これに対し，Bantjes Cons, City Deep, Village Deepはなお壮年期の鉱山であり，Modderfontein Bは操業を開始したばかりであった。

配当収益獲得の目的で優良・有望鉱山会社の株式を多数所有しておくことは，他の鉱業金融商会の方針でもあった。1913年，CGFSAは傘下の投資会社とともに，Knights Deepの86.5％ (CGFSAの所有62.4％)，Simmer & Jackの53.8％ (45.2％)，Sub Nigel 57％ (27％)，Robinson Deep 46％ (40.4％) を所有していた (表2—8) が，Simmer & JackとRobinson Deepは1900年代CGFSA傘下会社の中で収益をあげていたただ2つの鉱山であり，Sub Nigelは

表 2 — 7　RM および Corner House

	設立年	RM の所有額		
		1895年 (£)	1899年 (£)	1905年 (£)
I．Corner House 資本グループ				
CM	1905			
RM	1893			
(1)RM 資本グループ				
Crown Mines	1909			
Crown Deep	1892	194,050 (77.6)	232,860 (77.6)	187,760 (62.9)
Langlaagte Deep	1895	648,700 (99.8)	603,300 (92.8)	657,417 (82.2)
Durban Roodepoort Deep	1895	59,000 (20.3)	59,000 (19.7)	78,666 (17.9)
Ferreira Deep	1898		464,788 (51.1)	454,283 (49.9)
Geldenhuis Deep	1893	114,486 (40.9)	122,558 (40.9)	122,558 (40.9)
Jumpers Deep	1894	233,800 (77.9)	307,980 (58.8)	301,980 (57.6)
Nourse Mines	1908			
Nourse Deep	1894	295,382 (78.8)	298,413 (66.3)	287,413 (63.9)
South Noures	1899		204,336 (39.0)	184,211 (35.2)
Rose Deep	1894	127,735 (36.0)	154,232 (36.3)	154,232 (36.3)
Glen Deep	1894	228,901 (45.8)	257,520 (42.9)	251,520 (41.9)
(2)Eckstein 商会資本グループ				
Bantjes Cons.	1887			
City Deep	1899		30,229 (6.7)	30,229 (6.7)
Wolhuter Deep	1899		189,109 (48.2)	189,109 (48.2)
City & Suburban	1887			
ERPM	1893			
French Rand	1895			
Modderfontein B	1908			
Robinson GM	1887			
Trl GM Estates	1895			
Village Deep	1898		54,713 (15.5)	68,391 (14.5)
Village Main Reef	1890		52,199 (13.1)	52,199 (13.1)
Pearl Central	1891	199,763 (99.9)	189,763 (47.4)	150,569 (27.4)
Robinson Central Deep	1898		63,164 (15.8)	69,464 (15.8)
South Rand	1893	215,500 (93.7)	180,150 (60.1)	180,150 (60.1)
II．Neumann 商会資本グループ				
Cons.Main Reef	1896			
Main Reef West	1899			
New Modderfontein	1888			
Wolhuter GM	1895	161,320 (18.8)	161,320 (18.8)	101,320 (11.8)
III．CGFSA 資本グループ				
Jupiter GM	1896			
Knirhts Deep	1895			
Luipaards Vlei	1888			
Simmer & Jack West	1895		9,771 (3.3)	5,875 (1.6)
South Deeps	1899			
IV．JCI 資本グループ				
Govt.Areas	1910			
V．その他				
New Heriot	1887			

〔備考〕　（　）内は，それぞれ鉱山会社の発行資本のうち，RM もしくは Corner House の所有する割合。
〔出所〕　1895年は *Stock Exchange Official Intelligence 1897*, p.2074. 1899年は *Ibid. 1901*, p.1703. 1905年は *Ibid. 1907*,

第2章 鉱業金融商会とグループ・システム 99

の金鉱山会社株の所有（1895～1911）

1909年 (£)	Corner House の所有額					
	1911年					
	発行資本金 (£)	RM所有額 (£)	CM所有額 (£)	両商会所有額 (£)	合計 (£)
	5,100,000			1,409,856(27.6)	1,409,856(27.6)
	531,500		9,150(1.7)	72,750(13.7)	81,900(15.4)
409,003(43.5)	940,106	426,139(45.3)	38,768(4.1)		464,907(49.5)
85,938(19.5)	440,000	127,017(28.9)	85,475(19.4)		212,492(48.3)
396,683(43.6)	910,000	338,450(37.2)			338,450(37.2)
267,294(45.6)	585,753	282,593(48.2)	52,868(9.0)		335,450(57.3)
365,487(44.2)	827,821	387,583(46.8)	29,577(3.6)		417,160(50.4)
263,792(38.0)	695,000	269,224(38.7)	44,598(6.4)		313,822(45.2)
	502,306	81,444(16.2)	23,826(4.7)		105,270(21.0)
120,634(9.7)	1,250,000	206,437(16.5)	44,897(3.6)		251,334(20.1)
	1,360,000	38,900(2.9)			38,900(2.9)
	2,405,897	55,198(2.3)	86,000(3.6)		141,198(5.9)
	514,000		39,724(7.7)		39,724(7.7)
	605,000		191,540(31.7)		191,540(31.7)
	2,750,000		39,425(1.4)		39,425(1.4)
	604,225		14,578(2.4)		14,578(2.4)
57,038(5.4)	1,060,671	114,998(10.8)	57,125(5.4)		172,115(16.2)
45,347(9.6)	472,000	45,347(9.6)	437(0.1)		45,784(9.7)
	924,364		600(0.1)		600(0.1)
	491,188	39,782(8.1)			39,782(8.1)
	2,750,000	94,680(6.8)			94,680(6.8)
25,330(2.9)	860,000	46,220(5.4)	14,236(1.7)	23,720(2.8)	84,176(9.8)
55,138(5.4)	1,014,200	115,558(11.4)	102,045(10.1)		217,603(21.5)
	643,526		1,000(0.2)		1,000(0.2)
	471,812		7,132(1.5)		7,132(1.5)
	130,000	24,463(19.6)	21,906(17.5)		46,369(37.1)
	1,400,000	47,500(3.4)	47,500(3.4)		95,000(6.8)
	115,000		3,740(3.3)		3,740(3.3)

). 1639. 1909年は Ibid. 1911. p. 1414. 1911年は R. V. Kubicek, Economic Imperialims in Theory and Practice, 1979, Appendix A.

表 2 — 8　CGFSA 資本グループの傘下金鉱山

	設立年	発行資本金 (£)	1895年			合計 (£)	発行資本金 (£)
			CGFSA 6月30日 (£)	GFD[1] 1894年 10月31日 (£)	SAGT (£)		
Jupiter	1896	460,000	134,500 (29.2)			134,500 (29.2)	460,000
Simmer & Jack West[4]	1895	300,000	29,356 (9.8)	51,551 (17.2)		80,907 (27.0)	300,000
Knights Deep	1895	330,000	119,937 (36.3)	204,110 (61.9)		324,047 (98.2)	443,039
Nigel Deep	1894	500,000	115,000 (23.0)		23,438 (4.7)	138,438 (27.7)	450,000
Robinson Deep[5]	1894	450,000	11,000 (2.4)	300,000 (66.7)		311,000 (69.1)	900,000
Simmer & Jack[6]	1887	250,000	180,000 (72.0)		10,000 (4.0)	190,000 (76.0)	4,700,000
Simmer Deep	1906						
Rand Victoria East[7]	1899						375,000
Rand Victoria Mines[7]	1895	630,000	59,381 (9.4)			59,381 (9.4)	630,000
Simmer & Jack East[7]	1895	550,000	57,039 (10.4)	56,576 (10.3)		113,615 (20.7)	600,000
South Geldenhuis Deep[7]	1898						367,000
South Rose Deep[7]	1898						514,300
South Deeps	1899						126,000
Sub Nigel	1895	330,000	212,000 (70.7)			212,000 (70.7)	700,000

〔備考〕　会社の略符号は次のとおりである。
　　　　CGFSA = Consolidated Gold Fields of South Africa, Ltd. GFD = Gold Fields Deep, Ltd. SAGT = South Africa = Gold Mines Investment, Ltd.
〔注〕　(1)GFD は1898年 CGFSA に合同される。
　　　(2)TF は1900年 SAGT に合同される。
　　　(3)GMI は1905年設立。
　　　(4)1907年 Jupiter に合同される。
　　　(5)1894年に設立された Robinson Deep, Ltd. は，1898年 Robinson Deep Gold Mining Co., Ltd. として再建され
　　　(6)1887年 Simmer & Jack Gold Mining Co., Ltd. として設立され，1895年 Simmer & Jack Proprietary Mines, Ltd.
　　　(7)1906年合同して Simmer Deep を設立。
〔出所〕　1895年は，C. S. Goldmann, *South African Mines Their Position, Results, and Developments*, vol. I, pp.
　　　　1899年は，*The South African Mining Manual*, 1900, pp. 402, 593, 635, 641 と *The Statist*, June 23, 1900,
　　　　1913年は，*The Mining Manual & Mining Year Book, 1915*, pp. 164, 270, 613.

1920年代中葉から CGFSA の支柱となった鉱山であった。JCI は，1898年，Glencairn の3分の1，New Primrose の4分の1の株式を所有していた（表2 — 9）が，この2つの鉱山と Ginsberg の露頭鉱山が南ア戦争前に JCI 傘下金鉱山会社の配当総額の84%，1902~13年には47%を生んでいた[17]。

　傘下鉱山各社からの配当獲得を目的とした株式所有は，マーティンやグレゴ

会社株式の所有（1895～1913年）

1899年						1913年				
CGFSA	SAGT	TF[2]	S & J	RVM	合計	発行資本金	CGFSA	SAGT	GMI[3]	合計
6月30日	12月31日	12月31日					6月30日	12月31日	1914年12月31日	
(£)	(£)	(£)	(£)	(£)	(£)	(£)	(£)	(£)	(£)	(£)
250,000 (54.3)					250,000 (54.3)	1,014,200	214,688 (21.2)			214,688 (21.2)
25,000 (8.3)		5,000 (1.7)			30,000 (10.0)					
326,000 (73.6)		9,500 (2.1)			335,500 (75.7)	643,526	401,862 (62.4)	105,879 (16.5)	49,057 (7.6)	556,798 (86.5)
75,000 (16.7)	15,500 (3.4)				90,500 (20.1)					
262,800 (29.2)		44,800 (5.0)			307,600 (34.2)	1,000,000	404,483 (40.5)	39,236 (3.9)	16,758 (1.7)	460,477 (46.0)
3,000,000 (63.8)	26,500 (0.6)	68,500 (1.5)			3,095,000 (65.9)	3,000,000	1,356,974 (45.2)	206,248 (6.9)	50,951 (1.7)	1,614,173 (53.8)
						1,650,000	327,686 (19.9)	77,138 (4.7)		404,824 (24.5)
60,000 (16.4)		1,000 (0.3)	11,027 (2.9)	142,600 (37.9)	214,627 (57.2)					
150,000 (23.8)		9,000 (1.4)	93,070 (14.8)		252,070 (40.0)					
349,500 (58.3)					349,500 (58.3)					
			240,275 (65.5)	45,000 (12.3)	285,275 (77.7)					
			156,089 (30.4)		156,089 (30.4)					
57,300 (45.5)					57,300 (45.5)	130,000	78,031 (60.0)			78,031 (60.0)
100,000 (14.3)	2,500 (0.4)				102,900 (14.7)	431,580	116,540 (27.0)	110,484 (25.6)	19,152 (4.4)	246,176 (57.0)

Gold Trust, Ltd. TF = Trust Francais, Ltd. S & J = Simmer & Jack Proprietary Mines, Ltd. MVR = Rand Victoria Mines, Ltd. GMI

る。
として再建。

148, 553, vol. II, p. 154.
p. 940.

リーなどによってはまったく無視されているのであるが，上述したところから，グループ・システムについての研究では落すことのできない論点であることが了解されるであろう。1946年の金鉱業租税委員会は，鉱業金融商会は，支配の

---

17) R. V. Kubicek, op. cit., p. 119.

表2—9　JCIとBCMの金鉱山会社株式の所有（1898〜1904）

（かっこ内は％）

	設立年	1898年			1898年9月1日〜1902年2月27日のBCMの所有変化			1902年	1904年
		資本金(£)	JCI所有(£)	BCM[1]所有(8月31日)(£)	購入(£)	売却(£)		BCM所有(2月28日)(£)	BCM所有(10月31日)(£)
Barnato Cons.Mines[1]	1895	1,102,500	375,000 (34.0)						
Aurora West United (JCI)	1895	250,000	85,000 (34.0)						
Chimes Deep (JCI)	1895	325,000		325,000 (100)				325,000	—
Glencairn (JCI)	1889	500,000	175,000 (35.0)						
Lindum Gold Mines (JCI)	1896	500,000		67,337 (13.5)				67,337	
New Primrose (JCI)	1887	300,000	75,000 (25.0)						
New Rietfontoni Estate (JCI)	1892	270,000	70,000 (25.9)						
Ferreira Deep (RM)	1898	910,000		312,922 (34.4)	1,088	62,910		251,100	251,100
Jumpers Deep (RM)	1894	523,895		36,920 (7.0)	7,384	20,000		24,304	19,304
Cons.Main Reef (Neumann)	1896	711,500		110,957 (15.6)		110,957			
Sub Nigel (CGFSA)	1895	700,000			5,250	2,000		3,250	250
Main Reef West (Neumann)	1899				64,286			64,286	52,778
Van Ryn Deep (JCI)	1902								364,499
Kleinfontein Deep (Anglo-French)									309,501

（注）（1）BCM＝Barnato Consolidated Mines, Ltd. 1895年バーナト・ブラザーズ商会によって深層鉱山会社を発起する目的で設立された。1905年、バーナト・ブラザーズ商会グループの鉱山会社の管理をしていたJCIと合併。1898〜1902年のBCMは、*Ibid.*, May. 3, 1902, p. vi. 1904年は *Ibid.*, July. 1, 1905, p. 7.
（出所）1898年JCIの所有は、*The Statist*, Dec. 3, 1898, p. 323.

ために，過去常時（at any one time）平均して各金鉱山会社の株式のほぼ30%を所有していた，と述べている[18]が，この株式所有を「支配のため」にのみ限定することは，鉱業金融商会の中心的収益源に目をふさぐことになるであろう。そしてそれは，傘下鉱山各社に対する鉱業金融商会の関係を誤認することにもなるであろう。

第3節　鉱業金融商会の手数料収益

手数料収益　前節では，鉱業金融商会の2大収益源を検討してきたが，なお，手数料収益を見ておかなければならない。なぜなら，第二次世界大戦後の1950年代中葉には，手数料名儀による収益の獲得が鉱業金融面会の1大収益源となっているからである。第二次世界大戦後と対比させて，手数料収益について検討したい。

　鉱業金融商会がそのサービスの対価として傘下鉱山各社から徴収する手数料は，本店管理諸経費（head office administration charges），あるいは単に，本店諸経費（head office expenses）もしくは管理諸経費（admnistration expenses）と呼ばれている。それは概ね，秘書役，株式名儀書き換え，資材購入，顧問技師，ロンドン・パリ事務所，文具，印刷，宣伝，電報・電信等の諸費用と取締役および監査役の報酬から成っている[19]。しかし，①これらの諸経費は，手数料体系としてはどのように構成されているか，②どのような算定基準で計上されるのか，③手数料体系と算定基準とは時期的にどのような変遷をしてきたか，についてはほとんど不明であり，金鉱業経営者の断片的発言から上記①・②について僅かに推測しうるにすぎない。

　1959年の手数料について，時の鉱山会議所会長は次のように指摘している。「鉱山会社に対するグループ（＝鉱業金融商会）のサービスの費用は，年々の管理手数料（administration fee）と，たいていの場合，生産費に計上される物品の購入価額にもとづいた追加的手数料，およびグループを通じて発注されその監督の下で建設される資本設備に対する手数料，によって償われる」[20]と。

---

18) S. H. Frankel, *Investment and the Return to Equity Capital in the South African Gold Mining Industry 1887–1965 : An International Comparison*, Oxford, Basil Blackwell, 1967, p. 37.

19) J. Martin, *op. cit.*, p. 546.

ここには，小池氏が指摘されているとおり，購入手数料，資本設備設置料の他に，「基本手数料」に近い管理手数料が示唆されている[21]。マーティンや*Fortune*が指摘するところでは，購入手数料は物品購入価額の一定率で計上されていた[22]。1923年にCMのL・フイリップスは，商会の管理諸経費に対して同族会社の支払う分担金（contributions）は，いくつかの場合には（in some cases）同族会社自身の利潤を基礎に算定される[23]，と述べているが，それがどの会社を指しているかはわからない。

このように，本店諸経費の名目で鉱業金融商会が獲得する手数料の形態・料率・変遷については，正確なところはほとんど不明なのであるが，ここでの問題は，手数料そのものが妥当なものであるのかどうか，すなわち，手数料は傘下鉱山各社の経営に実際要した金額にとどまっているのかどうか，ということである。この点については，マーティンやグレゴリーは，鉱山各社は単独では到底入手不可能な優れたサービスを受けており，グループ・システムはコスト極小化の最良の経営方式であると，これを絶賛するのである。

手数料に関する具体的数字が公表されることはきわめて稀であるが，グレゴリーは，政府の委員会と鉱山会議所の調査から次の数値をあげている[24]。①1920年の低品位鉱山委員会（Low Grade Mines Commission）の報告によれば，ラント金鉱山の「管理諸経費の費用」（cost of administration expenses）は，粉砕鉱石トン当り，1914年に5.7ペンス，1919年に6.3ペンスであった。②1948年の金鉱業雇用状態委員会（Commission on Conditions of Employment in the Gold Mining Industry）の報告では，粉砕鉱石トン当り「本店諸経費」（head office costs）は，1928年3.5ペンス，1948年4.6ペンスであった。③1959年度に対する鉱山会議所の調査では，業界平均の「グループもしくは本店（ロンドン事務所を含む）諸経費」（group or head office (including London office) charges）は，粉砕鉱石トン当り9.2ペンスであった。この1959年について，グレゴリーは・本店諸経費はその年の平均営業コストの1.6％にすぎなかったと追け加えている。しかし，本店諸経費コストが粉砕鉱石トン当り数ペンスであ

---

20) T. Gregory, *op. cit.*, p. 93. この引用は，小池賢治氏の訳を借用した。（前掲論文，90ページ。）
21) 小池賢治，前掲論文，90ページ。
22) J. Martin, *op. cit.*, p. 545.; 'Seven Golden Houses', *Fortune*, Dec. 1946, p. 165.
23) *The Economist*, June 2, 1923, p. 1257.
24) T. Gregory, *op. cit.*, p. 93；小池賢治，前掲論文，89-90ページ。

第2章　鉱業金融商会とグループ・システム　105

表2—10　主要鉱業金融商会の連結収益（1954/55～1960/61年）

(単位：1000ポンド，( ) 内は構成比 (％))

	投資収益		株式取引収益		手数料収益[1]	
	1954/55年	1960/61年	1954/55年	1960/60年	1954/55年	1960/61年
CGESA	1,490 (62)	4,661 (50)	429 (18)	1,176 (13)	504 (20)	3,383 (37)
AAC	2,594 (42)	8,159 (65)	967 (16)	−1,190 (−9)	2,641 (42)	5,540 (44)
Anglovaal	347 (36)	720 (49)	181 (18)	15 (1)	448 (46)	743 (50)
Corner House[2]	1,645 (74)	3,520 (86)	447 (20)	379 (9)	143 (6)	177 (5)
GM	713 (43)	1,801 (73)	422 (26)	45 (2)	515 (31)	628 (25)
JCI	1,462 (70)	2,888 (92)	326 (15)	166 (5)	316 (15)	78 (3)
Union	1,498 (82)	2,488 (41)	144 (8)	1,106 (18)	193 (10)	2,449 (41)
	9,749 (56)	24,237 (63)	2,916 (17)	1,697 (4)	4,760 (27)	12,998 (33)

(注)　(1) 管理費を差引いた額。雑収入を含む。
　　　(2) RM と CM の合計。
〔出所〕M. R. Graham, *The Gold-Mining Finance System in South Africa, with Special Reference to the Financing and Development of the Orange Free State Goldfield up to 1960*, p. 69.

るとか，営業コストの僅かな比率であるとかいった数値だけでは，鉱業金融商会の管理が「経済的で合理的な経営」と即断するわけにはいかない[25]。事実，1914年の本店諸経費コストの粉砕鉱石トン当り5.7ペンスは，総額では61万ポンド，1919年の6.3ペンスは63万ポンド，そして1959年の9.2ペンスは実に250万ポンドにもなるのである。したがって，もし比率を問題にするとすれば，鉱山各社の営業コストに占める本店諸経費コストの比率ではなく，鉱業金融商会の収益に占める本店諸経費名義での手数料収入から，実際に支出した諸経費を差引いた差額の割合，すなわち収益総額に占める手数料収入に込められた収益の割合でなけれはならない。

　表2—10は，時期は第二次世界大戦後に下るが，1954/55年度と1960/61年度における7大鉱業金融商会（Seven Houses）の収益を示している。投資収益に利子が含められていたりいなかったり，また株式取引収益の項目において投資減価が相殺されていたりいなかったり，表示方法に相違があるので，厳密には比較できないが，大まかな目安としては比較可能である。ほとんどの商会において，投資収益（配当収益）が最大であることを，まず確認しておこう。また，先にみた1890年代後半と1900年代に比して，株式取引収益の比重が減少しているが，なお重要な収益源となっていることも明らかである。注目すべきことは，手数料収益が7人商会の平均では30％前後を占め，大きな収益源となっ

---

25)　同上，91ページ。

て現れていることである。しかも，ここでの手数料収益は，商会が傘下鉱山各社から獲得した手数料収入から，実際に支出した一般管理費を差引いた差額で表わされている。商会別では，コーナーハウスとJCIの，古い衰退しつつある鉱山会社を有するにすぎない商会の手数料収益は小さく，AAC, CGFSA, Union Corporation, Anglovaalなど多数の成長する鉱山会社をかかえている商会のそれは大きい。もっとも，投資収益と同様，手数料収益も，ここでは南アフリカの金鉱業に限定されていないことに注意しなければならない。鉱業金融商会自身の活動の地域的・部門的多様化に対応して，それら収益もまた，南アフリカのその他の鉱工業およびその他のアフリカの鉱業から引出されているからである。ただ，1950年代後半は，Orange Free State, KlerksdorpおよびFar West Randの巨大金鉱山会社が次々と操業を開始した時期であることは，述べておかなければならない。1954／55年度に較べて1960／61年度の手数料収益がより巨額となっていることは，この間の事情を物語っているのである。

　それでは，第一次世界大戦前における手数料収益はどのようになっていたであろうか。先に，第2―4表について述べた際，JCIについては，代理・秘書・顧問技師報酬が重要な収入源となっていることを指摘した。実際，1890年代後半には年額およそ3万ポンド，1900年代（1907／08年度まで――それ以降は後述のように不明になる）には2万5000ポンド前後に達していた。では，その他の3商会の場合はどうであろうか。

「巧妙な会計処理」　表2―4に立ち帰って再度みてみると，ゲルツ商会とGMの場合には，本店諸経費の一部――株式名儀書き換え・持参人払い証券手数料――がみられるものの，RMにおいては本店諸経費収入はみられない。実はこれらには「巧妙な会計処理」[26]があるのである。

　小池氏は，手数料収入が隠蔽され，その額が追跡不能になる次の3つの会計処理方法を指摘している[27]。そのひとつは，手数料収入を商会の集中管理に要した「一般管理費」(general expenses)との差額として処理することである。第2は，手数料収入を他の収入と込みにして示す方法である。第3は，この2つの処理を同時に，つまり，手数料の一部を一般管理費項目の相殺勘定にまわし，他を収入の項目にまわすものである。

---

26)　同上，89ページ。
27)　同上，90-91ページ。

RMの場合には，手数料収入はすべて管理諸経費と相殺され，GMの場合には，株式名義書き換え手数料——これは収入項目に入れられている——を除く手数料収入は，支出項目において「専務取締役報酬，スタッフ並びに技術部門のサラリー，地代，文具，印刷，宣伝，旅費，電信他一般管理費を含む，ロンドン・ベルリン・パリの管理諸経費」[28]と相殺され，そして，ゲルツ商会の場合には，株式名義書き換え・持参人払い証券手数料を除く手数料収入が，「専務取締役，スタッフおよび鉱山・機械技術部門のサラリー」[29]と相殺されている。手数料収入を収入欄に独立して示していたJCIも，1908/09年度以降は，これを「取締役報酬，サラリー，ヨハネスブルグ・ロンドン・パリの事務所並びに一般諸経費」[30]と相殺するにいたった。

注意すべきことは，手数料収入と一般管理費の相殺勘定では，後者が前者を上まわっていることである。この点，前者が後者を上まわって巨額の「手数料収益」を生むにいたっていた，先にみた1950年代中葉以降と決定的に異なっている。そして，この事態は，第二次世界大戦前まで変ることなく継続していた。もっとも，このことは，鉱業金融商会がサービス提供の代価として取得する手数料収入が，商会が支出するサービスの実際の費用を下まわっていることを意味するものではない。なぜなら，商会の支出する管理諸経費の中には，役員報酬や上級スタッフのサラリー以下，商会のありとあらゆる費用が含められているからである。

手数料収入が一般管理費と相殺されて公表されるかぎり，手数料収入の大きさばかりでなく，一般管理費の大きさも不明となる。表2—11は，傘下16金鉱山会社が支配商会たるCMとRM（CMは顧問技師，RMは秘書役・事務所——表2—3参照）に支払った本店諸経費を示す（Ⅱ−5）珍しい統計である。粉砕鉱石トン当り本店諸経費は，1921年と22年にそれぞれ4.1ペンスと4.6ペンスにすぎず，また営業コストに占める比率も1.3％と1.6％にすぎないが，総額では19万3000ポンドと18万4000ポンドにもなっている。同表Ⅲから，それぞれの傘下鉱山会社がおよそ1〜2万ポンドの本店諸経費を支払っていることがわかる。（Ⅵには，他の商会傘下鉱山の本店諸経費も示している。）先に述べたように，CMの経営等諸経費（management & c. expenses——Ⅳ−2）とRMの

---

28) *The Statist*, July 20, 1907, p. ii.
29) *The Statist*, April 29, 1913, p. viii.
30) *The Statist*, Oct. 2, 1909, p. v.

表2—11　CM-RM　グループの基本指標と本店諸経費

	1921年		1922年	
	（£）	粉砕鉱石トン当り（s／d）	（£）	粉砕鉱石トン当り（s／d）
Ⅰ　傘下16鉱山基本指標				
1．金生産額（営業収入）	20,261,249	105／3	14,871,560	90／2
2．営業コスト	15,363,936	79／9.7	11,504,433	71／6.2
3．営業利潤	4,897,313	25／5.3	3,367,127	18／7.8
Ⅱ　傘下16鉱山営業コスト内訳				
1．白人賃金	4,706,939	8／1.6	2,543,208	5／3.6
2．アフリカ人賃金	2,648,658	4／6.9	2,467,498	5／1.7
3．物品購入	5,044,799	8／8.6	3,879,334	8／1.7
4．その他	2,770,441	4／9.4	2,429,798	5／0.8
5．本店諸経費	193,099	0／4.1	184,604	0／4.6
6．合計	15,363,936	26／6.6	11,504,433	23／11.8
Ⅲ　鉱山別本店諸経費				
1．City Deep			13,086	0／4
2．Cons Main Reef			11,586	0／6
3．Crown Mines			21,419	0／3
4．ERPM			11,714	0／2
5．Modderfontein B			14,393	0／6
6．New Modderfontein			16,987	0／4
7．Village Deep			12,259	0／6
Ⅳ　CM の基本指標				
1．配当・利潤等収益	444,490		650,570	
2．経営等諸経費	41,320		68,630	
3．税金	88,820		53,920	
4．純利潤	314,360		528,030	
Ⅴ　RM の基本指標				
1．配当収益	391,920		599,050	
2．証券売却収益	386,860		155,310	
3．雑収益	74,770		86,010	
4．全収益	858,550		840,370	
5．管理諸経費	27,170		25,610	
6．租税	12,150		43,950	
7．純利潤	788,470		765,060	
Ⅵ　その他鉱山本店諸経費				
1．Brakpan（AAC）			12,461	0／5
2．Geduld（Union）			12,667	0／7
3．Modder Deep（Union）			14,584	0／8
4．Govt GM Areas（JCI）			30,057	0／4
5．New Primrose（JCI）			5,044	0／6
6．Rand Central（JCI）			15,829	0／3

〔注〕　Ⅰ—2の粉砕鉱石トン当り営業コストと営業利潤は原資料を訂正．

〔出所〕　ⅠとⅡは，*The South African Mining and Engineering Journal*, June 2, 1923, p. 348；ⅢとⅥは，*Ibid.*, August 18, 1923, p. 704；Ⅳは *The Economist*, May 19, 1923, p. 1047；Ⅴは *Ibid.*, April 19, 1924, p. 824.

管理諸経費（administration expenses——Ⅴ-5）は手数料収入を相殺した金額を示している[31]。したがって，CM・RM両商会の管理経費と傘下16の金鉱山会社の本店諸経費を合わせると，両商会の合計した実際の管理諸経費が得られることになる。こうして計算すると，1921年には26万5000ポンド，1922年には28万ポンドになる。実際の管理諸経費のうち，どれだけが実際に傘下鉱山会社を管理するための費用であったか，どれだけが役員報酬や上級スタッフのサラリーであったかはまったく不明である。しかし，商会の実際の管理諸経費がかなりの部分（1921年には73％，22年には66％）は傘下鉱山会社からの手数料収入から賄われており，役員報酬や上級スタッフのサラリーを考慮するならば，傘下鉱山からの手数料収入は傘下鉱山会社の管理実費を上まわっていることが推測されるのである。

　グレゴリーは，先にみた1928年と48年の間の本店諸経費の増大（3.5ペンス→4.6ペンス）を「提供されたサービスのコストの上昇と，管理費の全般的増大，管理・技術顧問と関連したサラリーの上昇」[32]に求めている。確かに物価と人件費の上昇は，鉱山各社の本店経費の増大をもたらしたであろう。しかし，他方，それだけでは，第4—10表でみたような，鉱業金融商会における実際の管理経費を大幅に上まわる手数料収益が実現されぬことは明らかである。それ故，支配商会において巨額の手数料収益が実現されるほどまでに，傘下鉱山各社の本店管理諸経費が増大したことの要因は，人件費・物価の騰貴以外のものに求めなければならない。

採鉱権貸与制と手数料収益　筆者は，その主要な要因は，傘下巨大鉱山数の増加と1908年の金法（gold law）の改定によって導入された採鉱権貸与制並びに1936年の税率改訂にあった，と考えている。もっとも，傘下鉱山数の増加のみでは，単に従来の管理経費収入を単純に加算するのみで，実際の管理経費を大幅に上まわる手数料収益をもたらすとはかぎらない。その点，後者の2つこそ

---

31) 1938年5月の年次総会で，CMの会長R・F・フィリップスは述べている。「……ご覧の通りわれわれの会社の今年の一般管理費は昨年より1.4万ポンド減少している。これは主に，われわれの会社がうけとる管理およびその他の手数料の増加によるものである。われわれの慣行にしたがって，これらの手数料は，当社の正味の一般管理費を算出する際の差引勘定項目として処理されている」(*The Statist*, May 28, 1938, p. 840.)。訳は，小池氏の訳を借用した（前掲論文，90-91ページ）。

32) T. Gregory, *op. cit.*, p. 93.

決定的である。

　採鉱権貸与制の導入とともに，貸与鉱地に設立された金鉱山会社は，政府に対し通常の利潤税（1911年初頭から実施された税率では利潤に対し一率10%）とともに採鉱権リース料を支払わねばならなくなった。採鉱権リース料は利潤に対する累進制となっており，その算定式は $y = a - b/x$ であった[33]。ここで，y は政府に対して支払われるべき利潤の割合（百分率）——リース料率——であり，x は回収された金価額（営業収入）に対する営業利潤の割合（百分率），a と b は，鉱山のそれぞれの特殊事情を考慮して協議の上決定される定数である。そして，a は，通常低品位鉱石鉱山よりも高品位鉱石鉱山に対してより大きく設定されていた。例えば，AAC 傘下の Brakpan Mines の算定式は，$y = 25 - 650/x$ であり，これより高品位とみられた JCI 傘下の New State Areas のそれは，$y = 80 - 750/x$ であった[34]。1936年に定率制に代えて導入された税率も，採鉱権リース料率の算定式に類似した定式に基づいて計算された。例えば1936年の税率算定式は，$y = 40 - 500/x$ であり，1948年のそれは，$y = 60 - 360/x$ であった[35]。ここで y は税率（百分率）を表わし，x は営業収入に対する営業利潤の割合（百分率）であった。ただし，この x の算出にあたっては，営業利潤から減価償却費と採鉱権リース料は差引かれることになっていた。これらの算定式においては，金鉱山会社が同じ100ポンドの営業利潤を獲得したとしても，営業コストが大であればあるほど政府の取得する割合は低下するようになっており，以て，高品位鉱石のみならず低品位鉱石の開発も促進するよう意図されていた[36]。しかし，こうした配慮にもかかわらず，営業コストの如何によって政府の取得率が定まるこれらの算定式は，ひとつの陥穽を有していた。すなわち，「利潤の費用化」である[37]。

　ラント金鉱業の重心は，1920年代中葉にはラントの開発が始まった Central

---

33) *Official Year Book of the Union of South Africa and of Basutoland, Bechuanaland Protectorate, and Swaziland 1939*, pp. 856-857 ; M. R. Graham, *The Gold-Mining Finance System in South Africa, with Special Reference to the Financing and Development of the Orange Free State Goldfield up to 1960*, 1964, unpublished Ph. D. Thesis (University of London), p. 105.

34) *Official Year Book of the Union of South Africa*, 1939, p. 856.

35) J. C. Thoms, 'Gold Mining Taxation in South Africa', *Optima*, Vol. 4, No. 2 (June 1954), pp. 16, 18. リース料率と1936年以降の累進税率の算出における大きな相違は，前者においては鉱山によって定数が異っていたのに対し，後者においてはすべての鉱山に対し同一であったことである。

36) M. R. Graham, *op. cit.*, pp. 106-107.

RandとWest Randを離れて、Far East Randに移行していたが、このFar East Rand金鉱地の圧倒的部分は採鉱権貸与鉱地であった。また、第二次世界大戦後に本格的開発が開始されたFar West Rand, KlerksdorpおよびOrange Free Stateの3鉱地も、すべて政府に対し採鉱権リース料を支払うべき鉱地であった。したがって、これらの鉱地に設立された巨大金鉱山会社は「利潤の費用化」を押し進める十分な理由が存在したのである。これが、支配商会による本店諸経費の引上げであった[38]。小池氏は、手数料収益を指して、「利潤の先取り的性格」の濃厚なもの、と述べている[39]が、鉱業金融商会は、まさに傘下金鉱山会社の「利潤の先取り」を行ない、さらにはこれを費用化することによって政府に支払うべき税と採鉱権リース料の削減をはかったのであった[40]。1950年代中葉から鉱業金融商会が取得する手数料収益が急速に増大したことの背景には、Far West Rand, KlerksdorpおよびOrange Free Stateの3鉱地に設立された超大型金鉱山会社が次々に操業を開始したことと並んで、手数料増大による「利潤の費用化」が存在したのであった[41]。

鉱業金融商会の蓄積様式は、歴史的にみると、おおよそ次の3段階にまとめ

---

37) このことは簡単に証明できる。リース料率と税率の算定の一般式は、$y = a - b/x$である。営業利潤をp、営業コストをc、営業収入をrとすると、$r = p + c$, $x = 100p/r$であるから、算定式は、$y = (a - b/100) - b/100 \cdot c/p$と書き直すことができる。a, bは定数であるから、c（営業コスト）が大きくなり、p（営業利潤）が小さくなればなるほど、yは小となる。勿論、累進的リース料と税の存在しない場合でも、「利潤の費用化」が進められないわけではない。

38) 金鉱山会社の課税収入（＝営業利潤）の算定に当っては、営業収入から次の費用が差引かれた。①通常の営業コスト、②開発費、③借入金利子、④一般管理費（general administration charges）、⑤採鉱権リース料、⑥珪肺症補償基金支出、⑦減価償却費。(J. C. Thoms, *op. cit.*, p. 19.) ここでの一般管理費とは、支配商会に支払うべき本店管理諸経費を指している。

39) 小池賢治、前掲論文、92ページ。

40) 累進リース料と累進税が課せられたのは、金鉱山会社の実際の鉱山操業から生じる利潤に対してのみであって、配当・株式取引・手数料から引き出される鉱業金融商会の利潤には、他の一般会社と同じ会社税率が適用された (M. R. Graham, *op. cit.*, p. 19.)。グレイアムは「（累進）リース料と（累進）税は、（政府と金鉱業の）双方に利益となったといいうる」(*Ibid.*, p. 111.) と述べているが、次のブッシャウの指摘が真相をついている。「リース料であれ税であれ、利潤に対する政府の分前が回収額に対する利潤の割合にもとづくスライド制によって決定されるならば、生産者の不経済な行為を奨励することとなり、遂には私的利害と社会的利害の対立を産み出すにいたる」(W. J. Busschau, *The Theory of Gold Supply*, London, Oxford University Press, 1936, p. 140.)。ここでは利潤をめぐる金鉱業と政府の対立が抑制された表現で示唆されている。

41) M. R. Graham, *op. cit.*, p. 74.

ることができる。第1は，1890年代で，深層鉱山の開発が着手され進行した時期である。この時期には，株式売却収益が全収益のうち圧倒的部分を占めていた。ことに，投機利得もさることながら，鉱山会社の設立に際し鉱地提供の見返りに取得していた売主株の売却収益がその主流をなしていた。第2は，1900年以降第二次世界大戦までで，低品位鉱業としてのラント金鉱業が確立され発展した時期である。この時期には，証券売却収益にもまして，金鉱山会社からの配当収益が商会収益の中心となった。第3は，第二次世界大戦以降で，ラント金鉱業の中心が，Far West Rand, Klerksdorp, Orange Free State および Evander 4 金鉱地の巨大鉱山会社に移行した時期である。この期には，配当収益と並んで手数料収益が中心的収益源となるにいたった。

およそ，資本とは常に最大限の利潤を追求するものであるが，鉱業金融商会におけるこの3段階の蓄積様式の変容は，グループ・システムによる傘下鉱山会社に対する支配の貫徹と支配の適応力を示すものであった。鉱山会社の独立性は仮構にすぎず，経営主体は常に鉱業金融商会にあったのである[42]。南ア金鉱業におけるグループ・システムとは，鉱業金融商会が，金鉱地独占を基礎に生産コストを最小にして利潤の極大化をはかる，資本と技術者の稀少な南アフリカに適合的な経営方式であった。

---

[42] 1970年代中葉における鉱業金融商会と傘下金鉱山会社の関係について，筆者はかつて次のように指摘したことがある。少し長いが引用しておきたい。「注目すべきことは，第1に，どの金鉱山会社の場合にも，圧倒的多数の取締役は鉱業金融商会の取締役自身が兼任していることであり，第2に，金鉱山会社の取締役会の多数はそれを管理する鉱業金融商会の取締役もしくは他の役員であることである。したがって，「独立している」金鉱山会社と鉱業金融商会との（経営）契約は，いわば法的擬制であり，実質的には経営契約の基礎には株式（＝資本）所有と人的支配とが存在するのである。鉱業金融商会は金鉱山会社との経営契約に基づき当該鉱山会社の取締役会の決定に従いつつ活動を行なっていくといっても，それは巨大鉱業金融商会内部における自己決定にすぎぬこと，いまや明らかであろう。この金鉱業に最も典型的に現われた，鉱業金融商会を中心とする南アのグループ・システムとは，鉱山独占の現象形態なのである。」（拙稿，前掲論文，30ページ。）1970年代中葉のはるか以前から，そしてそれ以後も，この事態は全然変わっていない。グループ・システムに変化が生じ始めるのは，1990年代中葉，南アフリカが黒人多数政権に移る前後からである。

第3章　金鉱業と外国資本

　第一次世界大戦まで南アフリカにおける資本蓄積は低位であったから，ラント金鉱山の開発はほとんどヨーロッパの資本に依存していた。では，どれだけの資本がラント金鉱業に投下され，また，それらの資本はどの国によって提供されものであったか。先の2つの章において十分触れることのできなかったこの問題を取り扱っておきたい。ただし，第一次世界大戦以前の資料が断片的に利用できるだけであるため，おおまかな指摘であるにすぎないことをあらかじめ断っておきたい。

　第1節では，金鉱山への時期別投資額と国別投資額を吟味し，第2節では，株式所有の観点から，誰が金鉱山会社を経営する鉱業金融商会を支配しているかを考察する。

第1節　金鉱山への投資額

金鉱山への時期別投資額　ラント金鉱業は，鉱業金融商会がグループ・システムによって傘下鉱山各社を支配する構造となっていた。したがって，この構造に対応して，ラント金鉱業に対する投資は大別すると，①金鉱業主と投資家による鉱山会社に対する投資，②金鉱業主と投資家による鉱業金融商会に対する投資，③鉱業金融商会の鉱山会社に対する投資，④鉱山会社自身の自己金融の4種から成っていた。①と②は，それぞれの会社の株式発行の際に，金鉱業主と投資家が株式市場おいて発行価格で株式を購入し，当該会社に対し営業資本を提供するものでり，③は，鉱業金融商会が鉱山会社の設立に際し鉱地・鉱物権の提供の見返り売主株を取得したり，株式が一般公募に付される前に優待価格で株式を購入したり，貸付や社債の形態で資本を提供したものである。

　H・フランケルの推計によれば，1887年から1936年までの50年間に2億5000

表3—1 ラント金鉱山への

	(1)	(2)	(3)	(4)
	発行済株式資本金			利潤からの再投資[4]
	現金発行[1]	売主発行[2]	合計[3]	(1932年末現存会社)
I. 各期合計				
1887～1900年	32,027	40,414	77,441	3,311
1901～1910年	33,644	10,402	44,046	7,527
1911～1932年	24,662	1,928	26,590	22,981
1933～1936年[5]	43,461	—	43,461	5,347
合計	138,794 〔55.7〕	52,745 〔21.2〕	191,539 〔76.9〕	39,166
II. 年平均				
1887～1900年	2,645 〔45.9〕	2,887 〔50.1〕	5,532 〔95.9〕	237 〔4.1〕
1901～1910年	3,364 〔65.2〕	1,040 〔20.2〕	4,405 〔85.4〕	753 〔14.6〕
1911～1932年	1,151 〔49.6〕	88 〔3.4〕	1,209 〔53.5〕	1,045 〔46.3〕
1933～1936年[5]	10,865 〔89.0〕	—	10,865 〔89.0〕	1,337 〔11.0〕

注) 1) プレミアムを含む。2) 額面。ただし、(3)欄—(1)欄によって算出しているため、現金発行におけるプレミア
5) ラント以外の金鉱地を含む。
出所) S. H. Frankel, *Capital Investment in Africa*, pp. 89–98.

万ポンドがラント金鉱山に投下された（表3—1）。そのうち営業資本募集のための株式発行が56％（1億3900万ポンド），売主発行と利潤からの再投資がそれぞれ20％前後（5300万ポンドと4700万ポンド），そして社債が4％（1000万ポンド）であった。しかし，時期的にみると，投資水準とその構成にはかなり顕著な相違があった。

資料が不備なので，社債と「1932年に存在しなかった会社」の利潤再投資を除く2億3000万ポンドについてみると，年平均投資額は，1887～1900年には580万ポンドであったのに対して，1900～10年には420万ポンド，さらに1911～32年には230万ポンドに低下し，1933年以降の金鉱山ブーム期には飛躍的に増大して1220万ポンドとなった。1887～1900年には，1889-90年，1895-96年および1899年の3回の金鉱株ブームを中心に多数の金鉱山会社が設立され，営業資本募集のために巨額の新規発行株式が売出されるとともに，発起・発行業者たる鉱業金融商会は大量の売主株を取得した。この期間には，売主発行額は営業資本獲得のための現金発行額を凌駕していた。1900～10年には，鉱山会社新設の機会は，会社が設立されていない鉱地の減少によって少なくなり，それに応じて売主発行も大幅に減少した。他方，南ア戦争直後と1909～10年の金鉱株ブームを中心に，年平均では，1887～1900年の期間を上回る営業資本募集のための現金発行がみられた。しかし，ますます鉱脈の深くなる鉱山の開発には巨

第3章　金鉱業と外国資本

投資額（1887～1936年）

(単位：1000ポンド)

(5) 合計 (1)+(2)+(4)	(6) 利潤からの再投資[4] (全会社)	(7) 社債	(8) 合計(1)+(2)+(6)+(7)
80,752　(35.0)	42,100	9,000	
51,573　(22.4)			
49,571　(21.5)			
48,808　(21.2)	5,347	1,205	50,013
230,704　(100)	47,347　〔19.0〕	10,505　〔4.1〕	249,091　〔100〕
5,768　〔100〕	913	196	
5,157　〔100〕			
2,261　〔100〕			
12,202　〔100〕			

ム分だけ過小となっている。3）額面。4）利潤の再投資は3分の2を新規投資として算出の

額の資金を要したため，利潤のうちかなり部分を再投資することを余儀なくされた。

　開発費を利潤の再投資に依存するこの傾向は，ついに一度の金鉱株ブーム見ることのなかった1911～32年には一層顕著となり，利潤再投資額は現金発行額にほぼ匹敵するばかりとなった。1933年以降の金鉱山・金鉱株ブームには，新設鉱山も既存鉱山も売主発行は存在せず，開発は主として新規発行によって集められた営業資本によって行なわれた。ことに，Far West Rand 金鉱地に巨大金鉱山会社が設立された場合には，開発費が一層巨額となったことにより，以前は鉱業金融商会が鉱地・鉱物権提供の見返りに取得していた売主発行は優待価格での株式取得の転化し，売主もまた開発費の一部を負担することになった[1]。既存鉱山の開発は主として利潤の再投資によって賄われた。

国別投資　第1章において，ラント開発の初期に，ポージェ，エックシュタイン両商会はフランスとドイツに資本を求めたこと，また，深層鉱山開発のため

1）フランケルによれば，優待価格での株式取得は，1933年以降投下資本のほぼ40％を占めていた（S. H. Frankel, *Investment and the Return to the Equity Capital in the South African Gold Mining Industry 1887–1965 : An International Comparison*, ,Oxford, Basil Blackwell, 1967, pp. 13–14.）

表3—2 トランスヴァール鉱山会社株式の鉱業金融商会別
イギリスと大陸の所有（1900年）

	鉱山会社数	市場価額（£）	イギリス所有（£）	大陸所有（£）
Ⅰ．JCI 鉱山グループ	10	8,825,563	8,472,540(96)	353,023(4)
Ⅱ．CGFSA 鉱山グループ	14	38,801,901	36,861,806(95)	1,940,095(5)
Ⅲ．Robinson 鉱山グループ	16	16,432,062	13,638,611(83)	2,793,451(17)
Ⅳ．Neumann 商会鉱山グループ	10	11,135,522	8,797,062(79)	2,338,460(21)
Ⅴ．Corner House 鉱山グループ	24	73,754,317	57,528,367(78)	16,225,950(22)
Ⅵ．Farrar／Anglo-French 鉱山グループ	16	13,380,600	10,303,062(77)	3,077,538(23)
Ⅶ．GM 鉱山グループ	9	5,299,600	1,589,880(30)	3,709,720(70)
Ⅷ．Goerz 商会鉱山グループ	8	6,153,562	1,846,069(30)	4,307,493(70)
Ⅸ．その他	13	14,569,179	13,403,645(92)	1,165,534(8)
Ⅹ．合計	120	188,352,306	152,441,042(81)	35,911,264(19)

注）CGFSA、鉱山グループの大陸所有はキュビセックの表を訂正した。
出所）R. V. Kubicek, 'Finance Capital and South African Goldmining, 1886–1914', *The Journal of Imperial and Commonwealth History*, Vol. 3 (1975), p. 393.

RM が設立されたき，イギリス資本の導入を目論んで，ウェルナー・バイト，エックシュタイン両商会はロスチャイドとカッセルに資本を仰いだこと，ゲルツ商会，GM，CMS の鉱業金融商会がドイツの大銀行の出資によって設立されたこと，さらに，1905年ウェルナー・バイト商会によって CM が設立された際，その資本金のおよそ半分は，フランスの銀行，金融業者，金利生活者，地主などによって提供されたこと，を指摘した。これらのことから推測されるように，イギリス資本と並んでかなりの量のフランス資本とドイツ資本とがラントに投下されていた。

先のフランケルの推計では，1913年にラント金鉱山に株式で1億2500万ポンドが投下されていた。ファン-ヘルテンの推定によれば，イギリスはその資本の70～75％を供給し，南アフリカが14.5％，フランスが5～10％，ドイツがおそらく5％前後を投下していた[2]。

表3—2は，南ア戦争時におけるトランスヴァール鉱山会社のイギリス・大陸別所有を鉱業金融商会鉱山グループ別に示したものである。この表は，1900年5月，ミルナーによってイギリス植民地省に送付されたもので，エックシュタイン商会のパートナーであったS・エバンズの手になるものである。トラン

---

[2] J. J. Van-Helten, 'La France et des Boers : Some Aspect French Investment in South Africa between 1890 and 1914', *African Affairs*, Vol. 84, No. 335 (April, 1985), p. 259.

スヴァールと交戦中であったイギリスの国情を考慮して、当然にイギリスの所有（比率）はより高く、そして大陸のそれはより低く表されている可能性は否定できない。しかし、実態をいちじるしく損なう改竄は不可能であろうから、おおよその傾向は映し出していると考えて差支えない。これによれば、トランスヴァール鉱山会社（それは圧倒的にラント金鉱山会社である）全体では、80％がイギリスの所有であり、20％が大陸の所有となっている。

さらに、トランスヴァール鉱山会社の鉱業金融商会別株式所有状況はつぎの3つに区分することができる。第1は、CGFSAとJCIの両鉱山グループで、イギリスの所有が圧倒的で、大陸の所有がわずかなもの、第2は、コーナーハウス、Anglo-Frenchおよびノイマン商会の3つの鉱山グループで、イギリスの所有が大部分を占めているが、大陸の所有もかなりの比重に達しているもの、第3は、GMとゲルツ商会の両鉱山グループで、大陸の所有が大部分を占めているもの、である。第一次世界大戦勃発時まで、イギリスがラント金鉱山に対する投資の70～75％を供給し続けていたとする先のファン-ヘルテンの推定が正しいとすれば、エバンズの表は全体ではイギリスの投資をおおよそ5～10％過大に表示していることになる。鉱業金融商会別鉱山グループでは、第2の鉱山グループ、ことにエバンズの属していたコーナーハウス鉱山グループの場合に過大表示がいちじるしいと見なして大過ないであろう。

1906年に、RMを含むコーナーハウス傘下の27鉱山会社の発行資本金は1400万ポンド、その市場価額は4600万ポンドであった。この4600万ポンドのうち42％がウェルナー・バイト商会、CMおよびRMの親会社によって所有され、17％がその他のイギリス人、2％が南アフリカ、39％が大陸で所有されていた[3]。キュビセックによれば、大陸の所有する39％のうち、30％はフランスに[4]、そして少なくとも2.7％はドイツにあった[5]。

1914年におけるドイツ人によるラント金鉱山会社の株式所有を示せば、表3－3となる（ただし、敵国資産として南アに没収されたもののうち、敵国財産管理局によって1922年12月31日までに売却されたもののみ。未売却のものは不明。したがって、過小評価となっている）。株式額面でドイツ人の所有は総額

---

[3] R V Kubicek, *Economic Imperialism in Theory and Practice : The Case of South African Gold Mining Finance 1886-1914*, Durham, Duke University Press, 1979, p. 46.
[4] *Ibid.*, p. 46.
[5] *Ibid.*, p. 142.

表3—3　ドイツ人[1]によるラント金鉱山会社の所有[2]（1914年）

	発行資金 (£)	ドイツ人 の所有 (£)		発行資金 (£)	ドイツ人 の所有 (£)
I. Goerz商会鉱山グループ			III. CMS鉱山グループ 　　Brakpan	750,000	76,859 (10.2)
Geduld Proprietary	922,500	323,142 (35.0)	Springs	630,000	72,350 (11.5)
May Cons	288,750	32,014 (11.1)	合　　計	1,380,000	149,209 (10.8)
Modderfontein Deep	455,000	120,727 (26.8)	IV. Corner House 　　鉱山グループ18鉱山	15,542,573	964,092 (6.2)
Princess Estate	575,033	98,135 (17.1)	V. Neumann商会 　　鉱山グループ9鉱山	4,962,254	310,046 (6.2)
Tudor GM	340,000	127,121 (37.4)	VI. JCI鉱山グループ11鉱山	6,779,621	118,481 (1.7)
Van Dyk Prop	500,000	256,558 (51.3)	VII. Robinson商会 　　鉱山グループ2鉱山	5,080,200	82,839 (1.6)
合　　計	3,081,283	957,697 (31.1)	VIII. CGFSA鉱山グループ 　　6鉱山	7,839,306	30,342 (0.4)
II. GMb鉱山グループ	106,353	13,058 (12.3)	IX. その他22鉱山	7,371,970	126,928 (1.7)
Aurora West	1,159,450	100,103 (8.6)	X. 合計	57,542,434	3,941,309 (6.9)
Cinderella Cons	200,000	42,865 (21.4)			
Meyer & Charlton	550,000	134,889 (24.5)			
New Steyn Est	300,000	72,933 (24.3)			
Roodepoort United	460,000	58,791 (12.8)			
Sacke Est & Mining	225,000	75,819 (33.7)			
Van Ryn Est	500,000	22,497 (4.4)			
West Rand Cons.	2,004,424	680,720 (33.9)			
合　　計	5,505,227	1,201,675 (21.8)			

注) 1) 第1次世界大戦のときのイギリス・南アの敵国人で、ドイツ人の他、オーストリア人、トルコ人が含まれるが、圧倒的所有はドイツ人であった。
　　2) 南ア敵国財産管理局によって、1922年12月31日までに売却されたもの。未売却のものは不明。
出所) 'The Sale of Ex-Enemy Shares', *The South African Mining and Engineering Journal*, July 21, 1923, p. 585.

394万ポンドで，GM（120万ポンド），コーナーハウス（96万ポンド），ゲルツ商会（96万ポンド），ノイマン商会（31万ポンド）の各鉱山グループで343万ポンド（87％）を占めている。鉱山によってはドイツ人の所有が50％を越えているものもあるが，各商会鉱山グループの平均では，ゲルツ商会鉱山グループが1番高くて31％，次いでGM鉱山グループ22％，CMS鉱山グループ11％，コーナーハウスとノイマン商会の両鉱山グループ6.2％で，ラント金鉱山全体では6.9％であった。注意すべきことは，支配会社たるゲルツ商会，GMおよびCMSの鉱業金融商会はドイツ資本系列であるにもかかわらず，それらの所

有する株式は算入されていないことである。鉱業金融商会は，配当収益確保のために，傘下鉱山各社の株式を相当数所有していた。

先に，1906年のコーナーハウス鉱山グループの場合，支配会社3社はその株式の市場価額の42％を所有していることを指摘したが，1913年のCGFSA鉱山グループの場合でも，支配会社であるCGFSAは傘下5鉱山会社の発行株式額面総額787万ポンドのうち290万ポンド（37％）を所有し，系列下の2つの投資会社の所有を合わせると358万ポンド（45％）を支配していた[6]。したがって，他の商会の鉱山グループの場合においても，鉱業金融商会は傘下鉱山各社の株式を相当数所有していたとみても誤りでない。

投機的株式ブームや鞘取引，株式取引，国際的株式移転などの結果，株式の国別所有は不断にまた急速に変化するものであるから，ある時点における国別所有比率を固定して受け取ってはならないのであるが，以上述べてきたことから，1900～13年の期間においては，①CGFSAとJCIの両鉱山グループではイギリス資本が圧倒的であった，②コーナーハウス鉱山グループではイギリス資本と並んでフランス資本もかなりの部分を占めていた，③GMとゲルツ商会の両鉱山グループにおいてはドイツ資本が大部分を握っていた，と結論して大過ないであろう。

第2節　鉱業金融商会にたいする支配

ドイツ系鉱業金融商会の支配　では，これら鉱山グループを支配していた鉱業金融商会は，誰が掌握していたのであろうか。ここでは，資料が利用できるCGFSA，CM，GM，CMS，ゲルツ商会の5つの鉱業金融商会についてみておきたい。

先に，GM，ゲルツ商会およびCMSはドイツの大銀行の支援によって設立されたことを指摘した。GMの場合，1895年の設立時から1902年まで，発行資本金125万ポンド（額面1ポンド，125万株）は，すべて設立者であるアルビュ兄弟とDresdner Bank，Disconto-Gesellschaft，S・ブライヒレーダーによって所

---

6) *Ibid.*, p. 227.
7) *Ibid.*, p. 144 ; 'Mines of the Transvaal III', *Supplement to 'The Statist'*, March 15, 1902, p. 3.

有されていた[7]。その後30万株は一般投資家に公開され，1906年に増資された62万5000株も上記の者とA. Schaaffhausen'scher銀行によって引き受けられたのち株主に売り渡された[8]。1915年には，発行資本金187万5000ポンドのうち83万5371ポンド（44.6％）がドイツ人によって所有され[9]，35万ポンド（18.6％）がアルビュ兄弟によって握られていた[10]。

Deutsche Bank, Berliner Handels-Gesellschaft, A・ゲルツなどによってベルリンに設立されていたゲルツ商会は，1897年トランスヴァール登録の株式会社に改組されるとともに，発行資本金は101万5000ポンド（額面1ポンド，101万5000株）に引き上げられた。このうち，1万5000株は創業者株からなり，10％の配当支払後利潤の20％を取得する権利を有していた。完全払込株式64万株は旧ゲルツ商会の株主に対しその資産提供の見返りに発行され，残りの36万株はDeutsche Bankに率いられたシンジケートによって購入された[11]。1898年，旧ゲルツ商会の株主が構成するシンジケートによって，売主株のうち20万株がロンドンで売り出された[12]。1903年に創業者株解消の代償に10万株が発行された。翌年にはさらに30万株が発行され，22万株が株主に割り当てられ，7万5000株がDeusche Bankによって引き受けられた[13]。1915年にはゲルツ商会の発行資本金140万ポンドのうち，36万1629ポンド（35％）がドイツ人によって所有されていた[14]。

1897年，Darmstädter Bank, ドゥンケルスブーラー商会の出資によって設立されたCMSの当初の発行資本金は，30万ポンド（額面1ポンド，30万株）であった。1903年30万ポンドの増資が行なわれたとき，15万株が株主に，5万株がBank für Handel und Industrieに割り当てられた。1905年60万ポンドの増資が再び実施され，ロンドンのドゥンケルスブーラー商会は自社のラントの権益を提供して40万株を受け取った。1911年資本金は半分に切り下げられて60万ポンド（1株10シリング，120万株）となった[15]。第一次世界大戦勃発時に，ド

---

8) R. V. Kubicek, *op., cit.*, p. 144.
9) *The South African Mining and Engineering Journal*, July 21, 1923, p. 585.
10) R. V. Kubicek, *op., cit.*, p. 146.
11) *Ibid.*, p. 147.
12) *Ibid.*, p. 147 ; 'Mines of the Transvaal I', *Supplement to 'The Statist'*, March 1, 1902, p. 3.
13) *Mining Manual and Mining Year Book 1915*, p. 263,.
14) *The South African Mining and Engineering Journal*, July 21, 1923, p. 585.
15) *Mining Manual and Mining Year Book 1915*, p. 169.

表3－4　CGFSA の普通株の所有者（1898年）
（数字は株数）

Ⅰ．CGFSA 関係者（取締役など）の所有		Ⅱ．関連会社の所有	
Christpherson, Stanley	1,000	Mashonaland Agency, Ltd.	10,000
Davies, Herbert	30,000	Trust Français, Ltd.	79,290
Davies, Herbert & Andrewes, W. Y.	110,960	計	89,290
Davies, Herbert, Pollock, F. R. & Castle, E. J.	88,040	Ⅲ．その他	
Harris, G, R, C,	3,000	Rothschild, Alfred de	1,055
Hamilton, J. J.	1,000	Rothschild, Leopord de	8,577
Hoskyns, Leigh	2,513	Rothschild, N. M. Lord	1,925
Prinsep, J. C. & Boyle H. D.	23,658	Rothschild, Gustave　（Paris）	1,575
Prinsep, J. C. & Bedlorough, J. Y.	28,114	Ⅳ．持参人払い証券	166,903
Rhodes, Cecil	53,750	Ⅴ．発行株式数	1,999,945
Rhodes, E. Y.	3,000		
Rudd, Charles	46,570		
Rudd, Thomas	2,642		
Tarbutt, Percy	3,724		
計	397,981		

出所）　Company Registration Office (Cardiff), List of Shareholders of the Consolidated Gold Fields of South Africa, Limited. (File No. 36936.)

イツの大銀行が直接所有する株式を除いて，CMS の資本金の25％はドイツ人の手にあった[16]。以上述べてきたように，GM，ゲルツ商会，CMS の3鉱業金融商会はラントの大資本家とドイツ大銀行の連合体であり，その設立時から大戦中に敵国資産としてドイツ人の所有株式が交戦国政府に没収されるまで，ドイツ人の支配下にあった。

CGFSA の支配　これに対して CGFSA は，その設立以来終始イギリス人の支配下にあった。1892年に CGFSA が設立されたとき，発行資本金91万3125ポンドのうち50万ポンドが GFSA の株主へ，10万5000ポンドがローズとラッドへ，そして30万8125ポンドがデイヴィスとターバトの3会社の株主に割り当てられた[17]。1895年には CGFSA の株式を所有する小投資家の数はいちじるしく増加し，株主は1万人を越えていた[18]。当時 CGFSA の普通株は62万5000株（額面1ポンド）であったが，登録された株主3940人が52万株を所有していた。そのうち1000株以下の株主3856人が18万5000株（36％）を所有し，1000株以上の株主84人が33万5000株を所有していた[19]（残り10万5000株は持参人払い証券

---

16)　R. V. Kubicek, *op., cit.*, p. 153.
17)　The Consolidated Gold Fields of South Africa, Ltd., *The Gold Fields 1887–1937*, London, The Consolidated Gold Fields of South Africa, Ltd., 1937, p. 128.
18)　R. V. Kubicek, *op., cit.*, p. 100.
19)　*Ibid.*, p. 100.

（bearer warrants[20]）であった）。CGFSAの設立時から1898年までローズとラッド，ならびにT・ラッドから会長の席を引き継いだデイヴィスが支配株を握っていた。1898年のCGFSAの普通株は200万株（額面1ポンド）であり，16万6903株が持参人払い証券なっていた。残りの183万3042株のうち，1000株以上を所有する207人（共同所有ならびに機関所有も1人と計算）が103万2058株を所有していた[21]。表3—4が示すように，ローズ，ラッド，デイヴィス，およびフランス資本導入を目的にCGFSAによってパリに設立されていたTrust Françaisが最大の株主であり，他の取締役等の持株と合わせると48万7271株にもなっていた。ここにCGFSAにおける彼らの支配が確固たるものであったことが明らかであろう。

ところで，1899年以降彼らの持株は急速に減少していった。ローズやデイビスの死がその要因となったことは疑いない。しかし，1912年まで生存していたラッドもまた持株を減らしているのである[22]。また，1898年に1万1557株を所有していたロンドン・ロスチャイルド兄弟も，1910年にはL・ロスチャイルドが7377株を持つにすぎず，3000株を持っていたアーバスノットの所有も1904年にはゼロであった[23]。1902年取締役会を引退した後も取締役と密接な関わりを続けていたラッドが，自分の資本をCGFSAに僅かしか残していなかったことは教訓的であった。CGFSAが開発していた第2列深層鉱山が予想に反して低品位鉱であって，収益と配当の見通しが明るくなかったことが持株を処分していった最大の理由であった。

1910年には株式の分散化は一層進展していた。CGFSA普通株200万株のうち持参人払い証券は75万8278株となり，残りの124万1698株のうち1000株以上を所有する146人は35万3697株を持つにすぎなくなっていた[24]。1万株以上を所有する株主は4人にすぎず，しかもその2人はドイツのDeutsche BankとDis-

---

20) bearer warrantsは，法的所有権が所有者に帰属する証券もしくは証書で，権利書を伴なうことなく自由に譲渡可能である。定期的に発行主に持参すれば所定の利子または配当が支払われる。譲渡の容易さから，ことにフランスの小投資家に好まれていた。
21) Company Registration Office (Cardiff) : List of Shareholders of the Consolidated Gold Fields of South Africa, Ltd. (File No. 36936.)
22) 1904年にラッドの持株は1075株にすぎなかった (R. V. Kubicek, *op., cit.*, p. 112.)。
23) *Ibid.*, p. 111.
24) Companny Registration Office (Cardiff) : List of Shareholders of the Consolidated Gold Fields of South Africa, Ltd. (File No. 36936.)

conto-Gesellschaft のロンドン代理店であった。CGFSA の取締役にはもはや 1000株以上所有する者は存在せず，また，スコットランドの金融関係者の持株はなお目立ってはいるが，支配株に程遠いものであった。CGFSA の初期にはヨーロッパ大陸の資本はわずかであった。しかし，1900年以降フランスの持株は急速に増大していった。持参人払い証券の大部分がフランス人の手にあったと考えられるのであるが，CGFSA の持参人払い証券の数は，1898年の16万7000から1904年63万，さらに1914年には83万7000に増大した[25]。この最後の数は CGFSA の普通株のほぼ42％にもなり，これは1900年以降 CGFSA の株式の小投資家への分散化と大陸への流出が同時に進行したことを物語るものである。したがって，南ア戦争以降の CGFSA における「所有と経営の分離」は急速に進行し，1910年にはほぼ完成していたと言ってよい。CGFSA は1930年代の Far West Rand 金鉱地の開発によって，第二次世界大戦後 AAC に次ぐ重要鉱業金融商会となるが，まさにこの成功と「所有と経営の分離」のために，絶えず乗っ取りの標的となることに，神経を張りつめて監視しなければならなくなる。

CM の支配　ウェルナー・バイト商会によって1905年設立された CM の場合にも，多数の株式が持参人払い証券の形態でフランスの小投資家によって所有されていた。キュビセックによれば，CM が設立された際，その株式の圧倒的部分はフランス（49％）とイギリス（40％）にあり，また，その大部分はそれぞれウェルナー・バイト商会のパートナーとパリの金融関係者，地主，専門職の人々によって所有されていた[26]。表3—5は1910〜12年における CM の国別所有を示している。1910-11年のイギリス人の所有は総発行株数（額面12ポンド）の30％であった。持参人払い証券の所有は圧倒的にフランスにあったとすると，3分の2を越える株式はフランス人の手に握られていたことになる。1912年には，ウェルナー・バイト，エックシュタイン両商会の資産吸収により，ウェルナー・バイト商会のパートナーに株式が発行された結果，イギリス人の比重は38.3％へと上昇しているが，持参人払い証券と合わせたフランス人の所有は過半をはるかに制していることに変わりなかった。しかし，CM の支配株は依然として両商会のパートナーたちの掌中にあったことが表3—5のⅡから明らかである。両商会のパートナーと CM・RM の役員の持株は1910年に5万

---

25)　R. V. Kubicek, *op. cit.*, pp. 112-113.
26)　*Ibid.*, pp. 188-189.

表3―5　CMの株式所有者（1910―12年）

(数字は株数。かっこ内は％)

	1910年	1911年	1912年
Ⅰ．国別所有			
イギリス	90,067 (30.0)	91,137 (30.4)	162,707 (38.3)
フランス	1,744 (0.6)	1,639 (0.5)	9,459 (2.2)
ドイツ	5,147 (1.7)	4,722 (1.6)	4,655 (1.1)
その他	1,638 (0.5)	1,203 (0.4)	2,035 (0.5)
計	98,596 (32.9)	98,701 (32.9)	178,856 (42.1)
持参人払い証券	201,404 (67.1)	201,299 (67.1)	246,144 (57.9)
発行株式合計	300,000 (100.0)	300,000 (100.0)	425,000 (100.0)
Ⅱ．Corner House 関係者（パートナーなど）の所有			
Beit, Otto	170	170	6,462
Comando, Comte Isaac de	168	168	1,425
Breitmeyer, Ludwig	5,434	5,434	4,238
Eckstein, Friedlich	6,420	6,420	11,403
Michaelis, Max	4,790	4,665	6,937
Neumann, Ludwig	205	205	205
Phillips, Lionel	2,875	2,875	3,320
Reyersbach, Louis	1,066	1,066	2,932
Rouliot, George	750	750	956
Rube, Charles	5,767	5,767	100
Rube, Charles & Wagner, Ludwig	4,631	2,236	4,055
Schumacher, R. W.	0	0	5,932
Wagner, Ludwig	4,624	3,369	100
Wernher, Julius	13,768	13,768	57,537
計	50,668 (16.9)	46,893 (15.6)	105,602 (24.8)
Ⅲ．その他			
Farquhar, H. B. Lord	549	484	384
Mosenthal 家	850	850	955
Rothschild, N. M. Lord	275	275	275
Rothschild, Leopold de	850	850	500

出所）　Company Registration Office (Cardiff), List of Shareholders of the Central Mining & Investment Corporation, Limited. (File No. 84511.)

668株（16.9％），1912年には10万5602株（25％）に達していた。ただし，CM株所有も第二次世界大戦後は分散し，CGFSAと同じく乗っ取りの標的となる。

　以上5つの鉱業金融商会についてみてきたが，これを小括すると，①CGFSAおよびCMの株式は大量にフランスに流れていること，同様に，GM，ゲルツ商会，CMSの抹式はかなりの部分イギリスで所有されていること，②こうした小投資家の持株の増大にもかかわらず，CGFSAの場合を除き，支配

株は依然としてそれぞれの鉱業金融商会の設立に参画したキンバリー＝ラントの大資本家に握られていること，を指摘できる。先にみた鉱山会社株式の国別所有が鉱業金融商会の支配株の存在状況と密接に関連していることも今や明らかである。

鉱業金融商会とシティ　ところで，鉱業金融商会の支配を問題とする限り，鉱業金融商会とロンドンのシティとの結びつきに言及しないわけにはいかない。なぜなら，従来，シティとラント金鉱業のつながりが強調されてきたからであり，また時にはシティによるラント金鉱業の支配が主張されてきたからである。

　チャップマンは「最近の証拠に照らしてみれば，キンバリーやヨハネスブルグの鉱山が幾分なりともロスチャイルドやその他ロンドンの金融関係者に支配されていたという見解は支持できない」[27]と述べている。ロンドンの指導的マーチャント・バンクは非常に保守的で，安全を第一の投資基準としていた。1870年初頭以降どのような種類であれ，鉱山は「安全な」事業とは見なされていなかった[28]。したがって，キンバリーのダイヤモンド鉱山やラントの金鉱山に投資したロスチャイルドやカッセルはむしろ例外的存在であった。

　先にみたように，ロンドンのロスチャイルド兄弟は1898年に CGFSA の普通株1万1557株を所有していた。また，キンバリーのダイヤモンドの生産独占を達成した De Beers の設立以来，ロスチャイルドとローズの関係は密接であった。けれども，ラント金鉱山の権益に関する限り，ロスチャイルド家の関わりは CGFSA を通してよりもコーナーハウスを通して確立されていた[29]。南ア戦争以前，コーナーハウス鉱山グループはラント産出金の40％を生産していたが，それらの金はロスチャイルド商会（N. M. Rothschild & Sons Co）によってロンドン金市場で販売されていた。第1章第1節で指摘したように，RM が設立さ

---

27) S. D. Chapman, 'British Based Investment Groups before 1914', *The Economic History Review*, sec. sers,., Vol. 38, No. 2 (March 1985), p. 243.

28) S. D. Chapman, 'Rhodes and the City of London : Another View of Imperialism', *The Historical Journal*, Vol. 28, No. 3 (1985), pp. 647–648.

29) S. Marks and S. Trapido, 'Lord Milner and the South African State', in *Working Papers in Southern African Studies*, Vol. 2, Johannesburug, Ravan Press,1981, p. 62 ; J. J. Van-Helten, *British and European Economic Investment in the Transvaal with Specific Reference to the Witwatersrand Gold Fields and District, 1886–1910*, 1981, unpublished Ph. D. Thesis (The University of London), p. 121.

れた際，発行株式30万株のうちロンドン・ロスチャイルド兄弟に2万4000株が割り当てられていた。また，彼らは1910～12年にCMの株式（額面12ポンド）を775～1125株所有していた（表6—20）。もし彼らがRMの株式をそのまま1899年まで持ち続けていたとすれば，その市場価額は100万ポンドにものぼっていた。ロスチャイルドの個別鉱山会社に対する投資は全くわからないので，ラントにおける彼らの権益が全体でどれだけのものであったかは不明である。確かに，CGFSA，RMおよびCM株式所有だけからみても，ラントにおけるロスチャイルドの権益は少なからざるものであった。しかしながら，これらの所有が支配株の所有から程遠いものであったことも明らかであろう。

南ア戦争はラント金鉱業主の圧倒的支持のもとに始まった。そして，従来，この戦争はローズ＝ロスチャイルド枢軸の影響下に開始された，と指摘されてきた。しかし，この見解は大幅に修正されなければならない。

ローズとロスチャイルドの蜜月時代はかなり早期に終わり，De Beersの生産・価格政策，配当政策，終身総裁制度などをめぐって，ロスチャイルドを代表するロンドン委員会と，ローズおよびバーナトを代表するキンバリーの取締役会との間にはしばしば激しい対立が生じていた[30]。ことに，ローズがトランスヴァール以北の領土拡張にDe Beersの資金を使用しようとしたとき，両者の対立は頂点に達した。ロスチャイルドはローズの宏大な帝国観に反対ではなかったけれども，彼の提案に対し，「あなたはDe Beersの準備金以外の資金源からお金を得なければならない」[31]と，にべもなく断ったのであった。ロスチャイルドは，その設立時から特許会社BSACの株主であったが，特許会社の事業はキンバリーに利潤の基礎を有する事業から区別されなければならない，とする立場をけっして譲ろうとしなかった。

ジェイムスン襲撃事件の不名誉な失敗後，ローズは政治的に失脚した。彼が残した問題はイギリスの植民地省にゆだねられた[32]。1897年，ミルナーはケー

30) S. D. Chapman, 'Rhodes and the City of London', pp. 653–654 ; C. Newbury, 'Out of the Pit : The Capital Accumulation of Cecil Rhodes', *The Journal of Imperial and Commonwealth History*, Vol. 10, No, 1 (Oct. 1981), pp. 36–39.

31) R. Davis, *The English Rothschilds*, Chapel Hill, The University of North Carolina Press, 1983, p. 215 ; A. Keppel-Jones, *Rhodes and Rhodesia : The White Conquest of Zimbabwe 1884–1902*, Kingston and Montreal, McGilll-Queens University Press, 1983, p. 298 ; S. D. Chapman, 'Rhodes and the City of London', p. 657.

32) R. Davis, *op., cit.*, p. 217.

33) T. Pakenham, *The Boer War*, New York, Random House, 1979, p. 88.

プ植民地総督として南アフリカに派遣された。他のラント金鉱業主と同様にローズもまた，イギリスによるトランスヴァールの併合に向けて動いていた[33]が，併合の促進者ミルナーの後立てとなったのは最大の金生産者であったコーナーハウスのウェルナー，バイトおよびP・フィッツパトリックであった[34]。彼らはクルーガーの譲歩があるとしてイギリス軍の派兵を背後で策動し，遂にはトランスヴァール政府の最後通牒を引き出したのであった。他方，ロスチャイルドにも南ア戦争を押し進める理由が存在した。彼は，イングランド銀行の低位の金準備を補うために，トランスヴァール金鉱山の生存を計り，これをイギリスが支配しておくことが必要不可欠と見ていた[35]。

Anglo American Corporation of South Africa 社の設立と南ア人の所有の増大

最後に，両大戦間期における南アによるラント金鉱山会社株式所有の増大について一言述べておこう。

先に述べたように，第一次世界大戦勃発時に南アフリカはラント金鉱山会社株式の14.5％を所有していた。1935年にはこの所有比率は40％強へと増大した[36]。この急速な増大のひとつの要因は，第一次世界大戦直後に，南アフリカ政府が没収した敵国人（主にドイツ人）所有の金鉱株が各当該会社によって買い戻され，またヨーロッパから流入してきた大量の金鉱株が南アフリカ人によって購入されていた[37]ことである。もうひとつの要因は，南アフリカ登録の鉱業金融商会，Anglo American Corporation of South Africa 社（AAC）と Anglo-Transvaal Consolidated Investment 社（Anglovaal）が設立されたことである。AACは，1917年，オッペンハイマーとアメリカのモルガン商会（J. P. Morgan & Co），Guaranty Trust および Newmont Mining 社の折半出資[38]（資本金100万ポンド）で発足した。AACはアメリカから巨額の借入を行なって，南西アフ

---

34) Ibid., pp. 16, 72, 86-89, 271 ; S. Marks and S. Trapido, 'Lord Milner and the South African State', p. 62.

35) R. Ally, *Gold and Empire : the Bank of England and South African Gold Producers, 1886-1926*, Johannesburg, Witwatersrand University Press, 1994, p. 26.

36) S. H. Frankel, *Capital Investment in Africa : Its Course and Effects*, London, Oxford University Press, 1938, p. 93 ; G. Lanning and M. Mueller, *Africa Undermined ; A History of the Mining Companies and the Underdevelopment of Africa*, Penguin Book, 1979, p. 138.

37) Royal Institute of International Affairs, *The Problem of International Investment*, (1937), new impression, London, Frank Cass & Co., 1965, p. 156.

38) E. Jessup, *Ernest Oppenheimer : A Study in Power*, London, Rex Collings, 1979, pp. 96-98.

リカ・コンゴ・アンゴラなどアフリカ各地のダイヤモンド鉱山を傘下あるいは影響下に収めるとともに，1922年にはCMSより同商会のラントの利権（Brakpan, Springsおよび他のFar East Randの金鉱地など）を継承し，20年代中葉にはラント金鉱業の中堅商会に成長した。さらに，AACは，1925年にそれまでダイヤモンドの販売を独占してきたダイヤモンド・シンジケートを陥落させ，1929年にはロスチャイルドの金融的支援を得てDe Beersの乗取りに成功した[39]。また，北ローデシアのコパーベルトにおいても，1930年にはイギリスのRio Tinto社と組んで確固とした利権を有していた[40]。こうしてAACは30年代初頭には南部アフリカ最大の鉱業金融商会となっていた。1935年に，AACの株式は，フランスの所有する15％を除いて，イギリスと南アフリカでほぼ半分ずつ所有されていた[41]。1930年代に生産を開始したAAC傘下のDaggafonteinとEast Daggafonteinにおける南ア人の持株比率は，AACの場合よりはるかに高く，1934年に前者では66％，後者では75％であった[42]。この所有には当然AACの持株も含まれているが，大部分の所有者は小投資家であった[43]。

ラント金鉱山は，1886年の開発以来1938年までに，10億トンにのぼる鉱石を粉砕し[44]，16億ポンドに達する[45]3億2450万オンスの金[46]を産出し，同期間の配当総額は3億4300万ポンドを越えていた[47]。額面の何倍もの価格で株式を購入した一般投資家たちにとって，ラント金鉱株への投資が本当に有利であったかは疑わしい。しかし，いち早くラントに赴き，鉱地・鉱区を買い占めて，そこに金鉱山会社を設立していったキンバリー＝ラントの大資本家たちにとっては，ラント金鉱山への投資は途方もない巨額の富の源泉であった。

---

39) D. Innes, *Anglo American and the Rise of Modern South Africa*, London, Heinemann Educational Books Ltd, 1984, p. 106.
40) C. H. Harvey, *The Rio Tinto Company : An Economic History of a Leading International Mining Concern, 1873-1954*, Cornwall, Alison Hodge, 1981, pp. 232-234.
41) 'Seven Golden Houses', *The Fortune*, Dec. 1946, p. 198.
42) G. Lanning and M. Mueller, *op., cit.*, pp. 138-139.
43) *Ibid.*, p. 139.
44) *The Mineral Industry 1930*, p. 287 と *The Mineral Industry 1938*, p. 275.
45) *The Mineral Industry 1930*, p. 287 と *The Mineral Industry 1938*, p. 275.
46) *Official Year Book of the Union of South Africa and of Basutoland, Bechuanaland Protectorate, and Swaziland 1939*, No. 20, p. 842.
47) S. H. Frankel, *Capital Investment in Africa*, p. 95 と *Official Year Book of the Union of South Africa 1939*, No. 20, p. 851.

第4章　ロスチャイルド,南ア金鉱業主と南ア戦争

　本章の課題は,最近の研究に基づいて,第一次世界大戦前,ことに南ア戦争前後において,ロスチャイルドが南ア金鉱業とどのように関わっていたかを考察することにある。
　この問題はすでに解決済みと見えるかもしれない。というのも,従来,ホブスンに依って,ローズとロスチャイルドの結びつきが強調され,ロスチャイルドの南ア金鉱業支配が主張されてきたからである。しかし,改めて,ホブスンにおいて,ロスチャイルドと南ア金鉱業主の関係がどのように把握されていたかを振り返ると,これに関する彼の叙述は僅かな指摘に止まっており,たとえそれが重要な指摘であったとしても,十分な解決を見ているとはいい難いのである。そして,それがまた新しい研究を生んでいるひとつの理由でもある。
　ロスチャイルドと南ア金鉱業主とはどのような関係にあったか,あるいは,南ア金鉱業に対するロスチャイルドの利害はどのようなものであったか,さらに,南ア戦争はどうして惹き起こされたか,こうした問題の研究において,近年,新しい展開が見られる。チャップマンはロスチャイルドとローズの関係をあらためて問題にし[1],タレルとファン-ヘルテンはロスチャイルドが主導する探査会社 The Exploration Co を掘り起こして,世界の鉱山開発に対するその関わりを取り上げ[2],マークスは,イングランド銀行の金準備の少なさが南ア戦争の勃発に関わりがなかったかどうか,という大胆な問題提起を行なった[3]。さらに,ファン-ヘルテンは,南ア金鉱業の意義を国際金本位制との関連で問題にし,ロンドン金市場におけるロスチャイルドの役割という研究の新境地を開くと同時に,マークスの問題提起にひとつの回答を出し[4],アリはイングラ

---

1) S. D. Chapman, 'Rhodes and the City of London: Another View of Imperialism', *The Historical Journal*, Vol. 28, No. 3 (1985).
2) R. V. Turrell with J. J. Van-Helten, 'The Rothschilds, The Exploration Company and Mining Finance', *Business History*, No. 38 (1986).

ンド銀行の金準備に対するトランスヴァール産の金の意義に照明を当てた[5]。わが国では井上巽氏が，ファン-ヘルテンの研究によりつつ，南ア金鉱業に対するロスチャイルドの関わりをあらためて定式化している[6]。今や，研究は，ロスチャイルドと南ア鉱業との金融的関係だけでなく，従来無視されてきたロンドン金市場におけるロスチャイルドの役割と，国際通貨たるポンドの価値維持に果たしたトランスヴァール産出金の意義へと及んでいる。

　本章は，ホブスンによる南ア鉱業支配構造把握の検討から始めたい。恐らく，南ア鉱業の支配構造を解明したのは，ホブスンが最初であろう。にもかかわらず，彼がそれをどのように把握していたか，その具体像については意外に無視されてきたように思われる。第1節では，『南アフリカにおける戦争：その原因と結果』[7]（1900年）と『現代資本主義の進化』の1906年版[8]で新しく付け加えられた「金融業者」の章を手掛かりに，ホブスンが南ア鉱業の支配構造をどのように認識していたか，また，彼においてどんな問題が残されたかを確認したいと思う。

　ところで，ロスチャイルドと南ア金鉱業主との関係を考察しようとする場合，わが国では，生川榮治氏の業績を避けて通ることはできないであろう。わが国イギリス金融史研究の古典ともいうべき『イギリス金融資本の成立』[9]において，氏は南ア金鉱業へのマーチャント・バンクの関わりの構造を鮮明に打ち出

3) A. Atmore and S. Marks, 'The Imperial Factor in South Africa in the Nineteenth Century : Towards a Reassessment', in *European Imperialism and the Partition of Africa*, ed. by E. F. Penrose, London, Frank Cass, 1975 ; S. Marks and S. Trapido, 'Lord Milner and the South African State', *Working Papers in the Southern African Studies*, Vol. 2. Johannesburg, Ravan Press, 1981.

4) J. J. Van-Helten, 'Empire and High Finance : South African and the International Gold Standard 1890–1914', *Journal of African History*, No. 23 (1982).

5) R. Ally, 'War and Gold : The Bank of England, the London Gold Market and South Africa's Gold, 1914~1919', *Journal of Southern African Studies*, Vol. 17, No. 2 (June 1991) ; do, *Gold and Empire : The Bank of England and South Africa's Gold Producers 1886–1926*, Johannesburg, Witwatersrand University Press, 1994.

6) 井上巽「イギリスの南阿投資小論――ひとつの研究史再検討――」『商学討究』第38巻第3・4号（1988年3月）；同「イギリス帝国経済の構造とポンド体制」，桑原莞爾・井上巽・伊藤昌太編『イギリス資本主義と帝国主義世界』，九州大学出版会，1990年所収。

7) J. A. Hobson, *The War in South Africa : Its Causes and Effects*, London, Macmillan, 1900.

8) J. A. Hobson, *The Evolution of Modern Capitalism : A Study of Machine Production*, New and Revised Edition, London, The Water Scott Publishing, 1906.

9) 生川榮治『イギリス金融資本の成立』，有斐閣，昭和31年。

しており，また，それがなお南ア鉱業支配構造に関するわが国の通説になっていると言って差支えないからである。しかし，現在の研究水準からすれば，いくつか再検討すべき点があると考えられるのである。ホブスンの把握を振り返った後，第2節で氏の見解を検討する理由である。

第3節では，タレルとファン–ヘルテンが掘り起こした The Exploration Co を取り上げた。2人の見解によれば，ロスチャイルドは，The Exploration Co を利用し，全世界の鉱山会社の旺盛な発起業務に従事するとともに，リスクの高い海外投資を敢行した。ここでは，The Exploration Co がどの程度南ア金鉱山開発に関わっていたかを考察し，果たしてその関わりは，南ア金鉱山の開発主体である鉱業金融商会を支配する程のものであったかどうかを吟味する。第4節では，ファン–ヘルテンが新境地を開いたロンドン金市場での南アフリカ新産金の価値実現過程と，それにたいするロスチャイルドの役割を考察する。第5節では，種々の南ア戦争原因論を吟味するとともに，マークスとトラピドによって，南ア戦争の主原因が，イギリスが世界経済を支配するための経済的機軸であった金本位制維持のための金の確保にあったことを明らかにする。ここに金融業者中の金融業者であったロスチャイルドが，南ア戦争を惹きおこした「王座の背後の権力」であったことが確認される。

第1節　ホブスンによる南ア鉱業支配構造の把握

金融業者　J・A・ホブスンが，『帝国主義論』において，「帝国政策の第一の決定者（prime determinants of imperial policy）」[10]として，金融業者（financier）をあげたことはよく知られている。金融業者は，彼らの富，活動の規模，帝国主義の事業における彼らの利害の故に，自己の意思を国家の政策に強要し，また，強要する豊富な手段をもつ[11]，とホブスンは論じている。金融業者の経済的利害は，たんなる投資家としてでなく，投機業者または金融取引業者としてであり，公債発行，会社発起，ならびに証券取引が彼らの有利な3つの事業である。そして，これら事業の条件が彼らを政治に関係させ，帝国主義に加担させる[12]と，するのである。

---

10)　J. A. Hobson, *Imperialism : A Study*, London, George Allen & Unwin, (1902), Sixth Edition, 1961, p.59.（矢内原忠雄・川田侃訳『帝国主義論』上，岩波文庫，111ページ。）
11)　*Ibid.*, p.59.（邦訳，111ページ。）

ホブスンが領土的膨脹ではたす「愛国主義，冒険，軍事的企図，政治的野心，博愛」[13]のような非経済的要素の役割を無視しなかったことも，周知のことである。彼は金融業者はこれらの要素を操作すると指摘する。「金融は……帝国的機関車の運転手であって，力を指導し，その働きを決定するものである。それは機関車の燃料を構成せず，又直接力を生み出しもしない。金融は政治家，軍人，博愛家，並びに貿易業者が生み出す愛国的諸力を操作するのである。」[14]

　ホブスンが『帝国主義論』で金融業者として挙げているのは，ロスチャイルドなどシティのマーチャント・バンカーとアメリカのモルガンなどのトラスト王である。「ロスチャイルド家およびその連鎖が反対する場合，いずれかのヨーロッパ国家が一大戦争を企てることができるとか，もしくは巨額の国債を募集することができるとか，本気になって考えるものがあろうか」[15]と，自国政府のみならず外国政府に対してももつ彼らの威力を指摘する。

　ホブスンが，「王座の背後の権力」[16]，すなわち，帝国主義政策の主体を見いだしたのは，南ア戦争の現地体験においてであった。『マンチェスター・ガーディアン』の特派員として彼が現地で発見したものは，「白人と黒人の亀裂」であり，南アフリカの経済，政治，社会を支配する金鉱業主の姿であった。注目すべきは，彼は，金鉱業主を金融業者として把えたことである。彼らは，イギリス人のローズやラッドを除くと，主に「ドイツ出身で人種的にはユダヤ人」[17]であり，ダイヤモンドと金の採掘に従事するだけでなく，金鉱山会社や土地会社，金融会社の発起業務や株式投機を行なって巨利を博していた。彼らは，ロンドン株式取引所で一大勢力となったばかりか，投資環境を改善したり有利な株式売却を行えるよう，植民地や本国の政治機構を利用していた。彼らにとって，南ア戦争は，大量の安定した低賃金アフリカ人労働者を確保するためのものであった。そして，ホブスンは，ブール人農民と金鉱業主との間のアフリカ人労働力の争奪に南ア戦争の本質があると見たのである。

　ホブスンにおいて，金融業者とは誰を指すか，『帝国主義論』における指摘

---

12) *Ibid.*, p. 57. （邦訳，109ページ。）
13) *Ibid.*, p. 59. （邦訳，111ページ。）
14) *Ibid.*, p. 59. （邦訳，111ページ。）
15) *Ibid.*, p. 57. （邦訳，108ページ。）
16) J. A. Hobson, 'Imperialism and Capitalism in South Africa', *The Contemporary Review*, Vol. 77 (January 1900), p. 15.
17) J. A. Hobson, *The War in South Africa*, p. 189.

第4章 ロスチャイルド，南ア金鉱業主と南ア戦争　133

と南ア戦争「報告」[18]における記述とでは微妙な違いがあると言いうる。すなわち，南ア戦争「報告」では，金融業者として南アフリカの金鉱業主が前面にあげられている。しかし，『帝国主義論』では，金鉱業主が後景に退き，ロスチャイルドなどシティのマーチャント・バンカーが前面に出ているのである[19]。南アフリカという局地の考察に関しては，当然，局地的利害を有する金鉱業主が問題になるのに対し，イギリス帝国主義の全面的考察においては世界中に利害を有するマーチャント・バンカーが問題であったとも言いうるであろう。しかし，問題は依然として残るのである。すなわち，南アフリカという局地におけるマーチャント・バンカーの利害は何であったか，また，彼らは金鉱業主とどのような関係にあったか。これらの問題が問われなければならないのである。

　以下，まずホブソンにおける南ア鉱業支配構造の把握を検討する。その後，彼が金鉱業主とマーチャント・バンカーとの関係，ことにロスチャイルドとの関係をどのように考えていたかを見ることにする。

各鉱業金融商会の金生産支配　行論の都合上，1890年代後半における主要鉱業金融商会の南ア金鉱業の支配状況を生産量の点から確認しておきたい。最大の生産者は，コーナーハウス鉱山グループ，すなわち，J・ウェルナーとA・バイトを最上級パートナーとするウェルナー・バイト商会傘下の鉱山グループであり，他を圧倒する大きさである。ついで，バーナトのJCI，ロビンスン，ローズとラッドのCGFSA，アルビュのGM，ファッラーのAnglo-French，ノイマンのノイマン商会，ゲルツのゲルツ商会と，各鉱山グループがつづいている（表1-2参照）。

　ホブソンはこの事態を正しく把えている。南アフリカで「最も重要な産業であるラントの金鉱山は，ほとんどすべて国際金融業者の手中にある」[20]として，次のように述べている。

　「最初に，その専務取締役によって通常『エックシュタイン・クルーブ』として知られるウェルナー・バイト商会がくる。同商会は29の鉱山と3つの金融

---

18) この時期に書かれたものに，注7と注16に挙げたものの他に，*The Psychology of Jingoism*, London, G. Richard, 1901 がある。
19) 山田秀雄「ホブソン『帝国主義論』に関する覚書 financier の評価をめぐって」『経済研究』第10巻第1号，1959年1月，76-79ページ。
20) J. A. Hobson, *The War in South Africa*, p. 191.

会社を擁している。その額面資本金は1838万4567ポンドであるが，1899年8月初めの市場価格は7600万ポンドに達する。このエックシュタイン・グループは，より大きい有効な結合体の指導的メンバーである。この結合体は，実際的目的のために，CGFSA，ノイマン商会，G・ファッラー，A・ベイリーを含んでいる。これらの中で最大のものは，CGFSA（実質的にバイトと，ラッドと，ローズ）で，額面資本金1812万ポンドの19鉱山を抱えている。規模の点で次にくるのはノイマン商会で，資本金880万6500ポンドである。やや独立して活動しているが，実質的には同じ究極の支配下にあるものとして，ドイツ資本の大きな投資先となっているGoetz商会（Goerz商会の誤りである——筆書）とアルビュ商会がある。私の情報によれば，金融的関係は以下の如くである。ロスチャイルドを代表するブラッセイがGoetz商会（ママ）の支配株を所有している。一方，アルビュ商会の背後にはドレスデン銀行がある。現在，ロスチャイルドはThe Exploration Coを代表しているが，それは事実上ウェルナー・バイト商会とロスチャイルドである。一方，ウェルナーとバイトはドレスデン銀行の大株主であると信じられている。これらの指摘は当然私がチェックできない証拠に基づいてなされたものであるが，私は正しいと信じている。真実に近いだけであったとしても，それはラントの鉱業の大部分の密接な結合を示している。この外部に，資本金1431万7500ポンドに達する19の鉱山とその他の鉱地を有するJ・B・ロビンスンと，やや重要性が劣るが，バーナト商会がある。ウェルナーとバイト，ラッドとローズ，バーナト並びにロスチャイルドは，主要株主ならびに終身総裁としてDe Beersに関係していることも心にとどむべきである。

　過去2，3年間に，エックシュタイン商会の優位の下に，全金鉱業の結合に向けて大きな前進が見られた。その主要な道具が鉱山会議所である。1889年にエックシュタイン商会を中心につくられた会議所の主要な目的は，種々の会社から産出高や賃金の統計を得ることであり，程なく，ロビンスンを除いて，主要な会社は参加した。1895年，ロビンスンは，フランスとドイツの会社の成長を得て，鉱山協会（Association of Mines）を結成した。それは事実上，会議所に対する対抗的組織であった。1898年まで両者の敵対関係が続いていたが，Coetz商会（ママ）とアルビュ商会が会議所に復帰するにいたり，その後，会議所は，鉱業に広がる支配権を獲得したばかりでなく，広く産業を，そして間接的にヨハネスブルグの政治生活を支配するにいたった。」[21]

見られるとおり、ウェルナー・バイト商会，CGFSA，ノイマン商会，G・ファッラー，A・ベイリー，ゲルツ商会，アルビュ商会，J・B・ロビンスン，バーナト商会など，南ア金鉱業の有力メンバーがすべて紹介されている。最大の生産者がウェルナー・バイト商会であり，エックシュタイン商会が鉱山会議所のリーダーであることも正しく指摘されているし，規模の点から，CGFSA，ノイマン商会，J・B・ロビンスンがそれに次ぐものであることも正しく指摘されている。

エックシュタイン商会が指導的メンバーであり，主要鉱業金融商会が加盟している「より大きい有効な結合体」とは，鉱業金融商会とその傘下の金鉱山会社によって作られた鉱山会議所であることは明らかである。事実，長年の間その会長のポストはエックシュタイン商会のパートナーが占めていた。南ア金鉱山は膨大な鉱石を有していたが，低品位鉱石であり，その採掘のためには大量の安定した安いアフリカ人労働力を必要とした。鉱山会議所はまさにこうしたアフリカ人労働力を確保することを目的に作られたものである。そのために会議所はトランスヴァール政府と交渉するとともに，鉱業金融商会間ならびに鉱山会社間における労働力配分の調整に従事していたのである。ただし，アフリカ人労働者をめぐる鉱業金融商会間と鉱山会社間の競争が終焉するのは第一次世界大戦終了直後まで待たなければならなかった。

ホブスンの叙述で注目すべきは，ロスチャイルドとウェルナー・バイト商会との結びつきが示唆されていることである。「チェックできない証拠に基づいて」と断ってであるが，アルビュ商会の背後にドレスデン銀行があり，ウェルナーとバイトはドレスデン銀行の大株主であること，また，ロスチャイルドを代表するブラッセイがゲルツ商会の支配株を所有していることも，述べられている。一方，ロスチャイルドとウェルナー・バイト商会は The Exploration Co において結びついており，従って，ドイツ資本の支配下にあるとされるゲルツ商会とアルビュ商会もまた，究極的にはウェルナー・バイト商会の息が掛かっていることが示唆されるのである。断っておかねばならないが，ホブスンのこの指摘が正しいかどうかは別問題である。

最後に，ホブスンは，ウェルナー・バイト商会のウェルナーとバイトと，CGFSA のラッドとローズ，バーナト商会のバーナト，並びにロスチャイルド

---

21) *Ibid.*, pp. 191–192.

が，De Beers の主要株主または終身総裁として相互に結び付いていることを指摘する。

ホブスンによる南ア鉱業支配構造の把握 『現代資本主義の進化』1906年版「金融業者」の章においては，キンバリーのダイヤモンドを独占する De Beers と，ラントを支配した鉱業金融商会（並びに金鉱山会社，投資会社）と，ローデシアを活動舞台とする特許会社（BSAC）の金融的・人的関係が歴史的経緯と重役連携の観点から明らかにされている。

3者の歴史的金融関係として，次の点が指摘される[22]。

① ローズがバーナトに対しダイヤモンド独占体 De Beers の創設を提起した際，ローズはロスチャイルドから金融的支援を受けた。

② De Beers の独占利潤は，ラントにおける初期の投機的金鉱山会社の金融的中核となった。1890年代初期に膨大な深層鉱脈が発見された際，De Beers を支配した金融業者（De Beers financiers）は，相連携するウェルナー・バイト商会と CGFSA をとおして最有力鉱地を押さえた。

③ 特許会社は De Beers の金融的後裔である。特許会社は，ダイヤモンド王，金鉱王の金融的権威を背景に株式取引所に登場した。

ダイヤモンドからの利潤がラントの金鉱開発と特許会社の設立を促進したことは，当然，De Beers と鉱業金融商会と特許会社の金融的・人的結び付きを予想させるものである。ホブスンは，「もし主要な会社の株主が判明すれば，金融力の集中はきわめて説得的であろうが」と断った上で，2つの表を挙げて指導的金融業者が占める重役連繋を示し，それによって間接的に彼らの金融支配の強固さを示そうとしている。そして，彼は，次のように縷述する[23]。

① ウェルナー，バイト，エックシュタイン，フィリップス，ルーベはロンドンとヨハネスブルグの商会（ウェルナー・バイト商会とエックシュタイン商会）のメンバーである。この内ウェルナーとバイトの2人は De Beers の終身総裁で，RM の取締役でもあり，S・ノイマンとともに同社のロンドン委員会を構成している。

② S・ノイマンは，他の3人の取締役とともに Premier（Trl）Diamond の

---

22) J. A. Hobson, *The Evolution of Modern Capitalism*, pp. 265-266.
23) *Ibid.*, pp. 270-271.

ロンドン委員会を構成している。その内の1人がF・A・イングリッシュである。彼はDe Beersの取締役ではないが，もう1人のR・イングリッシュはそうである。かくして，2つの（独立した？）ダイヤモンド会社の関係はかなり明らかである。

③ CGFSAの取締役会にはウェルナー・バイト商会のものはいないが，前者の取締役であるマギールは，De BeersのバイトとL・L・ミッチェルとともに特許会社の取締役会に座っている。

④ ファッラー・グループとの関係も同様に明らかである。G・ファッラーは重要なH. F. Companyの取締役会に座っているが，S・H・ファッラーはバイトならびにS・ノイマンとともにロンドン委員会のメンバーである。ERPMでは，G・ファッラーとS・H・ファッラーは，ウェルナー・バイト商会のL・フィリップス並びにRMのF・ドレイクと取締役会を構成している。

⑤ West Rand Cons Mines 社（アルビュ・グループ）の取締役会では，C・S・ゴールドマンとA・レイアースバックがアルビュ兄弟と座っている。C・S・ゴールドマンはL・フィリップス，S・ゴールドマン，ファッラー兄弟とともにERPMに座っており，A・レイアースバックはPremier (Trl) Diamond 社の取締役である。

⑥ De BeersのメイヤーはGoutz商会（Goerz商会の誤り――筆者）の取締役であり，De BeersのS・B・ジョウルはバーナト・ブラザーズ商会のメンバーである。

以上述べてきたことを表にすれば，表4―1のようになる。バイト，フィリップス，ノイマン，R・イングリッシュ，マギール，ミッチェル，メイヤーなどを結接点に，ウェルナー・バイト商会からバーナト・ブラザーズ商会まで，一連の重役の繋がりを見て取ることができる。ここから，ホブスンは，「これらの関係の例示とともに，我々は，主要な金グループの間の，金とダイヤモンドと特許会社の投機的な金融との間の密接な経営の結合（close union of management）を認めることができる」[24]との結論を下すのである。「鉄道，銀行，炭鉱，電信，探査会社，新聞は，この中核的集団の付属物と見られる」から，「その状況の輪郭」を描けば，として，図4―1を挙げるのである。

ホブスンは，南アフリカの金融の最も著しい特徴は，投資環境を改善したり

---

24) *Ibid.*, p. 271.

表4-1 南ア主要会社における重役連携

	WB商会	De Beers	RM	Premier	CGFSA	特許会社	H. F. Co	ERPM	WRCM	Goerz商会	Barnato商会
Wernher, J.	｜	｜									
Beit, A.	｜	｜									
Phillips, L.	｜										
Rube, C.			｜								
Drake, F.		｜									
Neumann, S.			｜	｜		｜	｜	｜			
English, F. A.				｜							
English, R.				｜				｜			
Maguire, J. R.		｜			｜						
Michell, L. L.		｜				｜	｜				
Farrar, G.							｜	｜	｜		
Farrar, S. H.									｜		
Albu, S.				｜				｜	｜		
Albu, L.									｜		
Reyersbach, A.								｜			
Goldmann, C. S.		｜									
Goldmann, S.										｜	
Meyer, C.											
Joel, S. B.											｜

第4章　ロスチャイルド，南ア金鉱業主と南ア戦争　139

図4—1　南ア産業関係図

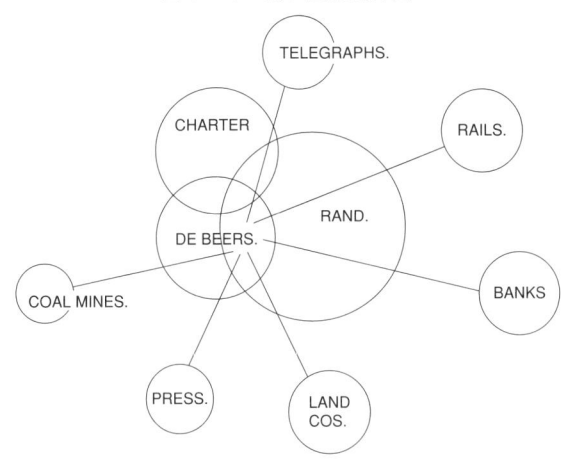

```
              TELEGRAPHS.

      CHARTER
                        RAILS.

                RAND.
      DE BEERS.
                        BANKS
  COAL MINES.

      PRESS.   LAND
               COS.
```

〔出所〕 J. A. Hobson, *The Evolution of Modern Capitalism : A Study of Machine Production*, p. 272.

有利な株式売却を行えるようにするため，金融業者が政治機構を利用した点にあるとして，次のように述べている。

「産業と投機的開発の物的基礎をなす実際の土地の獲得は，キンバリーの場合でもラントの場合でも，ローデシアの場合でも，種々の非経済的要素の適用によるものであった。キンバリーの場合には法的裏切りであり，ローデシアの場合には武装した力によって裏打ちされた『コンセッション』の詐欺，トランスヴァールの場合には，買収と外交的圧力と戦争であった。金融業者は変わり目ごとに『政治』と国家の抑圧機構を利用した。彼らは，ダイヤモンド鉱業のための特別立法を獲得するため，また，鉄道敷設を促進するため，さらに税の免除を獲得するために，ケープ政府に対する影響力を獲得した。特許会社の設立と現地人の蜂起に対するその財産の『保護』は帝国の勢力を必要とした。トランスヴァールにおけるクルーガー政府の経営は，彼らを不断にその国の内政に干渉せしめ，コンセッションやその他の特権を要求し，政府転覆をくわだて，ついには彼らのためにイギリス政府の莫大な費用で彼らの公然たる陰謀によって作動された大災害を組織した。」[25] そして，「南アフリカほど金融の論理が純粋に現れたところはなく，南アフリカほど鉱業商会（mining houses）の金融

---

25) *Ibid.*, p. 266.

力のように集中した資本主義の形態が現れたところはない」[26]と，述べるのである。

　以上のように，ホブスンにおいては，①De Beers を支配した金融業者が，同時にラント金鉱山と特許会社およびその他の経済を支配していること，②ラント金鉱山を支配する鉱業金融商会においては，ウェルナー・バイト商会が支配するエックシュタイン商会が最有力であり，鉱山会議所のリーダーであること，③De Beers とラントの金融を支配するごく少数のグループの権力が，実質的に南アフリカでは絶対的であること，そして，④彼らが共謀して，イギリス政府を動かし，新聞を通じて国民にジンゴイズムを焚き付け，南ア戦争を惹き起こしたこと，が指摘されるのである。

　ホブスンの南ア鉱業支配構造把握の特徴のひとつは，De Beers を支配した金鉱業主＝国際金融業者による全一的支配が強調されている点である。彼は，鉱業金融商会間に競争が存在することを知らなかったわけではないが，それらの共通の利害と資本と人の繋がりからして，鉱業金融商会はトランスヴァール政府に対し一致した政策を採用したと見るのである。そして，それぞれ独自の活動領域をもつ De Beers と鉱業金融商会と特許会社の経営においても，金融的・人的繋がりからして，経営の結合が強調されるのである。

　南アフリカにおいては一握りの国際金融業者によって経済と政治が支配されているという把握は，南ア戦争を「一握りの国際金融業者の共謀」[27]によるものであるとする共謀理論（confederacy theory）に導くこととなった。すなわち，ごく少数の金鉱業主＝国際金融業者が徒党を組み，チェンバレンやミルナーと共謀して南ア戦争を惹き起こしたとするのである。ホブスンは，南アフリカに赴く以前，帝国主義を不正な社会体制の産物と見ていた。すなわち，社会の所得の不平等から生じる過少消費と過剰貯蓄は，公正な社会であれば国内で投資され消費されるはずの資本や商品を海外に輸出する圧力を生み，これが海外領土膨脹を生じさせる，と説明していた[28]。ここでは，海外投資家や輸出に携わる製造業者は，彼らが作り出したのではない状況のいわば道具と見られているのである。帝国主義を非人格的経済諸力の論理から説明するこの理論と，金鉱業主＝金融業者の共謀とする把握はどのように整合するか，ホブスンにお

---

26) *Ibid.*, p. 267.
27) J. A. Hobson, *The War in South Africa*, p. 229.
28) J. A. Hobson, 'Free Trade and Foreign Policy', *The Contemporary Review*, Vol. 74 (1898).

いては，このような疑問を残すことになった[29]。

　では，ホブスンにおいて，ロスチャイルドと南ア鉱業主との関係はどのように把えられているであろうか。すでに述べたように，彼はいくつかの点でロスチャイルドに言及している。まず，ローズとの関係について，De Beers 設立の際，ロスチャイルドがローズに金融的支持を与えたこと，ロスチャイルドは De Beers の大株主であること，を指摘している。さらに，「CGFSA（ローズ，ラッドと，ロスチャイルド）」[30]と記して，ローズの背後にロスチャイルドの金融が存在することを暗示している。ウェルナー・バイト商会との関係については，The Exploration Co とは，実質，ロスチャイルドとウェルナー・バイト商会が支配するものであることを指摘している。さらに，「私がチェックできない証拠に基づいて」ではあるが，と，断った上で，ロスチャイルドを代表するブラッセイがゲルツ商会の支配株を所有していることが示唆されている。さらに言えば，ホブスンは述べていないが，De Beers の取締役であり，ゲルツ商会の取締役に加わっている C・メイヤーはロスチャイルド家の顧問であった。ロスチャイルドは金融業者中の金融業者なのであるから，恐らくホブスンはロスチャイルドを南ア鉱業を支配する国際金融業者に数えていた。しかし，彼においては，「チェックできる証拠」不足のゆえに，こうした繋がりを断片的に指摘するに止まったのである。

　ホブスンにおいて論証不十分のまま取り残された課題，南ア鉱業支配におけるロスチャイルドと金鉱業主の関係を，1950年代半ばという早い時期に追及したのが，生川榮治氏の『イギリス金融資本の成立』である。

第2節　生川榮治氏による南ア鉱業支配構造の把握

資本輸出の3系統　生川榮治氏の『イギリス金融資本の成立』は古典といって差支えない。本書は，視野広く，イギリス国内の金融構造を解明するとともに，

---

29)　B. Porter, *Critics of Empire : British Radical Attitude to Colonialism in Africa 1895-1914*, London, Macmillan, 1968, pp. 200-206.

30)　J. A. Hobson, *The Evolution of Modern Capitalism*, p. 265. もっとも，*The War in South Africa*（191ページ）においては，「CGFSA（実質的にバイトとラッドと，ローズ）」と記して，これと食い違いを見せている。

イギリス金融資本の対外金融をも総合的に把握した野心作である。初めに断っておきたいが、南ア鉱業支配構造の解明は、本書のごく一部を占めるにすぎない。

氏はイギリス金融資本の資本輸出として3つの系統を立てている。ひとつは未開の地における鉱山・プランテーションのような「生産過程への原始蓄積系統」であり、2つは、東アジア・インドなど高度に文明が発展しているが封建的諸関係が濃厚に残っている社会に対する「商品流通過程吸着系統」、3つはアメリカなど高度に資本主義が発達した国への「利子生み資本へのレントナー系統」である[31]。南ア鉱業への投資は、第1の系統の典型とされるのである。

生川氏による南ア鉱業支配構造の把握　生川氏は、南ア鉱業の支配構造を5つのレベルで重層的に把握している。以下、順次その内容を見ていきたい。

① ラントの自然的条件とロンドン資本市場での利得の実現を結合する機構として現地に設立された土地開発型金融会社は、はじめに金鉱地の購入と売却に従事し、ついで幾つもの鉱山会社を創立し、運転を開始、監督を行うにいたった。こうして、土地開発型金融会社は鉱山金融会社へと転化した。鉱山金融会社は、その株式を所有している鉱山に対し、その採掘活動の面では、指導的技術者を配置し監督をなし、外部に向っては、ロンドンでの商人的および取引所的業務において、その所属鉱山を代表していた。このように、鉱山金融会社は、傘下の各鉱山の経営、すなわち、生産、流通、資金の管理を掌握するとともに、大量の所有株式の売却と買戻しを再三繰り返しながら取引所投機を敢行した。

② これらの鉱山金融会社は、強力な資本力をもつ少数の金融グループ（財閥）の支配下におかれている。その代表的名称として、C・ローズ、J・B・ロビンスン、バーナト兄弟商会、ウェルンハー・ベイト商会、A・ゲルツ商会、アルビュ商会等があげられる。これらは通常鉱山商会と呼ばれており、新しい時代のマーチャント・バンカーである。

③ 鉱山金融会社相互間の交流交錯によって、財閥集団＝寡頭支配体制が形成される。その拠点は、1888年に成立したダイヤモンド独占体、De Beersであった。De Beersは、ローズ閥とウェルンハー・ベイト閥（Wernher, Beit)

---

31) 生川榮治、前掲書、294-311ページ。生川氏の叙述を紹介する場合には、固有名詞の表記について、原則として彼の記述に従った。

の強力な同盟を基礎に，ローズ閥の優位の下にバルナト＝ジョウル閥（Barnato=Joel）が結合して成立したもので，後には，ドイツ系のゲルツ閥もそれに結びついた。南ア金鉱山を支配する主要鉱山金融会社8社のうち，5社までがこの集団体系に編入されている。De Beers 体系を根拠とする鉱山金融会社の交錯関係の中心は，ローズを先頭に立てる Consolidated Goldfields of South Africa Ltd であった。

④ ダイヤモンドで蓄積された資本力を根拠に，財閥集団に政治的特権を与える途が開かれた。特許会社である。当初資本金100万ポンドに対し，De Beers は20万ポンドを出資し，残余はローズの周辺の富豪から調達された。特許された事業内容は，鉄道，電信設備の北方への拡張，移民・植民の奨励，産業・貿易の振興に加えて，立法，司法，行政の広範な政治的特権が与えられた。こうして，特許会社は，まず，財閥集団の政治的支配領域を膨脹させつつ，鉄道，電信，新鉱山の創業活動を行い，南阿全域にわたる商品流通圏を拡大すること，第2に，この創業活動を通じて，ロンドン取引所での過激な証券投機を遂行し，一挙に巨富を実現すること，そして，第3に，政治権力を行使して，未開社会の土着民から伝来の土地を収奪し，彼らを賃労働に強制するいわゆる原始的蓄積を強行すること，を目的とした。特許会社は，生産＝流通過程，資本化過程，政治権力過程のそれぞれに対する支配力を総括することによって，全南アフリカ植民地を財閥集団のために社会的に再編成する統括的頂点に立つものであり，そして，セシル・ローズはこの尖端に立つ巨人であった。

⑤ このような支配機構の形成を可能にした現実的契機は，ローズと特許会社の背後にあったロンドン市場の金融力，就中，ロスチャイルド商会がこれと結合していたということである。ロスチャイルドはトランスヴァールの金鉱山開発当初以来ローズと結びつき，また特許会社の創業活動に再三介入して証券投機活動を助長した。De Beers もまた実はロスチャイルドによって支配されていた。個々の鉱山金融会社は，ロンドン市場と南阿の現地を結ぶ個々の軌条であった。しかし旧来のマーチャント・バンカーたるロスチャイルドとの関係は，そのうえに一大幹線動脈が貫通してることを意味する。そしてこの幹線こそ，南阿の植民体制をその局地性から開放して，全世界的な帝国主義体制に編入する根拠をなす。

生川氏は，これらを総括して，次のようにまとめられる。

「一つの社会機構として理解されるシティ＝南アフリカの連結支配体系の序

列は，その頂点から，マーチャント・バンカー——特許会社——De Beers——鉱山金融会社集団——個々の鉱山会社，という末端にまで次第にその分散体系を広げつつ成立する。しかもこの系列の両極を除いた中間の特許会社，De Beers, 鉱山金融会社のそれぞれは，それら自身の直接のシティとの連結管を，この体系の分岐として持ち，複雑な交錯を成しているという構造である。しかし，シティと南阿の最大の結節点は特許会社であり，そこには両地の代表的諸関係が集中的に結集されている。」[32]

　財閥という呼称の妥当性には問題が残るけれども，まことに壮大な規模の把握であるといいうるであろう。

　①においては，鉱業金融商会[33]による金鉱山支配が述べられている。ラントの金鉱山発見が知れわたるや，土地開発型金融会社が設立され，これらは鉱地の獲得に奔走，次つぎと金鉱山会社を設立し，鉱山操業に従事したこと，これにより土地開発型金融会社は鉱業金融商会に転化したこと，これらの鉱業金融商会は，浮揚した株式市場を利用して鉱山会社設立のさい獲得した膨大な売主株の売却と株式投機に従事したことが，指摘されている。②においては，鉱業金融商会を支配する財閥の存在，すなわち，鉱業金融商会は，C・ローズ，J・B・ロビンスン，バーナト兄弟商会，ウェルンハー・ベイト商会，A・ゲルツ商会，アルビュ商会など鉱山商会によって支配されていることが明らかにされている。③においては，これらの大富豪が，De Beers を拠点に，鉱業金融商会相互の交流交錯をはかり，財閥集団を形成し，寡頭支配体制を敷いたこと，具体的には，ローズ閥とウェルンハー・ベイト閥（Wernher, Beit）の同盟を基礎に，バルナト＝ジョウル閥（Barnato=Joel）が結合して成立したもので，後には，ドイツ系のゲルツ閥もそれに結びついたとされる。そして，南ア金鉱山を支配する主要鉱業金融商会8社のうち，5社までがこの集団体系に編入されている，と指摘される。④においては，財閥集団の勢いはリンポポ川を越えてローデシアにおよんだこと，特許会社を拠点に政治的支配を敢行し，経済開発を計ろうとしたこと，生産＝流通過程，資本化過程，政治権力過程のそれぞれに対する支配力を総括することによって，特許会社こそ，財閥集団のために全南アフリカ植民地を社会的に再編制する統括的項点に立つものであり，そし

---

32) 同上，303ページ。
33) 生川氏の使う「鉱山金融会社」という言葉の代わりに，「鉱業金融商会」を用いる。原語は，mining finance house である。

て，セシル・ローズはこの尖端に立つ巨人であったこと，⑤においては，ロスチャイルドは De Beers を支配し，金鉱山開発当初以来ローズと結びつき，特許会社の創業活動に再三介入して証券投機活動を助長したこと，そして，ロスチャイルドとの結びつきこそが南阿の植民体制をその局地性から開放して，全世界的な帝国主義体制に編入する根拠をなす，とされる。

　南ア鉱業の支配構造に関する氏の把握の特徴は，南ア鉱業支配構造の重層性と連結支配とロスチャイルドの支配貫徹の主張にあるといえよう。そして，この三位一体的把握こそが氏の把握を魅力あるものにしているのである。しかし，現在の研究水準に立つ時，いくつかの疑問も生じてくるのである。

南ア鉱業支配構造把握における単純な事実誤認　まず，2，3の単純な事実誤認を解いておかねばならない。

　第1は，③における「鉱山金融会社の交錯関係の中心は，ローズを先頭に立てる Consolidated Goldfields of South Africa Ltd であった」[34]とされる点である。もし，鉱業金融商会の交錯関係の中心というならば，それは，エックシュタイン商会（と，その親商会であるウェルナー・バイト商会）でなけれはならない。というのは，エックシュタイン商会こそがラントでの最有力鉱業金融商会であり，ラントの最有力金鉱地を押さえていたばかりか，ノイマン商会傘下の鉱山やファッラーの大金鉱山会社 ERPM に出資していて，これらの商会をジュニア・パートナーにしていたからである。さらに，深層鉱山開発が始まった時，RM を設立して，ローズや，ロスチャイルドやカッセルの金融業者，ノイマンやベイリーの鉱業商会を勧誘したのであった。開発には巨額の資金が要することが予想され，世界最大の金融センターであるロンドンから資本導入をはかるためには，ロスチャイルドやカッセルの権威が必要であったし，バイトの言葉によれば，「ローズの頭脳は馬鹿にすべきでない」[35]し，ノイマンやベイリーを袖にすれば，「旨い話は逃げてしまう」[36]からであった。

　勿論，CGFSA と他の鉱業金融商会との交錯が認められなかったわけではな

---

34) 生川榮治，前掲書，300ページ。

35) A. P. Cartwright, *The Corner House : The Early Years of Johannesburg*, Cape Town, Purnell, 1965, p. 130.

36) R. V. Kubicek, *Economic Imperialism in Theory and Practice : The Case of South African Gold Mining Finance 1886-1914*, Durham, Duke University Press, 1979, p. 65.

い。しかし，相手はエックシュタイン商会であった。両商会は1893年共同でラント中央部第1列深層鉱山群の南の鉱地を押さえたのである[37]。しかし，ローズとバイトの友情によって固められていた両商会の結びつきも，不名誉なジェイムスン襲撃事件で，ローズがCGFSAへの支配力を失った時点で終わる[38]。

第2に，⑤において指摘された「ロスチャイルドは……金鉱山開発当初以来ローズと結びつ」[39]いていたという指摘も訂正されなければならない。キュビセックによれば，ローズとラッドがGFSAを設立した際，その資本の募集にはLondon Joint Stock Bankの取締役を務めていたチャールズ・ラッドの弟トマス・ラッドの人脈が利用された。マーチャント・バンカーのアーバスノット，東インド貿易商人，保険業者，スコットランドの銀行家，公認会計士，判事，弁護士，それにハットンガーデンのダイヤモンド商人が引き入れられた[40]。ロスチャイルドの参加は見られないのである。もっとも，ロスチャイルドは，1891年にはGFSA株5000株を持つ大株主となる[41]。キンバリーのダイヤモンド鉱山合同で大儲けしたロスチャイルドが，その一部を投資したことは明らかである。CGFSAに対するロスチャイルドの持株が後年どうなるかは，後述したい。

第3は，「特許会社は，生産＝流通過程，資本化過程，政治権力過程のそれぞれに対する支配力を総括することによって，全南アフリカ植民地を財閥集団のために社会的に再編制する統括的頂点に立つ」[42]といわれることについてである。特許会社の活動領域は，リンポポ川以北のローデシアとニヤサランドであって，「生産＝流通過程，資本化過程，政治権力過程のそれぞれに対する支配力を総括」したとしても，ケープ，ナタール，トランスヴァール，オレンジ・フリー・ステートの南アフリカとは直接関係なかったのである。そうでなければ，南ア戦争は何のために戦われたのか皆目分からなくなる。特許会社が何故にBritish South Africa Companyと名付けられたとかといえば，当時，ケープからポルトガル領東アフリカ（モザンビーク）並びにベルギーの支配す

---

37) A. P. Cartwright, *Gold Paved the Way : The Story of the Gold Fields Group of Compaies*, London, Macmillan, 1967, pp. 76-77.
38) R. V. Kubicek, *op. cit.*, p. 107.
39) 生川榮治，前掲書，301ページ．
40) R. V. Kubicek, *op. cit.*, p. 89.
41) *Ibid.*, p. 94.
42) 生川榮治，前掲書，301ページ．

るカタンガに至るまでのイギリス植民地と勢力圏は，British South Africa と総称されていたからであり[43]，当然，ローデシアはそこに含まれているからである。周知のように，ローデシアという名称は，特許会社の支配した領域をローズに因んで命名されたもので，マタベリランドとマショナランドからなる南ローデシアとザンベジ川以北の北ローデシアから構成されていた。特許会社は，ローデシアにおいてはともかく「全南アフリカ植民地を財閥集団のために社会的に再編制する統括的頂点に立つ」とは，とても言えないのである。このことは，マーチャント・バンカーを頂点とする「シティ＝南アフリカの連結支配体系の序列」に疑問を抱かせるのである。そして，生川氏の把握の最大の問題点もここにあると思われる。

「連結支配体系」の検討　生川氏は，連結支配体系の序列は，その頂点から，「マーチャント・バンカー――特許会社――De Beers――鉱山金融会社集団――個々の鉱山会社」であるとする。鉱業金融商会集団と個々の鉱山会社の関係については問題ない。問題は，①マーチャント・バンカーと特許会社，②特許会社と De Beers，③De Beers と鉱業金融商会集団，これらそれぞれの間に支配関係が見られるかどうかである。さらに，④マーチャント・バンカーとDeBeers，⑤マーチャント・バンカーと鉱業金融商会集団，⑥特許会社と鉱業金融商会，の関係も見る必要があるだろう。

　行論の都合上，まず，④マーチャント・バンカーと De Beers の関係から見ていきたい。生川氏も述べているように，ローズはロスチャイルドから資金の援助を受けて，ダイヤモンド独占体 De Beers を設立する。ダイヤモンド鉱山集中の最終段階まで生き残ったローズ，バイト，フィリプスン＝ストウ，バーナトは大株主になると同時に終身総裁に就任し，経営権を握る。ただし，フィリプスン・ストウは1898年公式に「辞任」し，代わってウェルナーが任命され

---

43) A. J. Herbertson and O. J. R. Howarth, *The Oxford Survey of the British Empire : Africa*, Oxford, Clarendon Press, 1914, p. The face page of p. 1.

44) フィリプスン＝ストウはベアリング＝グールドの処遇，バーナトの終身総裁への就任，会社の秘密のダイヤモンド保持をめぐってローズと対立し，1892年終身総裁の地位をローズとバイトに3万5000ポンドで売却。1898年公式に「辞任」。代わりにウェルナーが任命される。なお，フィリプスン＝ストウについては，R. Turrell, 'Sir Frederic Philipson Stow : The Unknown Diamond Magnate', in *Speculators and Patriots : Essays in Business Biography*, ed., by R. P. T. Davenport-Hines, London, Frank Cass, 1986 を参照。

表 4 — 2　De Beers Consolidated Mines の1000株以上の株主（1899年）

（数字は株数）

イ　ギ　リ　ス　人		南　ア　フ　リ　カ　人	
N. M. Rothschild & Sons	31,666	Joel, Isaac & Sol.	33,576
Sir D. Currie	10,552	C. J. Rhodes	13,537
F. Baring-Gould	8,183	Alfred Beit	11,858
Samuel Lewis	6,375	New Jagersfontein Co	10,000
London and Westminster Bank	4,100	F. S. Phillipson=Stow	9,758
Lord Rothschild	3,906	Julius Wernher	8,382
D. M. Currie	3,413	Porter Rhodes	8,000
J. S. Digdale and others	2,500	G. W. Compton	5,104
Bank of Scotland	2,375	A. Macgregor	4,857
C. E. Atkinson	2,000	J. H. Marais	4,611
Wm Crawford	2,000	John Grant Ross	4,258
Anton Dunkels	1,853	C. Newberry	3,784
Mrs. J. W. Rudd	1,812	C. L. Marais	3,703
Alfred Mosely	1,668	Mrs. E. M. Newberry	3,080
Harry Mosenthal	1,608	Thomas Sheils	2,790
Capt. E. F. Rhodes	1,550	Max Michaelis	2,497
Carl Meyer	1,500	T. R. L. Marais	2,015
L. Abrahams	1,500	De Beers Co Secretary	2,000
Joseph Moritz	1,350	Francis Oats	2,000
J. M. Currie	1,300	John Morrogh	1,602
British Linen Bank	1,130	S. V. Breda	1,560
John Newberry	1,002	E. M. Grewer	1,500
Mrs. P. Jefferson	1,000	D. J. Pullinger	1,500
Baron Schroder	1,000	D. Harris	1,382
A. Wortheimer	1,000	C. F. Williams	1,300
ヨーロッパ大陸			
D. Iffla-Osiris（Paris）	3,587		
Edmund Dollfus（Paris）	1,000		

〔出所〕　Rhodes House Library, Rhodes Papers, C 7 B De Beers.

る[44]。表 4 — 2 は1899年に De Beers 株式1000株以上を所有する大株主を挙げているが，彼らが大株主として並んでいるのが見られよう。注目すべきは，ロスチャイルドが最大の株主となっていることである。問題は，キンバリーでの取締役会を支配したローズたちと，ロンドン委員会を支配したロスチャイルドの関係である。1899年 De Beers 秘書に宛てたローズの書簡は，De Beers 設立以来，事毎に，殊にローズらの終身総裁の地位と De Beers の投資政策――Wesselton ダイヤモンド鉱山の買収，ウェルナー・バイト商会から申し込まれた RM への資本参加，ローズの支配する CGFSA 傘下金鉱山会社への出資，保有する特許会社株の売却，South West Africa 社への資本参加――をめぐって，対立が生じたことを示している[45]。このことは，配当や金融に関しては，ローズたちのキンバリー取締役会は，ロスチャイルドが支配するロンドン委員会か

ら厳しい制約を受けていたことを示している。ローズはロスチャイルドとパリの投資家たち（パリのロスチャイルド）が有する支配株の権限を無視することはできなかったのである[46]。したがって，最終決定権はロスチャイルドにあり，生川氏が指摘されるとおり，ロスチャイルドの支配が貫徹していたのである。

では，③De Beers と鉱業金融商会集団の関係はどうであろうか。そこに支配関係を認めることができるであろうか。

De Beers の設立に参加した中心人物は一斉にラントに進出した。ウェルナーとバイトはエックシュタイン商会を設立し，ローズとラッドは GFSA を，バーナトは JCI を設立した。なお，ノイマン商会のノイマンや GM をつくったアルビュやゲルツ商会のゲルツもダイヤモンド取引商人であった。ロビンスンはダイヤモンド独占成立の最終段階で投機に失敗し，ラントにはバイトの資金で登場した。このように，ラント金鉱山を支配する鉱業金融商会を設立したのはダイヤモンドの大資本家であったが，これによって，De Beers が鉱業金融商会を支配したことになるであろうか。ウェルナーやバイト，ローズやバーナトは，一方でダイヤンド鉱山を経営し，他方で，金の採掘に従事していたのではないだろうか。確かにダイヤモンド採掘においては，彼らは一体であった。しかし，金の採掘においては相互に競争関係にあったのである。もちろん，彼らの個々の事業での連携や，共通の利益実現のための鉱山会議所での協力や政府への一致した要求を排除するものではない。しかし，ダイヤモンド採掘と金の採掘とは機構的にも場所的にも別の事柄であり，De Beers 経営と鉱業金融商会の経営には直接的な関係は存在しないと見る方が正しいのである。確立した構造からすれば，明らかに鉱業金融商会を支配した大資本家が De Beers の経営に参加しているという構造になるのである。

同様に，⑤ロスチャイルドと鉱業金融商会の間にも支配関係は認め難い。

先に，ウェルナー・バイト商会によって授権資本金40万ポンドの鉱業金融商会 RM が設立されたとき，CGFSA や，ロスチャイルドとカッセルの金融業者，

---

45) C. J. Rhodes, 'Letter to the Secretaries of the De Beers Consolidated Mines', Rhodes Papers 7 B De Beers Consolidated Mine 1897–99 (Rhodes House Library). 拙訳「セシル・ローズの De Beers Consolidated Mines 社秘書への手紙（1899年4月19日）」，『経済系』第163集（1990年4月），76–80ページ。

46) R. V. Turrell, 'Review Article : "Finance…The Governor of the Imperial Engine" : Hobson and the Case of Rothschild and Rhodes', *Journal of Southern African Studies*, Vol. 13, No. 3 (April 1987) p. 429.

ノイマン，ベイリーなどの鉱業商会が勧誘されたことを指摘した。RM の当初の発行資本金は30万ポンド（額面価格1ポンド）であった。エックシュタイン商会は，5つの鉱山会社の多数株と1300鉱区を提供して20万株を受けとり，残りの10万株は額面価格で発行された。ローズとラッドの CGFSA は10％に当る3万株，ロスチャイルド2万7000株，カッセル6000株，ダイヤモンド・シンジケート参加商人8400株，パリの金融業者 R・カン3000株，ロスチャイルドの3人の顧問技師とエックシュタイン商会の1人の顧問技師に合計1万5000株，そして，ノイマン，ベイリー，ハナウ3人の鉱業商会に計1万7000株が割り当てられた[47]。RM 傘下の第一列深層鉱山は高品位で，1890年代後半に配当を開始した RM は，以後60年間に53万7000ポンドを越えぬ資本金で3600万ポンドの配当を行うことになる。これは年平均すると全期間にわたり100％以上の配当を支払ったことになる[48]。RM は最も成功した鉱業金融商会であった。

タレルとファン-ヘルテンは，RM の設立に際しロスチャイルドの支配していた The Exploration Co が果たした役割が従来無視されてきたと指摘している[49]。彼によれば，ラントの深層鉱地を最初に獲得した会社のひとつは，鉱山技師で専務取締役を務めていたハミルトン・スミスの調査に基づいて The Exploration Co が設立した Deep Levels Co であり，その後継会社として Consolidated Deep Levels と Geldenhuis Deep が設立される。Deep Levels Co には The Exploration Co とウェルナー・バイト商会が大口の資金を提供した[50]。因みに，Geldenhuis Deep は Rand Mines 傘下の深層鉱山として最初に開発された鉱山であり，Consolidated Deep Levels の鉱地は，Geldenhuis Deep，並びに同じく RM 傘下の鉱山である Rose Deep, Jumpers Deep, および CGFSA に売却される[51]。RM が営業資金を得るため発行した10万株は，The Exploration Co と CGFSA に7対3の比率で配分された。先に述べたように，ロスチャイルドば

---

47) R. V. Kubicek, *op. cit.*, pp. 64–65.
48) A. P. Cartwright, *Golden Age : The Study of the Industrialization of South Africa and the Part Played in it by the Corner House Group of Companies*, Cape Town, Purnell, 1968, p. 299.
49) R. V. Turrell with J. J. Van–Helten, *op. cit.*, p. 202.
50) *Ibid.*, p. 187.
51) C. S. Goldman, *South African Miners : Their Position, Results, & Development ; Together with an Account of Diamond, Land, Finance, and Kindred Concerns*, Vol. 1, London, Effingham, 1895, p. 51.

かりでなく，カッセルやカン，モーゼンタールやヒンリックセンのダイヤモンド商人，スミス，ドークレイノー．パーキンス，ジェニングスの顧問技師がRM の株式を取得したのは The Exploration Co をとおしてであった[52]。タレルは，ウェルナー・バイト商会とロスチャイルドとの間に際だった機構的繋がりがあるとすれば，それは The Exploration Co であると指摘している[53]。RM は可能な限り発行資本金を低くおさえ，傘下の鉱山開発に必要な資金は社債の発行で賄った。そして，この社債を購入したのは，ウェルナー・バイト商会と The Exploration Co の関係者であった[54]。ここに見られるように，ラントの深層鉱山開発以来ウェルナー・バイト商会とロスチャイルドの間には緊密な繋がりができていた。しかしながら，このことを以て，ウェルナー・バイト商会とロスチャイルド商会の間に，直接的な人的・資本的繋がりを見ることは明らかに間違っていると言わねばならない。いわんや，支配的関係を見ることができないのである。

ロスチャイルドの鉱業金融商会との関係を，南アの最も主要な鉱業金融商会である CM と CGFSA に対するロスチャイルドの持株から確認しておきたい。

資料が利用できる1898年の CGFSA と1910～12年における CM の主要株主を見ると，両社の場合とも鉱業金融商会設立関係者＝経営陣が支配株を掌握している。すなわち，CGFSA の場合，発行株式数199万9945株のうち，取締役など関係者と関連会社の持株合計は48万7371株で，その比率は24.4％に達する。CM の場合でも，1912年に発行株式数42万5000のうち，商会設立関係者の持株は10万5602株で，割合は24.8％である。議決に関与しない持参人払い証券を除けば，その比率はいっそう高くなる。CM の場合には実に59％に達しているのである。一方，ロスチャイルドの持株を見ると，CGFSA において1万1557株，1912年の CM において775株で，個人投資家としては小さいとはいえないが，支配株にほど遠いことも明らかである（表3－4と表3－5を参照）。

商会創立者の死や収益性の見通しなどによって，これ以降，両者とも株式の分散化が進行する。CGFSA の場合，1910年に発行普通株200万のうち持参人払い証券は75万8278株となり，1万株以上を所有する株主は僅か4人にすぎず，しかもその「2人」は Deutsche Bank と Disconto-Gesellshaft のロンドン代理

---

52) R. V. Turrell with J. J. Van-Helten, *op. cit.*, p. 202.
53) R. V. Turrell, *op. cit.*, p. 427.
54) R. V. Turrell with J. J. Van-Helten, *op. cit.*, p. 188.

店であった[55]。創立者の1人であるラッドですら1898年に4万6570株所有していたのに，1904年には僅か1075株にすぎなかった[56]。同じ期間にアーバスノットの所有も3000株からゼロになり[57]，1898年に5000株を越えていた海運業大富豪のカリーのそれも1914年にはゼロであった[58]。ロスチャイルドの持株も1万3000強から7000弱に低下していた[59]。CMの場合でもバイトやウェルナーなど創立者の死後株式の分散が進行し，大株を所有しない「経営者支配」が強まる。そして，第二次世界大戦後，両社とも遂に乗っ取りの対象になるのである[60]。

それでは，特許会社はマーチャント・バンカー，De Beersならびに鉱業金融商会とどのような関係にあったであろうか。ここでは，先に挙げた①マーチャント・バンカーと特許会社，②特許会社とDe Beers，ならびに⑥特許会社と鉱業金融商会，これらそれぞれの関係を特許会社成立の過程から一括して見てみたい。

特許会社は，ローズの盟友ラッドがマタベリランドの酋長ロベングラから獲得したコンセション（Rudd Concession）を基礎に，イギリス政府から「特許」を認められて設立されたものであるが，ロベングラからコンセションを得て「特許」をもらおうとする2つの強力なグループがあった[61]。ひとつはロンドンに基盤をおくグループで，ジフォード卿と実業家G・コーストンを指導者として，Bechuanaland Exploration Coをつくっていた。彼らには，ロスチャイルドやパリのCaisse des Minesなどの強力な支援者がついており，また，ロスチャイルドは最大株主であった[62]。イギリス政府は彼らを無視できなかった。もうひとつはローズとその仲間たちで，De BeersとGFSAをバックに強力な資力を持ち，現地に近く，南アフリカ高等弁務官H・ロビンスンや現場のイギリス人官吏の支持を取り付けていた。彼らの協力で，ローズとその仲間たちは

---

55) Company Registration Office (Cardiff) : List of Shareholders of the Consolidated Gold Fields of South Africa, Ltd. (File No. 36936.)
56) R. V. Kubicek, *op. cit.*, p. 112.
57) *Ibid.*, p. 111.
58) *Ibid.*, p. 112.
59) *Ibid.*, p. 112.
60) 拙稿「南ア鉱業金融商会の再編成——（1），（2）」『経済系』第180（1994年7月），181集（1994年10月）参照。
61) J. S. Galbraith, 'The British South Africa Company and the Jameson Raid', *The Journal of British Studies*, Vol. 10 (1970), p. 146.
62) R. V. Turrell with J. J. Van-Helten, *op. cit.*, p. 203.

表4―3　Central Search Association の株主
（1889年）　　　　　（数字は株数）

GFSA	25,500
The Exploring Co	22,500
Austral Africa Expl. Co	2,400
Cecil J. Rhodes	9,750
Charles Rudd	9,000
Alfred Beit	8,250
Rhodes, Rudd と Beit	9,000
Rochfort Maguire	3,000
Nathan Rothschild	3,000
計	92,400
Sir Hercules Robinson	250
Leander Starr Jameson	1,000
その他	27,350
発行株式総数	121,000

〔出所〕　J. S. Galbraith, *Crown and Charter : The Early Years of the British South Africa Company*, p. 84.

ラッド・コンセションを得たが，2つのグループが競合する限り，イギリス政府がどちらか一方を支持するわけにはゆかなかった。唯一の解決方法は両グループの合同であった。1889年5月，植民地省の仲介で2つは結びついた。会議はロスチャイルドの事務所で行われ，Central Search Association が設立された。

　ラッド・コンセションを初めとして，両グループが得ていた諸々権利が移管された。取締役には，ローズ，ラッド，ジフォード卿，コーストン，バイト，J・O・マウンドと，GFSA の取締役会長 T・ラッドが就任した。資本金は名目的に12万ポンドとされ，当初9万2400ポンドの株式が売主株として創設者に手渡された[63]。表4―3にその名と株数を挙げているが，圧倒的にローズとその仲間たちであることが分かる。The Exploring Co とは Bechuanaland Exploration Co の子会社である。Austral Africa Exploration Co は，最初にロベングラからコンセションを獲得したとを主張していたもので，ローズは，ラッド・コンセションの根拠の危うさを自覚していたので，もめごとを避けるため，「ロベングラの領土とその周辺」の一切のコンセションを買い占めるつもりでいた。ロスチャイルドは労をねぎらわれて3000株を得た。H・ロビンスンは，ラッド・コンセション獲得での功労を認められて，南アフリカから帰国するや250

---

63)　J. S. Galbraith, *Crown and Charter : The Early Years of the British South Africa Company*, Berkeley, University of California., 1974, p. 84.

表 4 — 4　United Concession Co の主要株主（1890，92年）

（数字は株数。カッコ内は％）

	1890年	1892年
The Exploring Co	293,700 (7.3)	734,700 (19.1)
Thomas Rudd と H. D. Boyle	336,200 (8.4)	840,000 (21.0)
Cecil J. Rhodes	132,000 (3.3)	338,567 (8.5)
Alfred Beit	112,400 (2.8)	324,816 (8.1)
Charles Rudd	66,800 (1.7)	
Rhodes, Rudd と Beit	90,000 (2.3)	60,400 (1.5)
Francis R, Thomson	49,770 (1.2)	
Rochfort Maguire	49,000 (1.2)	123,976 (3.1)
Leander Starr Jameson	10,000 (0.3)	25,000 (0.6)
Thomas Rudd	3,000 (0.1)	
The Exploration Co	80,000 (2.0)	
Nathan Rothschild	39,200 (1.0)	98,000 (2.5)
Harry C. Moore	10,000 (0.3)	
Sir Hercules Robinson	2,500 (0.1)	
Austral Africa Expl. Co	80,000 (2.0)	
British South Africa Co		75,000 (1.9)
Julius Wernher		10,000 (0.3)
H. B. T. Farquhar		24,500 (0.6)
Sigismund Neumann		53,698 (1.3)
Gold Fields of South Africa		35,400 (0.9)
小　計	1,354,570 (33.9)	2,744,057 (68.6)
発行株式総数	4,000,000 (100)	4,000,000 (100)

〔出所〕　J. S. Galbraith, *Crown and Charter : The Early Years of the British South Africa Company*, pp. 85, 283 : R. I. Rotberg, The Founder : *Cecil Rhodes and the Pursuit of Power*, p. 277.

株を与えられた。ジェイムスンもマタベリランドでの活動によって1000株をえた[64]。

　1889年10月29日特許がおりて特許会社 BSAC が成立した。取締役にはローズ，バイト，コーストン，ジフォード卿が就任した他，アバコーン公爵と，皇太子の長女の夫であるファイフェ公爵，並びにグレイ伯爵の甥のA・グレイ（後に4代伯爵になる）が招聘され，前2者がそれぞれ取締役会長と副会長になった。あと1人，ファイフェ公爵の推薦で，皇太子の友人で金融業者のファークワが就任した。グレイを除けば，彼らは特許会社の経営にほとんど関わらず，いわば会社を権威づけるためのお飾りであった[65]。イギリス政府は，特許認可の根拠となったラッド・コンセションは BSAC が所有しているものと信じこまされていたが，その実，Central Search Association が所持したままであり，BSAC は単なるコンセションの借受人にすぎなかった。翌年，Central

---

64) *Ibid.*, p. 85.
65) J. S. Galbraith, 'The British South Africa Company and the Jameson Raid', p. 148.

Search Association は United Concession Co に改組され，資本金は400万ポンドにも引き上げられた。BSAC の発行資本金は100万ポンドで，1ポンド株式に4ポンドの相場が立っていたので，これに見合う金額に決められたものである。すなわち，United Concession Co は特許会社の半分の利潤を取得しようとしたのであった[66]。表4―4はその株主を示している。最大株主は T・ラッドと H・D・ボイルである。2人はそれぞれ GFSA の取締役会長と秘書であり，明らかに GFSA を代表するものである。ケッペル=ジョーンズは，なぜ GFSA の名でなく，この人たちの名前で登録されたか，確たる理由は分からないがとして，ラッド・コンセションの全権利が会社のものと信じこまされていた一般株主とローズとの反目によるものであろうと推測している[67]。2番目に大きな株主は The Exploring Co である。これは改組された The Exploring Co で，ローズが取締役に就任し，バイトは大株主の1人となっていた[68]。残りの株主もローズとバイトとその仲間たちであることが窺われる。そして，ロスチャイルドが1892年には9万8000株を有している。ただし，特許会社の最大の株主となる De Beers が United Concession Co の権益に参加していないことは注目に値する。

表4―5は特許会社設立時の株主を示している。取締役に招かれたアバコーン公爵他3名は，それぞれ8000～9000株が分配されている。しかし，何と言っても，ローズ，バイト，ラッド，彼らの関係者，並びに彼らが支配する会社の持株が大きく，46万株を押さえていた。De Beers の持株は21万1000株を占め，GFSA のそれと合わせると，30万株を越えていた。De Beers と GFSA こそが当初の特許会社の資本と金融の支柱であったのである。一方，コーストン，ジフォード卿ならびに彼らの関係者と The Exploring Co は合わせて10万5000株である。もちろん，両グループともこれらの株式は，友人，知人，顧客等に再分配されるので，最終的株式配分は確定できない。しかし，それでも特許会社設立者たちの優位は明らかであろう。すべての人の職業は確定できないが，両グループに属するものを除けば，かなりのところ他のコンセション・ハンターたちが含まれている。注目すべきは，ファイフェ公爵とファークワを除けば，

---

66) A. Keppel-Jolms, *Rhodes and Rhodesia : The White Conquest of Zimbabwe 1884-1902*, Kingston and Montreal, McGilll-Queens University Press, 1983, p. 291.
67) *Ibid.*, pp. 298-299.
68) J. S. Galbraith, *Crown and Charter*, p. 86.

表4—5　特許会社創設株主

（数字は株数）

De Beers Cons Mines	211,000	Buxton, Sir T. Fowell	500
GFSA	97,505	Colenbrander, J.	500
Exploring Co	75,000	Colquhoun, A. R.	4,500
Matabeleland Co	45,000	Currie, Sir Donard	5,000
African Lake Co	850	De Villiers, Sir J. H.	750
Rhodcs. C. J.*	45,212	De Waal, D. C.	2,500
Beit, Alfred*	34,100	Dilke, Sir Charles	1,200
Rhodes, C. J.と Beit, A.	11,100	Doyle, Denis	1,500
Barnato, Barney	30,000	Euan-Smith, C. B.	2,000
Maguire, R.	18,685	Goold-Adams, Major H.	900
Rudd, C. D.	17,897	Haggard, H, Rider	720
Thompson, F. R.	12,291	Hawksley, B. F.	1,500
Jameson, L. S.	4,500	Heany, Maurice	3,000
Harris, F. Rutherford	3,250	Hofmeyr, T. J.	3,000
Eckstein, H. L.	6,000	Johonson, F. W. F.	3,825
Gifford, Lord*	10,300	Leask, Thomas	2,250
Rothschild, Lord	10,000	Lippert, E. A.	7,100
Cawston. George*	3,236	Metcalfe, Sir Charles	1,820
Maund, E. A.	1,500	Mills, Sir Charles	350
Maund, J. O.	3,000	Moffat, H. U.	50
Beit, A.と Cawston, G.	6,475	Renny-Tailyour, E. R.	3,700
Abercorn, Duke of***	9,000	Robinson, Sir H.	2,100
Grey, Albert*	9,000	Sapte, Major H. L.	100
Fife, Duke of**	8,000	Seear, J.	5,000
Farquhar, H. B. T.*	8,000	Stevenson, J.	5,268
Borrow, H. J.	3,000	Tiarks, H. F.	3,340
Bruce, A. L.	4,570	Willoughby, Sir J. C.	1,000
Burnett, A. E.	1,575	Zwilgmeter, G.と Smart, H. A	5,000

〔注〕　***取締役会長，**取締役副会長，*取締役
〔出所〕　A. Keppel-Jones, *Rhodes and Rhodesia The White Conquest of Zimbabwe 1884-1902*, pp. 129-130.

有力な金融業者で名を連ねているのはロスチャイルドただ1人であることである。

　1893年末，イギリス政府の圧力によって，United Concession Co が特許会社に買い上げられた。その400万ポンドの株式は，特許会社株式100万株と交換された[69]。ローズたち United Concession Co の株主は特許会社の大株を手にいれたわけである。ロベングラに支払ったラッド・コンセションの対価は，1000丁の銃と月額100ポンドの年金にすぎなかった[70]。特許会社が初めて配当を出すことができたのは，設立後33年経ってであった。しかし，株主は浮揚した株式市場で特許会社株を売却し，大儲けができたのである。ローズ，バイト，ラッ

---

69) *Ibid*., p. 126.
70) *Ibid*., p. 126.

ド，コーストン，ジフォード卿，および彼らの関係者たちを筆頭に，コンセションの獲得に関わったり，特許会社の創設に参加したものは，巨富を実現したわけである。

　それでは，特許会社とマーチャント・バンカー，De Beers ならびに鉱業金融商会とはどのような関係にあったであろうか。

　生川氏は，「シティと南阿の最大の結節点は特許会社であり，そこには両地の代表的諸関係が集中的に結集されている」[71]と指摘している。しかし，すでに見てきたように，コンセションの獲得過程においても，特許会社の創設過程においても，これに関わったシティの金融業者は，ほとんどロスチャイルドだけであったのである。恐らくローズ，コーストン両グループ合同の話し合いにおいても，政府への特許申請においても，ロスチャイルドは顧問的役割を果たしたことは疑いない。しかし，特許会社経営の主導権は，ローズやコーストンにあった。「マーチャント・バンクの雄」ロスチャイルドが特許会社を支配しているのでは決してなかったのである。後述するように，ロスチャイルドは，ローズが De Beers の資金を特許会社に使ったり，De Beers が特許会社株を所有することに反対であった。

　生川氏は，特許会社の経営にかかわったマーチャント・バンカーとしてエルランガー商会（d'Erlanger and Co）を挙げている[72]。エルランガー男爵自身コンセッション獲得に奔走した１人であった。しかし，彼はローズ，コーストン両グループが合同する時，これから排除された[73]。エルランガー商会が特許会社と関わるようになったのは，建設請負会社ポーリング社との関係からであった。1880年代からエルランガー商会とポーリング社は南アフリカのいくつかの建設事業で協力していた。ポーリング社はローデシアでの鉄道敷設独占権を与えられ，以後40年にわたってこれに従事することになるが，1894年，エルランガー商会とポーリング社は合弁会社 Paulings and Co を設立し，相互の技能（建設と金融）を結合するとともに，両社の関係を公式のものとした。鉄道敷設はローデシア最大の建設事業であったから，特許会社とエルランガー商会並

---

71) 生川榮治，前掲書，303ページ。
72) 同上，303～305ページ。奇妙なことに，生川氏は，マーチャント・バンカーと特許会社の関係について述べるとき，「マーチャント・バンカーの雄ロスチャイルド」については何も触れていない。したがって，ロスチャイルドの他にエルランガーについて述べているのではない。
73) A. Keppel-Johns, *op. cit.*, p. 113.

びにポーリング社との関係は強まっていった。エルランガー商会は,「シティにおける特許会社の最も重要な同盟者」となり,ロンドン資本市場で特許会社や子会社(鉄道会社)の日常取引の代理店として,それらの株式や社債の引き受け・発行を行うようになるのである[74]。しかし,ローズやバイト亡き後,特許会社の支配がどうなるかは,別の課題である。

　De Beers と GFSA が特許会社の資本と金融の支柱となったことは,De Beers もしくは GFSA が特許会社を支配するか,あるいは,特許会社が両社を支配しているとの解釈を許すかに見える。しかし,De Beers と GFSA の資金を引き出したのは,ローズであった。彼は,De Beers の終身総裁の1人であり,取締役会長であった。また,GFSA においては,専務取締役であった。勿論,彼は,De Beers のもう1人の終身総裁であるバイトや GFSA のもう1人の専務取締役であるラッドの賛同と協力を得たことであろう。バイトはローズの大英帝国の夢に魅せられていたし,ラッドは致富のチャンスを嗅ぎとっていた。しかし,特許会社への支出が永久にローズの思いのまま行われたわけではない。1891年6月にはロスチャイルドは,De Beers は特許会社株のような投機的な証券は持つべきでないと考えていたし,翌年1月特許会社が救済資金を必要としたとき,ローズに対し「あなたは,De Beers の準備金以外のところから得るべきでしょう」と書き送った[75]。GFSA の後身の CGFSA においても,ジェイムスン襲撃事件以前に,創業者株の処理とマタベリランドへの投資をめぐってローズとラッドの間に不和が生じていた。ラッドなど CGFSA のロンドンの取締役たちはジェイムスン襲撃の計画は一切知らされていなかった[76]。ガルブレイスは「ローズが British South Africa Co を創造したのではないが,彼は自分の精力と資力でそれを彼の野心を実現する機構にかたちづくった」[77]と述べている。De Beers と CGFSA の資金が特許会社に投じられたにしても,De Beers や CGFSA が特許会社を支配することもなければ,特許会社が De Beers や CGFSA を支配することもなかった。特許会社への De Beers と CGFSA の関わりは,強烈な個性のローズの政策によるものであったのである。

74) J. Lunn, 'The Political Economy of Primary Railway Construction in the Rhodesia, 1891–1911', *Journal of African History*, Vol. 33 (1992), p. 246.
75) A. Keppel-Johns, *op. cit.*, p. 298.
76) R. V. Kubicek, 'The Randlords in 1895 : A Reassessment', *The Journal of British Studies*, Vol. 11 (1972). pp. 93–94.
77) J. S. Galbraith, *Crown and Charter*, p. 105.

ホブスンは,南アフリカ金融支配の三系統(①冒険的探検家と利権屋,②純粋な金融業者,③イギリス貴族階級の金融的内部サークル(アバコーン公爵,グレイ伯爵,CGFSAの取締役会長であるハリス卿))を挙げて次のように述べている。「これら別個の三系統の協力は,一時,ローズによって演じられた圧倒的な公的役割によって隠されていた。彼は,本質的に最初の2つの系統を合せ持った人物であるが,政治的才能によって,実際は株式市場での行動にすぎない冒険に政治的意義のマントを一時的に被せることができた。彼が退場したことは,南アフリカ金融の現実的機構と,ヨハネスブルグとキンバリーとロンドンにおけるごく少数の『鉱山所有者』と『商人』によるその支配を,より明白に見通せるようにした」[78]と。

　生川氏は「彼が退場したことは」以下を引いて,「これは,南阿の支配体制の形成が,個人力と貴金属の魅力によるものでなくて,シティの帝国主義力を反映するものとして,社会機構化された必然性をもつということにほかならない」[79]とし,機構化された連結支配体系の頂点に立つロスチャイルドなどマーチャント・バンカーのイギリス帝国主義における意義を強調するのである。

　しかし,上に検討してきたように,ロスチャイルドの直接的支配はDe Beersに及ぶにすぎず,特許会社とウェルナー・バイト商会傘下のRMとCGFSAに少なからざる利権を有していたとはいえ,決してこれらを支配するものではなかった。このことは,特許会社がローデシアで活動する会社であることと相俟って,マーチャント・バンカーを頂点とする連結支配体系の存在を疑わしめるものである。ホブスンの指摘は,ローズの活動と政治参加によって覆い隠されていた金融的関係が,ローズの退場によって純粋に現れると述べたものであって,例えば,ジェイムスン襲撃事件に現れたようなローズの活動こそが,特許会社,De Beers,鉱業金融商会の間に連結支配関係が存在するかのようにみせかけたというのである。歴史的に見れば,キンバリーでの利潤がラントに投下され,キンバリーとラントでの利潤が特許会社に投下されたのであるが,確立した南ア鉱業の支配構造からいえば,ラントの金鉱山を支配する鉱業金融商会が中核であり,鉱業金融商会を支配する金鉱業主が同時にDe Beersや特許会社に関わっているのである。そして,シティのマーチャント・

---

78) J. A. Hobson, *The Evolution of Modern Capitalism*, p. 269.
79) 生川榮治,前掲書,302ページ。

バンカーは自己の金融に応じてそれぞれの会社に関わっているのである。このことは勿論，彼らの役割が，会社発起業務や資本募集や政府との交渉において，持株以上の役割を果たしたことを否定しない。いや，ここにこそ，彼らの本来の役割があったというべきである。鉱業金融商会を南ア鉱業支配の中核と見るこうした把握は，確かに平板ではあるが，しかし，重層的連結的支配と見るよりも，それ以降の南アフリカ鉱業史の動きに合致しているのである。

　以上，持株と企業参加という観点から，ロスチャイルドの南ア鉱業会社との繋がりを検討してきた。断っておきたいことは，連結支配体系の存在を認めぬからといって，生川氏の主張する「南阿の植民体制をその局地性から開放して，全世界的な帝国主義体制に編入する根拠をなす」本来のマーチャント・バンカーたるロスチャイルドの意義を否定するものではないということである。ホブスンによれば，公債発行とならんで，発起業務と証券取引にこそ金融業者の主要業務があった。そして，生川氏も彼らの発起業務と証券投機を力説するところであった。南ア鉱業における発起業務においてロスチャイルドはどのように関わっていたか。この点を追求したのが，タレルとファン-ヘルテンである。

第3節　The Exploration Co と発起業務

（1）ロスチャイルド，鉱山技師と The Exploration Co

チャップマンにおけるマーチャント・バンクと鉱業投資　ロスチャイルドをはじめとするシティの金融業者の南ア金鉱業への関わりを考える場合，彼らの持株や企業参加を問題にするだけでなく，鉱山会社の発起や証券取引も見る必要がある。けだし，ここにこそ金融業者の主要業務があったとされるからである。

　S・D・チャップマンは，『マーチャント・バンキングの興隆』において，ロンドン・ロスチャイルドの保守性を強調した。彼によれば，ロンドン・ロスチャイルドは鉱業投資にほとんど関係せず，株式会社組織の利用に緩慢であったばかりでなく，世界の新しい地域や経済の新しい部門における投資の機会にもほとんど関心を示さなかったという[80]。

　さらに，チャップマンは，「ローズとロンドンのシティ：帝国主義に関するもう一つの見解」と題する論文において，金融業者を「帝国政策の第一の決定

者」であり「帝国主義の経済学における最も重要な単一の要素」[81]であるとするホブスンの見解に,真正面から批判的に取り組み,南部アフリカにおけるマーチャント・バンクと帝国主義の関係を問題にした。彼の主張の骨子をまとめると,おおよそ次のようになる。①19世紀末までシティのマーチャント・バンクは非常に保守的で,為替手形の引受けが主要業務であり,リスクの高い投資は最大限回避した。②鉱業投資は非常にリスクが高く,マーチャント・バンクがそれに関わったとしても,関わったバンクの数は少なく,しかも,ごく小額の資本を使ったにすぎない。③それ故,マーチャント・バンクは,有望な鉱業が約束されている地域での帝国主義にほとんど関心を示さなかった[82]。

チャップマンは,当時60～70行存在していたマーチャント・バンクのうち,鉱業投資に踏み切った数少ないバンクとして,ロスチャイルド商会,エルランガー商会,シュレーダー商会,クラインボルト商会を挙げている[83]。しかし,彼によれば,シュレーダー商会とクラインボルト商会が鉱業に関心を寄せたのはほんの短期間であり,伝統的な貿易金融が一貫して彼らの主要業務であった[84]。エルランガー商会も一時期キンバリーとラントの鉱山に興味を示したが,程なくそれより撤退し,より安全な投資である南アフリカとローデシアの鉄道延長事業に従事することになる。エルランガー商会は鉄道敷設契約会社のポーリング社との関係をつよめ,エルランガー男爵自身がポーリング社の取締役会長となる[85]。エルランガー商会が「シティにおける特許会社の最も重要な同盟者」になることは先に指摘した。

こうした商会に比べると,ロスチャイルド商会の鉱業投資は群を抜いていた。ロスチャイルドは De Beers の最大株主になったし,1880年代末からはスペインの Rio Tinto 鉱山を支配する Rio Tinto 社の支配株を掌握し,90年代初頭には経営権を獲得した[86]。もっとも,Rio Tinto 社の場合,支配株の掌握や経営権

---

80) S. D. Chapman, *The Rise of Merchant Banking*, London and Sydney, George Allen & Unwin, 1984, pp. 17-25, 172.(布目真生・荻原登訳『マーチャント・バンキングの興隆』有斐閣,昭和62年,29-47, 331ページ。)
81) J. A. Hobson, *Imperialism*, p. 57.(邦訳,109ページ。)
82) Stanley D. Chapman, 'Rhodes and the City of London', pp. 647-648, 666.
83) *Ibid.*, p. 665.
84) *Ibid.*, p. 664.
85) *Ibid.*, pp. 663-664.
86) D. Avery, *Not on Queen Victoria's Birthday : The Story of the Rio Tinto Mines*, London, Collins, 1974, pp. 155-156.

の獲得を主導したのはパリ・ロスチャイルド商会であり，ロンドン・ベースではなかった[87]。チャップマンはこれらの鉱山投資においても「銀行業と事業の正統的慣行の規範」が守られていたという。すなわち，これらの会社への投資は投機のためでなく堅実な経営と配当目当てであったというのである[88]。この点に関し，De Beers の経営をめぐるロスチャイルドとローズの対立は示唆的であった。おそらく，チャップマン論文の最大の成果は，ローズとロスチャイルドの関係を鮮明にしたことにあるといってよい。ホブスンの指摘以来ロスチャイルドはローズの金融的支柱としてみられてきた。しかし，彼によれば，両者の蜜月時代は De Beers の設立後3，4年で終り，De Beers における終身総裁の地位や投資政策，特許会社に対する De Beers の金融的支援などをめぐってことごとにローズと対立しあうようになる[89]。さらに彼は，南部アフリカにおけるローズの帝国主義的野心のために，ロスチャイルドのプレトリアとの微妙な関係が危うくされたとさえ示唆するのである[90]。

ロスチャイルドと The Exploration Co　しかし，果たしてロスチャイルドは「銀行業と事業の正統的慣行の規範」を遵守する小さなギャンブラーにすぎなかったのであろうか。

　シティの一般の金融業者はもちろんのこと，ロスチャイルドでさえ保守的であり，リスクの大きい鉱業投資は回避した，というチャップマンの主張に異をとなえたのは，タレルとファン-ヘルテンである。彼らは，「ロスチャイルド商会，The Exploration Company と鉱業金融」と題する共著論文で，ロスチャイルドと一団のマーチャント・バンカーが国際鉱業金融に深く関わっていたことを明らかにし，そして，「マーチャント・バンクの保守的性格を強調し，彼らを鉱山株式市場における小さなギャンブラーとして描くことは，彼らを帝国主義から切り離すイデオロギー的機能を果たす」[91]と，主張するのである。

　タレルとファン-ヘルテンが The Exploration Co を「発掘し」取り上げたのは，ホブスンの指摘を導きの糸にしたことは疑いない。The Exploration Co こ

---

87) S. D. Chapman, *The Rise of Merchant Banking*, p. 23.
88) S. D. Chapman, 'Rhodes and the City of London', p. 653.
89) *Ibid.*, pp. 653~659.
90) *Ibid.*, p. 660.
91) R. V. Turrell with J. J. Van-Helten, *op. cit.*, p. 199.

そ，ロスチャイルドを初めとする一団の金融業者が，外国の鉱山会社の発起や証券取引に取り組んだ鉱業金融の媒介機関であった。では，The Exploration Co とは，どのような企業であり，また，どのような活動をしたか。以下，タレルとファン-ヘルテンの叙述によってこれを見ておきたい。

1880年代後半，ヨーロッパでは銅と錫のブームがおこり，価格ばかりでなく鉱山株価も浮揚した。1890年代に入ると，マイソール，クールガーディ，アシャンティ，クロンダイク，ラントなど次々と金鉱床が発見・開発され，一大金鉱ブームが生じた。ロンドンでは，探査会社ともトラスト会社とも呼ばれる何百もの鉱山金融会社が設立され，新しい鉱山会社を設立しては新規株式を発行した。1886年「第一次鉱山ブーム」の始まりを背景に設立された The Exploration Co は探査会社の先駆者であった[92]。19世紀最後の四半期には，鉱山業は古い「錬金術」の時代を脱し，近代科学の応用の時代に移っていた。鉱山技師の地位は高く，報酬も破格であった。彼らの情報と助言は鉱山投資に伴うリスクを大幅に縮小していた[93]。ロスチャイルドが一団の金融業者とともに The Exploration Co を設立したのは，優秀な鉱山技師，アメリカ人のハミルトン・スミスと知りあったことによる。

スミスは，すでに1870年代ニューヨークで鉱山技師として名声を博していた。彼は太平洋沿岸でいくつかの金鉱山会社を経営していたばかりでなく，儲けの多い爆薬工場を設立していた。一方，ロスチャイルドは，カリフォルニアの金鉱発見直後から，金の主要な輸入業者となっており，種々の鉱山にも深い関心を寄せていた。ロスチャイルド卿がスミスに注目したのはこの関連においてであった。彼はスミスをアメリカにおける金鉱山権益の顧問技師に任命し，1881年にはヴェネズエラにおけるエル・カラオ金鉱山についての報告を委託した。スミスがロンドンに移住する決意をしたのはロスチャイルドの勧誘による。1885年，彼はエドマンド・ド-クレイノーとパートナーシップを組んで London Engineering Consultancy を設立し，そして，翌年，ロスチャイルドたちは The Exploration Co を設立するのである[94]。

The Exploration Co の創設者は20名からなっていた（表4 — 6）。金融業者は，ロスチャイルド3兄弟の他，ベアリング商会の2名，スミス・ペイン商会，

---

92) *Ibid.*, pp. 181–182.
93) *Ibid.*, pp. 185–186.
94) *Ibid.*, p. 183.

表 4 — 6　The Exploration Company の創設者

Lord Rothschild	ロスチャイルド商会	金融業者
Alfred Rothschild	ロスチャイルド商会	金融業者
Leopord de Rothschild	ロスチャイルド商会	金融業者
Lord Revelstoke	ベアリング商会	金融業者
James Hodgson	ベアリング商会	金融業者
H. B. T. Farquhar	ファイフェ公爵のパートナー・サミュエル・スコット，バート商会の大株主	
Martin Smith	スミス，ペイン商会	金融業者
E. A. Hambro	ハンブロ商会	金融業者
Henry Oppanheim	オッペンハイム商会	金融業者
Carl Meyer	ロスチャイルド家の顧問	金融業者
John Dudley-Ryder	ベンジャミン・ニューガス商会	金融業者
Arthur Wagg	ヘルバード・ワッグ商会	ロスチャイルドの主要な株式仲買人
William Hodding		株式仲買人
H. R. Beeton		株式仲買人
Granville Farquhar		株式仲買人
Thomas Norris Oakley		株式仲買人
Harry Mosental	モーゼンタール商会	ダイヤモンド商人
Dellwyn Parrish		ウェルズの精錬業者
Herbert Magniac	マセソン商会	貴金属精錬業者
Hamilton Smith / Edmund de Crano	両者はロンドン・エンジニアリング・コンサルタンシーのパートナー	鉱山技師
Thomas Baring*	ベアリング商会	金融業者
Francis Baring*	ベアリング商会	金融業者
Gerald Dudley Smith*	スミス，ペイン商会	金融業者
Ernest Cassel*		金融業者
Anthony Gibbs and Sons*		マーチャント・バンク
Wernher, Beit and Co.		鉱業金融商会

〔注〕 *後年の株主．

　ハンブロ商会，オッペンハイム商会，ベンジャミン・ニューガス商会各1名，それに，H・B・T・ファークワとロスチャイルド家の顧問のカール・メイヤーの2名を加えて，計11名。ファークワはファイフェ公爵とパートナーを組んだサミュエル・スコット・バルト商会の大株主である。株式仲買人はロスチャイルドの主要株式仲買人のアーサー・ワッグを筆頭に計5名，その他に，ダイヤモンド商人のハリー・モーゼンタール，ウェルズの精錬業者デルウィン・パリッシュと貴金属精錬業マセソン商会のハーバード・マニヤック，それに，ハミルトン・スミスとエドマンド・ドークレイノーであった。取締役会長には，ファークワが就任し，スミスとド・クレイノーが専務取締役となった。カール・メイヤーは，後年ロスチャイルドの命を受けて De Beers の投資政策をめぐってローズと直接対決する当人であるし，ファークワは，先に述べたように，ファイフェ公爵とともに特許会社の取締役に就任する。1899年 The Exploration Co が株式会社に改組された後、アーネスト・カッセル、アンソニー・ギブズ商会、ウェルナー・バイト商会が株主となる。1914年までの最大株主はロスチャイルドで、1890年に30％、1914年でも7.6％を保持していた[95]。The Exploration Co がロスチャイルドと同一視されるいわれがなかったわけではなかったのである。

The Exploration Co による鉱山評価と投資勧誘 The Exploration Co は資本金の代わりに探査基金2万ポンドからはじまった。一般の探査会社と異なり、当初、探査と会社発起にはたずさわらず、鉱山技師を派遣して鉱山事業を評価し、会員に情報を流し投資を勧誘するにとどまっていた。1889年10月、各地の鉱山発見の波に乗って発行資本金30万ポンドの株式会社に改組され、発起業務に進出した。ただし、払込資本金は1895年まで3万ポンドであった[96]。The Exploration Co は金融と鉱山技術の結合体であった。金融業者や株式仲買人は投資、代理業務、会社発起の3分野における利潤追求において The Exploration Co と相互に利用しあった。スミスを初めとする技師たちが鉱山を調査し、株主が投機的投資を敢行した[97]。

タレルとファン-ヘルテンは、The Exploration Co の鉱山技師の活躍が大成功を収めた例として2つ挙げている。第1は、すでにおなじみのダイヤモンドの独占体 De Beers の設立である。フランス会社をめぐる Kimberley Central との最終的段階での競り合いにおいて、ロスチャイルドをしてローズの De Beers Co に荷担せしめたのは、アメリカ人技師ガードナー・ウィリアムズのその将来性に対する評価であった。彼は、1895年スミスとド-クレイノーのコンサルタント会社と関係を持つにいたり、スミスの依頼を受けてキンバリーに赴いたものである。De Beers 成立後、彼はスミスの推挙によりその顧問技師につく[98]。

もうひとつは、ラントにおける深層鉱山の発見・開発である。ここで、The Exploration Co は、ロスチャイルドとウェルナー・バイト商会の連携において決定的役割を演ずる。1892年3月、The Exploration Co は、スミスの調査に基

---

95) *Ibid.*, p. 184.
96) *Ibid.*, p. 184.
97) *Ibid.*, p. 184.
98) *Ibid.*, p. 185.

づき，深層鉱地を所有する Deep Levels Co を設立した。これにはロスチャイルドと深層鉱山に確信をもつウェルナー・バイト商会が出資する。Deep Levels Co の所有する鉱地は Consolidated Deep Levels に継承される。深層鉱山に対するスミスと The Exploration Co の貢献の意義は，ウェルナー・バイト商会が RM を設立したときいっそう明らかになる。発行資本金30万ポンドのうち，エックシュタイン商会が売主株として20万ポンドを保有し，運転資金10万ポンドの募集は The Exploration Co と CGFSA の間に 7：3 の比率で分けられるのである。また，1897年１月，RM が 5 ％確定利付社債を発行したとき，その大部分をウェルナー・バイト商会と The Exploration Co の関係者が購入する。さらに，The Exploration Co の顧問技師であったヘンリー・クリーブランド・パーキンスが RM の総支配人に就任する。彼は，1895年ドークレイノーが亡くなった時，彼に代わり，London Engineering Consultancy においてスミスのパートナーとなる[99]。

　1894年，トランスヴァールとオーストラリア西部における金鉱ブームを予想して，The Exploration Co は探査会社として子会社 Transvaal and General Association と West Australian and General Association を設立する。資本金はそれぞれ25万ポンドと10万ポンドであった。ただし後者のそれは1896年の初めに20万ポンドに引き上げられる。これら子会社の株式は大部分 The Exploration Co の株主によって購入され，取締役会は親会社のそれと同一であった。オーストラリアで営業していたマーチャント・バンク，アンソニー・ギブズ商会の出先機関ギブズ・ブライト商会が West Australian and General Association の支配人の地位を占めた[100]。

　1895年の金鉱株ブームの規模は未曾有のものとなった。The Exploration Co は投資活動をはじめ，資本金は30万ポンド全額払込となった。創設者20名が持っていた10％配当後利潤の半分を取得する創業者株は廃止され，増資の際その半分を額面で購入する権利に代えられた[101]。

　鉱山株に対する膨大な需要につけいるには，The Exploration Co グループの資力だけでは足りなかった。大陸の投資資本を利用すべく，同年パリとベルリンにそれぞれ Compagnie Française des Mines d'Or et Exploration（資本金50万

---

99) *Ibid.*, pp. 187–188.
100) *Ibid.*, p. 188.
101) *Ibid.*, p. 185.

ポンド）と Afrikanishe Bergwerks und Handels Gesellschaft（資本金50万ポンド）を設立した。The Exploration Co はそれぞれにかなりの株を保有し，取締役を指名した。両社とも資本は非公開募集で，主要株主に，前者ではパリ・ロスチャイルド兄弟，ジェイムズ・ヒルシュ男爵，モーリス男爵の弟，Compte de Comonde, Societe Generale, Banque Internationale de Paris, 後者では Disconto Gesellshaft, Dresdner Bank, ブライヒレーダー商会，エルネスト・フリードランダーなど金融界の錚々たる顔ぶれがならんでいた。ロスチャイルドは大陸の有力金融業者や金融機関と連携をとったのである[102]。

　この時期，The Exploration Co はロンドンでもっとも成功した鉱業代理業者として尊敬を集めるにいたっていた。直接投資額は37万5466ポンド，手持ち現金はゼロから50万ポンドになり，2つの子会社を含めた市場価値は224万ポンドに達していた[103]。スミスは The Exploration Co とウェルナー・バイト商会の合同を試みたという。しかし，ウェルナー・バイト商会は The Exploration Co の何倍もの大商会に成長しており，条件を煮つめるまでもなく立ち消えとなった。代わって，翌年，The Exploration Co は2つの子会社を吸収し，資本金は125万ポンドに跳ね上がった[104]。

　The Exploration Co のオーストラリアでの事業は南アフリカのそれに比べて芳しくなかった。その上，資本金100万ポンドの The Sulphide Corporation を設立し，ブロークン・ヒルの豊かな Central 鉱山を購入し，鉛，亜鉛，銀の回収法であるアッシュクロフト法の特許を得て操業を開始するが，アッシュクロフト法は硫化鉱には歯が立たず，事業は失敗に帰した。このため，1898年には The Exploration Co はオーストラリアから完全に撤退する[105]。

　この失敗は The Exploration Co に大きな変化をもたらした。スミスが The Exploration Co の持株を処分し，遂には引退して帰国するのである。彼は，アッシュクロフト法の導入には慎重を期すことを求めていた。しかし，それは敢行されてしまったのである。その上，アメリカのいくつかの鉱山を糾合して The American Sulphide Corporation を設立する話が持ち上がった。1894年 The Exploration Co の取締役に就任し，ドークレイノーの死去とともに専務取締役

---

　102) *Ibid*., pp. 188-189.
　103) *Ibid*., p. 189.
　104) *Ibid*., p. 189.
　105) *Ibid*., p. 190.

となっていたマギールが進めたものであるが，あやふやな見通しのままにこと
を運ぶやり方には経験あるスミスにとって耐ええぬものであった。また，鉱山
ブーム終焉による鉱業金融の変化も引退を決意させる一因となった[106]。

スミスの辞任によりローリンスン・バイリスが専務取締役となった。1890年
代，取締役会長はファークワとモーゼンタールが分かち合っていたが，1901年
にはバイリス自身がこれを兼任するようになる。それ以降30年間，彼はこの地
位を保ち，The Exploration Co は彼そのものとなるのである。会社の性格は
すっかり変わり，発起業務は少なくなり，アメリカ，メキシコなどの鉱山を経
営するごく普通の鉱業会社になるのである[107]。ここに，ロスチャイルドと
The Exploration Co の関係も決定的に変わるのである。

（2）The Exploration Co の発起業務

The Exploration Co の発起業務　発起業者としての The Exploration Co の活動
は，1880年代末に始まり今世紀初頭で終わる。The Exploration Co が発起業務
に関わるケースには，単独もしくは共同で株式・社債を発行する場合と，他会
社が発行した株式・社債を引き受ける場合の，2つがあった。The Exploration Co が発行する場合，The Exploration Co 自身が株式を購入するかたわら，
株主には額面価格での参加を許した。これは株主にとって大きな利得の源泉と
なった。なぜなら，会社と株主の名声は株式を高いプレミアムつきのものに押
し上げたからである[108]。

　発起業者の最も重要な仕事は，発行を成功させ，資本を募集することである。
そのために，彼らはしばしば金融業者や株式仲買人や爵位ある名士など大衆の
信頼を呼び起こすような人々と協定をむすび，大衆投資家からの応募を確保し
ようとした。この点で，The Exploration Co の取締役メンバーや主要株主を選
ぶことは効果的であった。そして，こうした人々には，株式が無償か額面で提
供された。さらに，1890年代の初めから，株式，ことに鉱山株を引き受けるこ
とは普通のこととなっており，大衆投資家の反応が鈍いときには，一部または
全部の株式が引き受けられ，その報酬は少なくて資本金の5％，多いときには

---

106)　*Ibid.*, p. 190.
107)　*Ibid.*, pp. 186, 196–197.
108)　*Ibid.*, p. 191.

表4—7 The Exploration Co が発起に関係した会社（1889〜1903年）

年	会 社	活動国	授権資本金
1889	De Beers Cons Mines, second mortgage debs	南アフリカ	£1,750,000
1889	Burma Ruby Mines	ビルマ	£300,000
1889	Fraser and Chalmers	イギリス	£500,000
1892	Consolidated Deep Levels	南アフリカ	£200,000
1892	Geldenhuis Deep	南アフリカ	£350,000
1893	Rand Mines	南アフリカ	£400,000
1893	Goldfields of Mashonaland	ローデシア	£200,000
1894	Jumpers Deep	南アフリカ	£400,000
1894	Transvaal and General Association	南アフリカ	£250,000
1894	West Australian and General Association	オーストラリア	£100,000
1895	Cie Francais des Mines d'Or et Association	フランス	£500,000
1895	Afrikanische Bergwerks und Handelsgesellschaft	ドイツ	£500,000
1895	Anaconda Copper Co	アメリカ	£6,000,000
1895	Sulphide Corporation（Ashcroft Process）	オーストラリア	£1,000,000
1895	Central London Raliway	イギリス	£2,800,000
1896	Electric Traction Co	イギリス	£600,000
1896	Cie Générale de Traction de Paris	フランス	£2,000,000
1896	Consolidated Goldfields of New Zealand	ニュージーランド	£255,000
1896	New Zealand Exploration Co	ニュージーランド	£125,200
1896	Grand Central Mine of Mexico	メキシコ	£250,000
1898	Gold Coast Amalamated Mines	ゴールドコースト	£300,000
1899	El Oro Mining and Railway Co	メキシコ	£900,000
1903	Otavi Minen und Eisenbahn Gesellschaft	南西アフリカ	£1,000,000

〔出所〕 R. V. Turrell with J. J. Van-Halten, 'The Rothschilds, the Exploration Company and Mining Finance', *Business History*, No,38(1986),p.193.

50％にも達した。これは，発行価格の上昇分から支払われた[109]。The Exploration Co もこの儲けに与っていたが，通常はもっと堅実な株式の引受けから利潤を挙げていた。ただし，この引受けも単独で行なう場合は少なく，株式引受けシンジケートを結成するのが一般的となっていた。発行株式の巨大化によって，1発起業者だけで全リスクを負うことはできなくなっていたからである[110]。

タレルとファン-ヘルテンは，1880年代末から20世紀初頭までに The Exploration Co が発起に関わった主要な会社として23件を挙げている（表4—7）。その大きな特徴は国際的な広がりであり，アフリカからオーストラリア，アメリカ合衆国からアジア，ラテンアメリカへと伸びている。彼らによると，これら発起のどれひとつとて失敗したものはなく，逆に The Exploration Co が引き受けを拒絶したとの汚名を被ると，発行は不可能であったという。

---
109) *Ibid.*, pp. 192-193.
110) *Ibid.*, p. 194.

タレルとファン-ヘルテンは，発行の報酬は平均してほぼ名目資本金の20%で，引受け料，手数料，コストを含んでいたという[111]。しかし，この23件すべてについて，卒然と，The Exploration Co が名目資本金の20%の報酬を得たと受けとれば，それは誤りである。発起に対する The Exploration Co の関わり方はケースによって異なっており，また，報酬は株式引受けシンジケートにおける持分で決定されたからである。

残念ながら，タレルとファン-ヘルテンは23件すべてについて説明してはいない。彼らが紹介している発起業務の概要を述べれば，以下のとおりである。

彼らは，The Exploration Co が携わった発行の際だった成功例として，1889年の2つの会社を挙げている。ひとつは De Beers であり，その第二抵当付社債175万ポンドの発行は The Exploration Co にとってきわめて有利な仕事であった。もうひとつは，Burma Ruby Mines であり，30万ポンド株式の発行には，The Exploration Co の事務所に投資家が殺到し，取引所に上場されるや300%のプレミアムがつく有様であった[112]。

株式引受けシンジケートの結成は発起の際の不可欠の構成部分であった。1904年 Otavi Minen und Eisenbahn Gesellschaft の株式がヨーロッパの大衆投資家にもたらされたのは次のような過程を経た。1899年，The Exploration Co は資本金200万ポンドの Otavi Minen 社をベルリンに登録すべく Disconto Gesellschaft と協定を結んだ。Otavi Minen 社は，South West Africa 社からナミビアにおける1000平方マイルの土地を買収していた。そこには，Otavi, Little Otavi, Anwap なびに Tsumeb の銅鉱山が含まれていた。新会社はこれら銅の採掘とアンワップからツメブまでの鉄道敷設ならびに植民を目的にしていた。1903年，資本金は100万ポンドに引き下げられて発行された。新たに Deutsche Bank とブライヒレーダー商会が加わり，The Exploration Co ならびに Disconto Gesellschaft と株式販売のシンジケートを結成した。株式は公募されず，ロンドンのレオポルド・ヒルシュ，ウェルナー・バイト商会，ブラッセルの Cie Internationale pour le Commerce et l'Industrie，ロスチャイルド商会の「特別の事業上の友人」に参加が認められた。1903年，彼らの所有するすべての創業者株と普通株は集められ，ベルリンでは Disconto Gesellschaft が，ロンドンでは The Exploration Co がこれを売りに出した[113]。

---

111) *Ibid.*, p. 193.
112) *Ibid.*, p. 191.

1895年に再建された Anaconda Mining（Montana）社の場合，発行資本，額面25ドル総株数120万株はいくつかのシンジケートによって引受けられ，The Exploration Co を中核とするシンジケートは1株30ドルで30万株を獲得した。Anaconda Mining 社は当時世界最大の銅生産者であり，銀の生産では世界第2位であった。株式は1株35ドルでロンドン株式取引所に上場されたが，シンジケート内では株式の配分をめぐり，激しい争いが生じた。専務取締役のジョウゼフ・リューカッチは，The Exploration Co のために5万株，会社が「義理」のある人々に2万株，計7万株を配分するつもりでいたが，シンジケートに加わっていたドイツ人とアメリカ人のグループがより大きい分け前を要求し，3万株を吐きださざるをえなくなった。結局，リューカッチは，The Exploration Co に2万株，子会社の West Auatralian and General Association に4000株を確保するにとどまった[114]。The Exploration Co の銅への関わりはこれだけではなかった。1890年に，ロスチャイルドとベアリングは The Exploration Co のために銅を購入していたし，パリ・ロスチャイルドはアメリカの銅鉱業，就中 Boleo Co に出資していた。また，The Exploration Co が Anaconda Mining 社株式引受けシンジケートを結成する少し前に，ロスチャイルド商会は Rio Tinto 社のために360万ポンドの4％利付抵当債を発行していた。そして，ロスチャイルドは Anaconda Mining 社株を購入すると同時に銅販売シンジケートに加入した。1896年には，The Exploration Co は，銅生産制限の協議で重要な役割を演ずる[115]。

当時，第二次産業革命の技術革新の中で，電力，武器製造など銅の用途は急速に広まっていた。The Exploration Co は，銅鉱山と銅商品に投資するだけでなく，原料生産と最終用途を結びつけるという経済の前衛に立つことになる。1895年から96年に General London Railway，Electric Traction Co，Cie Générale de Traction de Paris などヨーロッパの電車，地下鉄の発起業務に従事するとともに，その権益を持ち始める。スミスが深層鉱山の技術を地下鉄工事に応用するのに何の困難もなかった[116]。南ア戦争勃発時における The Exploration Co の投資額は172万ポンドで，その内訳は電車・地下鉄78万ポンド（45.3％），鉱

---

113) *Ibid.*, pp. 193–194.
114) *Ibid.*, pp. 194–195.
115) *Ibid.*, p. 195.
116) *Ibid.*, p. 195.

業66万ポンド（38.6％），商業・工業28万ポンド（16.1％）であった。1件French Traction Coだけが突出しており，投資額の5分の2を越えていた。世紀末に鉱業投資の比重が著しく低下しているのは，電車・地下鉄に投資が向かったことにもよるが，オーストラリア，ニュージーランドの金鉱山への投資が損失続きで破棄されたことにもよる[117]。

The Exploration Coの配当　タレルとファン-ヘルテンによれば，The Exploration Coの配当は次のようになっている。1889年から1895年までの7年間には，発行払込資本金3万ポンドに対し計265％の配当，年平均38％である。続く1904年までの10年間には資本金125万ポンドに対し，配当率は合計で80％，年平均は8％であった。金額にすると年平均で，1889年から1895年まで1万1400ポンド，1904年までの10年間には10万ポンドである[118]。これは決して少なくない配当ともいえるし，また，投資額172万ポンドも決して小さくはない。しかし，これを以て大会社の投資とか配当であるとはとても言えぬであろう。

　The Exploration Coの投資や配当から判断する限り，会社それ自体の発展もさることながら，その会員，株主への投資情報の伝達と投資参加の機会の創造に力点がおかれていたように思われる。タレルとファン-ヘルテンの調査では，The Exploration Coの会員，株主がどの程度 The Exploration Coの発起する会社に参加し，かつ稼いだかはまったく不明であるが，彼らの以上の分析から金融業者の鉱業や新産業に対する態度について彼らが下した以下の結論には肯けるであろう。①シティの金融業者がリスクの低い証券だけを取り扱っていたという旧来の見解は修正を要する。1890年代と1900年代の鉱山・会社発起ブームの時に，注意深くかつ大っぴらに投機に従事していた金融業者はロスチャイルドだけでなかった。②The Exploration Coの鉱業金融と事業にロスチャイルド商会が深く関わっていたことは，同商会を保守的で技術発展の最先端部門の経済的機会をとらえるのに緩慢であったとするチャップマンの特徴づけを疑問とする。ロスチャイルドは，他の金融業者とともに，鉱山技師を活用し，株式会社を設立し，最先端の交通機関の建設に関わったのである[119]。

　タレルは，ローズとロスチャイルドの大きな違いは，ローズが投資を行なう

---

117)　*Ibid.*, p. 196.
118)　*Ibid.*, p. 191.
119)　*Ibid.*, pp. 198–199.

機関として De Beers しか持っていなかったのに対し，ロスチャイルドは，投資の地域的部門的多様化を計ることのできる The Exploration Co を有していた，と指摘している[120]。De Beers の投資政策をめぐる両者の反目はここに根拠があったというのである。

The Exploration Co による南ア金鉱業会社の発起　ところで，ここでの問題は，The Exploration Co が南ア金鉱業会社の発起にどれ程関わっていたかである。タレルとファン＝ヘルテンは，The Exploration Co が発起に関わったラントの会社として，Consolidated Deep Levels（20万ポンド），Geldenhuis Deep（35万ポンド），RM（40万ポンド），Jumpers Deep（40万ポンド）の4つを挙げている（表4―7参照）。1893年の RM の発起については，タレルとファン–ヘルテンによって，すでに述べた。因みに，RM の1897年の5％確定利付社債100万ポンドの発行では，同年1月に額面の98％の価格で発行された67万ポンドのうち，ウェルナー・バイト商会と The Exploration Co の関係者が大半を購入した。すなわち，パリでは，ウェルナー・バイト商会の前身であるポージェ商会の最上級パートナーであったJ・ポージェが12万ポンド，パリ・ロスチャイルド3万5000ポンド，ロンドンでは，S・ノイマン10万ポンド，エックシュタイン商会を引退していたテイラーが2万5000ポンド，The Exploration Co 5万ポンド，RM の総支配人パーキンスが2万ポンド，それに，The Exploration Co とエックシュタイン商会の合弁会社である Consolidated Deep Levels が10万ポンド，である[121]。RM の発起に参加していた CGFSA ならびにその関係者の姿がまったく見えないことは注目される。

タレルとファン–ヘルテンはラントの後3件の発起については何も述べていない。しかし，The Exploration Co が南ア金鉱業会社の発起にどれだけ関わっているかを知るためには，これを見ることは不可欠であろう。

先に，タレルとファン–ヘルテンによって，The Exploration Co がスミスの調査に基づき深層鉱地を保有する Deep Levels Co を設立し，それにはロスチャイルドとウェルナー・バイト商会が同時に出資したことを述べた。Deep Levels Co は Consolidated Deep Levels によって継承される。すなわち，1892年，The Exploration Co とエックシュタイン商会は授権資本金25万ポンドの合弁会

---

120) R. V. Turrell, *op. cit.*, p. 429.
121) R. V. Kubicek, *op. cit.*, p. 68.

社 Consolidated Deep Levels を設立し，Deep Levels Co の鉱地を引き継ぐのである。当初発行資本金は18万5000ポンドで，The Exploration Co とエックシュタイン商会は売主株として14万5000株（額面1ポンド）を取得し，営業資本を得るため別に4万株を額面価格で一般投資家に売り出した。当初所有鉱地は194鉱区であったが，設立直後に Simmer and Jack から10.5鉱区を2250株で買い取るとともに，275鉱区を有する East Rand Syndicate の8分の1の権利を7575ポンドで購入する[122]。

1893年 Geldenhuis Deep が発行資本金26万5000ポンドで設立されたとき，Consolidated Deep Levels は59鉱区を提供して売主株7万3500株，RM は150鉱区を提供して10万1500株を得る。営業資本の獲得のために21シリングの価格で9万株が発行されるが，その販売は The Exploration Co に委託される[123]。翌年の Rose Deep 設立の際には，RM, Consolidated Deep Levels, Gold Fields Deep がそれぞれ70鉱区，47鉱区，16鉱区を提供し，売主株として8万6634株，8万3366株，3万株を得る。現金発行株10万株（額面販売）はすべて売主によって買われる。RM 4万3318殊，Consolidated Deep Levels 4万1628株，Gold Fields Deep 1万5000株である[124]。同年の Jumpers Deep の設立においては，RM は189鉱区を提供して15万6000株を，Consolidated Deep Levels は35鉱区で4万4000株を売主株として獲得する。現金発行株もすべて売主が取得し，RM 7万8000株，Consolidated Deep Levels は2万2000株を得る[125]。鉱区の提供と売主株の取得に見られるように，これら3つの金鉱山会社すべて RM 傘下に設立されたものである。Consolidated Deep Levels は所有する残りの67.3鉱区を CGFSA に12万ポンドで売却する。この鉱区は CGFSA 傘下の Simmer and Jack 鉱地に組み入れられるが，Consolidated Deep Levels は，Simmer and Jack が新しい営業資本を募集する時，CGFSA と同じ条件で5万株まで購入する権利を得る[126]。さらに，East Rand Syndicate が Witwatersrand Deep として再建された際，Consolidated Deep Levels は，Witwatersrand Deep が発行する売主株27万株と現金発行株6万5000株に対する8分の1の権利を獲得する[127]。（以上表

---

[122] C. S. Goldman, *op. cit.*, p. 51.
[123] *Ibid.*, p. 114 ; *South African Mining Manual 1900*, p. 447.
[124] C. S. Goldman, *op. cit.*, p. 389.
[125] *Ibid.*, pp. 174-175.
[126] *Ibid.*, p. 51.
[127] *Ibid.*, p. 51 ; *South African Mining Manual 1900*, p. 771.

表 4－8　The Exploration Co の南ア金鉱業会社発起への関わり

	発行年	発行株数		発　行		株　主	備　考
		累　計	現金発行	価格	売主株	売　主	
Cons Deep Levels (CDL)	1892	185,000	40,000	20s	145,000	Eckstein's, The Exploration Co	CDL はエックシュタイン商会と The Exploration Co の合弁会社。
Rand Mines (RM) 増資	1893	187,250 300,000	100,000	20s	2,250 200,000	Simmer and Jack (2,250) Eckstein's (200,000)	現金発行株10万株は次のように取得される。CGFSA (30,000), カッセル (6,000), パリ・ロスチャイルド 3 兄弟 (24,000), ロスチャイルド (3,000), ジンジャート参加商人 (8,400), H・ジェニングス他 4 人 (15,000), A・ベイト・C・ハナウ・S・ノイマン (17,000), ダイヤモンド・シンジケート参加商人 (8,400), R・カン (3,000), 他 4 人の鉱山技師
Geldenhuis Deep	1893	265,000	90,000	21s	175,000	RM (101,500) CDL (73,500)	現金発行株 9 万株は The Exploration が売り出す。
増資	1895	273,899	8,899	140s			株主に発行。
増資	1895	280,000	6,101	135s			引受人に発行。
増資	1897	300,000	20,000	100s			株主に発行。
Rose Deep	1894	300,000	100,000	20s	200,000	RM (86,634) CDL (83,366) Gold Fields Deep (30,000)	現金発行株はすべて売主が購入。RM (43,318), CDL (≤1,682), Gold Fields Deep (15,000)
増資	1895	325,000	25,000	85s			株主に発行。
増資	1897	370,000	45,000	90s			株主に発行。
増資	1898	395,000	25,000	125s			株主に発行。
Jumpers Deep	1894	300,000	100,000	20s	200,000	RM (156,000) CDL (44,000)	現金発行株はすべて売主が購入。RM (78,000), CDL (22,000)
増資	1896	371,594	35,797		71,594	RM, Barnato Cons Mines	RM と Barnato Cons Mines が購入。
増資	1896	407,391			19,459	Jumpers GM (19,459)	Jumpers GM が購入。
増資	1896	426,850	9,726	20s			株主に発行。
増資	1896	436,573	87,316	100s			
Witwatersrand Deep	1899	523,895	65,000	30s	270,000	East Rand Syndicate (270,000)	現金発行株はすべて East Rand Syndicate の株主が購入。(EastRand Syndicate には Wernher, Beit 商会, Neumann 商会, CDL が参加。CDL の持分は八分の一)。
	1895	335,000					

[出所] C. S. Goldmann, *South African Mines : Their Position, Results, and Development*, Vol.1 ; *The South African Mining Manual*, 1900 ; *The Mining Manual & Mining Year Book*, 1915 ; R. V. Kubicek, *Economic Imperialism in Theory and Practice : The Case of South African Gold Mining Finance 1886–1914*, pp. 64-65.

4―8参照)

　C・S・ゴールドマンの *South African Mines* や *The South African Mining Manual* によって筆者が確認できた限りでは，The Exploration Co の南ア金鉱山会社発起への関わりは Consolidated Deep Levels を通したものであり，そして，Consolidated Deep Levels の発起への関わりは以上で尽きている。これを総括すると，1893年から95年までに，Consolidated Deep Levels は，売主株，現金発行株を含めて5鉱山，およそ35万株余を得たことになる。これらの株式は，その大半は配当もしくはボーナスとして株主に分配され，一部は市場で売られ，残りは手元に止めおかれた。例えば，Geldenhuis Deep 株7万3500株はすべて1893年5月に株主に分配されているし，取得していた Rose Deep 株12万5048株のうち5万7667株が1897年株主に手渡されている。その際の市場価格は1株132シリング6ペンスであった。Jumpers Deep 株6万7200株も1899年3月に株主にボーナスとして渡されている。相場は85シリングであった[128]。恐らく，Consolidated Deep Levels の株主としてこれらの株式を受けとった The Exploration Co も，その株式を配当やボーナスとして株主に分配するとともに，一部は市場で売り捌き一部は投資として保有していたことであろう。

　世紀末には金鉱株価が再び浮揚し額面の5～6倍にもなっていた。額面価格を取得原価であったと推定すると，Consolidated Deep Levels が取得した金鉱株35万株はその資産価値をおよそ140万～180万ポンド高めたことになる。Consolidated Deep Levels は The Exploration Co とエックシュタイン商会の合弁会社であったから，それぞれの持分を半分ずつとすると，The Exploration Co とその株主は，およそ70～90万ポンドの利益を得たことになろう。因みに，1899年には RM の株価は45ポンドに達し[129]，ロスチャイルド兄弟が額面（1ポンド）で取得した2万4000株は100万ポンドを越える価値となっていた。南ア金鉱業会社の発起業務はロスチャイルドや The Exploration Co の株主にとって，大きな富の源泉となったことは疑いない。

　他方，南ア金鉱業全体の発起業務にロスチャイルドや The Exploration Co のそれを位置づける時，これを過大視することは決して許されない。表4―9に1894年から99年における南ア金鉱山会社設立時の発行株式数を挙げている。増

---

128) *Ibid.*, pp. 400-401.

129) A. P. Cartwright, *The Corner House : The Early History of Johannesburg*, Cape Town, Purnell, 1965, p. 128.

表4—9　主要鉱業金融商会グループ金鉱山会社設立時の発行株数（1894－99年）

	鉱山数	発行株数	現金発行株	売主株
Ⅰ　Corner House 資本グループ	20	8,127,195	1,787,059	6,340,136
(1)　RM 資本グループ	10	4,353,908	1,046,080	3,307,828
(2)　Eckstein 商会資本グループ	10	3,773,287	740,979	3,032,308
Ⅱ　CGFSA 資本グループ	11	4,566,300	1,532,829	3,033,471
Ⅲ　JCI 資本グループ	5	1,037,500	n.a.	n.a.
Ⅳ　Goerz 商会資本グループ	6	1,404,500	570,000	834,500
Ⅴ　GM 資本グループ	2	778,333	228,333	525,000
Ⅵ　Neumann 商会資本グループ	5	2,038,250	550,000	1,488,250
Ⅶ　Robinson 資本グループ	13	5,400,000*	850,000	4,537,500
Ⅷ　Anglo-French 資本グループ	7	1,725,000	392,459	1,332,541
Ⅸ　総　　計	69	25,077,078	6,178,180	18,861,398

〔出所〕　C. S. Goldmann, *South African Mines : Their Position, Results, and Develoment*. Vol. 1 ; *The South African Mining Manual*, 1900.
〔注〕　＊手数料株12,500株発行を含む。

資発行は含まれていない。主要鉱業金融商会8社計69金鉱山会社で，発行株式数は実に2500万株になるのである。先に見たように，Consolidated Deep Levels の取得した株式数（増資分を含めず）は，たかだか35万株余にすぎないのである。チャップマンが指摘するとおり，巨額の資本は，ロンドンの金融業者によってではなく，ラントの鉱業金融商会によって募集されたのであり，ウェルナー・バイト商会やバーナト・ブラザーズ商会のロンドン事務所をとおして，株式は市場に送り込まれたのである[130]。これら鉱業金融商会や鉱業商会は，浮揚した株式市場で売主株を売りさばくことにより，膨大な額の創業者利得を実現した。これらの商会が，E・ヤッフェによって，発起業務や発行業務からして新しいマーチャント・バンクと呼ばれたのも理由のないわけではなかったのである[131]。

タレルとファン－ヘルテンが論証するように，ロスチャイルドを初めとする金融業者は保守的で，鉱山投資のようなリスクの多い部門は回避し，また，先端部門の投資には躊躇したというチャップマンの見方は誤っているが，南ア金鉱業に関する限り，持株の点からしても，発起活動の点からしても，ロスチャイルドの過大評価は許されない。すなわち，ロスチャイルドなど金融業者は，少なからぬ金鉱株を所有し，また，金鉱山会社の発起にも携わったけれども，南ア金鉱業全体の規模からすれば，マージナルなものであったと断じざるをえないのである。

---

130) S. D. Chapman, 'Rhodes and the City of London', p. 662.
131) E. Jaffe, *Das Englisches Bankwesen*, 2 Affl., Leipzig, Duncker und Humblot, 1910. S. 82.

ところで，ロスチャイルドの南ア金鉱業との関わりは，金鉱山会社に対する持株や発起業務に尽きるものではなかった。ロスチャイルドは南アフリカで生産された金の販売と深い繋がりがあったのである。次にこの関係が問われなければならないのである。

第 4 節　南アフリカ新産金の価値実現過程とロンドン金市場

（1）イギリス帝国内の新産金と国際金本位制

南ア新産金の価値実現過程　南アフリカの新産金は「未精錬金」または「原産地金」と呼ばれ，販売されるまでに，ロンドンに送られ，そこで精錬されねばならなかった。この過程は，理論的にはなお生産過程であり，金の採掘・抽出の本来的生産過程に対して追加的生産過程をなしている。本稿では，この過程が鉱山を離れ販売と直結していることからして，金の価値実現過程と呼び，この過程で要する費用を価値実現費用と名づけることにする[132]。

　南アフリカ産出金の価値実現過程の分析へと研究を一歩進めたのは，ファン－ヘルテンの論文，「帝国と高度金融：南アフリカと国際金本位制1890—1914年」である。南アフリカで生産された金はどのような人と道筋を経て，どのようなコストで販売されていたか。彼はこの問題を正面切って取り扱うとともに，金の価値実現過程におけるロスチャイルドの意義を明らかにした。ただし，断っておかねばならないが，南アフリカの金生産を支配した鉱業金融商会が金の輸送や精錬や販売において誰と契約したか，また，それぞれのコストがいくらであったかなど，必ずしも細かい点まで彼の調査がゆきとどいているわけではない。彼の論文の中心課題は，1890年代における世界の金鉱開発，就中，南アフリカのそれが第一次世界大戦前の国際金本位制に及ぼした影響の解明におかれており，南アフリカ新産金の価値実現過程が考察されるのはその関連においてである。しかし，南ア金鉱業史研究から見るとき，南アフリカ新産金の価

---

132) *Official Year Book of the Union of South Africa and of Basutoland, Bechuanaland Protectorate, and Swaziland 1910–1924*, No. 7 は，この過程において要する費用を実現費用（realization charges）と名づけている（*Ibid*., p. 503.）。R・アリもまた，これを踏襲している（R. Ally, *Gold and Empire*, pp. 160, 175.）。

値実現過程と価値実現費用（後述のように，価値実現費用従価百分率については，ファン–ヘルテンに錯覚があるように思われる）を解明して，ロンドン金市場の構造と特質を明らかにしたことはこの論文のメリットである。

ここでの課題は，ファン–ヘルテンによって南アフリカ新産金の価値実現過程を見ることであるが，それに先立ち，彼が世界の新産金が国際金本位制に及ぼした影響をどのように把握していたかについて簡単に触れておきたい。

新産金と国際金本位制　ファン–ヘルテンは，世界の新産金が金本位制に及ぼした影響として次の事実を指摘する。①1870年代のドイツの金本位制採用によって，金が世界の指導的工業国間の国際的決済の基礎となった。しかし，19世紀第3四半期，フランスやドイツの新興工業国から金需要が増大しているにもかかわらず，世界の金生産は減少していた。②1896年に大不況が終り，世界貿易が猛烈な勢いで拡大し始めると，貨幣供給の拡大を必要とした。国際金本位制下では，この貨幣供給拡大の要求は世界の金供給拡大の要求と直接結びついていた。③1890年代に増大した南アフリカ，オーストラリア，カナダの新産金は，金本位制の基礎を強固にし，貨幣供給の拡大を容易にすることによって，国際流動性問題を緩和した。つまり，国際金本位制下での経済と国際貿易の成長は，新産金の増大によって初めて貨幣不足や金準備不足によって妨げられることなく可能となったのである[133]。そして，彼は，貨幣商品金の急速な生産増加によって，トランスヴァールは帝国主義列強の相争う「国際経済の中心舞台」におしあげられたとつけ加えるのである[134]。

ファン–ヘルテンは，1870年代から1914年にいたる国際金本位制の絶頂期には，世界の金融・貿易機構に対するロンドンの支配は岩のように堅固であり，そして，この支配は世界の準備通貨としてのポンドの地位に基礎づけられているとみなされていた，と指摘する[135]。

周知のように，第一次世界大戦前の国際金本位制下では，ポンドは国際通貨として比類ない地位を占めていた。多くの国にとって，ポンドは貿易決済の手段であったし，国際差額を決済する手段としては金と同等に用いられた。さらに，いくつかの国においては中央銀行がポンドを準備金として保有した。国際

---

133) J. J. Van–Helten, 'Empire and High Finance', p. 533.
134) *Ibid.*, p. 530.
135) *Ibid.*, p. 534.

通貨としてポンドは正に金と同等の条件で機能していた。このポンドの地位は，イングランド銀行によるポンドと金の交換性の保証によって支えられていた。そして，このことによりイギリス通貨制度の規制者としてのイングランド銀行は，同時に世界の金本位制と国際決済制度の規制者としての機能を果たす独特な地位を占めることになっていたのである。

イングランド銀行の金準備　ところで，ファン-ヘルテンによれば，1890年代に入ると，世界の金融・貿易機構に対するロンドンの支配に危険信号がともったという。いわゆるベアリング恐慌がその始まりであった。ベアリング恐慌そのものは，当時最有力マーチャント・バンクのひとつであったベアリング商会が巨額の貸出先のアルゼンチンの債務不履行の噂を機に取り立ての危機にたたされたものである。多くの引受商会を巻き込み金融恐慌に発展することを恐れた大蔵省，イングランド銀行，並びにロスチャイルド商会は救済に乗り出し，ベアリング商会はかろうじて破産をまぬがれた。ベアリング商会自身は債務を越える資産を所有していた。しかし，著しく流動性が不足していたのである。ファン＝ヘルテンは，ベアリング恐慌の意義は，シティの中心機関が協力してイギリス金融体制の崩壊を食い止めたという事実よりも，債務に比して資産の流動性が著しく不足していることを露呈したことにあったと指摘する[136]。このような状態は，イングランド銀行を含め，イギリスの金融機関を悩ませていた事態であった。1890年のイングランド銀行の金準備は僅か1081万5000ポンドであり，これではベアリング恐慌に対処するにも，最後の貸手として機能するにも不十分であった[137]。1891年，時の大蔵大臣ジョージ・ゴーシェン卿は第2金準備を提案したが，銀行家の受入れるところとはならなかった[138]。しかし，これ以降イングランド銀行の少ない金準備は当事者の主要関心事となる。1896-97年に日本がイングランド銀行に預けていた日清戦争の賠償金を金で引き出した時，驚いたイングランド銀行総裁はホワイトホールに東京の意図を照会するよう依頼する有様であった[139]。

　ファン-ヘルテンは，イングランド銀行は金準備を強化する手段として，

---

  136)　*Ibid.*, p. 534.
  137)　*Ibid.*, p. 534.
  138)　*Ibid.*, p. 535.
  139)　*Ibid.*, pp. 534–535.

もっぱらバンク・レートと金操作（gold devices）に依存していたと指摘する[140]。バンク・レートの引上げは，短期の市場利子率を引上げ，信用を縮小させる。このデフレ政策は国内の産出量，価格並びに輸入量を下げる。他方，価格低下は輸出を促進し，利子率の引上げは外国から資本や金を引き寄せる[141]。金操作とは，イングランド銀行がロンドン金市場で購入する金価格を引き上げることである。1844年のイングランド銀行条例において，イングランド銀行はロンドン市場で申し込まれるすべての金を，標準金（22カラットの純金と2カラットの銅の合金）オンス当り3ポンド17シリング9ペンスまたはそれ以下で購入する義務を負っていた。しかし，運賃と保険によって決定される金現送点の範囲内ではそれ以上の価格を支払うことを禁じていなかった。最も有効な金操作は購入価格を標準金オンス当り1/8〜3/8ペンス引き上げることであった[142]。その他の金操作として，アメリカのイーグル金貨とフランスのナポレオン金貨の販売価格の引上げと完全な金の販売拒否があった[143]。

　ファン-ヘルテンによれば，1890年代と1900年代には，金の流入策としてバンク・レートは十分な機能を果たさなくなった[144]という。1890年代に集中合併を繰り返し，急速な勢いで伸びてきた新興株式銀行の金融力は，貨幣供給を支配する手段としてのバンク・レートの有効性を阻害したからである[145]。そのため，イングランド銀行は，ポンドの交換性と国際金融体制に対する支配を維持するために，ますます金操作に依存することとなった。1890年から1914年までの間，例えば1890年と1903年の金準備が低下した時に，イングランド銀行は，ロンドン金市場で新産金を確保するため標準金オンス当り3ポンド17シリング9ペンスという最低価格を上回る価格を支払ったという[146]。しかし，ファン-ヘルテンは，イングランド銀行の少ない金準備を増強するのに新産金に依存するところは小さかったことを指摘している。第1に，金市場で日々取り引きされる新産金の量は全体から見れば小さな割合しか占めていなかった。第2に，イングランド銀行の金準備は，正貨を含み，外国金貨の価格を操作し

---

140) *Ibid.*, p. 535.
141) *Ibid.*, p. 531.
142) *Ibid.*, p. 535.
143) *Ibid.*, pp. 535–536.
144) *Ibid.*, p. 536.
145) *Ibid.*, p. 535.
146) *Ibid.*, p. 536.

て金を引きつけた。第3に，貿易勘定の一般的決済の一部として外国から金貨を引き寄せる方がより迅速であり，コストもかからなかった[147]。そして，彼は，トランスヴァールやオーストラリアの新産金の意義は，それがイングランド銀行の金庫に向かうことにあったのではなく，毎週ロンドンに船積みされ，イングランド銀行は必要とあれば何時でもそれを確保できるという認識が，ポンドとイングランド銀行の正貨支払いに対する信頼を生み出していた，という事実にあった，と指摘する[148]。イギリスの南アフリカからの金輸入は1887年以降急速に増加し，1908年には金輸入総額の68.1％に達していた[149]。しかし，ジェイムスン襲撃事件や1895年の金鉱ブーム崩壊や南ア戦争の時には，南アフリカからの輸入は激減した。こうした南アフリカの供給減や，1890-91年や1907年の金融危機の際には，イングランド銀行はフランスとドイツから地金・正貨の輸入を急速に増やした。金融危機を全ヨーロッパに及ぼさぬためにも，フランス，ドイツの中央銀行もイングランド銀行に協力する必要があったというのである[150]。

（2）南アフリカ新産金の価値実現過程とロンドン金市場

ロンドン新産金市場　南アフリカの新産金がイングランド銀行の金庫に直接向かわなかったにしても，南アフリカの新産金はもっぱらロンドン市場で売却された。その理由として，ファン-ヘルテンは次の諸点を挙げている[151]。

　①ロンドン金市場は世界で唯ひとつ完全に自由な金市場であり，最大の市場であったため，最良の価格を期待できた。②1844年のイングランド銀行条例により，売却できなかったすべての地金は標準金オンス当り3ポンド17シリング9ペンスでイングランド銀行により買い取られた。ロンドン金市場は南ア金鉱業主にとり保証された市場であった。③ロンドンのシティは保険業，仲買人，株式取引所，銀行，精錬施設を有しており，ラントの金鉱業に不可欠の金融的並びにその他のサービスを提供していた。④ロンドンのシティは世界の貿易並

---

147)　*Ibid.*, p. 536.
148)　*Ibid.*, p. 536.
149)　*Ibid.*, p. 536.
150)　*Ibid.*, p. 537.
151)　*Ibid.*, p. 539.

びに決済の中心地であり，ロンドン宛て手形は国際的に受け入れられる決済手段として南ア金鉱業主によって好まれた．それは，アメリカから資本財や装置を購入する場合の決済手段として用いられた．⑤トランスヴァールには国際的に認知された精錬鋳造施設がなかった．

南アフリカの新産金がロンドン金市場で価値を実現するまでには次の過程を経ていた．①鉱山からダーバン港またはケープ港までの荷造りと陸上輸送，②ダーバン港またはケープ港からロンドンまでの海上輸送，③ロンドンでの精錬と金市場での販売，である．ファン-ヘルテンによれば，事態は次のようであった．

両港からヨハネスブルグまで鉄道が敷設される1890年代初めまでは，専ら馬車便が使われた．1888年のはじめ，ウェルナー・バイト商会の前身であるポージェ商会が1968オンス13ペニーウェイトの未精錬金を送る際，Standard Bank の現地事務所に委託し，同事務所は輸送を Messrs. Gibson Brothers に依頼した．輸送料金は従価0.25％を越えぬ料金であったが，引受人は保険料として別に従価2.6％を徴収した[152]．

ダーバン港またはケープ港からロンドンまでは毎週 Union Steamships, Castle Mail Packets, Bullard, King, もしくは, John T. Rennie Lines の商船によって運ばれた．これらの商船会社は南アフリカ海運同盟，すなわち，カルテルを結成していた．ファン-ヘルテンは，時のヨハネスブルグ副領事が海運賃を従価11％（ダーバン港）と13％（ケープ港）のあいだであったと推定していることを指摘している．カルテル外の船を使わないという厳しい条件で運賃の3分の1の後払いリベートがあったものの，高運賃は金鉱業主の怨嗟の的であった．さらに，これら運賃のほかに，ラントからロンドンまで従価2.6〜3.4％の保険料が Lloyds に支払われた[153]．

未精錬金または「原産地金」がロンドンに到着すると，ロスチャイルドの Royal Mint Refinery, Johnson Matthey, Raphael and Sons, Brown and Wingrove などの精錬業者に送られた．精錬費用は従価10％であった．精錬された標準金（ケープ金（Cape bar）とも呼ばれた）は，ロスチャイルド商会や Mocatta and Goldsmiths などの金ブローカーによって，ロンドン金市場で毎週月曜の朝売りにだされた．価格は，法定価格（3ポンド17シリング9ペンス）よ

---

152) *Ibid.*, p. 537.
153) *Ibid.*, pp. 537–538.

り1/4ペンス高いプレミアムつきであった。金ブローカーは，金が彼らの手元にある間に失われた利子の代わりに手数料として，これを取得した[154]。売れ残った金は，法定価格でイングランド銀行に持ち込まれた[155]。

南ア新産金の価値実現費用　ファン-ヘルテンは，ラントの金鉱山は運賃，保険，精錬の費用として従価14～15％を支払わねばならなかったと指摘している。そして，その例証として，1895年はじめに New Kleinfontein 鉱山は標準金オンス当り3ポンド10シリングを受けとったにすぎないことを挙げている[156]。

標準金オンス当り3ポンド17シリング9ペンスからその14～15％を差し引いた場合，3ポンド10シリングになるかどうかを別にしても，別の資料から推して，ファン-ヘルテンの挙げる運賃，保険，精錬の価値実現費用は高すぎるように思われる。ここに15％を取って1898年と1913年の価値実現費用について計算してみると，1898年のラント金生産額は1514万1376ポンドであった[157]から実現費用は227万ポンド，1913年の生産額3581万2605ポンド[158]であったから実現費用537万ポンドとなる。これは価値実現費用として想像を絶する金額と言わねばならないであろう。

ラッセル・アリは，イングランド銀行の資料から第一次世界大戦前と戦中における南ア新産金（純金）オンス当り年平均価値実現費用を挙げている。表4—10がそれである。ラントの各年の生産高を乗じて運賃，保険，精錬の費用を求めると，表4—11の(3)～(5)欄のようになる。1913年では，運賃約9万ポンド，保険料約6万ポンド，精錬費約12万ポンド，計27万ポンドである。大戦中（1916～18年）の平均では，運賃と保険料を合わせて約46万ポンド，精錬費約16万ポンド，計62万ポンドである。大戦中のリスクの増大と物価上昇を反映していることは明らかである。これらの費用を従価百分率に直すと，第4—12表のようになる。価値実現費用は戦前では1％に満たず，大戦中でも1.67％にす

---

154) R. Ally, *Gold and Empire*, p. 15. ロンドン金市場で金を購入するメリットは，イングランド銀行で購入すれば，標準金オンス当り3ポンド17シリング10 1/2ペンス支払わなければならなかったのに対し，市場では3ポンド17シリング9 1/4ペンスで入手できることにあった（*Ibid.*, p. 167.）。

155) J. J. Van-Helten, 'Empire and High Finance', p. 538.

156) *Ibid.*, p. 538.

157) *The Statist's Mines of Africa 1910–11*, ed., by R. R. Mabson, 1912. p. xv.

158) R. V. Kubicek, *op. cit.*, p. 50.

表4—10 南ア新産金オンス当り（純金）年平均運賃，保険，精錬費用（ペンス）（1911—1918年）

	（1）運賃	（2）保険	（3）精錬	（4）合計
1911年	3.83	1.53	3.42	8.78
1912年	3.48	1.67	3.41	8.56
1913年	2.55	1.79	3.41	7.75
1916～18年*	12.72		4.52	17.24

〔出所〕 R. Ally, *Gold and Empire: The Bank of England and South Africa's Gold Producers 1886-1926*, p. 175.
〔注〕 ＊年平均

表4—11 ラント金生産高，生産額と価値実現費用（1911—1918年）

	（1）生産高(純金) oz	（2）生産額 £	（3）運賃 £	（4）保険 £	（5）精錬 £	（6）合計 £
1911年	7,910,034	33,543,479	126,231	50,423	112,718	289,375
1912年	8,731,970	37,182,795	126,614	60,760	124,067	311,440
1913年	8,424,951	35,812,605	89,515	62,836	119,705	272,056
1916～18年*	8,622,876	36,649,520	457,012		162,397	619,410

〔出所〕 生産高は，*Official Year Book on the Union of South Africa 1939*, No. 20, p. 842.
生産額は，*Mineral Industry 1918*, Vol. 27, p. 289. （3）～（6）は，第1表と生産高から算出。
〔注〕 ＊年平均

ぎない。ファン-ヘルテンの算定とはまことに大きな開きがあるといわねばならない。*Official Year Book of South Africa 1910~24*, No. 7 は，大戦中における南アフリカ新産金のイングランド銀行への引渡しと価値実現費用について次のように述べている。「1914年8月の大戦の勃発とともに，金を毎週ロンドンに船積みすることは適当でなくなった。しかし，鉱業会社が南アフリカで賃金を支払いロンドンで資材を調達できる現金を得る協定を結ぶ必要があった。同年8月初めに協定が成立し，南アフリカの金がイングランド銀行の注文により南アフリカ蔵相の名で南アフリカの銀行に預託されるや，イングランド銀行によって標準価格で購入されることになった。それにより，生産者はイングランド銀行から価格の97％を引き出せることになった。精錬，保険，運賃等々の一切の費用は生産者によって負担されねばならなかった。このことは，大戦中，実現費用が著しく増加し，年間はば40万ポンドになったことを意味した。保険・運賃の費用は100ポンド当り25シリングと固定されていた。」[159] 価値実現費用に関するこの指摘は，上の計算とほぼ照応しているといえる。すなわち，年

表4—12 ラント産出金の価値実現費用（従価％）
(1911—1918年)

	(1) 運賃	(2) 保険	(3) 精錬	(4) 合計
1911年	0.376	0.150	0.336	0.862
1912年	0.342	0.164	0.335	0.840
1913年	0.250	0.176	0.335	0.761
1916～18年*	1.248		0.444	1.672

〔出所〕 純金1オンスを84シリング11ペンスとして，第1表より算出。
〔注〕 ＊年平均

間40万ポンドという数値は，上の計算による大戦中の実現費用合計62万ポンドと開きはあるものの，ファン‐ヘルテンの指摘に比べればはるかに近く，また，保険・運賃費用100ポンドにつき25シリングは，これを従価百分率に直すと1.25％となり，表4—12に計算した1916～18年の運賃・保険料の従価百分率（1.248％）に等しいといってよい。さらに言えば，もし大西洋間の金の輸送・保険費用が従価10％もするとすれば，イングランド銀行の2～3％のバンク・レートの変更では，とてもアメリカから金を引き寄せることはできなかったであろう。

ファン＝ヘルテンの挙げている数値は，ラント開発初期のものが多いように思われるのであるが，価値実現費用が開発初期の高費用から大戦直前までに急激に低下したものと考えても，ファン‐ヘルテンに何らかの錯覚があったものと思われる。ともあれ，ファン‐ヘルテンの論旨を紹介・検討する本節においては，彼の数値に従うより他ない。

価値実現費用の引き下げ努力　ラント金鉱山における限られた鉱脈の採掘の困難とますます深まっていく採掘場によるコストの上昇，低品位鉱石，「固定」された金価格，これらの要因により，金鉱業主は常に営業費用の水準に気を配らねばならなかった。高騰していく機械・資材価格による生産コスト上昇は価

---

159) *Official Year Book of the Union of South Africa and of Basutoland, Bechuanaland Protectorate, and Swaziland 1910–1924*, No. 7, pp. 502–503. 南アの低品位鉱山委員会報告書（U. G. 34–1920）は，戦前の費用より，100ポンドにつき17シリング6ペンス高くなったことを指摘している（T. Gregory, *Ernest Oppenheimer and the Economic Development of Southern Africa*, London, Oxford University Press, 1962, p. 493.）。

格に転嫁できず，一般営業費用を引き下げるか，利潤を圧縮するかの選択に迫られた。こうした条件の下では，本来的生産コストの引き下げとともに，価値実現費用の引き下げも必然的に努力目標とならなければならなかった。ファン―ヘルテンによれば，ラント開発の当初から価値実現費用を引き下げる努力がなされたという。その取組みとして彼は次のような事例を挙げている。

第1に，ポージェ商会が早くも1889年に一般運輸会社の設立を考えたことである[160]。ファン―ヘルテンは，この考えが実行に移されたかどうかについては何も触れていないが，ポージェ商会が傘下鉱山の生産する金の運送費を削減すると同時に，合わせて他鉱山の金の輸送に関わり，それによって利潤を挙げようとしたことは明らかである。

第2に，金鉱業主は南アフリカ海運同盟の高い船賃を回避しようとした[161]。1898年，ゲルツ商会は傘下の金鉱山の金をドイツ帝国銀行に送り始めた。ゲルツ商会には Deutsche Bank, Berliner Handels-Gesellshaft の資本が入っており，ドイツ系の鉱業金融商会であったから，ドイツに金を送るのも当然とも言えるが，Deutsche Ost Afrika Linie がイギリスの南アフリカ海運同盟の運賃よりはるかに有利な運賃，従価7％（ママ）を提供したことによるものであった[162]。安い運賃に魅惑されたのはゲルツ商会だけではなかった。ファン―ヘルテンは，1898年，ドイツの貿易統計が初めて南アフリカからの金の輸入額3840万RM（192万ポンド）を記録したことを指摘している[163]が，同年のゲルツ商会傘下金鉱山の金生産額はおよそ60万ポンドであった[164]から，他の鉱業金融商会もドイツに金を輸出したことがうかがわれるのである。*The Economist* は事態の変化に驚き，ベルリンやパリがやがて世界第1位の金市場としてのロンドンに取って代わるのではないかとの危惧を表したという[165]。1899年7月，ウェルナー・バイト商会は，Deutsche Bank とドイツの精錬業者，Deutsche Gold und Silberscheide Anstalt から月間20万ポンドの金の注文を受けた。価格はロンドンよりオンス当り3ペンス高く，海運に Deutsche Ost Afrika Linie が利用

---

160) J. J. Van-Helten, 'Empire and High Finance', p. 540.
161) *Ibid.*, p. 540.
162) *Ibid.*, p. 541.
163) *Ibid.*, p. 541.
164) 本書，表1－2によると，この年，ゲルツ商会傘下金鉱山の地金生産高は15万1513オンスであった。この数値にオンス当り3ポンド17シリング9ペンスを乗じて算出。
165) J. J. Van-Helten, 'Empire and High Finance', p. 541.

できた。ウェルナー・バイト商会は乗り気になり，Deutsche Bank と 1 回の取り引きを行なったという。Deutsche Bank は金鉱業主に未精錬金の精錬，検査，販売費用を節約させ，Johnson Matthey やロスチャイルドの Royal Mint Refinery に取って代わる意向を示したのである[166]。しかし，ドイツとトランスヴァールの未精錬金の貿易は南ア戦争の勃発によって中断され，1905年に僅かだがようやく再開される[167]。ファン—ヘルテンは，一見，ベルリンが世界最大の金市場としてのロンドンの地位を脅かし，毎週月曜日朝に売り出されるケープ金をイングランド銀行が「押さえる」能力を奪ったかのように見えようとも，事態は単純にそうは進まなかったことを指摘する。①まず，ロンドンは無数の金融機関やサービスを有し，ベルリンもパリも太刀打ちできない便宜を南ア金鉱業に対し提供していた。②Deutsche Ost Afrika Linie が提供するロレンソ・マルクス＝ハンブルクの間の運賃は，Castle Mail Packets や Union Steamships など南アフリカ海運同盟によるケープ＝ロンドン間のそれより安かったけれども，ケープからロンドンまでは17日かかっただけなのに対し，スエズ運河を経由するロレンソ・マルクス＝ハンブルグ間は47日を要した。このことは，金鉱業主が Deutsche Ost Afrika Linie で送る場合には，30日間の保険料を余計に払わなければならなかったばかりでなく，その間の利子も犠牲にしなければならなかったことを意味した。③未精錬金をドイツに売る場合，金鉱業主はマルクで支払われても，結局はポンドに交換しなければならなかった。このことは，ポンド為替を騰貴させ，精錬費用で倹約した額を相殺することになった。ファン＝ヘルテンによれば，結局，為替が割り引かれ世界的規模での取り引きがポンドで行われているロンドンこそが，精錬，海運，保険の価値実現費用を最小にする場所であったのである[168]。

　価値実現費用の引き下げ努力の第3は，販売，精錬の集中・統合である。開発当初，ラントの金鉱業主は未精錬金の精錬，運送，保険，販売を別々の会社や商会に依存していた。例えばポージェ商会は，精錬を Johnson Matthey に依頼し，販売をロスチャイル商会に委託していた。しかし，1889年の初めに，ポージェ商会は精錬と販売を1社に一括して依頼することにした。1890年代中葉から鉱業金融商会は傘下鉱山の集中管理方式としてグループ・システムを採

---

166)　*Ibid.*, p. 541.
167)　*Ibid.*, p. 542.
168)　*Ibid.*, pp. 541–542.

用し,生産コストの引き下げに努めることとなるが,集中方式によるコストの削減がまず価値実現過程から始まったことは注目に値する。ポージェ商会によって選ばれたのは,キンバリーとヨハネスブルグで同商会の金融顧問並びに銀行を勤めていたロスチャイルド商会であった。金の海上輸送保険についても,ロスチャイルドの保険会社である Alliance Marine Assurance が引き受けることになる[169]。

ロスチャイルド商会と鉱業金融商会の結びつき ロスチャイルド商会への精錬と販売の委託はウェルナー・バイト商会にも引き継がれる。ウェルナー・バイト商会傘下の金鉱山グループはラント最大の金生産者であり,1890年代後半でラント金生産の40%強,世紀転換後も1910年まで50%強を占めていた[170]から,最も多く金を取り扱う金精錬業者並びに金ブローカーとしてロスチャイルド商会の地位は揺るぎないものとなった。1905年には,Carisbrooke Castle や Armadale Castle は,ロスチャイルド商会のために,ウェルナー・バイト商会,Dresdner Bank や National Bank,JCI の勘定で金を輸送していた[171]。National Bank はどの鉱業金融商会の委託を受けていたか分からないが,JCI はバーナト・ブラザーズ商会の支配するラントの鉱業金融商会であり,Dresdner Bank はもう1つの鉱業金融商会 GM の大株主であった。これらの商会は1900年代にそれぞれラント金生産の6~7%を支配していたから,もし,ロスチャイルド商会がウェルナー・バイト商会と並んで,これらの商会の金の精錬と販売の委託を受けていたとするならば,ロスチャイルド商会はラント産出金の半分以上を精錬・販売していたことになる。すなわち,ロスチャイルドは金額にして,1905年には約1000万ポンド,1910年には1500万ポンドに上る金を取り扱っていたことになるのである。ロスチャイルド商会こそロンドン金市場の中軸であった。ロスチャイルドは,金の精錬・販売においてこそ南ア金鉱業との最も有力な結びつきを実現していたのである。

ファン-ヘルテンは,以上のロスチャイルドの事業活動を総括して次のように指摘している。「株式金融や全般的鉱業経営に関してはロスチャイルド商会とラントの鉱業資本,就中,ウェルナー・バイト商会との関係は緊密であり,

---

169) *Ibid.*, pp. 542-543.
170) 本書,表1-2と表1-5を参照。
171) J. J. Van-Helten, 'Empire and High Finance', p. 543.

1890年代には，金属生産の範囲を越えてロンドンにおける金の販売と精錬のより細部にわたる問題にまで拡大した」[172]と。

歴史的に見れば，ポージェ商会＝ウェルナー・バイト商会とロスチャイルド商会の結びつきは，金の精錬・販売にはじまり，The Exploration Co とエックシュタイン商会の合弁会社 Consolidated Deep Levels の設立，ロスチャイルドの RM への資本参加，RM と Consolidated Deep Levels による金鉱山会社の発起へと進んだ。したがって，ロスチャイルド商会とウェルナー・バイト商会との緊密な関係は「ロンドンにおける金の販売と精錬のより細部にわたる問題」から「金属生産の範囲」へと広がったというべきであろう。それはともかく，先に論証してきたように，金鉱山会社の持株や発起業務におけるロスチャイルドの関わりを決して過大視してはならないのである。過大視するとき，筆者にはロスチャイルドと南ア金鉱業の関係について誤ったイメージが定着するように思われるのである。

井上巽氏は，南ア金鉱業に対するロスチャイルドの関わりを次のように定式化している。「かつて生川栄治氏が強調されたように，『本来のマーチャント・バンカー』たるロスチャイルドはロンドン資本市場における鉱山金融過程を介して，南アの鉱山支配財閥集団を背後から統括する支配の頂点に立っていた。この関係は，ラント最大の鉱山会社グループを支配下におくウェルナー・バイト商会とロスチャイルド家との緊密な連携関係に最も端的に表現されているとみてよいだろう。そして，このような鉱山資本利害とロスチャイルドの間の金融的連結関係は——ファン—ヘルテンが力説しているように——『金生産の領域をこえて金の精錬・販売のより細部にわたる面まで拡大された』のである。いいかえると，資本市場を介して確立されたロスチャイルドの支配体制は金鉱山への投資＝金融支配の領域をこえて，新産金の流通過程つまりロンドン金市場における同商会の特権的地位にまで拡大された，とみなされよう。そして，このような金鉱山への投資＝生産＝流通の全過程を統括するマーチャント・バンカー，ロスチャイルド家の支配体制こそは，南アの新産金がイギリスに輸入され，他ならぬロンドンが世界の中心的市場となり得た最大の根拠である，と考えられるのである。」[173]

井上氏のこの定式化は，「生川理論」を継承したものであることは明らかで

---

172) *Ibid.*, p. 543.

あろう。氏が主張するポイントを列挙すれば，次のようになろう。

① ロスチャイルドは，南アフリカの鉱山支配財閥集団を背後から統括する支配の頂点に立っていた。この関係は，ラント最大の鉱山会社グループを支配下におくるウェルナー・バイト商会とロスチャイルド家との緊密な連携関係に最も端的に表現されていた。

② この支配関係は，ロンドン資本市場における鉱山金融過程を介して確立されたものである。

③ 資本市場を介して確立されたロスチャイルドの支配体制は金鉱山への投資＝金融支配の領域をこえて，新産金の流通過程つまりロンドン金市場における同商会の特権的地位にまで拡大された。

④ 金鉱山への投資＝生産＝流通の全過程を統括するロスチャイルド家の支配体制こそは，南アフリカの新産金がイギリスに輸入され，他ならぬロンドンが世界の中心的金市場となり得た最大の根拠である。

すでに第2節において，生川氏の「連結支配体系」を検討した際に，ロスチャイルドを南アフリカ鉱山支配財閥集団の統括的支配者と把握する見解には無理があることを指摘した。ロスチャイルドはローズの背後の金融業者としてみられてきたが，ダイヤモンド独占体 De Beers においてはともかく，ローズ

---

173) 井上巽『金融と帝国――イギリス帝国経済史――』名古屋大学出版会，1995年，130-131ページ。なお，同「イギリス帝国経済の構造とポンド体制」，桑原莞爾・井上巽・伊藤昌太編『イギリス資本主義と帝国主義世界』九州大学出版会，1990年所収，198ページも参照。井上氏は，すでに第一次世界大戦前にロスチャイルド商会は「地金ブローカー，金精錬業者，南アの産金業者の代表者，イングランド銀行の代理店という4つの機能を一手に集中する卓越した地位にあり，かつ最有力地金ブローカーとして……金の『値決め』を主催していた」（井上巽『金融と帝国』，130ページ）と述べている。しかし，金の「値決め」そのものは，1919年9月12日に始まったものであり（T. Green, *The New World of Gold : The Inside Story of the Mines, Markets, the Politics, the Investors*, London, Weidenfeld and Nicolson, 1982, p. 114.），また，南アの産金業者の代表者となるのは1919年7月25日以降のことで，第一次世界大戦後，ポンドがドルに対して著しく減価し，アメリカへの金の輸出制限が撤廃されれば，ポンドでプレミアムがつくことが明らかとなり，戦中のイングランド銀行への直接的売却から民間市場での販売に切り替えられた際，金の一手販売者としてロスチャイルド商会が選ばれたものである（*Official Year Book of the Union of South Africa and of Basutoland, Bechuanaland Protectorate, and Swaziland 1910-1924*, No. 4, p, 590.）しかし，1926年6月からは，南アフリカ準備銀行が南ア鉱山会議所の子会社 Rand Refinery 社から地金を固定価格で購入し，販売をイングランド銀行に委託するようになる（*Official Year Book of the Union of South Africa and of Basutoland, Bechuanaland Protectorate, and Swaziland 1940*, No. 21, p. 810)。

とラッドのGFSA（CGFSAの前身）の設立には関与せず，CGFSAに対しては一般投資家とは比較にならぬ大株を一時期所有していたけれども，それは支配とは何ら関係のないものであった。最も密接であったとされるポージェ商会＝ウェルナー・バイト商会との関係においては，両者の資本的関係は，The Exploration Coとエックシュタイン商会の合弁会社 Consolidated Deep Levelsの設立に始まり，ウェルナー・バイト商会が深層鉱山の持株会社RMを作った際，ロスチャイルドに2万7000株（パリ・ロスチャイルドを含む）を「グランド・フロアー」価格，すなわち，額面での譲渡へと発展する。しかし，ロスチャイルドとウェルナー・バイト商会との間に直接的資本関係は存在しない。すなわち，ウェルナー・バイト商会に対して，ロスチャイルドの資本は1ポンドも入っていないのである。高収益鉱山を傘下に持ったRMの株式配当は，1890年代後半から50年以上にわたって年間100％を下らず，ウェルナー・バイト商会から南ア金鉱山の情報を得ていたロスチャイルドは，例え1株45ポンドという高値がついたとしても，これを処分することなくずっと所有しつづけたものと思われる。しかし，ロスチャイルドがRMを支配していたとか，ウェルナー・バイト商会を支配していたとかは到底ありえぬ話である。

ロスチャイルドの金鉱山会社への投資は前節で考察した。ロスチャイルドの金鉱山投資は The Exploration Co をとおして行なわれたが，他方，The Exploration Co の投資はエックシュタイン商会との合弁会社である Consolidated Deep Levels を介して行なわれた。Consolidated Deep Levels は，1893年から95年までの間に4鉱山会社の発起業務に関わり，売主株，現金発行株合計およそ30万株と Simmer and Jack 株5万株を得た。しかし，南ア金鉱山会社全体の発行株数と比較すると，これはマージナルなものであり，これを以て鉱業金融商会に影響をおよぼすことができたとか，いわんや，これを支配していたとは到底言えないのである。

問題は鉱業商会あるいは鉱業金融商会の主体性に関わっている。井上氏は，ロスチャイルドの金鉱山への投資＝金融支配が，新産金の価値実現過程の支配をもたらしたと理解されている。しかし，ロスチャイルドへの新産金の精錬・販売を委託したのは，あくまでも鉱業商会や鉱業金融商会であって，ロスチャイルドが「力で」価値実現過程を掌握したものではない。このことは，1899年にウェルナー・バイト商会がロスチャイルドを回避して Deutsche Bank に20万ポンドの金を売ったことにも現われている。もし，ロスチャイルド商会が

ウェルナー・バイト商会を支配しているのであれば，ウェルナー・バイト商会がドイツの銀行に金を売るなどとはまず考えられないことであろう。また，井上氏はロンドンが世界最大の金市場になりえた根拠を「金鉱山への投資＝生産＝流通の全過程を統括するロスチャイルド家の支配」に求めている。しかし，これもやはり，ファン-ヘルテンの主張するように，ロンドンの価値実現費用の優位性にあったと見るほうが妥当であろう。彼によれば，①ロンドンは世界で唯一自由な金市場であった。②売り残された金はイングランド銀行への販売が保証されていた。③ロンドンは種々の金融サービス機関をそなえており，世界の貿易・決済の中心として，ロンドン宛て手形は国際的決済手段として南ア金鉱業主によってとくに好まれていた。一言で言えば，結局，ロンドンは金の販売が完全に保証された自由な金市場であり，価値実現費用を最小にする市場であったからである。

　タレルも，「ロスチャイルド・マニアへのホブスン的傾向にすこし傾くことに反対でない」[174]としつつ，ロスチャイルドがローズの3つの主要な会社，De BeersとCGFSAと特許会社に金融的利権を有していたことを強調し[175]，ロスチャイルドを鉱業金融商会の「支配者」，「統括者」として位置づけている[176]。そして，1898年ゲルツ商会とアルビュ商会が鉱山協会を解散し鉱山会議所に復帰したことを，ロスチャイルドの影響に帰している[177]。しかし，ロスチャイルドを鉱業金融商会の「支配者」，「統括者」と位置づけることに無理があることは上述のとおりである。また，ゲルツ商会とアルビュ商会が鉱山会議所に復帰したことをロスチャイルドの影響によるものであるとすることは，両商会が鉱山会議所を抜け出て，ロビンスンと鉱山協会を結成したことを説明できないであろう。

　ロスチャイルドを鉱業金融商会の「支配者」，「統括者」と位置づけることを否定しても，南アフリカ新産金の精錬と販売に必要とされる資金力と信用を有するロスチャイルドの意義を決して否定するものではない。さらに，鉱業商会または鉱業金融商会とロスチャイルドとのあいだに長年にわたって培われてきた関係の意義をしりぞけるものでもない。実際，1919年南アフリカ政府から国

---

174) R. V. Turrell, *op. cit.*, p. 424.
175) *Ibid.*, p. 428.
176) *Ibid.*, p. 431.
177) *Ibid.*, p. 431.

内に金精錬工場を作ることを提起された時，時のCMの取締役会長であったライオネル・フィリップスは，明らかに精錬費用が低下することを承知していながらも，ロスチャイルドやJohnson Mattheyとの関係を考慮してしばらく逡巡せざるをえなかったのである[178]。CMとロスチャイルドやJohnson Mattheyの間には，単にRMの持株や金の精錬と販売の金鉱業に関わる関係だけでなく，投資相談や預金など多様な関係が打ち立てられていたのである。

それでは，トランスヴァール金のロンドン金市場への流入は，ファン-ヘルテンの主張するように，まったく市場メカニズムにだけゆだねられていたのであろうか。この問題を考えるには，南ア戦争勃発の原因とそれに果たしたイギリス政府の役割を考察してみなければならない。

第5節　南アフリカ金鉱業，イングランド銀行金準備と南ア戦争

（1）ホブスン南ア戦争原因論にたいする批判

ホブスン南ア戦争原因論にたいする批判　ホブスンが南ア戦争の原因を南ア金鉱業の苦境と南ア金鉱業主の共謀に求めたことは先に述べた。「われわれは，少数の鉱山所有者と投機家の国際的寡頭支配者をプレトリアの権力につかせるために戦っている。」[179]「この戦争は鉱山のために安い十分な労働供給を確保するために」[180]，「御用新聞を利用した少数の国際金融業者の共謀」[181]によって惹き起こされた。1950年代に政府文書が利用可能になってから，ホブスンのこの見解は批判を受けることになる。主要な論点は2つある。ひとつは南ア戦争勃発にむけて南ア金鉱業主の共謀があったかどうか。もうひとつは，金鉱業主はイギリス政府を操縦して南ア戦争を惹き起こしたかどうか，である。

まず，ホブスンの「共謀論」に対する批判から見ておこう。ホブスンを最初に真正面から批判したのは1961年のJ・S・マレーである。彼は共謀の存在を否定し，鉱業金融商会間の不一致を強調する。「戦争の責任はしばしば鉱業の

---

178) R. Ally, *Gold and Empire*, p. 77.
179) J. A. Hobson, *The War in South Africa*, p. 197.
180) *Ibid.*, p. 231.
181) *Ibid.*, p. 229.

大立者に帰せられる。より正確に言えば、彼らは自分たちの配当のために戦争をたくらんだと主張されるのである。しかし、金融業者もしくは『資本家』の利益は（南アフリカ）共和国（＝トランスヴァール——筆者）の管理におけるいくつかの良く了解された改革であって、共和国の独立に対する攻撃ではなかった。これらの利益を助長するには、資本家の団結した行動が望ましく、また、実行可能であった。しかし、これらの範囲を逸脱するや、それは実行できなくなった。」[182] マレーは、金鉱業主の団結は、金鉱山のための改革政策までであって、それを越えると、団結は崩壊したというのである。「……共和国政府に対する態度において、資本家たちは彼らの間で意見を異にしていた。彼らのうちで最も重要なウェルナー・バイト商会は、非妥協的で敵対的であった。しかし、他のいくつかの大きな商会はこの敵対を共有していなかった。」[183] トランスヴァールにおけるダイナマイト独占の継続に関して、1899年3月に行われた金鉱業主とトランスヴァール政府とのいわゆるグレート・ディール協議において、「この重大な時に資本家たちは一致していなかった。彼らはクルーガー政府に対する要求で合意できなかった。ゲルツやアルビュの『外国』の商会ばかりでなく、CGFSAのような『イギリス』の商会も政府に対して多くを求めることに反対であった。」[184] 協議そのものは、金鉱業主の代表者が彼らの不満の問題とウィットランダー（ヨハネスブルグの外国人、主にイギリス人）の不満の問題の同時解決を主張し、金鉱山の問題を個別に解決することに反対したため、決裂となる[185]。協議が決裂した後、交渉の主体はイギリス政府に委ねられることになるが、「イギリス政府の政策に合意できないものは、植民地省とウェルナー・バイト商会の圧力の下に沈黙してしまった。」[186] このように、マレーはホブスンの「共謀論」を否定する。

4年後G・H・L・ルーメイもマレーに続く。「資本家の『共謀』として戦争を説明することはやめなければならない。」[187]「鉱山大立者の野心がどのよう

---

182) J. S. Marais, *The Fall of the Kruger Republic*, Oxford, Clarendon Press, 1961, p. 324.
183) *Ibid.*, p. 324.
184) *Ibid.*, p. 325.
185) I. R. Smith, *The Origins of the South African War 1899-1902*, London, Longman, 1996, p. 231.
186) J. S. Marais, *op. cit.*, p. 325.
187) G. H. L. Le May, *British Supremacy in South Africa 1899-1907*, Oxford, Clarendon Press, 1965, p. 29.

なものであれ，彼らは質を同じくするグループでもなければ，目的で団結してもいなかった。彼らの大部分は戦争を望んでいなかった。」[188]

マレーから35年後，I・R・スミスはマレーとルーメイを継承する。「鉱業会社はホブスンが想像するような一枚岩的ブロックをつくってはいず，1895年と同様1899年においても分裂していた。……いくつかの小さな鉱業商会はクルーガー政府を少なくとも公に批判することを差し控えた。CGFSA の上級経営者は，ジェイムスン襲撃の失敗後，再び地位を危うくすべきでないと決意していた。……最も重要なウェルナー・バイト商会とエックシュタイン商会の内部ですら重要な意見の分裂があった。ライオネル・フィリップスとアルフレッド・バイトはジェイムスン襲撃後クルーガー政府に敵対的なままであったであろう。……一方，ウェルナーは……クルーガー政府に非常に批判的であったけれども……用心深い態度を堅持していた。ヨハネスブルグでは，ルーリオ（エックシュタイン商会の上級経営者であると同時に，鉱山会議所会長であった）は，下級のパーシー・フィッツパトリックの政治的見解を共有していなかった。フリードリッヒ・エックシュタインとは違って，1899年 8 月に戦争の波が彼に襲いかかろうとする事実にしぶしぶ身を合わせようとした。……彼は戦争が彼の商会と南アフリカにとって破滅的になることを恐れ，最後の最後まで避けられることを望んでいた。」[189] ウェルナー・バイト商会とエックシュタイン商会の意思は誰が代表していたかの問題は残るが，南ア戦争にいたる過程で商会内部に意見の違いがあったことがうかがわれる。

南ア戦争の直前，金鉱業主がイギリス政府を操縦していたというホブスンの見解に対しても，マレーは正反対の見解を引き出した。すなわち，南ア戦争が近づいてきたとき，金鉱業主がイギリス政府を操縦していたのではなく，イギリス政府とその要人たちが金鉱業主を操縦していたと結論するのである。「戦争で最高潮に達した長引く危機の間に，（金鉱業主とイギリス政府の）役割は逆転した。1895年にはローズと数人の資本家たちが先頭に立ち，決定的瞬間におけるイギリス政府の支持を当てにしていた。」[190] しかし，彼らの企ての失敗の後，「彼らは……殻に閉じこもり，政治的主導権をイギリス政府にあずけた。危機が深まるにつれて，彼らは再び殻から出てくるが，今度はイギリス政府の

---

188) *Ibid.*, p. 30.
189) I. R. Smith, *op. cit.*, pp. 399–400.
190) J. S. Marais, *op. cit.*, p. 324.

道具としてであった。彼らは、専門的政治家のよりすぐれた判断に依存しつつ、命令を受ける部下として行動した。」[191]

ルーメイも金鉱業主とイギリス政府の関係について触れている。しかし、ホブスンともマレーとも異なり、金鉱業主がイギリス政府を操縦したとか、その逆であったとする見解を否定し、戦争を決定したのはイギリス政府であり、トランスヴァールにおけるイギリス主権の擁護であったことを強調する。「大立者が何を欲していたにせよ、決定したのは彼らではなかった。チェンバレンとミルナーがクルーガーを戦争に追いやったとき、彼らが考えていたのは金鉱山ではなく、南アフリカ（トランスヴァール）におけるイギリスの政治的主権であった」[192]。

スミスもルーメイと同じ立場を取っている。

「鉱山の大立者はイギリス政府の幾分異なった利害を顧慮することなく、自分自身の利害を追求したのであり、明らかに『命令下』にはなかった。」[193]「鉱山の大立者は、……いずこのコスモポリタン的資本家と同様に、彼らは自分自身の利害を自分自身のやり方で追い求め、それがイギリス政府の……利害と一致しているかどうかは顧慮しなかった。1899年にイギリス政府とトランスヴァール政府の対立が高まっているにもかかわらず、彼らは巧みに両陣営に足を踏みいれていた。……グレート・ディール協議が相互の非難で破綻した後も長くトランスヴァール政府、いや、クルーガー大統領自身とも会合を重ねていた。……彼らが望んでいたのは戦争でなくトランスヴァール統治のいくつかの良く了解された改革であった。」[194]そして、スミスはイギリス政府の戦争への決意について次のように指摘する。「イギリス政府の記録やソールズベリー卿内閣閣僚の私文書は、1899年にトランスヴァールに関し彼らの決定を行った際、彼らは鉱業の利潤や状況に関わっていたのではなく、トランスヴァールに対する政治的掌握と一般的に南アフリカに対するイギリスの主権の強化に関わっていたことを示している。」[195]

以上のように、マレー、ルーメイ、スミスなどホブスンの批判者たちは、①

---

191) *Ibid.*, p. 324.
192) G. H. L. Le May, *op. cit.*, p. 30.
193) I. R. Smith, *op. cit.*, p. 397.
194) *Ibid.*, p. 398.
195) *Ibid.*, p. 398.

金鉱業主の共謀の存在を否定し，②金鉱業主がイギリス政府を操縦したという見解を批判し，さらに③イギリス政府は南ア金鉱山の苦境とは無関係に，トランスヴァールにおけるイギリスの主権を擁護するために南ア戦争を惹き起こした，とする。彼らの主張は，南ア戦争の原因を経済的要因に求めるホブスンの否定であり，一般的には帝国主義を経済的要因から説明するいわゆる経済的帝国主義論の否定であることは明らかであろう。

ホブスン批判者たちの見解批判　ところで，「共謀論」と「操縦説」に対するホブスン批判者たちの見解をどのように受け止めればよいであろうか。

　まず，「共謀論」についてであるが，金鉱業主の団結は南アフリカの改革政策までであって，それを越えると団結は崩壊し，意見はまちまちとなったという批判者の批判は正しいであろうか。戦争に訴えることに関しては，批判者が指摘するように，鉱業金融商会の間でも，いや，最も非妥協的であったウェルナー・バイト商会内部でも積極・消極さまざまな見解が存在したであろう。そして，どの商会においても，戦争に突き進むことなく金鉱業の環境改善がなされることが最も望ましいことであったであろう。しかし，クルーガー政府が改善にむけて一歩を踏み出さないとなると，事態の解決はイギリス政府に委ねざるをえなかったのである。批判者は，改革問題を越えると団結は崩壊したと指摘する。しかし，ウェルナー・バイト商会ほど戦争に積極的でなかったにしても，戦争に反対であることを表明した鉱業金融商会や金鉱業主は存在しなかったことも事実である。ドイツ資本を代表するA・ゲルツやG・アルビュもまた，南アフリカに対するイギリス政府の干渉に反対ではなかったのである[196]。深層鉱山に移行しつつあった南ア金鉱業の長期的展望にとって，金鉱業の環境改善は至上命令であり，他の商会は「植民地省とウェルナー・バイト商会双方の圧力の下に沈黙」させられた，とはとても言えないのである。鉱業金融商会間に積極的な共謀が存在していたといえないかもしれないが，イギリス政府の政策を支持する十分な理由が存在したのである。

　では，「操縦説」についてはどうであろうか。金鉱業主がイギリス政府を操縦したという主張はホブスンの勇み足であろう。というのも，この問題はイギリス政府の主体性に関わっているからである。では逆に，イギリス政府が金鉱

---

196)　J. J. Van-Helten, 'German Capital, the Netherlands Railway Company and the Political Economy of the Transvaal 1886–1900', *Journal of African History*, Vol. 19, No. 3 (1978), p. 388,

業主を利用したとするマレーの見解はどうであろうか。これにはルーメイやスミスが回答を与えている。金鉱業主はイギリス政府による解決を期待しつつ,自らも自由に行動していたのである。

スミスは,ホブスンの見解は彼がジェイムスン襲撃事件の先入観を以て南ア戦争を観察した結果であると批判している[197]。しかし,ジェイムスン襲撃事件から南ア戦争にいたる金鉱業主とイギリス政府との関係は,批判者の指摘ほど単純ではない。ジェイムスン襲撃事件そのものが,1893年の南アフリカ高等弁務官ロッホ卿の刺激に負うものであり,また,植民地相チェンバレンの支持を受けていた。襲撃の失敗後,ローズやバイトやフィリップスなどは後景に退くが,それ以後の事態の進展から身を引いたわけではない。金鉱業主の立場からすれば,ミルナーが彼らの利害を擁護してくれることはこの上ないことであった。一般的に,国家の役割は資本に最適な法的政治的条件の下での利潤獲得を保証することにある。ミルナーの登場までは,金鉱業主が政治的役割を担うことを余儀なくされていたが,今や,帝国政府が前面に立つことになったのである。この方が,明らかに金鉱業主にとって好都合であった[198]。問題は,ホブスン批判者が主張するように,イギリス政府は金鉱山の苦境と無関係に,ただトランスヴァールにおけるイギリスの主権擁護のために戦争を決意したかである。このことを問題にしたのはシュラ・マークスとスタンリー・トラピドである。マークスは,実業界に広範な接触を有するチェンバレンも,金融界の実務に精通していたミルナーも,帝国政策の基礎にある経済的含意に無関心ではいられなかったであろうと指摘する[199]。では,どのような経済的含意が存在したのであろうか。それは,南ア金鉱業主と金鉱株主の利益にのみ関わるものであったのであろうか。

(2) イングランド銀行金準備と南ア戦争

南ア戦争を惹き起こした帝国的利害　マークスとトラピドは,ミルナーやイギ

---

197) I. R. Smith, *op. cit.*, p. 395.
198) S. Marks and S. Trapido, 'Lord Milner and the South African State Reconsidered', in *Imperialism, the State and the Third World*, ed., by Michael Twaddle, London, British Academic Press, 1992, pp. 89-90.
199) S. Marks, 'Review Article : Scrambling for South Africa', *Journal of African History*, No. 23 (1982), p. 106.

リス政府が南ア金鉱山の利潤をその所有者に保障することにのみ関わっていたのではないと主張する[200]。チェンバレンやミルナーの政策の背後には，金鉱業主の利益に還元されない経済的帝国主義の広大なビジョンがあったというのである。彼らは，「19世紀末帝国主義に関する研究の大きな弱点のひとつは，帝国的利益（imperial interests）という観念がめったに考察されず，『イギリスの主権（British Supremacy）』に関するレトリックが額面どおりに受けとられている点である」[201]と指摘する。それでは，南ア戦争を惹き起こすにいたった帝国的利益とは何であろうか。彼らによれば，それはトランスヴァールの金であり，トランスヴァールにおける金鉱業の順調な操業であった。

マークスとトラピドは，その理由を以下のように述べる。19世紀末におけるイギリスの地位に決定的であったのは，イギリスが国際貨幣市場の中心に位置していたことである。世界の貨幣市場の中心としてのこの地位は，つまるところ，イギリスの独特な金融機構と国際貿易通貨としてのポンドに依存していた。ところで，このポンドはイングランド銀行によるポンドと金の交換性によって保証されていた。しかし，1890年におこったベアリング恐慌はイングランド銀行の金準備の不安定さを決定的に明らかにした。さらに，1896年以降の世界貿易の拡大は，各国で貨幣膨脹を引き起こし，それはまた，金供給に対する不断の需要と金準備の増強を標準的な政策にした。彼らはドーセコを引用していう。金準備は「国際権力闘争の一争点となった」[202]と。ベアリング恐慌の後，1896年にイングランド銀行の金準備は2倍となり4900万ポンドに達した。しかし，清国がイギリスで調達した日清戦争での賠償金を日本が引き出したため，金準備は再び3000万ポンドに減少した。さらに，世紀末にはインドで金貨が流通する金本位制採用問題が持ち上がり，1899年にはイングランド銀行もインドの要求に対する譲歩を覚悟するにいたる。したがって，1899年春と夏をとおしてイギリス金融業者は金準備の増強を強く求めていた。確かにイングランド銀行は公定歩合を操作することにより，金準備をコントロールすることで満足していたかもしれない。しかし，政治的経済的に国際関係が悪化する中で，シティでは金準備ポジションを重要事とみる強力な声も挙がっていたのである。そして，10月には「世界の指導的貨幣強国」であるイギリスは「世界最大の金供給

---

200) S. Marks and S. Trapido, 'Lord Milner and the South African State Reconsidered', p. 80.
201) S. Marks and S. Trapido, 'Lord Milner and the South African State', p. 58.
202) *Ibid.*, pp. 58-59.

国」トランスヴァールと戦闘状況にあったのである[203]。

　マークスとトラピドは，金準備に対する不安感がイギリスをしてトランスヴァールとの戦争に突き進めた，金と貨幣の危機が南ア戦争を惹き起こした，と論じているのではないと断っている。しかし，1890年代の緊張した時代に，イギリス帝国の政治家は，金鉱山の長期的利益を保障することができず，イギリスの競争国と同盟を結ぶかもしれないような体制によって，南ア金鉱業の将来を危うくする危険をおかすことはできなかったと論じるのである[204]。

南ア戦争の原因としての南ア産金の意義の否定　南ア戦争の原因をトランスヴァールの金，または，クルーガー政権下での南ア金鉱業の苦境に結びつける見方に異を唱えたのはファン-ヘルテンである。彼は，金準備が国際権力闘争の争点になっているとき，通貨当局は金準備のいかなる減少にも耐えられなかった，とするマークスとトラピドの見解は誤りであり，イギリス政府とイングランド銀行はトランスヴァールの金をイギリスの少ない貨幣的準備を増大させる主要な源泉とは見なしていなかった，と主張する。したがって，クールガー政府に対するイギリス政府の態度は，ラント金鉱山がロンドン金市場に生産し続けることを保障する願望に動機づけられていたという定式化には問題がある，とするのである[205]。

　彼はその理由として次のような諸点を指摘する。①大蔵省の証言録もイングランド銀行の通信も，イギリスの明らかな金準備不足の解決は，トランスヴァール金鉱業に対する物理的支配の獲得によって金本位制のメカニズムの範囲外に求められるべきであると示唆していない[206]。②1890年から1914年まで，イングランド銀行はバンク・レートの操作と金繰作によって自由市場で金準備を増強していた。したがって，少ない金準備を増やすのにトランスヴァールの新産金に依存してはいなかった[207]。③南ア戦争の期間中，南アフリカからの金の流入が途絶えたにもかかわらず，バンク・レートは戦争勃発直後6％に跳ね上がった後，4％で推移した。バンク・レートが全般的に低かったことは，

---

203)　*Ibid.*, p. 60.
204)　*Ibid.*, p. 60.
205)　J. J. Van-Helten, 'Empire and High Finance', p. 544.
206)　*Ibid.*, p. 534.
207)　*Ibid.*, p. 536.

南アフリカから新産金が届こうと届くまいと，イングランド銀行が金準備を受け入れられる水準にそれを維持するのにほとんど困難がなかったことを示している[208]。④1904年から1910年まで南アフリカからの金の輸入は1634万ポンドから3407万ポンドに回復したにもかかわらず，イングランド銀行の金準備は2500万ポンド程度で，低い水準に止まっていた。1908年の危機の年には金操作で金準備を増強した[209]。⑤イングランド銀行は金準備を増強しようとはしなかった。けだし，それは金融的負担を免れず，イングランド銀行の収益と株主への配当を圧縮したからである。また，この期間，金準備増強の必要が強く主張されたが，イングランド銀行はバンク・レートや金操作以外では増強しようとはせず，株式銀行もイングランド銀行に預金を増やしてまで金準備の増強に協力しようとはしなかった[210]。

ファン-ヘルテンのこの主張は，A・ポーターやスミスによって南ア戦争勃発におけるトランスヴァールの金の意義を否定する根拠にされている。ポーターは述べる。「（南ア）戦争の後にも先にも，イギリスは必要とする地金を獲得するのに困難はなかった。そして，諸銀行が金準備ポジションを変更するのに関わらなかったので，イギリスの金準備は限られた規模のままであった。1982年に，ファン-ヘルテンはこのことに対する適切な技術的説明を与えた」[211]。スミスは言う。「トランスヴァールが共和国のまま残ろうが，イギリスの植民地になろうが，金は地金と金融の中心地としてのロンドンに流入し，金本位制を支持し続けたであろう。しかしなお，イギリス政府が1899年に戦争に訴えた時，……トランスヴァールの金供給に対する継続した無制限なアクセスに対する危惧が根拠にあったと論じられている。……イングランド銀行ならびにイギリス政府のアルカイブにおける私の調査は，かつて10年前にJ・J・ファン-ヘルテンによって明確に述べられた結論を支持する。」[212]

イングランド銀行の金準備が低位でありえた理由　タレルとアリはファン-ヘルテンの議論を批判しているが，マークスとトラピドも，彼らの問題提起後10

---

208)　*Ibid.*, p. 544.
209)　*Ibid.*, p. 544.
210)　*Ibid.*, p. 547.
211)　A. Porter, 'The South African War : Context and Motive Reconsidered', *Journal of African History*, No. 31 (1990), pp. 47–48.
212)　I. R. Smith, *op. cit.*, p. 441.

余年にしてファン=ヘルテンに反批判を加えている。

　まず,何故に南ア戦争のあいだバンク・レートは低いままであったのか。マークスとトラピドは,ファン=ヘルテンが重要な事実を見落としていると指摘する。戦争中のアメリカでの公債発行である。イギリス政府は戦争遂行のため総額1億5100万ポンドの公債を発行するが,そのうち2139万ポンドはモルガン商会の手を借りてアメリカで発行した。アメリカでの発行の最優先目的はアメリカからロンドンに金を運び,危険なまでに少なくなったイングランド銀行の金準備を補充することにあった。しかし,同時にそれは流動性を緩和し,バンク・レートの上昇を抑制した[213]。

　第2に,何故に1900年代イングランド銀行の金準備が低位のままに終始できたのか。何故にイングランド銀行は金本位制準備金の規模に関する懸念を考慮にいれず,バンク・レートと金操作ですますことができたのか。マークスとトラピドは,そのひとつの理由としてインド省によるインド金準備の支配を挙げる。インド省は年々のインドの国際収支余剰を金にかえず,インド金本位制準備金のかなりの部分をイギリス政府証券で持つことにした。これは,金需要を押さえると同時に,少なからずバンク・レートの上昇も阻止したというのである[214]。この政策は南ア戦争中に始まり,1914年まで続いた。インド金本位制準備金に占めるイギリス政府証券の額は,市場価格で1902年12月の347万ポンドから1912年の1597万ポンドへ増大し,金本位制準備金総額の4分の3を占めるまでになっていた[215]。第2の理由はイギリスが正にトランスヴァールの政治的支配を確保していたことである。マークスとトラピドは,自分たちの議論にとってこれこそが何にもまして重要な理由であったと主張する[216]。トランスヴァールがイギリスの政治的支配下にあるかぎり,緊急時には何時でもトラ

---

213) S. Marks and S. Trapido, 'Lord Milner and the South African State Reconsidered', p. 83. ここで,マークスとトラピドは南ア戦争中の国内・アメリカを含めた公債発行総額をアメリカでの公債発行額としている。公債発行総額は,E・L・ハーグリーヴズ(一ノ瀬篤・斎藤忠雄・西野宗雄訳)『イギリス国債史』,新評論,1987年,218−219ページ。アメリカでの公債発行額は,K. Burk, *Morgan Grenfell 1838-1988 : The Biography of a Merchant Bank*, Oxford University Press, 1989, pp. 111~125 による。

214) S. Marks and S. Trapido, 'Lord Milner and the South African State Reconsidered', p. 83. なお,M. de Cecco, *Money and Empire : The International Gold Standard, 1890-1914*, Oxford, Basil Blackwell, 1974, p. 71 を参照。

215) *Ibid.*, p. 240.

216) S. Marks and S. Trapido, 'Lord Milner and the South African State Reconsidered', p. 83.

ンスヴァールの金を押さえることができたというのである。戦後の再建期におけるミルナーの主要な施政は，より効率的な国家機構の改革，コンセッションの廃止，関税の除去による自由貿易の導入，差別的鉄道運賃の廃止，労働統制，黒人・白人労働力再生産の保障，食料・住宅費の削減など金鉱業の生産条件の改善に向けられていた[217]。彼らは，トランスヴァールの金とその生産の増大がなければ，イングランド銀行が金準備を増強しようとして金の購入価格を引き上げる緊急手段を採ったとしても，それは潜在的に固定した金価格という金本位制の基礎を脅かしたであろうと指摘する[218]。

アリは，ロスチャイルドはトランスヴァール新産金の大半を扱い，南アフリカの指導的鉱業商会の金融的助言者であり銀行家であったから，彼ほどトランスヴァールの金がもつ意義を評価できるものはないであろうと指摘する。彼によると，N・M・ロスチャイルドはパリの従兄弟への私信の中で，イングランド銀行とシティの金融力をトランスヴァールからの規則的な金の流入に帰し，イングランド銀行の貯蔵庫に向かうトランスヴァールの金についてしばしば論評したという。例えばロスチャイルドは，1906-07年の金融恐慌の間，南アフリカがイギリス勢力圏内にあることに安堵の気持ちを表明し，「南アフリカならびに他所からの金の到着は相当の規模なので，私は，外国や遠国からの需要に十分耐えることを期待している。敢えて言うならば，これはドイツの銀行が置かれている地位への狭量な自負と心地好い対照をなしている」と述べた[219]。ここには，ロスチャイルドが，イングランド銀行の金準備に対してトランスヴァール新産金がもつ意義を明確に認識していたことが示されているといえよう。

タレルはファン-ヘルテンの議論をさして「後知恵」と評している。すなわち，「金準備にたいする恐怖はあった。しかし，この恐怖は最後に根拠がないと判明したので，帝国戦略に何の影響も及ぼすことがなかった，と言うに等しい」というのである。タレルは，マークスとトラピドの議論で一番重要な点であり，ファン-ヘルテンの「後知恵」を否定するものは1900年代に金準備が低位のままに止まっていたことであろうと指摘する。それは正にイギリスがトランスヴァールとその金供給を確保していたからに他ならないからであったとす

---

217) S. Marks and S. Trapido, 'Lord Milner and the South African State', p. 68.
218) S. Marks and S. Trapido, 'Lord Milner and the South African State Reconsidered', p. 84.
219) R. Ally, *Gold and Empire*, p. 26.

るのである[220]。

　第3に，イギリスは金準備不足の解決を，トランスヴァール金鉱業に対する物理的支配の獲得に求めたのであろうか。マークスとトラピドは，ファン-ヘルテンやポーターが示唆しているが，イギリスが金鉱山の物理的支配を達成するためにトランスヴァールを征服したというのは自分たちの主張ではないとする。金鉱山が長期的効率的に生産を継続することが金鉱業主にとってもイギリス政府にとっても決定的に重要であったというのである。彼らはアリを引用する。「ある意味では，それ（南ア金鉱業の支配――筆者）はウィトワータースラントにおけるイギリス鉱業グループとイギリス資本の支配によって達成されていた。」決定的であったのは，「鉱業が収益性と永続性を保障されて営まれる条件に対する政治的支配」であった[221]。

　アリは，ファン-ヘルテンの議論の重大な弱点は，彼が南ア戦争前における金鉱業の生産条件を考慮していないことであると指摘する。「ファン-ヘルテンの全分析において，……彼はどこにもクルーガー国家によって演じられた役割の分析を行っていない。しかし，正に鉱業とトランスヴァール国家との増大する敵対こそが，南アフリカに対するこの時期のイギリスの政策に決定的な影響を及ぼし，ジェイムスン襲撃と南ア戦争を導いたのである。」[222]億ポンド単位の金の埋蔵量を有しながら，その採掘・抽出には粉砕鉱石トン当りペニー単位のコストを配慮しなければならなかった南ア金鉱業にとって，クルーガー政権下での生産条件は厳しいものであった。コンセションによるダイナマイトの高価格，トランスヴァール内鉄道高運賃による石炭・輸入資材価格の高騰，そして，何よりもアフリカ人労働者の入手難，これらの問題はクルーガー政権ではほとんど解決ができないと見なされたのである。正に，生産条件をめぐる金鉱業とトランスヴァール政府の対立こそが南ア戦争を準備したのである。

南ア産金の意義　マークスとトラピドは，ファン-ヘルテンが付随的に記した

---

220) R. V. Turrell, *op. cit.*, pp. 425-426.
221) S. Marks and S. Trapido, 'Lord Milner and the South African State Reconsidered', p. 84.
222) R. Ally, 'Great Britan, Gold and South Africa : An Examination of the Influence Gold Had in Shaping Britain's Policy towards South Africa, c. 1883-1914', unpublished paper presented to the symposium on' The South Africa War, 1899~1902 : the Debate Renewed', London, Institute of Commonwealth Studies, May 25, 1989. (S. Marks and S. Trapido, 'Lord Milner and the South African State Reconsidered', p. 81 より重引。)

1898年のトランスヴァールのドイツへの金の輸出に注目している。南ア戦争の勃発によってドイツへの金輸出は流産となるが，ファン–ヘルテンはこの輸出の意義を認めていないというのである。彼は，ロンドン金市場の機関やサービスはベルリンやパリのそれよりほるかに優れていたので，金の大部分はイギリス経由で送られたと楽観視する。しかし，マークスとトラピドは，国際的不安定が昂じる時代に，イギリスの銀行家も政府もドイツとアメリカの2つの大きな競争者からロンドン金市場の地位を守る必要を認識していなかったとは信じ難いと指摘する[223]。金準備をめぐる国際競争が激化するなかで，イギリスはいっそう対南アフリカ政策の変更に迫られたというのである。

　以上の叙述から，イギリスは南ア金鉱業に対し2つのレベルの利害を有していたことが確認できよう。ひとつは金鉱業主もしくは金鉱株主の利益であり，もうひとつは金の安定的供給によるイングランド銀行金準備の補完である。イングランド銀行金準備こそが世界のポンド体制を維持し，世界の資本・貨幣市場の中心地としてのロンドンを維持していたのであるから，南アフリカの金供給はイギリス経済にとり至大な意義をもっていたと言わねばならない。

　問題は，金鉱業主や金融業者がイギリス政府の対南アフリカ政策にどのように関わっていたかである。

　戦争は2つの政府の関係の破綻から起きるのであるから，まずは為政者の認識なり考え方は無視できないであろう。周知のように，クルーガー政府をして降伏か戦争への突入かへの方向に事態を押し進めたのはチェンバレンよりもミルナーであった。マークスとトラピドは，ことにミルナーに注意を払っている[224]。

　南アフリカ高等弁務官ミルナーは，チェンバレンと連絡を取りながらトランスヴァールとの交渉を進める。ミルナーとクルーガー大統領の直接交渉が行われたブレームフォンテイン会議以降，トランスヴァール政府はウィットランダーの選挙権に関してイギリス政府の主張どおりに譲歩するが，ミルナーはウィットランダーを調査するための両政府の共同委員会の設立——れ自体イギリスのトランスヴァールへの内政干歩となる——を要求し，ついに，クルガー大統領の最後通牒を引き出すのである。

　マークスは，ミルナーが増大する国際競争，就中ドイツとの競争が昂じる時

---

223) S. Marks and S. Trapido, 'Lord Milner and the South African State Reconsidered', pp. 85–86.

224) S. Marks and S. Trapido, 'Lord Milner and the South African State', p. 56.

期に,イギリス経済にとって南アフリカの金と南アフリカの市場が有する意義を認識していなかったとは考えられない,と指摘する[225]。また,ミルナーは1897年産業委員会報告を熱心に読んだという[226]。同報告は,トランスヴァール政府によってつくられたものであるが,実質は南ア金鉱業界のものたちの作品であった。その内容は,金鉱山会社の多くの取締役や支配人や鉱山技師の報告や証言から成っていた。彼らは異口同音に金鉱山の営業費用の高さを指摘し,ダイナマイト独占や鉄道運賃の高さや輸入関税,アフリカ人労働力不足の改善を訴えていた。したがって,ミルナーは南ア金鉱業の問題点を熟知していたと考えて間違いない。その上,ミルナーはウェルナー・バイト商会と特別な関係にあった。ウェルナー・バイト商会のフィッツパトリックは,金鉱業に必要な変化を生じさせるべきであるならば,トランスヴァール共和国との戦争は避け難いとの見解を公言し,政治への没頭とミルナーとの協力をなんら秘密にしなかった。彼は同商会の取締役であり情報局長であり,隔週ロンドンのウェルナーにラントの政治的展開を書き送っていた。ウェルナー・バイト商会のパートナーたちの政治的見解の相違が強調されるが,1898年と99年,フィッツパトリックはトランスヴァール共和国に対する攻撃に没頭していながら,最上級のパートナーであるウェルナーとバイトから何ら咎められることはなかったのである[227]。明らかに,南ア金鉱業最大の鉱業商会であるウェルナー・バイト商会はミルナーの強硬路線を支持していたのである。スミスは,ミルナーが1898年11月中ばから1899年1月末にかけて南アフリカよりイギリスに一時帰国した際,キッチナーのような軍人や自由党・保守党の政治家ばかりでなく,アルフレッド・バイト,ジュリアス・ウェルナー,セシル・ローズなどの金鉱業主やロスチャイルドと逢ったことを指摘している[228]。南アフリカ状勢や金鉱業界の意向などが語られたことは疑いない。

では,金融業者はどうであろうか。

当時の代表的金融業者といえば,ロスチャイルド兄弟であり,ベアリング商会のレーベルストーク卿,アーネスト・カッセルであった。彼らは大蔵大臣や

---

225) S. Marks, 'Southern and Central Africa', in *The Cambridge History of Africa, Vol. 6, From 1870 to 1905*, ed. by J. D. Fage and R. Oliver, London, Cambridge University Press, 1985, p. 476.
226) S. Marks and S. Trapido, 'Lord Milner and the South African State', p. 64.
227) S. Marks, 'Review Article : Scrambling for South Africa', p. 108.
228) I. R. Smith, *op. cit.*, p. 213.

事務次官から絶えず相談を受けていた[229]。チェックランドは，彼らは経済指標の専門家であったが，経済診断よりも政治と権力の評価が重要な領域で活動していたと指摘している[230]。例えば，しばしば他国に比してイギリスの外国公債の起債は自由であり，政治から何の制約も受けなかったと指摘されるのであるが，重要な時点では政治の制約を受けていたことを明記しておかなければならない。1898年にトランスヴァール共和国はロンドンで起債を試みるが，これを阻止する政治決定がなされるのである[231]。マークスは，ミルナーが南アフリカ高等弁務官に指名された直後，ロスチャイルド卿と週末をともにしたことに注目し，これは純粋に偶然の出来事であったろうかと問うている[232]。

ロスチャイルドは南ア金鉱業に少なからぬ投資をしていた。そして，何よりも南アフリカ産出金の最大のブローカーであった。こうした個別利害とともに，彼の対南アフリカ政策を決定したものは，南ア産金がイギリス経済にもつ意義であったと考えられるのである。井上巽氏の1900年代金準備論争に関する研究によれば，ロスチャイルドなどシティの金融業者は，バンク・レートと金操作以外の方法でのイングランド銀行の金準備増強に消極的であったという[233]。イングランド銀行の金準備を低位のままにしておくことが可能であったのは，まさに南ア産出金を「第2金準備」として緊急の場合に当てにすることができたからであった。ロスチャイルドは，南ア産金の有するこの意義を十分に認識していた。タレルの言うように，イギリスの対南ア政策の形成にロスチャイルドがどのように関わったかは資料的に実証することは困難であろう[234]。したがって，リチャード・デイヴィスのように，ロスチャイルドは南ア戦争は避けられると考え，戦争前夜までその実現に努力していたと指摘し，戦争の勃発は「銀行家でなく，政治家に責任があった」とする見解[235]も生じてくるのである。しかし，国際金融業者として世界の経済体制を維持し自己の利益をはかる

---

229) K. Burk, *Morgan Grennfell*, p. 113.
230) S. G. Checkland, 'The Mind of the City 1870–1914', *Oxford Economic Papers*, new ser., Vol. 9, No. 3 (October 1957), p. 264.
231) R. V. Turrell, *op. cit.*, p. 431.
232) S. Marks, 'Review Article : Scrambling for South Africa', p. 106.
233) 井上巽「第一次世界大戦前のイギリス中央銀行政策と金準備論争」『商学討究』第39巻第4号（1989年3月），23ページ。
234) R. V. Turrell, *op. cit.*, p. 425.
235) R. Davis, *The English Rothschilds*, Chapel Hill, The University of North Carolina Press, 1983, pp. 217, 219.

ためには，ポンド体制を維持することが至上命令であった。そして，それには，南ア金鉱業の収益性と永続性が政治的に保障される必要があったのである。ただ，直接的な政治の仕事は彼らの仕事ではなかったのである。ロスチャイルドには南ア戦争を支持する十分な理由があり，かつ，金融における彼の地位からしてイギリスの対南アフリカ政策にも大きな影響を及ぼしえたのである。ホブスンが，ロスチャイルドなど金融業者を「帝国政策の第一の決定者」と見たのも故なきことでなかったのである。

第Ⅱ部　金鉱業における人種差別的出稼ぎ労働システムの確立

第5章　アフリカ人低賃金出稼ぎ労働者モノプソニーの模索と確立[1]

　世界の金本位制下，金価格は一定であったので，一般産業と異なり，金鉱業はコストの上昇を購買者に転嫁することは不可能であった。それ故，南ア金鉱業はコストに非常に敏感な産業であった。しかし，石炭を除き金鉱山開発に使用される資材は主に輸入品であったから，その購買価格を引き下げることはできなかった。また，白人労働者は，賃金を引き下げられたばあい，強い抵抗をすることが予想された。ここにコスト低下はひとえにアフリカ人労働者の賃金引き下げに求められることになる。安価な安定した十分な数のアフリカ人労働者を確保するにはどのようにすればよいか。これは，南ア金鉱業がその全歴史をとおして直面する問題となる。この問題を解決する上で，金鉱業主は当初から基本的に2つのやり方を追求していった。相互協力と国家への依存である。一方で金鉱業主は相互に協力し賃金引き下げや募集の一元化を企てるとともに，他方で政府を動かしてアフリカ人労働者の創出と移動規制を行うのである。

　本章の課題は，アフリカ人労働者を確保する上で，鉱業金融商会とその傘下の金鉱山会社が，いかに互いに協調し，あるいは対立・競争したか，また，どのように国家に依存したか，をより詳細にみるとともに，鉱山会議所はどのような過程を経てアフリカ人労働者モノプソニーを確立したかを考察することにある。

　第1節は，安い大量の安定したアフリカ人労働者を確保するために，金鉱業主は鉱山会議所をつくり，国家を動かして特別パス法を制定し，一元的募集組織RNLAを設立したこと，しかし，開発のスピードはあまりに速く，アフリカ人労働者も増加していたが，絶えず不足をきたし，アフリカ人労働者をめぐ

---

[1] 本章は，主として，N. Levy, *The Foundations of the South African Cheap Labour System*, London, Toutledge & Kegan Paul, 1982 と，Alan. H. Jeeves, *Migtant Labour in South Africa's Mining Economy : The Struggle for the Gold Mines' Labour Supply 1890-1920*, Kingston and Montreal, McGill-Queen's Unversity Press, 1985 に依った。

る鉱業商会・鉱業金融商会間，鉱山間の競争は激しく，ついにクルーガー政権下では，他の鉱山からアフリカ人労働者を「盗む」行為とアフリカ人労働者の逃亡を阻止できなかったことが明らかにする。第2節は，南ア戦争直後のミルナーの金鉱業アフリカ人労働者政策に焦点をあてている。ミルナーによる植民地統治下，アフリカ人労働者にたいする差別政策は継承・強化されたこと，戦争後の諸条件の下で，十分な数のアフリカ人労働者を確保できず，ついには，中国人年季労働者の導入が敢行されたことが考察される。第3節は，責任政府をになったヘット・フォルクが，直面する4つの金鉱業労働問題，①中国人労働者の廃止，②モザンビークにおけるWNLA崩壊の危機，③白人労働者の戦闘性の高まり，④生産における人種的分業のあり方の問題，にどのように対処したか，を見るとともに，どのような方策の下にアフリカ人労働者は増加し，そして，この方策はどのような悪弊を孕んでいたかに焦点を向けている。

第4節は，南アフリカ連邦新政府の労働政策，募集コスト削減と悪弊を絶つための，南アフリカと高等弁務官領における鉱山会議所の一元的募集組織 Native Recruiting Corporation（NRC）の設立，すなわち，アフリカ人労働者モノプソニーの達成と，北方における熱帯労働者をめぐる競争の継続を考察する。

第1節　クルーガー政権期（1886～1899年）

アフリカ人労働力不足と鉱山会議所の設立　ラント金鉱業は開発当初よりアフリカ人労働者不足に悩まなければならなかった。金鉱山で働くアフリカ人労働者の数は急速に増えていたが，労働力需要は供給を常に上回っていた。当然に労働者不足は高賃金を招いた。それのみか，鉱山契約募集員や独立募集員が鉱山の労働者を唆して他の鉱山に引き入れる頽廃した行為が蔓延していた。1889年にラント最大の鉱業商会であるエックシュタイン商会のリーダーシップの下に，アフリカ人労働者の賃金引き下げを主眼にして鉱山会議所が結成された。結成されるや，ただちにアフリカ人労働力のコストと供給に注意を向けた[2]。

鉱山会議所は，小屋税の引上げ，アフリカ人首長との協議と契約，原住民登録の改善など国家の介入を強く希望していた。それにもかかわらず，トランスヴァール政府の協力は得られなかった[3]。

1890年4月会議所は，加盟会社にアフリカ人労働者にたいする「公正な支払

率」を訴えた。10月協定が成立し，最初の賃金引き下げが敢行された[4]。この時アフリカ人労働者にランクづけがなされ，50%を占めるランクⅢの「通常のカフィア」は月63シリングから40シリングへ，30%を占めるランクⅡの労働者は50シリングへと引き下げられた。竪坑掘削人，駅員，火夫，警備員，事務労働者など20%のランクⅠの労働者の賃金は平均賃金を越えて鉱山支配人の裁量によって決められることになった[5]。1890年12月のアフリカ人労働者の平均賃金は44シリングとなり，協定が効力を発揮していた3カ月間，月平均1人当り22シリング6ペンスの引き下げであった。これにより金鉱業は月1万5000ポンド節約した[6]。

しかし，協定の効果は短かった。第1に改定賃金率は募集を困難にした。第2に，翌年には会議所が強く求めていた鉄道敷設工事がアフリカ人労働者を引き寄せていた。1891年10月の協定更新を待たずに協定賃金を守ることは不可能となり，協定以前の競争的状態と旧の賃金が復活した[7]。ここに鉱山会議所は一時的に鉱山相互の協力を促進することを断念した。

深層鉱山の開発に向けて，1892年にはCGFSAが，翌年にはRMが設立された。金鉱業にとって，ますます多くのアフリカ人労働者を規則的に確保することが至上命令となった。鉱山会議所は，原住民労働部（Native Labour Department）を設置し，原住民労働委員を任命した。原住民労働部設置の意図は、「疑似公的地位」を樹立し，これにより，トランスヴァールと南部アフリカ全

---

2) S. T. Van der Horst, *Native Labour in South Africa*, London, Oxford University Press, 1971, p. 129. 1890年に出された鉱山会議所の最初の年次報告書は次のように述べている。「全供給が不十分な限り，恐るべきことは，労働者を確保しようとする支配人のあいだの熾烈な競争が不可避となることである。この競争は，ある場合には近くの会社の被雇用者を雇用主から逃亡するよう買収したり唆したりする公然たる試みの嘆かわしいかたちをとることもある。実際に買収する手段に訴えない場合でも，緊急に必要な労働が不足している支配人は賃金率を引き上げるより他に解決の手段がない。その結果，全般的に賃金が上昇し，鉱山の経営にさらに重い負担がかかるのである。」(Chamber of Mines, *Annual Report 1889*, p. 156.（(S. T. Van der Horst, *op.cit.*, p. 129 より重引。)) ここには，アフリカ人労働者が不足するなか，アフリカ人労働者をめぐる鉱山間の熾烈な争いと他の鉱山からの引き抜きと賃金引き上げが展開されたことが明瞭に指摘されている。

3) N. Levy, *op.cit.*, p.48.
4) *Ibid.*, p. 50.
5) *Ibid.*, pp. 49–51.
6) *Ibid.*, p. 51.
7) *Ibid.*, pp. 50–51.

域でアフリカ人労働者供給源を開拓して，規則的で十分な数の労働力供給を確保し，賃金を合理的水準にまで漸次引き下げることにあった[8]。他方，新しく任命された原住民労働委員の任務は，政府官吏と原住民首長との連絡を密にし，募集協定をむすぶことであった[9]。

　原住民労働部は，労働供給を増大させるために，首長，政府官吏，その他供給を促進するものにラントの状態や賃金に関する情報を広めた。トランスヴァール政府に頻繁に代表者を派遣し，金鉱山を行き来するアフリカ人を妨害や強盗から守るように要請した。当時，鉱山に向かうアフリカ人をつかまえて農園で働かす白人農民やラントから帰えるアフリカ人から稼いだ金品を奪う暴力的な強盗に加えて，官吏が種痘やパス規定を口実にしばしばアフリカ人を拘束し金品を奪っていた。また，トランスヴァール北部の官吏が鉱山に送るアフリカ人労働者1人につき10シリングから1ポンド要求するようなこともあった[10]。

鉱山会議所とモザンビークでのアフリカ人労働者募集　鉱山会議所はトランスヴァール国内と多くの地域で満足のいく数の労働を獲得するのに失敗したことにより，モザンビークの広大な「労働貯水池」に注意を集中した。ラントの採掘が始まって3年後の1890年に，すでにアフリカ人労働者の半分から5分の3がモザンビーク人であり[11]，彼らはラント金鉱山アフリカ人労働者の脊柱をなしていた。

　モザンビークでも多くの労働請負人や労働者勧誘員が活発に活動していた。彼らは高い手数料を吹っ掛けたばかりでなく，労働者獲得能力を過大に売り込み，しばしば不正取り引きを行なっていた。鉱山会議所は，ついに次の信念から自身も募集活動をひきうけることになった。①鉱山会議所は他の誰よりも外国人労働者を獲得する能力がある。②その影響力は，ポルトガル官吏のなかに

---

8) *Ibid.* p. 56 ; F. Wilson, *Labour in South African Gold Mines 1911-1969*, Cambrigde, Cambridge University Press, 1972, p. 3.
9) N. Levy, *op.cit.*, p. 48 ; S. T. Van der Horst, *Native Labour in South Africa*, London, Oxford University Press, 1971, p. 134.
10) *Ibid.* pp. 134-135 ; V. L. Allen, *The History of Black Mine Workers in South Africa*, Vol. 1 ; *The Techniques of Resistance 1871-1948*, West Yorkshire, The Moor Press, 1992, pp. 148-151.
11) N. Levy, *op.cit.*, p. 62.

足場のない現地労働者勧誘員よりも積極的な結果を生む。③外国人労働者の長距離輸送には細心の統制を必要とし，鉱山会議所がそれをもっともよく提供できる。④労働者勧誘員の手数料は余りに高く，鉱山会議所はもっと安く労働者を提供できる。⑤「労働」販売人の募集方法は潜在的労働者に敵対するもので，彼らを鉱山から遠ざけている[12]。

　モザンビーク政府は，鉱山会議所が長らくトランスヴァール政府に要求していた小屋税を，10万所帯に課した。これは鉱山への途切れない労働者の流れを会議所が確保するのを助けた[13]。会議所は，ポルトガル当局，首長，労働エイジェンシーとの密接な協力のもとに行動し，モザンビーク人労働者を確保する規則的システムを構築した。1894年には，モザンビークにおける貧困と税，さらに会議所組織の改善によって，1890年の採用人員より２万6000人多い４万人を確保した。これによって会議所はアフリカ人労働者の平均賃金率を1890年の３ポンド３シリングから59シリングへと下げることができた。しかもこの賃金率の引き下げは鉱山の労働力需要が増大しているさなかで実施された[14]。

　モザンビークで比較的高いコストで契約した労働者は厳格な法的「保護」を必要とした。もし契約したアフリカ人が鉱山に到着するや逃亡するならば，鉱山は相当の貨幣的損失をこうむるであろう。ここに鉱山会議所は労働力保持のためにいっそう国家にたいする依存を大きくした。逃亡を防ぐためにはパス法，法律の侵害を処置する管理機構，警察，職員を備えることが必要であった。

特別パス法　1895年，トランスヴァール政府と政治家にたいする数年来の運動がついに実って，鉱山会議所は，原住民労働部が起草した「労働地区」に適用される特別パス法を議会で通過させることに成功した。これによって，アフリカ人は，「労働地区」に入ると，地区パスを携帯しなければならなくなった。それは仕事を探す３日間有効で，手数料を支払えば期間延長が許された。アフリカ人が就職すると，雇用者のパスをもらい，雇用者は地区パスを預かり，離職するまで保持した。原住民はパスを所持していないと逮捕されることになった。パス規定の違反に対して刑罰が課された。さらに，雇用者が正規の地区パスを所持しないアフリカ人を雇用すると罪に問われた[15]。このパス法は種々の

---

12)　*Ibid.*, p. 67.
13)　*Ibid.*, p. 69.
14)　*Ibid.*, p. 70.

違反，ことに雇用者からの逃亡に対する罰則を規定していた。「労働地区」での特別パス法は，まさに金鉱業内部のアフリカ人労働をめぐる競争を阻止できないことから必要となったものである。トランスヴァールはすでに「労働地区」の外で適用される一般パス法を有しており，労働者の流れを規制していた。さらに，第一次イギリス統治から引き継いだ主人・召使法が存在した。この法律は，アフリカ人労働者の動きと行為にたいして法的支配を行使し，労働者による契約違反のみならず，雇用者にたいする不服従と「主人」の財産に損害を与えることを刑事犯罪としていた[16]。

　特別パス法の制定については，次の2点が注目されるべきである。第1は，特別パス法はアフリカ人労働者の人格に種々の制約を課し，契約を賃金と労働力の交換以上のものにしたことである。労働者は契約期間雇用者の財産でなかったけれども，特別パス法は労働現場以外の場所でも自由な動きを禁止し，彼らを「賃金奴隷」にした。種々の制約に従うことを拒否すれば，人格にさらに制約が課され，牢獄と強制労働と鞭打ちが待っていた。これらの条項を支持したのが主人・召使法であった[17]。第2に，特別パス法は金鉱業のために政府を管理的，懲罰的，警察的活動に巻き込み，国家組織が金生産の不可欠の一要素となったことである[18]。

　特別パス法にもとづく規制システムは1896年1月から機能しはじめた。しかし，その効力は疑問であった。モザンビークにおける戦争とトランスヴァール共和国北部における政情不安によって，金鉱業主の努力もパス法も戦争の勃発に怯えた大量のアフリカ人の金鉱地からの逃亡を阻止できなかったからである[19]。鉱山会議所は規制の有効性にたいし真剣な反省に追い込まれた。考慮すべき問題には，①質の悪い管理，②複雑な機構，③逃亡の原因を確認し，統制システムの欠陥を確認する必要，④規制の欠陥を匡正するか，あるいは完全に放棄するかの決定，があった。鉱山会議所は特別パス法の修正案を提起した[20]。

　鉱山会議所の考えでは，逃亡者に対する罰金があまりに低く固定されていた。そのため，労働者勧誘員が逮捕された労働者の罰金を支払い，競争する鉱山経

---

15)　S. T. Van der Horst, *op.cit.*, pp. 133–134.
16)　N. Levy, *op.cit.*, pp. 137–138.
17)　*Ibid.* p. 75.
18)　*Ibid.*, pp. 75–76.
19)　*Ibid.*, pp. 76–77.
20)　*Ibid.* pp. 77–78.

営の最高入札者に彼らを「売る」現象が生じていた。修正案が議会を通過することによって、逃亡者に対する罰金は、初犯は6倍引き上げられて3ポンドとなり、再犯は5ポンド（以前の5倍）となった[21]。

アフリカ人労働者をめぐる競争激化と金鉱業の対策　新しい特別パス法での罰則の強化と政府の関わりの強化にもかかわらず、政府の法律管理が非効率であったために、以前と同じ規模で、かつ以前と同じ大っぴらに逃亡はおこっていた。新しい鉱山は古い鉱山の労働エイジェンシーであった。しかも、1896年には鉱山会議所を構成する会社の3分の2が深刻なアフリカ人労働力不足を記録していた。その結果は激しい会社間の競争の再燃であり、賃金の高騰であった[22]。このような状況下では、鉱山会議所も、1895年にそれと袂を分かったJ・B・ロビンスンやアルビュ商会が結成していた鉱山協会も、急速に増大する膨大なアフリカ人労働力を確保するには別の機構を考えるより道はなかった。中央募集組織の設立である[23]。

　1896年、鉱山会議所、鉱山協会、鉱山支配人協会の代表者は一堂に会し、一連の政策を協議・提案した。第1はアフリカ人労働者の賃金率の引き下げであり、第2は規則的なアフリカ人労働力供給を確保するための協会の設立、第3はアフリカ人労働力供給に関しポルトガル当局から大きな譲歩を獲ちとる試み、であった。これらの提案は相互に依存していた。というのは、労働力が中央に集中され、各会社の必要に比例して分配されないのであれば、労働力の争奪戦が再燃し、賃金率の高騰を阻止できなかったからであり、また、賃金カットは即座に利潤を増大させるばかりでなく、ひとたびモノプソニックな募集方法が採用されると、さらなる賃金率引き下げの準備となったからである[24]。

　1896年10月、会議所はアフリカ人労働者の賃金率の引き下げに踏み切った。平均20％の賃金カットであった。報酬の最低水準は地下でドリル運びに従事する労働者で、1日当り1シリング6ペンス、シャベル、木材、駅、トロッコ従事者も1シリング9ペンスに低下した。上層部の労働者――竪坑、採掘場の親方、助手、警備、事務――もカットを免れず、3シリングとなった。さらに、

---

21) *Ibid.* pp. 78–79.
22) *Ibid.*, p. 81.
23) *Ibid.*, p. 79.
24) *Ibid.* p. 85.

コンパウンドにおける食料と仕事の交替に関してもコストを削減する一律の方法が採用された。新協定では，アフリカ人労働者の労働時間は，地下で1日最低9時間，地上では10時間の実働が規定された。会議所は，政府に騒乱を防止し，パス法を強制するための警察力の増強を要請した。賃金カットに抗議した2日間のストライキが Crown Reefs 鉱山で起こったが，総じて平穏であった[25]。

　鉱山会議所はアフリカ人労働者の賃金引き下げに成功したので，第2の提案に進んだ。1896年11月の有限責任会社 Rand Native Labour Association Ltd（RNLA）の設立である。鉱業金融商会やその傘下の金鉱山会社が株主となり，支配機構は株主の代表者から構成され，執行機能は3つの強力な組織——鉱山会議所，鉱山協会，鉱山支配人協会——から選出された経営委員会に属した。新会社は鉱山会議所の原住民労働部の一切の義務を継承したが，その目的はトランスヴァール国内ばかりでなく，国境を越えた国や植民地でアフリカ人労働者を獲得し，ラント金鉱操業開始以来遭遇した障害から金鉱山を解放することにあった。すなわち，アフリカ人労働力市場で競争がつづくために生じる深刻な結果を回避するためにモノプソニックな慣行を促進し，労働力供給を保障して賃金率の上昇を抑制することにあった[26]。

　独立募集員を排除し，労働市場のモノプソニーの達成しようとする試みが第3の提案である。ポルトガル当局との交渉はその年の9月に成立した。鉱山会議所は，①ポルトガル領のどの地域からもアフリカ人労働者の募集を組織し，コストの上昇をもたらすことなく供給を増大させること，②認可されない独立労働者募集員を排除して，会議所の募集会社がモノプソニックな地位を獲得すること，が認められた。これによって，RNLA はモザンビークにおける金鉱山の唯一のアフリカ人労働力購入者となることが期待された[27]。他方，ポルトガル当局は，会議所にモザンビークのすべての地域で労働者を募集する権利を承認したけれども，取り引きする膨大な労働者数がラント金鉱業にたいして有する戦略的意義に眼を開いた。

トランスヴァール＝モザンビーク協定　翌年金鉱業界の要請によってクルーガー政府はポルトガル当局と協定をむすんだ。ライセンスを得た労働者募集員

---

25)　*Ibid.*, pp. 85–86.
26)　*Ibid.*, pp. 86–88.
27)　*Ibid.*, p. 88.

のモザンビークでの活動は正式なものとなり，モザンビーク政府が移民労働者に賦課していた重い手数料は調整された（労働者1人当り13シリングの手数料となる[28]）。他方，ポルトガル当局は大きな譲歩を獲ちとった。第1に1875年クルーガー政府によって決められていた関税譲歩を確認し，それによってモザンビークは最恵国待遇をうけた。第2に，協定の鉄道条項では，ケープ植民地とナタールが運賃率戦争を仕掛ける場合には，トランスヴァールに鉄道で運び込まれる物資の輸送量の3分の1はデラゴア・ベイ線に割り当てることを規定した。ただし，ロレンソ・マルクス経由でトランスヴァールに輸入される商品の通過関税については，イギリスの海岸植民地によって課される関税を凌駕しないと決められた[29]。

アフリカ人労働力不足と金鉱業の危機　1896年10月の賃金引き下げ後，アフリカ人労働者供給は減少しなかった。農村の貧困と多くの労働者を確保しようとする会議所の戦略があわさったためである。さらに，1896年にローデシアから南方へ急速に広がった牛疫の発生によっても供給は増加した。牛疫は家畜を多数殺し，農村の貧困をひどくしていた。供給の増加に強気となった鉱山会議所は，1896年10月の賃金引き下げにひきつづき，翌年6月再び引き下げを実行した。賃金表の30％の引き下げであった[30]。最高賃金率は2シリング6ペンス，最低は1シリングに固定された。支配人が熟練者に報償金を与えるのを許すために，雇用されたアフリカ人労働者の7.5％に対し特別賃金率の支払いが認められた。また，協定が守られているかどうか監視するため，視察員が任命された[31]。1897年に引き下げられた賃金は，アフリカ人労働者にかつて支払われた最低の記録であった。しかし，その結果は再び失敗であった。

　1895-96年の株式市場ブームと，より小規模だが1899年のブームは新しい資本を求める絶好の機会を提供した。前者のブーム時，ヨハネスブルグの金鉱株発行には比類のない楽天主義が支配していた。鉱業金融商会は新規設立金鉱山会社株を売ることによって大儲けした。この儲けは，実際の鉱業操業から得る利潤を凌駕していた。しかし，1895-96年のブーム以降，このような方法で利

---

28)　*Ibid.*, p. 152.
29)　A. H. Jeeves, *op. cit.*, p. 44.
30)　N. Levy, *op. cit.*, pp. 92-93.
31)　*Ibid.*, pp. 92-93 ; S. T. Van der Horst, *op. cit.*, p. 131.

益を獲得する可能性は大きく消滅した。爾後，利潤は鉱山自身の成果に依存することになった[32]。一方，ラント金鉱業の将来を決定する投資はこの1890年代半ばになされ，ほとんどの鉱業金融商会が限界的鉱脈の開発，すなわち，深層鉱山の開発に携わっていた。1897年に106の非生産金鉱会社があった。翌年にはこの数は，開発の進展の結果，40に減少した。そして，1899年には5つの深層鉱山が操業を開始し，深層鉱山は全部で11となった。それらは96万1194オンス，337万6497ポンドの金を生産し，全体の産出高の23％を占めていた。鉱業が深層鉱業の段階に達すると，新しい規模の労働力を必要とするようになる。1890年と97年の間に，アフリカ人労働者は1万4000人から7万人に増大したけれども，次の3年間に必要な供給は10万人（あるいは43％増）に上昇した[33]。しかし，労働者募集水準を引き上げるのはだんだんと深刻になった。賃金率引き下げによる募集難と相俟って，労働力ポジションはいまひとたび非常に逼迫した。他方，国家によるアフリカ人労働者の規制は役に立たなくなった。独立した募集はつづいた。鉱山は互いに労働者を「盗み」つづけた。コストは会議所が受け入れることのできる水準を大きく越えていた。RNLAが拡大する鉱業の必要を満たすに十分な労働者を送り込むことができないことを示したとき，個々の支配人は単純に以前の独立した方法に戻った。「喉を食い合う」競争が1899年10月の戦争勃発までつづいた[34]。

　クルーガー政権によるダイナマイト，鉄道運賃，関税などの政策は金鉱山のコストを引き上げていたが，それにもまして安価な大量の安定したアフリカ人労働力を支配できぬ苛立ちが金鉱業主をしてイギリスによるトランスヴァール併合の策謀に赴かせ，またはこれを支持せしめたのであった。

---

32) A. Jeeves, 'The Control of Migratory Labour on the South African Gold Mines in the Era of Kruger and Milner', *Journal of Southern African Studies*, Vol. 2, No. 1 (October 1975), p. 8.
33) N. Levy, *op.cit.*, pp. 102–103.
34) A. H. Jeeves, Migrant Labour in South Africa's Mining Economy, p. 255. レヴィは，1897年6月の賃金カットは成功であり，南ア戦争勃発までの期間，労働力需要が増大していたにもかかわらず，それまでの最低の賃金が支払い続けられたと見ている。そして，金鉱業主が南ア戦争を策謀し，あるいは支持した要因は，深層鉱山への移行にともないっそう大規模なアフリカ人労働力需要にあったとしている (N. Levy, *op.cit.*, p. 103.)。ここでは，ジーブズの見解に従った。

第2節 直轄植民地期 (1902〜1906年)

金鉱業主の戦後構想 南ア戦争は,世界最強の帝国主義国イギリスと,ブール人の2つの小国連合との戦いであったから,その帰趨は初めから明らかであった。ケープタウンに避難した金鉱業主は,戦後に,クルーガー政府よりもはるかに金鉱業に理解のある効率的な政府が成立することを期待できた。彼らは,戦争のさなか,イギリス当局の協力を見込んで3つの決定を行なった。ひとつは中央集権化したアフリカ人労働者募集協会の設立であり,もうひとつはアフリカ人労働者の賃金引き下げ,そして,最後にモザンビークとの「現状維持」協定である。

1900年,金鉱業主は,南アフリカ高等弁務官でケープ植民地総督であるアルフレッド・ミルナーにアフリカ人労働者の募集を国家事業とすることを要請した[35]。これが拒否されると,金鉱業主は,鉱山会議所の下に,アフリカ人鉱業労働者の一元的募集会社,Witwatersrand Native Labour Association Ltd (WNLA) を設立した。それは営利を目的とせず,株主である金鉱山会社と炭鉱会社に対してアフリカ人労働者を募集し配分する会社であった。戦後における膨大なアフリカ人労働力需要を予想し,また,低コストのアフリカ人労働力を取り戻すために,金鉱業は,活動を停止していたRNLAを放棄し,「もっと大きな力と広い活動領域」を有する募集・供給会社を設立したのである[36]。すなわちWNLAの設立により,募集独占を実現していたモザンビークばかりでなく,従来独立募集員にまかせていた南アフリカとその近隣の植民地においても募集独占を広げ,アフリカ人労働力をめぐる鉱山間の競争を防止しようとしたのである。

1902年5月31日のフェレーニヒングの講和会議で戦争は終結し,トランスヴァール共和国とオレンジ自由国とはイギリスの直轄植民地となる。その年の暮には45鉱山が操業しており[37],操業する鉱山数で戦前の半分に戻っていた。トランスヴァール共和国は政令によってアフリカ人労働者の賃金を月20シリングに引き下げていた[38]。鉱山会議所は,操業が再開されると,アフリカ人労働

---

35) A. H. Jeeves, *Migtant Labour in South Africa's Mining Economy*, pp. 47, 256 ; . A. Jeeves, 'The Control of Migratory Labour on the South African Gold Mines', p. 13.
36) N. Levy, *op.cit.*, p. 151.
37) Chamber of Mines, *Annual Report 1902*, p. 247.

者の賃金率表を改定し，平均賃金率を1901年に26シリング4ペンス，1902年には26シリング8ペンスと定めた[39]。そして，講和条約締結直後に，いくつかの例外的職種を除いて，賃金率を月30日最高35シリング，最低30シリングとした。この新しい賃金率は賃金引上げの外観をまとっていた。しかし，1899年の平均賃金月49シリング9ペンスと比較すると，大幅な引き下げであった[40]。ただし，「フレキシビリティ協定」が成り，もし全体の最高平均賃金率が維持されれば，竪坑掘削段階にある非生産鉱山は月50シリング，生産鉱山は月40シリングを「熟練」アフリカ人労働者に支払うことが許された[41]。単純な最高賃金率よりも最高平均賃金率が採用されたことには2つの目的があった。ひとつは，平均賃金率を競り上げる鉱山支配人間の競争を阻止することであり，もうひとつは，経営に個々の労働者の賃金率についていくらかの裁量を許し，労働者個人の能力と努力を高めることであった。

トランスヴァールは，共和国からイギリス直轄植民地へ移行したから，労働者募集に関する1897年のトランスヴァール＝モザンビーク協定は当然に見直される必要があった。戦前にはアフリカ人労働力供給の3分の2をモザンビーク人が占めていたから，この見直しは至大な意味をもっていた。1900年，鉱山会議所は，ミルナーに．もし深刻なアフリカ人労働力不足に陥ることなく鉱山を再開するのであれば．モザンビーク人労働者を確保することは緊急な課題であり，1897年協定が実際的な基礎を提供していると指摘した[42]。

1年以上にわたるミルナーとモザンビーク総督との協議の結果，1901年12月に現状維持協定（Modus Vivendi）がむすばれた。協定は，1897年協定と同じ内容であった[43]。現状維持協定にはWNLAとモザンビーク当局との秘密協定が付随していた。この協定はWNLAにモザンビークにおける労働者募集のほぼ完全な独占を与えていた[44]。

ミルナーの金鉱業政策　戦後のラント金鉱業の再開・発展の諸条件を整備する

38) S. T. Van der Horst, *op.cit.*, p. 164.
39) N. Levy, *op.cit.*, p. 129.
40) S. T. Van der Horst, *op.cit.*, p. 164.
41) N. Levy, *op.cit.*, p. 153.
42) *Ibid.* p. 152.
43) *Ibid.* pp. 151–152.
44) A. H. Jeeves, *Migtant Labour in South Africa's Mining Economy*, p. 53.

ことは，イギリス植民地相ヨゼフ・チェンバレン，ミルナーなどにとっても急務の課題であった。ミルナーの戦後トランスヴァール経営の目的は，イギリス人移民を促進し，イギリス人が数の上でもブール人を凌駕し，それによってトランスヴァールを真にイギリスの植民地にすることにあった[45]。しかし，イギリス人の移民を促進するためにも，また他産業の発展を図るためにも，金鉱業の再開・発展は不可欠の前提であった。彼は，モザンビークとの現状維持協定につづき，金鉱業再開・発展のための一連の政策を採用していく。

　戦前金鉱業をひどく圧迫した負担の中で，アフリカ人労働者確保の問題を別とすれば，トランスヴァール内の鉄道と爆薬と酒類の利権の問題が重要であった。鉄道と爆薬の独占的利権は金鉱山のコストに直接的に影響を与えていた。ミルナーは，1901年9月，トランスヴァール共和国によって認められていた鉄道，ダイナマイトおよび酒類の利権を調査する委員会を指名した。その結果，ダイナマイト利権が廃止され，オランダ鉄道利権が没収された。1903年爆薬価格が半分になり，粉砕鉱石トン当りコストが9ペンスから10ペンスの節約になった。したがって，ダイナマイト独占の廃止と，鉄道利権の廃止と運賃率の引き下げとは，戦争の直接的恩恵であった[46]。

　1902年6月，ミルナーは金鉱山会社にかかる利潤税を2倍の10％に引き上げた。これは鉱山会議所によってなんなく受け容れられた。それには，いくつかの理由があった。第1に，新利潤税は遡及的でなかった。第2に，以前の5％利潤税が生産段階に達する以前からかかり，開発途上にあった深層鉱山にとって大きな負担となっていたのにたいし，新税は生産鉱山のみにかかり，深層鉱山と露頭鉱山に公平にかけられた。第3に，寛大な減価償却が認められたばかりか，戦時中に掛かった「防衡費」を控除できた。第4に，新税による利潤税の増大は，ダイナマイトの廃止によって確保したコストの節約によって相殺することが可能であった[47]。

　金鉱業にたいするミルナー統治の貢献はコストに直接かかわることだけでなかった。すでに，フェレーニヒング講和会議において，イギリスは，トランスヴァールとオレンジ・フリー・ステイトに，責任政府を認める以前にはアフリ

---

45) D. J. N. Denoon, 'Labour Crisis in Transvaal', *Journal of African History*, Vol. 7, No. 3 (1967), p. 481.
46) N. Levy, *op.cit.*, pp. 131–132.
47) *Ibid.* p. 133.

カ人に参政権を認めないことを約束していた。これは，直轄植民地期の憲法に明記され，共和国時代と同じように，アフリカ人は完全に政治的権利を否定された[48]。さらに，ミルナーは，トランスヴァール共和国の主人・召使法とパス法を継承した[49]。それのみか，主人・召使法違反を処理する裁判制度を創設し[50]，パス局を再編成し，視察官を任命し，逃亡者の確認を容易にする指紋課を設置した。また，新しい労働エイジェント規制を制定し，「労働地区」での募集を禁じた[51]。こうして，ミルナー統治は，金鉱業主がアフリカ人労働者にたいする支配と抑圧のシステムを維持・強化するのを助けたのである。

アフリカ人労働力不足 戦前に金鉱山で雇用されているアフリカ人労働者数は，1899年9万6704人であった[52]。これに対して，戦争直後のそれは，1902年6月3万8606人，同年12月4万9505人，1903年6月6万6479人 同年12月7万3218人であった[53]。ここに示されているように，金鉱山へのアフリカ人労働者の復帰は着実なように見える。しかし，その増加は緩慢であり，戦争終結から1年半が経過しても戦争直前の数を回復していなかった。大きなアフリカ人労働力不足が生じていたのである。

ラント金鉱山へのアフリカ人労働者の復帰が緩慢であったことにはいくつかの理由があった。第1に，賃金が大幅に引き下げられていた。第2に，コンパウンドは劣悪で，地下作業は危険に満ちていた。第3に，戦争で損傷した鉄道，道路，港湾などの復旧作業が多数のアフリカ人労働者を引きつけていた。しかも，それらは鉱山会議所が引き下げた賃金よりも高い賃金を支払っており，さらには，鉱山よりも快適な労働環境を提供していた[54]。第4に，多くの地区で崩壊した通信施設もラントへの労働者の流れを妨げていた[55]。第5に，部族民を鉱山に送るために首長を買収する戦前の慣行がもはや公式に是認されないこ

---

48) C. Saunders, *Historical Dictionary of South Africa*, Metuen, N. J., and London, The Scarecrow press, Inc., 1983, p. 176.
49) A. Jeeves, 'The Control of Migratory Labour on the South African Gold Mines', p. 12.
50) N. Levy, *op.cit.*, p. 134.
51) A. H. Jeeves, *Migtant Labour in South Africa's Mining Economy*, p. 48.
52) S. T. Van der Horst, *op.cit.*, p. 105.
53) Chamber of Mines, *Annual Report 1906*, Chart No.1.
54) A. H. Jeeves, *Migtant Labour in South Africa's Mining Economy*, p. 46.
55) *Ibid.*, p. 46.

とになった。慣行は続いていたが，縮小した規模においてであった[56]。第6に，田舎の店舗は閉鎖されていたり，戦時中の屠殺や喪失によって家畜が不足したことにより，貨幣経済が後退し，現金を得る誘因が小さくなった[57]。第7に，戦中，戦後に相対的に裕福になったアフリカ人が出現していた[58]。

　金鉱業主と鉱山会議所は戦争が農村のアフリカ人に与えた衝撃を十分に理解せず，賃金引き下げを実施した。戦争直後の新しい賃金表の決定は，戦後の低品位鉱業への移行によるコスト引き下げの深刻な必要と，国家権力の変化によって，新しい労働力供給地が開かれるとともに，もっと厳しい規律が敷かれるとの信念の結果であった[59]。しかし，月30シフト当り30～35シリングという賃金は馬鹿げたほど低く[60]，金鉱業主と鉱山会議所は，時の経過とともに，切り下げた賃金が鉱山への出稼ぎ労働を増やすであろうと想定することは間違っていることを認識せざるをえなかった[61]。

　1902年，各鉱業金融商会の代表者から構成される鉱山会議所特別委員会が指名された。鉱山会議所特別委員会は次の3つの選択肢を提言した。ひとつは，戦前の規模へアフリカ人労働力を回復するため，志願者を求めてアフリカを隈なくさがすことであり、もうひとつは，不熟練労働として明示されていた地下職種（岩石ドリラー，線路工夫，導管工助手，駅積載人など）と地上職種（清掃人，技師の助手，鉱石選別員など）に白人労働者を使用し，アフリカ人労働者を不熟練白人労働者で置き替えること，そして，最後はアフリカ大陸の外から有色人労働者を年季労働者として導入すること，である[62]。

　鉱山会議所は，アフリカ人労働者を白人労働者で置き換える第2の案を拒否した。アフリカ人労働者に替えて不熟練白人労働者を雇用すべきだとの一般的原則を受け入れることは問題外であった[63]。

　アジア人労働者導入の第3の選択肢は半年後に大問題となるが，鉱山会議所

---

56) D. J. N. Denoon, *op.cit.*, p. 483.
57) N. Levy, *op.cit.*, p. 147.
58) C. Bundy, *The Rise and Fall of South African Peasantry*, London, Heinemanm, 1979, pp. 207-209.
59) N. Levy, *op.cit.*, p. 145.
60) A. H. Jeeves, *Migtant Labour in South Africa's Mining Economy*, p. 45.
61) N. Levy, *op.cit.*, p. 146.
62) *Ibid.*, p. 155.
63) *Ibid.*, pp. 155-156.

はこの時点ではその決定を引き伸ばした。その理由は，アフリカ大陸の労働市場を完全にテストする前にアジア人労働者導入を申請しても，イギリス政府から許可を得る確信を持てなかったことによる。結局，鉱山会議所は第1の提案のみを承認した。鉱山会議所は，中央募集組織のさらなる強化と新しいアフリカ人労働力供給地の開拓を決定するとともに，遂に賃金の引き下げがアフリカ人労動力供給に悪影響を及ぼしていることを認め，戦前水準への復帰を決定する[64]。

改定賃金率は1903年4月から実施され，地上労働者にたいしては月45シリングから50シリング，地下労働者には60シリングの標準率が採用された。以前の賃金表と同じく，「フレキシビリティ協定」をともない，各金鉱山会社の全被雇用者のうち5％は経営が望ましいと考えるどのような貸金も支払えることになった。ただし，平均賃金が30シフト当り50シリングを越えてはならないとされた[65]。

1903年初め，鉱山会議所は亜大陸の膨大な人口に目をつけた。ケープ植民地には106万人のアフリカ人が住み，ナタールに90万人，トランスヴァールに70万人，マショナランドとマタベリランドに51万人のアフリカ人がいるものと考えられた。しかし，WNLAの努力にもかかわらず，募集はイギリス領南アフリカにおいて失敗であった。ケープ植民地の労働者は地下に降りるのを怖がり，1903年全体で6897人が募集されただけであった。ナタール，ズールーランド，アマトンガランドについて，鉱山会議所はナタール当局を，トランスヴァールでの仕事のための募集を禁じた1901年法を廃止するよう説得したにもかかわらず，WNLAは募集活動から閉め出されたままであった。WNLAは西アフリカにも手を伸ばした。しかし，ナイジェリアとライベリアにおいて労働者を募集する許可は「最近の奴隷制と内部紛争のために」拒絶された。ポルトガル領西アフリカでは，公共事業に必要な労働者がいるだけだとの理由で募集できなかった。ドイツ領西アフリカで1000人を募集する許可を得たが，僅かに620人が募集されたにすぎなかった[66]。

トランスヴァール労働委員会　ミルナーは，1903年3月，関税と鉄道運賃につ

---

64) *Ibid.*, pp. 157, 197.
65) *Ibid.*, p. 157.
66) *Ibid.*, pp. 168–169.

いて審議するためナタール,ケープ植民地,オレンジ・リバー植民地,トランスヴァールおよびローデシアの代表者が集まったブレームフォンティン会議の機会をとらえ,ラントの労働力不足問題を提起し,次の決議を全会一致で決議させた。ザンベジ川以南のアフリカ原住民の人口は,「いくつかの植民地の正常な必要を満たし,同時に,巨大な産業・鉱業中心地にたいする適切な労働量を提供する十分な労働能力ある成人男子の数が足りない」[67]。「南アフリカにアジア人種を永久的に定住させることは有害であり,許されるべきでない。しかし,もし産業発展がアジア人種を積極的に必要とするならば,政府の管理体制の下での不熟練労働者の導入は,年季契約と契約満了時の送還に関する条項が政府によってつくられる時にのみ許容されるべきである。」[68]

ブレームフォンティン会議の決議に鼓舞されて,1903年5月から鉱山会議所は労働輸入協会(Labour Importation Association)をとおして強力なアジア人労働者導入キャンペインを開始した。同時に,これに対して,ラントの商業界と白人労働者は,それぞれアフリカ人労働同盟(African Labour League)と白人労働同盟(White Labour League)を結成して反対のキャンペインを張った[69]。

労働輸入協会,アフリカ人労働同盟および白人労働同盟がそれぞれのキャンペインを張り,ロビイスト活動をおこなうさなか(1903年7月)に,ミルナーは,金鉱山に特別に配慮したトランスヴァール全体の必要労働者数を調査するトランスヴァール労働委員会(Transvaal Labour Commission)をつくった。ミルナーは「中国人労働輸入に賛成する大多数の委員と反対する……少数の委員」計12名を指名することによって,金鉱業主に有利な報告書が出されるよう取りはからった[70]。

多数者報告には,10名が署名し,2名は少数者報告を提出した。多数者報告と少数者報告の原理的違いは,前者がアジア人労働者の導入を主張したのに対し,後者は不熟練白人労働者の採用を主張した点にあった。

多数者報告は,「募集活動の新しい領域」を開発する必要性を強調し,アフ

---

67) S. T. Van der Horst, *op.cit.*, p. 168.
68) B. Sacks, *South Africa : An Imperial Dilemma ; Non–Europeans and British Nation 1902–1914*, Albuquerque, U. S. A., The University of New Mexico Press, 1967, p. 31.
69) N. Levy, *op.cit.*, p. 201.
70) *Ibid.*, p. 174.

表5―1　トランスヴァール労働委員会の推定必要アフリカ人労働者数

	(1) 雇用実数	(2) 多数報告 指定必要人数	(3) 不足 (1)～(2)	(4) 少数報告 推定必要人数	(5) 不足 (1)～(4)
金鉱山	46,500	142,500	96,000	85,000	38,500
探査	9,000	30,000	21,000	18,250	9,250
炭鉱	9,000	17,700	8,700	12,000	3,000
農業	27,500	80,000	52,500	55,000	27,500
鉄道					
開設	12,400	16,000	3,600	} 20,000	} 3,600
敷設中	4,000	40,000	36,000		
その他産業	70,000	70,000		70,000	
	178,400	396,200	217,800	260,250	81,850

［出所］　B. Sacks, *South Africa : An Imperial Dilemma ; Non-Europeans and British Nation 1902-1914*, pp. 32-34.

リカ人労働力不足は計画的なものであるという非難を拒絶した。多数者報告は次の諸点を指摘した。①アフリカ人は大部分原始的な，放牧もしくは農業の共同体社会の出身であり，彼らの標準的経済的必要は極端に低い。②彼らは最近までカネの使い方を知らず，労働市場に引き込むことはできなかった。③南ならびに中央アフリカにおいては，部族的土地所有のゆえに，アフリカ人を「産業の外側」においた。④とはいえ，アフリカ人はますます意識ある消費者となっており，白人との接触はカネの需要を増大させ，産業の労働へと駆り立てている。⑤労働力供給不足は非経済的要因（民族の習慣と性格）にも見出される[71]。これらの説明は，鉱山会議所がアフリカ人労働力不足を「計画した」とする告発から解き放つことを意図しているように見えるけれども，その実，アジア人労働者導入と出稼ぎ労働システムの拡大にたいする支持を与えるものであった[72]。

　これに対して，少数者報告は，鉱山会議所が意図的にアフリカ人労働力不足を誇張し，アジア人労働者導入にたいする主張を強めている，と批判した。2人が提起したのは相当数の不熟練白人労働者を調達する計画であった。彼らは，金鉱業主が希望すれば，①アフリカ人労働者への依存を減らすことができる，②生産方法と機械を改善する，③不熟練労働者にたいする需要を満たすために，白人労働者の使用を拡大する展望が開けている，と感じていた[73]。

　両者の違いは不足する労働者の推定数にも現れた。両報告とも労働者が供

---

71)　*Ibid.*, p. 174.
72)　*Ibid.*, p. 177.

給不足であることを認めていたが，その数には相当の開きがあった。

　表5—1に総括しているように，トランスヴァール経済のアフリカ人労働者不足は，多数者報告ではおよそ22万人，少数者報告では約8万人で，かなりの開きが見られた。金鉱業に限れば，不足は，多数者報告では11万7000人，少数者報告では4万7750人であり．実に7万人の開きがあった。少数委員は，金鉱山へのアジア人労働者導入は「より低い賃金率でカフィアを仕事に駆り出す」ことによって供給を増やすであろうとする多数委員の信念に反対し，労働力不足問題を解決する方法として不熟練白人労働者の雇用を主張した[74]。

　しかし，金鉱山での不熟練白人労働者の使用，これこそ鉱山会議所が回避したい解決法であった。鉱山会議所は労働委員会で，不熟練白人労働者を使用するコスト面での不利益を次のように指摘した。①ラントの鉱山の鉱石品位はあまりに低いので，他の鉱山との比較はできない。問題はかなりの利潤幅をのこすコストでその価値を抽出することである。②もし白人が1日12シリングで雇われ，各白人がアフリカ人がなす2倍の仕事量をこなすとしても，それでも生産コストは粉砕鉱石トン当り10シリング1ペンス増大するであろう。③79社の低品位鉱山が存在する。白人が黒人にとって替わるならば，48社は欠損を出すであろうし，残りの31社も利潤を大幅に低下させる。④白人鉱夫が黒人鉱夫の2倍の仕事をするという考えは誤っている。熟練した黒人は白人と同等の仕事をする[75]。そして，鉱山で不熟練白人労働者を経済的に使用できない理由を以下のように挙げた。①白人は不熟練労働をカフィアと一緒にやる気はないし，一緒にやっても効率は低い。②白人は不熟練労働の仕事はカフィアがやるものと心得ている。③南アフリカには，激しく働くことに慣れている白人労働者は少ない。④白人の生活費は高く，黒人を白人で置き替えるとすれば，白人は黒人3.145人分の仕事をしなければならない[76]。

　労働委員会の多数委員は，この鉱山会議所の見解を受け容れた。①白人は，「手労働のつらい仕事」には使われてこなかった。②もし白人労働者が望ましいのであれば，白人労働者は黒人労働者にとって替わってきていたであろう。逆に，白人労働者が黒人労働者にとって替わられている。③過去の証拠の示す

---

73)　*Ibid.*, p. 178.
74)　*Ibid.*, p. 179.
75)　*Ibid.*, p. 180.
76)　*Ibid.*, p. 181.

表5—2　ラント金鉱山における労働者数
(1902—1910年)

(年平均)

	(1) 白人	(2) 有色人	(3) 中国人	(4) (2)+(3)
1902年	n.a.	42,587	—	42,587
1903年	n.a.	64,454	—	64,454
1904年	13,027	68,438	9,668	78,106
1905年	16,227	91,816	39,952	131,768
1906年	17,210	85,558	51,427	136,985
1907年	16,755	106,222	49,302	155,524
1908年	17,593	140,304	21,027	161,331
1909年	20,625	162,439	6,516	168,955
1910年	23,651	183,613	305	183,918

[出所]　Chamber of Mines, *Annual Report 1935*, p. 156. ただし，1902年と1903年の有色人は，S. T. Van der Horst, *Native Labour in South Africa*, p. 164.

ところでは，白人労働者は黒人労働者との競争に成功するという主張を決定的に否定している。こうして，多数委員は不熟練労働への白人労働者の雇用を原則的に拒絶した[77]。まさに，労働委員会は，鉱山会議所の見解を公式のものにしたのである。

中国人年季労働者の導入　ミルナーは多数者報告を金鉱山の地位のより真実な評価として受け容れ，海外からの労働者を受け入れる法案をトランスヴァール議会に導入した。それは，はっきりと熟練労働からアジア人労働者を排除する特別な制限を規定していた。これらの制限は2つの別個の法律において規定された。1903年の鉱山・仕事および機械法（Mines, Works and Machinery Ordinance）と1904年のトランスヴァール労働輸入法（Transvaal Labour Importation Ordinance）である。後者の法律は，アジア人出稼ぎ労働者が排除される56の職種を包括的に規定することによって，従来曖昧であった「不熟練労働」のカテゴリーを明確にした。それはまた，3年の契約期間が終了した後にアジア人労働者を母国に送還することを規定し，白人の鉱夫と農民の憂慮を解いた。これらの規定は同法の統制条項によって強化され，アジア人労働者がトランスヴァールに居住している限り，酒類，鉱業，商業，行商，建築，不動産に関わ

---

77)　*Ibid.*, p. 187.

るライセンスを取得することを禁じた[78]。

　トランスヴァール労働輸入法が有したもっとも重要な意義は，金鉱業における人種的労働力構造を維持し機構化した点にあった。中国人に対して意図された長い職種制限リストは，政府の通達の下に鉱山・仕事および機械法に吸収され，アフリカ人労働者の職種移動に不利に作用することになった。すなわち，中国人労働者導入にたいする白人労働者の憂慮を和らげるために導入された法律が，後に南アフリカにおける「永久的な」人種差別的賃金ならびにジョブ・カラーバーを確立するのに貢献することになるのである[79]。

　中国人年季労働者の導入は，1904年5月に始まり，1906年11月に終わるが，その間，6万3695人がラントに到着した[80]。1904年から08年までの，中国人労働者が非白人労働者に占める比率を年平均で見ると，1904年12.3％，1905年30.3％，1906年37.5％，1907年31.7％，1908年13.0％であり，1905年から1907年までの3年間は30％を越えていた（表5－2参照）。中国人労働者がいかにラント金鉱業におけるアフリカ人労働者不足の穴を埋めるのに重要であったか，ここにうかがわれるのである。

　賃金の安い中国人労働者は，開発途上の鉱山よりも生産鉱山で，しかも地下の発波のための手動ドリル作業でつかうことが有利であった。低賃金ときつい危険な仕事とコンパウンドでの待遇の悪さは必然的に彼らの不満を呼びおこし，暴動やストライキや逃亡をうみだした。これにたいして鉱山会議所は当局に働きかけて1904年労働輸入法を修正し，①労働現場での駐在治安判事による簡易判決，②労働セクションの1メンバーによって犯された罪にたいする集団的罰金の処罰，③白人は誰でもラント地区の外で見つけた中国人労働者を逮捕状なしで逮捕できること，を認めさせ，中国人労働者により強い統制を敷いたのである[81]。

　中国人労働者とアフリカ人労働者の間の賃金格差にもまして重要なことは，金鉱山における中国人労働者の存在が，鉱山会議所をしてアフリカ人労働者の賃金を中国人労働者の賃金水準近くまで組織的に引き下げることを可能にしたことである。1905年1月にアフリカ人労働者の月平均賃金は56シリング7ペン

---

78) *Ibid.*, p. 224.
79) *Ibid.*, p. 224.
80) P. Richardson, *Chinese Mine Labour in the Transvaal*, London, Macmillan, 1982, p. 166.
81) N. Levy, *op. cit.*, pp. 228–229.

スであった。2月には55シリング6ペンスとなり，3月55シリング1ペンス，4月54シリング5ペンス，5月53シリング6ペンス．そして，その年の暮れに向かって急激に低下し，1905年平均では51シリング9ペンスとなった。こうして，中国人労働者の導入は金鉱業の人種的労働力構造を維持し，アフリカ人労働者の賃金を引き下げたが，長期的に見るとき，前者がより重要であった[82]。

アフリカ人労働力供給状況 トランスヴァール労働輸入法が制定された後，アフリカ人労働力供給は，1904年には徐々に，そして，1905年の初めには急速に改善しつつあった。第5—2表によると，金鉱山で働くアフリカ人労働者数は年平均で，1903年の6万4454人から1904年6万8438人，1905年9万1816人となった。前年に比べて，1904年には3984人，1905年には2万3378人の増加であった。この背景にはいくつかの理由が存在した。第1に，WNLAの募集活動が以前便宜を享受できなかった地域や募集権を協議した地域にも拡大された。第2に，1903年4月に改定された賃金率の引上げが労働市場に効果を及ぼし始めた。第3に，1904年の不況により商業部門の失業が増大した。第4に，死亡率の低下と健康の改善が供給をより確かなものにした。とはいえ．事故と病気を合わせると，死亡率は1903年の1000人につき80.92人から1904年の48.2人に減少したが，なお高率であった[83]。こうして1905年の最初の3カ月にはアフリカ人労働者の需要は完全に満たされ，僅かだが余剰さえ生じた[84]。僅か2年前には金鉱業主はアフリカ人労働力不足をわめき立てていたから，このことは政府ばかりでなく彼らを当惑させた。

1905年初めの労働力の全般的増加は，導入される中国人労働者を除けば，トランスヴァール，ケープ植民地，およびローデシアからの供給増と現地での募集増によるものであった（表5—3）。現地での募集増はWNLAや独立募集員の手を経ることなくラントにやってくる「自発者」が増えたことによる。彼らは自由に働く鉱山を選択できた。一方，ラント金鉱業の不熟練労働者の中核であったモザンビーク人の募集が1903年に比して1904年に低下した（表5—4）のは，第1に，WNLAが選択的募集，すなわち，1年以上鉱山労働を経験した「古手」の採用に限ったことによるものであり，第2に，3月と4月に降雨

---

82) *Ibid.*, p. 228.
83) *Ibid.*, pp. 230–232.
84) *Ibid.*, p. 232.

表5-3 WNLAのアフリカ人労働者募集数（1903—05年）

（括弧内は%）

	1903年	1905年
ケープ植民地	7,082 (8.3)	10,580 (10.4)
トランスヴァール	11,775 (13.8)	14,199 (13.9)
オレンジ・リバー植民地	50 (0.1)	— (—)
バズトランド	2,008 (2.4)	2,382 (2.3)
ベチュアナランド	2,730 (3.2)	2,352 (2.3)
スワジランド	273 (0.3)	39 (0.0)
イギリス領中央アフリカ	941 (1.1)	6,015 (5.9)
モザンビーク	45,158 (52.9)	40,624 (39.8)
ベイラ・チンデ	84 (0.1)	177 (0.2)
ニアサ	— (—)	94 (0.1)
ドイツ領南西アフリカ	620 (0.7)	40 (0.0)
現地	14,656 (17.2)	24,482 (24.0)
合計	85,377 (100)	101,984 (100)

[出所] N. Levy, *The Foundations of theSouth African Labour Systen*, p. 235. ただし、1905年の合計欄は訂正している。

表5-4 WNLAのポルトガル領東アフリカでの募集人数（1901—06年）

	1901年	1902年	1903年	1904年	1905年	1906年
モザンビーク諸州[1]	—	38,111	43,625	27,633	38,469	36,401
キリマネ・テテ	—	—	447	1,938	587	1,359
モザンビーク地区	—	494	1,086	1,308	1,568	2,073
合計	—	38,605	45,158	30,879	40,624	39,833

[注] 1) ロレンソ・マルクス、ガザ、インハムバネ。
[出所] N. Levy, *The Foundations of the South African Cheap Labour System*, p. 236.

が続いて収穫を妨げたため、出稼ぎに出ることを遅らせたこと、第3に、その年は豊作で、多くの人に現金に余裕があった、ことによる[85]。ところで、ここでモザンビークでの労働者募集を取り決めた現状維持協定について一言つけ加えなければならない事柄がある。ミルナーは、現状維持協定は全モザンビークを包含すると理解していたが、南ア戦争後、協定はザンベジ河以北のモザンビーク（熱帯モザンビークで、モザンビークの国土の3分の2を占める）には及ばないことを見出した。そこでは、モザンビーク会社、ニアサ特許会社、およびザンベジア会社の3つの特許会社が、ローデシアにおいて特許会社BSACによって行使されていたと同じ権限を有し、WNLAによる公式の労働者募集

---

85) *Ibid.*, p. 233.

表5—5　ラント金鉱業の砕鉱機数と労働者数（1904—06年）

	砕鉱機数 (年平均)	粉砕鉱石量 ton	金産出高 oz	アフリカ人 労働者数	中国人 労働者数	白人 労働者数
1904年	4,819	8,058,295	3,645,700	68,438	9,668	13,027
1905年	6,512	11,160,442	4,729,657	91,816	39,952	16,227
1906年	7,895	13,571,554	5,568,645	85,558	51,427	17,210

[出所]　砕鉱機数は，1904年は *The Mineral Industry 1904*, Vol. XIII, p. 510, 1905年は *The Mineral Industry 1905*, Vol. XIV, p. 240, 1906年は *The Mineral Industry 1906*, Vol. XV, p. 358。粉砕鉱石量は，*The Mineral Industry 1906*, Vol. XV, p. 359。
金産出高は，*Official Year Book of the Union of South Africa 1939*, No. 20, p. 842。労働者数は第5—2表に同じ。

を拒んでいた。鉱山会議所は，モザンビーク会社とは労働者募集協定に達しなかったが，1903年9月，後の2社との間には募集協定をむすぶことに成功する。しかし，1903〜1905年のここでの労働者募集の数字は極端に失望的なものであった[86]。

1905年最初の4カ月にアフリカ人労働者雇用は急激に増大し，4月には頂点の10万7756人が雇用されていた。ところが9月からこれまた急激な下降に転じ，最低点は1906年7月に達し，9万4200人が雇用されているだけとなった。その後，漸次的な回復に向かうが，1907年2月まで1905年4月の数字を越えることはなかった[87]。1906年の砕鉱機の数（年平均）は1905年の6512台にたいして7895台であり，ラント金鉱業の規模がいっそう大きくなっていただけに，中国人労働者が増大していたにもかかわらず，この年のアフリカ人労働力不足は深刻であった（表5—5）。しかも，問題は単なる労働力不足にとどまらなかった。不足するなかで中国人労働者導入停止問題と WNLA 崩壊の危機に襲われるのである。まさに，再び金鉱業の危機であった。

イギリスのキャンベル=バナマン政府と中国人労働者　1905年末以降，イギリス本国の政治状況の変化によって中国人年季労働者導入を取り巻く環境に大きな変化が生じていた。チェンバレンの関税改革キャンペインによる分裂をかかえた保守党のバルフォア内閣は，有利な選挙の時期を狙っていたが，1905年11月，キャンベル=バナマンがアイルランドの「自治」問題に触れたのをきっか

---

86)　D. J. N. Denoon, *op.cit.*, p. 484 ; A. H. Jeeves, *Migtant Labour in South Africa's Mining Economy*, pp. 225–227.

87)　*Ibid.*, p. 57.

けに，自由党内でアイルランド問題をめぐる意見対立が表面化したのを見て，政権を自由党にひきわたし，自由党のもとで選挙を行なうことにふみきった[88]。自由党のトランスヴァール政策は，反ラントロード（Randlord）であり，反中国人労働者導入であった。12月5日に成立したキャンベル＝バナマン内閣は，直ちに中国人労働者問題の討議にとりかかり，12月21日植民地相エルギンは，南アフリカ高等弁務官セルボーン（ミルナーは1905年4月に退任し，セルボーンが後任になっていた）に，南アフリカでの責任政府樹立まで，それ以上の中国人年季労働者募集停止を決定したことを通知した[89]。1906年1月12日から2月7日にかけて行なわれた総選挙で，自由党は地すべり的大勝利を収めた。選挙の争点は，関税改革問題，1902年教育法，タフ・ヴァイル判決，アイルランド「自治」問題などであったが，中国人労働者問題も保守党攻撃の好材料とされた[90]。選挙の翌日，キャンベル＝バナマン内閣は，早期にトランスヴァールとオレンジ・リバー植民地に自治を与えることを決定した。中国人労働者問題については，エルギン植民地相とチャーチル同次官は2月末までに次の4点の基本方針を定めた。①すでに出されている中国人年季労働者の移入許可は尊重するが，新たな許可は出さない。②労働者の自由を侵害するような規制は修正する。③契約期間満了前でも希望者は帰国させる。④今後導入するかどうかは，自治付与後のトランスヴァールの決定に任せる[91]。

　一方，トランスヴァールへの自治権付与も中国人労働者問題と重大なかかわりがあった。自治権を与えるとなると，責任政府を選挙で決めなければならないが，金鉱業主が支援する進歩党（Progressive Association）でなく，南ア戦争のときブール人の将軍をつとめたルイス・ボータとジャン・スマッツが率いるヘット・フォルクが勝利する可能性が高かった。彼らは，イギリスの自由党と密接に接触しており，同じく，反ラントロード，反中国人労働者導入の激しい言辞をはいていた。したがって，アフリカ人労働力不足のなかで中国人年季

---

88) 木畑洋一「『中国人奴隷』とイギリス政治——南アフリカへの中国人労働者導入をめぐって——」油井大三郎・木畑洋一・伊藤定良・高田和夫・松野妙子『世紀転換期の世界——帝国主義支配の重層構造——』未来社，1989年所収，102–103ページ。なお，この論文は，ラントへの中国人労働者導入をめぐるイギリス労働者階級・社会主義努力の見解も考察しており，総じて，その背後のイギリス人の「帝国意識」を確定している。

89) 同上，103ページ。

90) 同上，103ページ。

91) 同上，107ページ。

労働者使用の継続は安定したものでなかった。

WNLA崩壊の危機　この労働力不足のなかで，WNLAは崩壊の危機にさらされた。

　WNLAはアフリカ人労働力を統制し，賃金競争を阻止し，そして，加盟会社の粉砕能力（鉱山技師の常設委員会によって決められる）を基礎にアフリカ人労働者を分配する努力をしていた。しかし，このシステムがうまく機能したのは労働力供給が十分な時のみであった。労働力供給が不足すると，生産目標を維持する圧力の下に，鉱山支配人は秘密の募集に従事したり，こっそりとボーナスを手渡した。あるいは，粉砕能力を誇張してWNLAから労働者のより高い分配率を獲得しようとした。そして，クルーガー政権期と同じように，鉱業金融商会によるWNLAモノプソニー違反は慢性的であった。例えば，J・B・ロビンスンが支配するラントフォンテイン鉱山グループはWNLAのメンバーでありながら，ケープ植民地では独自のエイジェントを維持し，WNLAのシステムの外で「自発者」を募集していた[92]。1906年末にラントフォンテイン鉱山グループがWNLAから追放されたとき，それはこのグループを他のグループに対抗させただけでなかった。WNLAの規則に従って募集活動を行なうとの協定にもかかわらず，すべてのグループの個々の鉱山支配人は一斉に競争的募集に突入した。1906年初頭以降のアフリカ人労働力不足と鉱業内部の争いとは独立募集員にWNLAに報復するチャンスを与え，1906年末には，WNLAの募集員は南アフリカと近隣の植民地の主要な募集地域からほとんど追い払われる事態となった[93]。それのみならず，WNLAは，募集独占を確保していたモザンビークにおいてさえも崩壊の危機に立たされるのである。ここにおいても，危機の発端はJ・B・ロビンスンの策謀であった。

　1906年4月，A・E・ウィルスンは，鉱業金融商会のリーダーたちに，自分の新しいアフリカ人労働者募集会社 Transvaal Mining Labour Co（TMLC）がモザンビークで募集するためポルトガルとトランスヴァール両当局の承認を受けたことを知らせた。鉱業金融商会のリーダーたちは直ちに，TMLCの背後に誰がいるか，どの程度公的支持を得ているか，発見しようとした。明らかになったことは，①TMLCはモザンビークで募集する許可を得ていないこと，②ロビ

---

92)　A. H. Jeeves, *Migrant Labour in South Africa's Mining Economy*, p. 55.
93)　*Ibid.*, pp. 57-58.

ンスンを通じて，ロンドンで彼のエイジェントと協力していること，③トランスヴァール当局から「反対しない証明書」を得ていること，であった。現状維持協定の下に，トランスヴァール政府は，モザンビークで募集する許可を求める労働エイジェントの申請を拒否する権利を有していたが，セルボーンは，それが意味することを深く考慮することなく行動したのであった[94]。

1906年5月，エルギンはセルボーンに，ロビンスンがモザンビークで独立して募集する申請を公式に行なったことを伝えた[95]。彼は，ロビンスンのような大きな利権にたいしてWNLAから分離して労働者を募集する権利を否定できないとの見解をとった。セルボーンは，このような問題は細心の考慮を必要とするとして，イギリス，ポルトガル両政府の共同調査を申し出た。エルギンは，共同調査には賛成するが，それは，ロビンスンがポルトガルによって募集ライセンスを与えられた後であると回答した。その間，ロビンスンは，ウィルスンを解いて，代わりにラントフォンテイン鉱山グループの支配人G・C・ホルムズをロレンソ・マルクスに送った。エルギンの有無を言わせぬ指示に直面して，セルボーンはホルムズに「反対しない証明書」を与えるより他なかった。モザンビーク当局も屈服し，ホルムズに募集ライセンスを発行した。WNLAのメンバーはパニック状態となった。鉱業金融商会はすべて直ちにセルボーンに書簡を送り，ロンドンは彼らの会社にたいしても同じ特権を授与すべきだと主張した。鉱山会議所もトランスヴァール政府もエルギンに，彼のロビンスンへの支持がはらむ金鉱山，トランスヴァールおよびイギリス領南アフリカにとっての破滅的影響を印象づけようと試みた。エルギンは屈しなかった。彼は，ロビンスンのためにポルトガルに圧力をかけつづけ，他の鉱業金融商会には，ポルトガルとの共同調査が実施されるまでは，同様の取扱いは考慮できないと警告した。

ホルムズはロレンソ・マルクスで独立した募集組織を建設し始めた。しかし，ロビンスンにとって困ったことに，彼はモザンビークで募集するただ単一のライセンスを得ただけであった。ポルトガル当局は，WNLAの圧力のもとに，募集員とアフリカ人ランナーに対する新しいライセンスをホルムズに認めることを断固として拒否した。そして，それがなければ，彼は活動できなかった。

---

94) *Ibid.*, pp. 200–201.
95) 以下の，モザンビークにおけるWNLAの募集独占にたいするロビンスンの挑戦については，*Ibid.*, pp. 202–208 に依る。

WNLAにとって幸いなことに，ポルトガル当局は，イギリス外務省からの執拗な圧力にもかかわらず，ロビンソンにたいするそれ以上の譲歩を断固として拒否したままであった。彼らが屈したのは共同調査までであった。ポルトガル当局は競争的募集の破壊的影響を恐れていたし，イギリス自由党政府に従属するにはプライドが許さなかった。それに加えて，WNLAがモザンビークで培ってきた接触と，WNLAのエイジェントであるブレイナー・ワース商会のリスボンにたいする影響力も強力であった。しかし，ホルムズは1906年をとおし，また1907年に入ってもロレンソ・マルクスにとどまり，WNLAの支配を脅かしつづけた。

　1907年の初頭，WNLAにとって直接的脅威が，イギリス政府がポルトガル当局に要求していた共同調査の提案からやってきた。もしポルトガル当局が調査に同意し，非効率と経営の誤りが発見されるならば，WNLAの生き残りは疑わしいものとなる。

　他方，ロビンソンもまた困難なポジションにあった。ホルムズはライセンスを有効にする手段を欠いていた。イギリス政府の支持を得てさえも，ロビンソンはWNLAの活動を乱す以上のことを為しえなかった。しかし，彼はなおモザンビークに足場を獲得することを期待していた。

　1907年初頭にはトランスヴァールにおける選挙が差し迫っていた。アフリカ人労働力不足と政治的不透明のなかで，ラント金鉱山は開発資本の慢性的不足に苦しみ，深刻なコスト圧力を受けていた。さらに，4つの緊急な労働危機に直面していた。第1に，中国人労働者廃止問題，第2に，モザンビークにおけるWNLAの崩壊の危機，第3に白人労働者の戦闘性，そて，最後に生産における人種的分業の在り方である。

第3節　責任政府期（1907--1910年）

ヘット・フォルクの労働政策　1907年2月20日のトランスヴァール選挙では，ヘット・フォルクがアフリカーナーにこぞって支持され，69議席のうち37議席を獲得して勝利した。ここに責任政府が成立し，トランスヴァールは，イギリス直轄植民地に編入されてから5年目にして，自治領として領土の支配権を回復した[96]。

ヘット・フォルクは政権につくと迅速に行動した。彼らは，①モザンビークにおける労働者募集権をめぐる鉱業金融商会間の対立を調停し，②南アフリカ植民地における労働者募集の混乱の収束と労働力供給の拡大に乗り出し，③アフリカ人労働者を不熟練白人労働者で置き替えようとするクレスウェルの考えを拒否し，さらに，④白人労働者のストライキを金鉱業主に有利に解決し，⑤中国人労働者の段階的本国送還を決定して，金鉱業主を安堵させるのである。

ボータとスマッツは，政権について数週間たたぬうちに，まずモザンビークにおける労働者募集権をめぐる混乱の解決にうごいた。2人は，ロビンスンならびに彼の敵対者と接触し，両者をまとめる努力をはらった。また，ボータ首相は，セルボーンとエルギンに，モザンビークにおける募集は「単一の組織された団体」によって遂行されなければならないこと，そして，このためにはWNLAを存続させねばならないことを知らせた。さらに，イギリス，ポルトガル両政府の共同調査に反対し，モザンビーク当局と直接協議することを望んだ。エルギンはこの線で進むことに同意した[97]。

1907年4月25日，スマッツは，招集した鉱山会議所特別委員会の会合で，モザンビークにおける労働者募集権をめぐる混乱を収束するために一括提案を提出した。鉱山会議所の関係者は，スマッツに説得され，13カ条からなる提案を承認した。これはWNLAの遵守すべき憲章となった。これによって，国家はモザンビークにおけるWNLAの独占的地位を承認したが，他方，WNLAは決められた条件に従うものとされた。第1に，もし，政府が，WNLAは効率的に機能していないか，あるいは，メンバーを差別していると判断するならば，政府はWNLAの独占を破壊し，違ったグループに独立した募集ライセンスを発行する権限を保留した。第2に，WNLAは，要求のあり次第，政府の視察官が帳簿を調べることを許すことに同意した。第3に，メンバー間に紛争が生じた場合，国家が調停するか，あるいは，国家が指名する調停者に従うこととなった。第4に，WNLAは，政府が認めた会社をメンバーとして受け容れなければならなくなった[98]。こうして，国家は未曾有の規模でモザンビークでの

---

96) Leonard Thompson, *A History of South Africa*, New Haven and London, Yale University Press, 1990, p. 147. (宮本正興・吉国恒雄・峯陽一訳『南アフリカの歴史』明石書店，1995年，266ページ。)
97) A. H. Jeeves, *Migrant Labour in South Africa's Mining Economy*, p. 208.
98) *Ibid.*, p. 210.

募集に巻き込まれることとなった。

　モザンビークにおける募集権の混乱を解決したボータ政府は、ついで南アフリカ植民地におけるアフリカ人労働者募集混乱の収束と労働力供給の拡大に動いた。

　第1に、ボータ政府は、原住民労働局（Native Labour Bureau）を設置した。同局は、それ自体志願者を募集する機関ではなく、「鉱山への労働供給を規制し」、「南アフリカにおける原住民労働募集を監督し」、出稼ぎ労働者が「より良く統制され、より組織的に管理される」ことを確保し、ラントにおいては「労働地区における原住民の利益を保護し、それによって雇用者にたいする彼らの信頼を拡大する」任務をおった機関であった[99]。原住民労働局の設置は、鉱業金融商会間、否、同じ鉱業金融商会傘下の鉱山同士においてさえアフリカ人労働者の獲得をめぐる競争を阻止することができないラント金鉱業の事態から生じたものである[100]。

　第2に、政府は自発的志願者の奨励に動いた。南アフリカ植民地におけるWNLAの崩壊後、独立募集員や労働請負人を避けて、独立して鉱山におもむくアフリカ人労働者が増えていた。この自発的志願者は、エイジェンシーによって募集された場合と異なり、自由に鉱山を選ぶことができた。原住民労働局は自発的志願者を奨励することを考えた。けだし、それは募集コストを引き下げ、労働者をめぐる無駄な競争を減らしたからである[101]。1907年6月、原住民労働局長H・M・タベラーはケープ植民地の原住民問題相エドワード・ダウアーと覚書きに署名し、ケープ植民地からの自発的志願者の移動を容易にした。すなわち、政府は、10人余りの団体でラントに赴くアフリカ人労働者には「無料で」鉄道乗車券と食料を提供することにしたのである。もっとも、この資金は、将来の雇用者から回収されるが、雇用者は労働者の労賃からこれを差っ引くのである[102]。

　第3に、ボータ政府は、1908年初めにはナタールとの交渉を成功させた。ナタールは勧誘員法（Touts Act）を修正し、ラント金鉱業にたいしナタールとズールーランドにおける原住民へのアクセスを承認した[103]。

---

99) *Ibid.*, p. 76.
100) *Ibid.*, pp. 76–78.
101) *Ibid.*, p. 76.
102) *Ibid.*, pp. 79–80.

その間、ボータ首相は1907年5月にロンドンでラント金鉱業主と会談した。彼らは、生産の混乱を最小限にとどめるため、中国人労働者の漸次的段階的送還を嘆願した。ボータは同情的で、彼の労働政策は「送還と置き替え」であることを保証した。このことは、現地のアフリカ人労働力供給が十分に確保されるまで中国人労働者をラントにとどまらせることを意味すると、金鉱業の大立者には受け取られた[104]。

しかしながら、ヘット・フォルクの選挙スローガンのひとつであった金鉱業労働政策の「送還と置き替え」には別様の意味が込められていた。中国人労働者に替える白人労働者の採用である。彼らは、南ア戦争後増大した「プアー・ホワイト」の存在を無視することはできなかった。この点でヘット・フォルクの政策はクレスウェルの考えと部分的に重なっていた。

クレスウェルの実験[105]は、鉱山は白人労働者だけで経営できることを証明することを意図していた。クレスウェルの急進的考えはトランスヴァールの金鉱業にとって革命的意味をもっていた。鉱山労働のすべてに白人労働者を行き渡らせるという考えの帰結は、アフリカ人出稼ぎ労働システムにたいする攻撃であった。彼は、アフリカ人出稼ぎ労働者は高度に人為的な労働者動員システムであり、「国家の法的管理的支持」があってこそ維持されている、と考えていた。「国家の法的管理的支持」で、パス法、小屋税、アフリカ人を強制的に居留地から駆り出す管理手段などが意味されていることは明らかである[106]。

1907年にスマッツは漸次クレスウェルに近づいた。しかし、彼はクレスウェルの理論を全面的に支持したのではなかった。彼は、不熟練白人労働者の雇用の問題は「困難な」ものとして述べ、政府はもっと情報が必要であると論じた。明らかに、不熟練労働をすべて白人労働者にゆだねることは、金鉱山のコストの面から不可能であることを認識していた。彼は、1907年に政府が指名した鉱業委員会（Mining Industry Commission）で、資本家とクレスウェルの徒が論争するに任せた。そして、翌年、内閣はクレスウェルの報告をそのまま棚上げにした[107]。

他方、「鉱山の白人労働者の地位を保護する問題」は単に理論的問題でなかった。1907年の白人労働者ストライキにたいするヘット・フォルク政府の対処ほど、この問題に関する彼らの態度を鮮明に表したものはない。

---

103) *Ibid.*, p. 83.
104) *Ibid.*, p. 74.

1907年白人労働者ストライキ トラブルは，金鉱業がより高い効率を追求して地下作業を再編しようとした5月に始まった。CGFSA傘下のKight's Deep鉱山の経営者は，白人親方が監督する機械ドリルの数を2つから3つに引き上げた。この変更は，アフリカ人労働者に対する白人労働者の比率を脅かしたばかりでなく，直接的に白人労働者の賃金率に関わっていた。その月にラント金鉱山は，ロビンスン・グループの鉱山を除き，すべてストライキに突入し，その指導者は5月22日にゼネラル・ストライキを宣言した。ボータ政府は，暴力の脅威に備えて，25日イギリス帝国軍隊に出動を要請した[108]。6月6日，ストライカーの代表者はボータ首相と面接し，仲裁法廷の設置を要請した。しかし，

---

105) Village Main Reef鉱山の支配人F・H・P・クレスウェルは，1902年3月から12月にかけて，ひとつの実験を行なった。アフリカ人労働者に替えて不熟練白人労働者を使用する実験である。彼は実験結果を次のように報告した。Village Main Reef鉱山の採掘鉱石トン当りコストは8シリング5.3ペンスで戦前の7シリング0.6ペンスを凌駕しているけれども，1人の白人労働者が2人のアフリカ人労働者の仕事をこなし，1日12シリング支払われるものとすると，1903年8月までの実験では地下で白人を使用した実際のトン当りコストは6シリング9.5ペンスで戦前水準を下回っている。戦前の数字はダイナマイト費用とアフリカ人労働者賃金の低下とを考慮していなかったから，それらを勘案すると，戦前のコストは6シリング4.4ペンスとなり，不熟練白人労働者を使用する場合のコストより僅か5.1ペンス低いだけだ。したがって，組織の改善などを実現すれば，この違いはネグリジブルなものとなり，不熟練白人労働者を使用してもアフリカ人労働者を使用するときと同じように有利である。しかし，彼のコスト分析の実験にはいくつかの欠陥があった。第1に，1人の白人労働者が2人のアフリカ人の仕事量をこなすという想定は鉱山会議所の顧問技師によってなされたが，それは理論上のことにすぎず恣意的であった。実際には，不熟練白人労働者は1日9シリング10ペンスを稼いでおり，アフリカ人労働者の労働を基礎とするコストを維持するためには，白人は3.145人のアフリカ人労働者の仕事をしなければならなかった。第2に，白人労働者の賃金率が生産性によってでなく，「地代と生活条件」によって決定されることを認識するのに失敗していた。第3に，実験は選鉱石過程を短縮していた。第4に，鉱山の最も高品位鉱脈であるSouth Reefに採掘を限っていた。鉱山会議所の主任顧問技師であるジェニングズは，クレスウェルの実験結果を詳細に吟味した後，1902年12月に終わる9カ月間にVillage Main Reef鉱山は7840ポンドの損失を出したと結論した。ちなみに同鉱山はラントでも6指に入る富裕鉱山であった（N. Levy, *op.cit.*, pp. 183–184.）。クレスウェルの実験の狙いは，アフリカ人労働者を不熟練白人労働者によって取り替えても，鉱山は十分にペイすることを示し，鉱山への不熟練白人労働者の導入を促進することにあった。この実験の社会的背景には，南ア戦争後に急増した「プアー・ホワイト」の存在があった。

106) A. H. Jeeves, *Migrant Labour in South Africa's Mining Economy : The Struggle for the Gold Mines' Labour Supply 1890–1920*, pp. 67–68.

107) *Ibid.*, p. 68.

108) *Ibid.*, p. 68.

表5－6　トランスヴァール金鉱山における白人労働者に占める
　　　　南アフリカ出身者の割合

	(1) 白人労働者数	(2) 南ア生れの割合（％）	(3) 南ア生れの数[3]
1907年[1]（ストライキ前）	18,600	17.5	3,255
1907年[1]（ストライキ中）	17,631	24.6	4,337
1907年[2]（ストライキ後）	18,687	23.0	4,298
1910年	26,791	27.2	7,287
1913年	29,710	36.2	10,755
1915年	26,329	41.0	10,794
1918年	28,722	50.2	14,418
1920年	28,055	50.8	14,252

［注］　1）トランスヴァール金鉱山のみ。
　　　2）1907年（ストライキ後）トランスヴァールのすべての鉱山。非金鉱山もふくむ。
　　　3）(1)と(2)から算出。
［出所］　D. Yudelman, *The Emergence of Modern Africa : State, Capital, and the Incorportion of Organizwd Labor on the South Africa Gold Fields, 1902–1939*, p. 132.

彼は，金鉱業主の意を受け容れ，それを拒否した。ストライキは，公式には7月28日のトランスヴァール鉱夫協会（Transvaal Miners' Association）の終息宣言によって，白人労働者の敗北のうちに終わった[109]。

　1907年白人労働者ストライキは，その後のラント金鉱業にたいして2つの重要な事態をもたらした。ひとつは，政府と金鉱業主の和解がいっそう進んだことである。以後，ブール人政府は白人労働者を「保護」しながらも，金鉱業の収益性が危うくなるときにはいつでも，金鉱業の立場にたつことになる。もうひとつは金鉱山に働くアフリカーナーの増大である。ストライキ以前にもアフリカーナーは雇用されていたが，増大はスト破りとして彼らを雇用したことに始まる。南アフリカ連邦公式年次報告書に収録された統計によるとストライキ前とストライキ中の南アフリカ生れの白人労働者数はそれぞれ3255人と4337人であり，ストライキ中に1082人増加した。全白人労働者に占める割合では，ストライキ前の17.5％からストライキ中の24.6％に増大した。ストライキ直後にはその割合は23.0％（約4300人）に低下する[110]が，その後，1910年まで漸次増大し，それ以降急速に増大する。トランスヴァールの全鉱山（金鉱山以外も

---

109)　D. Yudelman, *The Emergence of Modern South Africa ; State, Capital and the Incorporation of the Organized Labor on the South African Gold Fields, 1902–1939*, Connecticut and London, Westport, 1983, p. 74.
110)　*Ibid.*, p. 75.

含む) の比率では，1910年には27.2%，13年36.2%，15年41.0%，そして，18年には50%を越えるにいたる (50.2%) (表5－6)。

　金鉱山で働くアフリカーナーの増大はひとつの革命的な意味をもったい。彼らは，白人移民鉱山労働者と同等な技術をもつ熟練鉱夫とならず，アフリカ人労働者の監督者となった。このことは，ますます増大する白人労働者の「脱技能化」の過程の開始を意味した。「脱技能化」により，白人監督者の地位は不安定となり，彼らは，熟練したはるかに安いアフリカ人労働者に置き換えられる危険に晒されることになる。それ故，彼らの地位保全のために法的・慣習的ジョブ・カラーバーにますます依存するようになり，かつ，アフリカ人労働者の雇用の範囲を広げる金鉱業主の努力にたいするもっとも戦闘的な反対者となるのである[111]。

中国人労働者の段階的送還　ストライキ終了の直後，政府は中国人労働者の段階的送還を決定した。この決定とともに，鉱山会議所内部でひとつの大きな論争が生じた。アフリカ人労働者を監督ならびに半熟練労働に移す問題である。金鉱業主の多くは，アフリカ人労働者をもっと生産的に使用できれば，相当コストの節約をもたらすことを認識していた。しかし，それはこの段階では実行できなかった。アフリカ人労働者のプロモーションの実施は白人労働者の一部を解雇せざるを得ず，このことは金鉱業主とヘット・フォルクとの新しい友好関係を危険にさらすものであったからである[112]。

アフリカ人労働力供給の増加　1907年以降，ラント金鉱山へのアフリカ人労働者の流れは劇的に増加しはじめた。1906／07年 (6月31日で終わる1年間。以下同様。) のアフリカ人労働者年平均雇用者数は10万4508人であったが，翌1907／08年には13万4954人，1908／09年には16万7743人，1909／10年は17万8148人であった (表5－7)。明らかにその増加は，送還による中国人労働者の減少を埋め合わせてなお余りあるものであった。金鉱業の指導者は，この増加の原因を南部アフリカ全域を襲った全般的な不況と他の分野での雇用水準の低下に帰した。しかし，各植民地政府のイニシチアブも鉱山における高水準のアフリカ人労働力供給に貢献していた。

---

111)　A. H. Jeeves, *Migtant Labour in South Africa's Mining Economy*, p. 70.
112)　*Ibid.*, pp. 70–71.

表5-7 トランスヴァール鉱山に雇用されたアフリカ労働者数 (1903～10年)

(括弧内は%)

	1903/4年	1904/5年	1905/6年	1906/7年	1907/8年	1908/9年	1909/10年
ケープ植民地	5,731 (7.4)	11,835 (12.9)	9,354 (9.7)	15,643 (15.0)	21,470 (15.9)	39,535 (23.6)	46,869 (26.3)
ナタール・ズールランド	2,365 (3.1)	3,145 (3.4)	3,365 (3.5)	5,348 (5.1)	6,726 (5.0)	9,732 (5.8)	12,145 (6.8)
オレンジ・リバー植民地	244 (0.3)	228 (0.3)	288 (0.3)	485 (0.5)	608 (0.5)	857 (0.5)	749 (0.4)
トランスヴァール	12,157 (15.7)	12,331 (13.5)	10,808 (11.2)	10,985 (10.5)	18,062 (13.4)	21,574 (12.9)	18,837 (10.6)
小計	20,517 (26.5)	27,359 (30.1)	23,813 (24.7)	32,461 (31.1)	46,866 (34.8)	71,698 (42.7)	78,600 (44.1)
バストランド	1,398 (1.8)	3,057 (3.3)	3,034 (3.1)	4,257 (4.1)	4,848 (3.6)	6,256 (3.7)	5,246 (2.9)
ベチュアナランド	842 (1.1)	896 (1.0)	1,091 (1.1)	1,072 (1.0)	1,053 (0.8)	1,631 (1.0)	1,587 (0.9)
スワジランド	438 (0.6)	742 (0.8)	1,011 (1.1)	787 (0.8)	1,943 (1.4)	1,786 (1.1)	1,738 (1.0)
小計	2,678 (3.5)	4,695 (5.1)	5,136 (5.3)	6,116 (5.9)	7,844 (5.8)	9,673 (5.8)	8,571 (4.8)
モザンビーク(南緯22度以南)	52,169 (67.3)	54,364 (59.3)	57,264 (59.3)	58,298 (55.7)	69,360 (51.4)	73,448 (43.8)	73,892 (41.5)
ニアサランド	923 (1.2)	1,725 (1.9)	2,531 (2.6)	1,607 (1.5)	730 (0.5)	541 (0.3)	2,394 (1.3)
北ローデシア	— (—)	— (—)	— (—)	— (—)	224 (0.2)	183 (0.1)	122 (0.1)
南ローデシア	411 (0.5)	2,632 (2.9)	4,083 (4.2)	1,104 (1.1)	1,517 (1.1)	1,009 (0.6)	928 (0.5)
ポルトガル領熱帯	— (—)	— (—)	3,055 (3.2)	4,417 (4.2)	7,912 (5.9)	10,778 (6.4)	13,174 (7.4)
その他熱帯	1,334 (1.7)	4,357 (4.8)	9,669 (10.0)	7,128 (6.8)	10,383 (7.6)	12,511 (7.5)	16,618 (9.3)
その他	869 (1.6)	693 (0.7)	667 (0.7)	505 (0.5)	501 (0.3)	413 (0.2)	467 (0.3)
合計	77,567 (100)	91,648 (100)	96,549 (100)	104,508 (100)	134,954 (100)	167,743 (100)	178,148 (100)

[注] 各年度は、6月31日で終わる1年間。
[出所] A. Jeeves, *Migrant Labour in SouthAfrica's Mining Economy : The Struggle for the Gold Mines's Labour Supply 1890–0920*, p. 265.

1906/07年と1909/10年を比較すると，最も増大したのはケープ植民地である。1906/07年の1万5643人にたいし，1909/10年には4万6869人，実にその増大は3万人を越えていた。南緯22度以南モザンビークからの労働者も，5万8298人から1万5000人強増大して7万3892人となった。トランスヴァール内の労働者数も1万985人から1万8837人に増大した。このトランスヴァール以上に増加したのが熱帯モザンビークと「その他熱帯」（ニアサランドを除く）で，それぞれ4417人と7128人から1万3174人と1万6618人になった。1906年にニアサ人の募集が，死亡率の高さのために禁止されたにもかかわらず，ニアサランドからの出稼ぎ労働者が見られるのは，彼らが不法「移民」であったことによる。全体に占める比重で見ると，この間，南緯22度以南モザンビーク労働者は55.7％から41.5％に低下するが，このモザンビーク労働者がなおラント金鉱業の脊柱であることは明らかである。著しく増進したのはケープ植民地で，1903/04年の7.4％から1906/07年には15.0％となり，1909/10年には26.3％で4分の1を越え，モザンビークに次ぐ地位を占めるにいたった。注目すべきは南緯22度以北の熱帯人の比重の増加で，1906/07年の12.5％から1909/10年には18.0％に上昇した。1909/10年にはトランスヴァールの金鉱山と炭鉱で働くアフリカ人労働者の6人のうち1人が熱帯人であったわけである。そして，このことは金鉱山での異常な死亡率の高さをもたらすことになったのである。

トランスヴァール＝モザンビーク協定　モザンビークとの再度の交渉は責任政府にゆだねられた。1908年から1909年にかけて，モザンビーク総督フレール・ダンドレイドとトランスヴァール蔵相H・C・ハルの間に交渉がつづき，1909年4月1日，トランスヴァール＝モザンビーク協定が成立した。モザンビーク人の募集に関してはほとんど変化なく，現状維持協定の条項と関連する規制がそのまま含まれた。ただし，その規制の変更については，トランスヴァール政府は再協議の権利を有することとなった。金鉱山で働くモザンビーク人労働者への後払い制度（賃金の一部を労働者の故郷で支払う制度）については，ポルトガル人の主張にもかかわらず，その条項は取り入れられなかった。関税については，モザンビークで生産される産物は，以前のとおり無税でトランスヴァールに輸出されることになった。唯一の変化は鉄道輸送の保障で，従来の運賃格差の維持でなく，「競争ゾーン」（プレトリア，スプリングズ，クラークスドープおよびヴァール川に囲まれる地域）にたいするトランスヴァール鉄道

輸送量の50〜55％の保障に変わった。その水準以下に低下すると，鉄道代表者によって対策が協議されることとされた[113]。南アフリカ連邦結成を前にしたこの時点でも，デラゴア・ベイ線優遇にたいするナタールの反対があったにもかかわらず，トランスヴァールはラント金鉱業の脊柱，モザンビーク人労働者を放棄するわけにはいかなかったのである。連邦結成後も，南アフリカは，直轄植民地と責任政府の時期のトランスヴァールと同じく，鉄道輸送と関税の優遇措置と交換に鉱山労働者を確保することとなる。

アフリカ人労働者募集の混乱と悪弊の蔓延　1907年以後，アフリカ人志願者が増大するなかで，募集の混乱と悪弊（労働条件について嘘と偽った情報で志願者をたぶらかすこと，小売債権と過度の賃金前貸しで志願者をわなにかけること，酒で部族民を誘惑すること，首長を買収することによって部族民を強制して労働契約に署名させることなど）が蔓延した。原住民労働局の設置と植民地政府との協定・協力は，募集にともなう悪弊を除去することを狙いとしながらも，官吏と政治家はアフリカ人労働力供給を最優先したから，当初，悪弊を抑制することはほとんどできなかった。

　ほとんどの植民地で，労働エイジェントとランナーはライセンスを保持することが必要であったが，実際のところ，チェックはほとんどなく，ペテン師に満ちあふれていた。アフリカ人労働者がラントに出発する前に，現地の行政官が労働契約を検査し，ヨハネスブルグにある原住民労働局のコンパウンドで再度チェックしたけれども，労働契約と労働条件の偽った説明は著しい比率に達していた[114]。

　他方，1906年の労働危機のなかで，モザンビークをのぞく地域でWNLAが崩壊したので，各鉱業金融商会は一斉に急いで自己の募集組織を確立・拡大したり，フリーランス労働請負人と契約した。1908年半ばまでには巨大募集会社も出現した。東部ケープと北部トランスヴァールで活躍するA・E・ウィルスンに率いられたTMLCとA・M・モスタートの募集会社，ナタール南部とポンドランドで募集するマッケンジー・ブラザーズ，東部ケープでのミルズ・アン

---

113) S. E. Katzenellenbogen, *South Africa and Southern Mozambique : Labour, Railways and Trade in the Making of a Relationship*, Manchester, Manchester Unversity Press, 1982, pp. 97–98.

114) A. H. Jeeves, *Migtant Labour in South Africa's Mining Economy*, p. 87.

ド・レーマン，スワジランドとズールーランドでのマービック・アンド・モリスなどである[115]。

　募集員とランナーの数は驚くほど増え，鉱山労働者募集業は何百人ものエイジェントと何千人ものランナーを有する一大雇用者となった。いくつかの地区では，ランナーの数が鉱山のための労働力供給を脅かすほどであった。北部トランスヴァールのある地区では，現実に「すべてのボーイ」がランナーとなり，募集組織自体が鉱山のアフリカ人労働者をめぐる競争者となった。「ランナーに支払われる高価格のために，[ランナーは]僅かのボーイを連れてきただけで，数週間生活できるカネを稼い」だ。商人／募集員が基盤を確立している主要な募集地区を別にして，アフリカ人だけでなく，多くの白人が募集業に参加した[116]。

　多くの募集員は，鉱業金融商会よって直接組織された大組織か，鉱業金融商会との契約の下に設立された大組織に属していた。しかし，募集員とランナーは，彼らの雇用者にたいして忠誠心をほとんど持っていなかった。彼らは，都合のよい時はいつでも契約を無視し，最高の価格でアフリカ人「労働者」を売っていた[117]。

　この時期，アフリカ人労働力供給を増やすために採用された主要な方法は，現金と家畜での賃金前貸し制度であった。1人当りの前貸し金は時には15ポンドを越えるまでになっていた[118]。鉱山のこれらの支出は現地経済を活性化したが，労働者募集をめぐる過当競争は誤った情報提供や詐欺を生み，前貸し制度は鉱山の労働コストを高め，逃亡問題をひどくした。募集にかかわる悪弊の増大と労働コストの上昇は，タベラーの改革案を生み出した[119]。

　1908年8月13日付けのタベラーの報告書は，送還される中国人労働者の穴を埋めるためにはモザンビークからの労働者だけでは足りず，トランスヴァールとケープ植民地での募集強化が必要なことを示唆した。そして，それを達成するには，①既存の募集システムは「取り除かれ」なければならず，②アフリカ人労働者が鉱山に到着すると「公正で適切な扱い」を確保する手投が講じられ

---

115) *Ibid.*, p. 98.
116) *Ibid.*, p. 88.
117) *Ibid.*, p. 96.
118) *Ibid.*, pp. 90, 111.
119) *Ibid.*, p. 91.

なければならないとした。彼の見解では，イギリス領南アフリカ全域で活動し，「鉱業の指導者の熱心な支持に後援された」単一の募集組織が不可欠であった。この構想は，競争的募集と募集組織における「中間者」——フリーランス労働エイジェント，労働請負人——の排除と攻撃を狙いとしていた[120]。彼は，1908年12月原住労働局長の職を辞し，新しい募集組織をつくり，コーナーハウスおよび CGFSA と 3 年間の労働力供給契約をむすんだ[121]。

　タベラーが原住民労働局を去り，募集活動に入り込んだとき，すでにこの分野は満杯であった。彼の参加は，悪弊に満ちたシステムの改革を助けるどころか，アフリカ人労働者をめぐる戦いをいっそう激しくし，より多くの悪弊を生み，募集コストをひどく上昇させた[122]。タベラーは，ケープ植民地でもっとも成功していたモスタートと，ケープ植民地ではかなりの成功をおさめていたウィルスンの TMLC を「つぶす」ことを考えていた。しかし，スタートから，彼の思いどおりにはいかなかった。彼は，モスタート，TMLC，その他から募集員を引き抜き，強力な募集組織をつくろうとした。しかし，募集員は欲得ずくで動き，程なくほとんどの募集員を TMLC に奪われる有様であった。このことは，グループのレベルでの労働請負人間の競争がいかに激しいものであったか，また，個々の募集員がいかに自分自身の利益のために状況を利用したかを示すものである[123]。

　競争的募集は，アフリカ人労働者不足の時期には，それぞれの鉱業金融商会と鉱山に違った影響を与えた。労働者が少なくなると，浅い露頭鉱山がもっとも募集の成績が良くなった。なぜなら，そこでは仕事が比較的容易で不快でなく，危険が少なかったからである。それ故，労働者不足の負担の大部分は大規模な深層鉱山にかかった。したがって，最も多くの深層鉱山を有するコーナーハウスと CGFSA の困難が深刻であった。1908年後半には，両鉱業金融商会の経営陣は募集問題で統一を回復することが不可欠であると結論した。CGFSAの取締役 R・G・フリッカーは，競争の激化がより短い契約期間をもたらすことを恐れた。3 カ月あるいは 6 カ月契約のアフリカ人労働者は割り当てられる仕事を学ぶ時間はほとんどなく，効率は落ち，営業コストは上昇したからであ

---

120) *Ibid.*, p. 92.
121) *Ibid.*, pp. 93–94.
122) *Ibid.*, p. 95.
123) *Ibid.*, pp. 100–101.

る。両商会は，最低6カ月の契約に関して鉱業全体の協定を確保しようとしたが，失敗した。ラントフォンテイン鉱山グループを除くほとんどすべてのグループがそれを受け容れたが，中央統制組織の不在のところではそれを強制できず，協定は長続きしなかった。1909年にコーナーハウスと CGFSA は繰り返し協力の回復を呼びかけた[124]。

しかし，両商会の間ですら共同協定を維持することが困難であることが判明した。1909年後半に，自発的アフリカ人労働者賃金率と「ハンマー・ボーイ」の1日の仕事量に関して重要な意見の相違が昂じた。両商会の経営陣には，これらの相違は解決不能と映った[125]。1909年8月に，コーナーハウス・グループの鉱山は5000人から8000人のアフリカ人労働者が不足していた。タベラーの募集組織はそれらの労働力需要を満たすのに失敗していた。1909年末には，CGFSA はタベラーとの契約をうちきった[126]。タベラーの募集組織はコーナーハウスの原住民労働部として再編された[127]。

ケープタウン労働会議　1909年中のアフリカ人労働力市場における無秩序状態の強まりと不正な募集方法の横行によって，ついに政府も改革へと動かざるをえなくなった。同年9月23日から28日まで，ケープタウンにトランスヴァールとケープ植民地の政府官吏，鉱山の代表者，ならびに大募集エイジェントが集まり，ケープタウン労働会議（Cape Town Labour Conference）が開かれた[128]。

会議は，ダウアーの提出した勧告を受け入れた。①ケープ労働局は労働エイジェントとランナーにたいして一般的監督を行使する。②ケープ労働局は契約を確認し，ラントへのすべての志願者（自発的志願者も含む）の輸送の手はずをととのえる。③ケープでは労働者登録員が，労働局を指揮するのに新しく任命される。④労働者登録員はトランスヴァール原住民労働局と密接に協力する[129]。

会議の他の勧告は，募集員をより効果的に見張るよう計画されていた。①エイジェントとランナーは年ごとでなく半年ごとに許可されるべきである。（法

---

124) *Ibid.*, pp. 122-123.
125) *Ibid.*, pp. 123-124.
126) *Ibid.*, pp. 103-104.
127) *Ibid.*, p. 124.
128) *Ibid.*, p. 108.
129) *Ibid.*, p. 108.

の制定なくしてはそれを実行できなかったから，ケープは後にこの提案を放棄する。）②ライセンスは，雇用者が指名する者，それも１人の雇用者のためにのみ募集している者に発行される。③ランナーは彼らの地区に駐在し，そこでのみ募集ライセンスが与えられる。④ポンドランドを除いて，賃金前貸しは５ポンドに制限される[130]。

トランスヴァール原住民問題局はほとんどの提案を受入れ，鉱山会議所も同意した[131]けれども，ケープ植民地とトランスヴァール両政府が会議の勧告を実行するために動くにつれて，ケープタウン労働会議で表された調和は雲散霧消した。政府が秘密に独立した募集を攻撃することを狙いとしていることを恐れて，大募集員をふくむ多数の労働エイジェントは改革をくつがえす激しいキャンペインを始めたからである。その先頭にたったのは，かつて指導的な改革提言者であった前トランスヴァール原住民労働局長のタベラーであった。彼は，競争的優位に立つため，募集スタッフが５ポンドを優に越える賃金前貸しを与えることを認めていた。彼は，新しい前貸し制限が実行される以前に，かつての同僚に影響力を行使し，これを阻止しようとした[132]。

しかし，賃金前貸しを最大５ポンドに制限しようとすることは，次のことに比べればささいなことであった。タベラーの後を継いだトランスヴァール原住民労働局長Ｓ・Ｍ・プリチャードは，アフリカ人との会合をもつためにケープ植民地を旅行し，ケープタウン労働会議で隠されていたこと，すなわち，アフリカ人の自発的志願者を奨励することを明らかにした。彼は，労働者登録員を派遣し民間募集員と競わせることを提案した。自発的労働者計画は政府と鉱業の双方に役立つはずであった。それは募集費用を引き下げ，逃亡を減少させるからである[133]。もっとも，プリチャードは，最終的には既存のシステムを完全に取り替えることを望んでいたが，この時点で競争的募集を完全に取り除く意図を有してはいなかった。彼の狙いは，自発的労働者計画を幾分ひろめることであった[134]。

東部ケープでのプリチャードとアフリカ人の会合は，労働エイジェントと商

---

130) *Ibid.*, pp. 109–110.
131) *Ibid.*, p. 109.
132) *Ibid.*, pp. 110–111.
133) *Ibid.*, p. 112.
134) *Ibid.*, p. 114.

人から抗議の嵐を巻き起こした。このキャンペインのなかで，タベラーは特に目立っており，そして，ウィルスンと手を組んだ。エイジェントたちは，既存のシステムから利益を得ている現地の利害関係者を動員し，ケープ植民地とトランスヴァールの両政府に圧力をかけた。彼らは，各々の植民地の特別な関心を考慮した。トランスヴァール政府への書簡では，彼らは，①プリチャードの活動は労働力供給を危うくしている，②頭割り手数料と賃金前貸しからの収入が奪われるならば，商人は政府に背を向け，「原住民」に鉱山での就職を拒否するよう影響力を行使するだろう，と警告した。ケープ植民地政府にたいしては，①エイジェントと商人は合同して自発的労働者システムと戦うであろう，②募集努力の減退とその結果引き起こされる労働者の流れの減少は政府歳入に深刻な損失をもたらすであろう，と政治的ならびに経済的反作用を強調した。彼らはまた，プリチャードの背後に金鉱業主の策謀があると述べたて，もし彼が成功すれば，賃金の上昇は取り除かれ，商業は深刻な損失をこうむる，と非難した[135]。

トランスヴァールとケープ植民地の両政府は，労働エイジェントと商人の圧力に抗し難いことを悟り，自発的労働者計画への支持から身をひき，既存の募集利害関係者を安心させた[136]。

鉱業金融商会は自発的労働者システムから利益をうける立場にあったから，何故に彼らはプリチャードを支持するために結集しなかったか，の疑問が残る。1906年の労働危機以降，アフリカ人労働力供給は不断に増大していたけれども，金鉱山開発の進展はそれ以上の労働者を常に必要としていた。したがって，プリチャードの計画の利点を認めながらも，苦痛に満ちた数年間に発展してきた募集組織の解体に直面する覚悟がなければ，鉱業金融商会の指導者も自発的労働者システムに賛成して危険をおかす立場になかったのである[137]。

金鉱業の観点からすると，募集にともなう種々の悪弊にもかかわらず，競争的募集はひとつの利点を有していた。それは，ともかくも労働者を鉱山に送り込んだことである。短期日の間にケープ植民地が主要な鉱山労働者源へと転形したことは，アフリカ人のいわゆる「プロレタリア化」によっては説明できない。また，政府による抑圧の強化あるいは租税水準の突然の引き上げによるも

---

135) *Ibid.*, pp. 113–114.
136) *Ibid.*, pp. 114–115.
137) *Ibid.*, p. 116.

のでもない。さらに，単純に1904年以降南アフリカを襲った深刻な不況にも帰すことはできない。確かに不況は多くのアフリカ人を強制して鉱山の雇用にむかわせた。しかし，これがケープ植民地で志願者が急激に増えた理由ではない。もし不況だけがその理由であれば，現金と家畜の巨額の前貸しで彼らを買収し，また，彼らが土地から離れるよう誘うために何百人もの募集員と何千人ものランナーを雇うことは必要なかったであろう。多数の募集員とランナーの雇用，高い募集手数料，上昇する賃金前貸し，これらの一連の政策こそがケープ植民地からのアフリカ人鉱山志願者を増やしたのであった[138]。

第4節　南アフリカ連邦期（1910～1930年）

（1）南アフリカ連邦新政府のアフリカ人鉱業労働者政策

植民地連絡会議と全国会議　トランスヴァールとオレンジ・リバー植民地でそれぞれヘット・フォルクとオランヒア・イニ（Orangia Unie）が与党になり，ケープ植民地で南アフリカ党（South African Party）がそれに続いたので，南アフリカ全域の反帝国主義勢力はイギリス帝国の干渉を排除し，相互の通商紛争を解決し，南アフリカの白人社会を強化する手段として，統一にいっそう期待を寄せるようになった。彼らは，1908年5月に4つの植民地政府代表から成る植民地連絡会議を開いた。会議は，鉄道と関税に関する協定をまとめあげるとともに，各植民地議会に対して南アフリカ統一のための憲法を準備する全国会議に代表者を派遣するよう求めた[139]。

　全国会議は同年8月に開催された。会議は，スマッツの準備した憲法構想を中心に議論し，急速に意見の一致にむかった。1909年2月，代表たちは憲法草案に署名し，5月に各植民地議会から提出された修正案をもとに草案に手が加えられた。旧共和国の2議会はこの文書を全会一致で，ケープ議会は反対者2名で承認し，ナタールでも，国民投票の結果，3対1の比率で多数派が勝利して，それを承認した[140]。

---

138)　*Ibid.*, pp. 119–120.
139)　L. Thompson, *op. cit.*, p. 149. （邦訳，268ページ。）
140)　*Ibid.*, p. 150. （邦訳，270ページ。）

憲法審議において4つの問題が主要な争点となった。第1は、国家形態として、連邦制（federalism）を採用するか、連邦（union）をとるか、の問題、第2は、選挙権者と被選挙権者の範囲の問題、第3に、選挙区の問題、そして、最後に公用語の問題である[141]。アフリカ人の地位について最も深刻な影響を与えたのは第2の問題である。

連邦を結成する4つの植民地のうち、トランスヴァールとオレンジ・リバー植民地では、すべての白人男性が、そして、白人男性だけが議会の選挙権と被選挙権を有していた。ナタールでは、白人男性はきわめて低い経済的基準を満たしていれば投票できたが、アフリカ人、インド人、カラードは、少数の例外を除いて、法律と慣習によって選挙から排除されていた。ケープ植民地では、1890年代にセシル・ローズ政権が全投票に占める黒人の比率を低下させていたが、選挙権を規定する法律はなお形式上では非人種的であった。といっても、現実にはケープ植民地議会の席に座った黒人は1人もいなかったし、1909年に、登録有権者の85%は白人が占め、カラード10%、アフリカ人は5%にすぎなかった。

会議はアフリカ人の参政権の問題をめぐって紛糾した。アフリカ人に支持基盤を有する一部のケープ代表は、ケープ植民地をモデルにした選挙制度の全国一律の適用を提案したが、他の3つの植民地代表は頑強に反対し、最終的に妥協が成立した。国会議員は白人男性だけに限定されたが、各植民地の選挙権法は各州で効力をもち続けることになった。ケープ州ではアフリカ人の権利を守るため、これらの選挙権法を改定するには上院と下院の共同裁決において3分の2の支持が必要であると定められた[142]。

南アフリカ連邦成立とアフリカ人差別法　憲法草案はイギリス議会を通過し、1910年5月31日、南アフリカ連邦（Union of South Africa）がうちたてられ、ボータが初代首相になった。

ボータやスマッツの南アフリカ党（South African Party）の指導者は素早く行動し、新しいアフリカ人差別法を起草する仕事を始めた。連邦結成後3年経たぬうちに、3つの法律、すなわち、原住民労働規制法（Native Labour Regulation Act, 1911）、鉱山・仕事法（Mines and Works Act, 1911）、原住民土地法

---

141) *Ibid.*, pp. 150–151.（邦訳，270–272ページ。）
142) *Ibid.*, pp. 150–151.（邦訳，270–272ページ。）

（Native Land Act, 1913）を矢継ぎ早に制定した。そして，これらの法律は，鉱山と社会全般におけるアフリカ人に対する差別の全国的，包括的な法的基礎となった。

　1911年原住民労働規制法はトランスヴァール法23をモデルにしたものであり，各州のパス法は合理化され，それに統合された。原住民労働規制法は，パス法のほか，南アフリカの外からやってくるものも含めて，すべてのアフリカ人鉱山労働者の募集，登録，確認，仕事での規定を含んでいた。すなわち，①募集員がライセンスを取得する必要，②労働者と募集員の間の文書契約，③家畜の前貸し禁止と賃金前貸し額の制限（2ポンドまで），④労働者の指紋登録，⑤コンパウンド建設の際の原住民問題部の承認，⑥コンパウンド支配人のコンパウンドの秩序と法を維持する義務，⑦労働者の就労義務，⑧労働者の白人監督者への服従，⑨シフトで定められた仕事量の完遂，⑩義務を怠ったり，命令に服従しなかった場合の罰則，⑪仕事中に起こされた傷害の保障，等である[143]。原住民労働規制法は，新興国家による4つの州の関連法の統一であると同時に，雇用者の利益のためのアフリカ人労働者統制の法的整備であった。しかし，原住民労働規制法は鉱業のみを意識した法律ではなかった。連邦政府は，1911年この法律の下にひとつの規制を発布し，実質的にオレンジ・フリー・ステイト全域と，ナタールとトランスヴァールの大部分と，それにケープ州の一部でさえも，鉱業の募集員に対して閉ざすのである。こうして，連邦政府は白人農民がアフリカ人労働力を確保することを援助するのである。南アフリカにおいては，鉱業の募集員は東部ケープと北部トランスヴァールに活動を集中しなければならなくなる[144]。

　鉱山・仕事法は主として授権法（enabling act）であった。それは総督に鉱山における広範な問題に関して規制をつくる権限を与えた。すなわち，①安全，②種々の職種の能力資格証の授与，③鉱山の規律と秩序を確保するための条件，④地下労働での婦人と児童の使用禁止，⑤地下労働時間の制限，⑥視察官の義務と調査権限，⑦規制違反に対する罰則，についてである。この法律は，4節において，総督に，どの職種が能力資格証をもつことが必要であるかを決定する権限を与えていた。政府はこれを利用して，アフリカ人が規定職種における

---

143) V. L. Allen, *op. cit.*, pp. 199, 253, 257.
144) *Ibid.*, p. 227 ; A. H. Jeeves, *Migrant Labour in South Africa's Mining Economy*, pp.121-122.

能力資格証を取得することを禁じた鉱業規制（Mining Regulation）を公布した。さらに，鉱山・仕事法は，植民地とブール人共和国において以前に通過していたジョブ・カラーバーがそれと矛盾しないかぎり廃止しないことを含んでいた[145]。ここにアフリカ人に対するジョブ・カラーバーは，南アフリカが連邦になってもそのまま生き続けることになる。

　土地は，南アフリカにおいて第一の生産手段であり，生活手段であった。1913年の段階で，アフリカ人が所有する土地は，南アフリカの周辺部と白人が所有する地域に散在する沢山の飛び地に限定され，その面積は，南アフリカ全土の7％以下に押し下げられていた[146]。しかし，ブール人政治家と白人農民とはこの現状を法律で維持・強化することを欲した。なぜなら，第1に，アフリカ人農民のなかには非常に成功したものが現れ，彼らのうちには，シンジケートを結成して白人農園を購入し，白人農民の脅威となるものもいた。第2に，白人農園のスクォターは刈分小作人か折半小作人であり，資本制的農業に向かおうとする，または，それを拡大しようとする白人農民の阻害要因となっていた。1913年南アフリカ政府は原住民土地法を制定し，既存の土地の人種的配分を凍結した。すなわち，アフリカ人の居留地（reserves）を定め，アフリカ人がその地域外で土地を所有もしくは占有することを禁止し，同時に，白人が居留地の中で土地を所有・占有することを禁じたのである。こうして，全人口の68％以上を構成するアフリカ人が国土の8％以下の土地に押し込められ，残りの92％の土地は白人地域に指定された[147]。

　1913年原住民土地法が，資本制的農業を推進しようとする白人農民と彼らを代表するアフリカーナー政治指導者によって実現されたものであることはあきらかである。では，金鉱業主は原住民土地法の成立とどのような関係にあったのであろうか。明らかに，彼らはその積極的実現者ではなかった。それでは，彼らは原住民土地法と無関係であったかというと，そうとも言えないのである。確かに彼らは原住民土地法の反スクォター条項には反対であった。アフリカ人労働力をめぐる白人農場主との争奪戦の激化が予想されたからである。しかし，アフリカ人の土地所有を居留地に制限することには賛成であった。居留地からの出稼ぎ労働者が期待できたからである[148]。

---

145) V. L. Allen, *op. cit.*, p. 201.
146) *Ibid.*, p. 213.
147) *Ibid.*, p. 213.

（2）NRCの設立と南アフリカにおけるアフリカ人労働者モノプソニーの確立

調査委員会　競争的募集が大きな負担となっているのは，多数の深層鉱山をかかえるコーナーハウスとCGFSAだけでなかった。より小さな鉱業金融商会もまた容赦のない競争に苦しんでいた。1910年半ばに，コーナーハウスが南アフリカ諸領土における協力的募集組織を提案したとき，彼らは傾聴した。そして，鉱業金融商会の代表者たちが調査委員会を設立し，イギリス領南アフリカに対する新しい募集組織の詳細を練り上げることに合意した[149]。

調査委員会の最初の会合で，アフリカ人労働者の標準賃金率と募集手数料について合意に達した。しかし，これを具体化し，実行に移すとなると，うまくいかなかった。

第1に，中央組織が存在しない状態では，賃金と募集費用に関する部分的協定は監視することが不可能であった。第2に，すでにいくつかの鉱業金融商会は多くの独立労働請負人と長期契約を結んでおり，直ちに募集手数料と賃金率を変更できなかった。第3に，委員会が原則の起草から現実の募集活動の調査へと移ったとき，小さな鉱業金融商会は募集の内実を暴露・告発されるのを恐れて，これを拒絶した。ここに小さな「独立委員会」が設立されることになり，WNLA議長のペリーと他の3人から構成された[150]。

1910年10月に出された「独立委員会」の中間報告は次のことを明らかにした。

第1に，1906-07年の南アフリカにおけるWNLAの崩壊以来，金鉱業には3つのはっきりと区別される募集システムが発展していたこと。すなわち，ひとつは，鉱業金融商会が種々の公開地区に募集事務所を設立してサラリーをもらうスタッフを常駐させ，彼らが地元募集員から労働者を受け取り，送金を処理するシステムである。もうひとつは，自らの地区事務所を設けず，ヨハネスブルグの労働エイジェントと直接取り引きをするシステムである。この場合，エイジェントは労働力供給に全責任を負い，手数料を定め，彼が雇用する募集員

---

148) 松野妙子「南アフリカ人種差別土地立法の起源――1913年の「土地法」についての一考察――」油井大三郎・木畑洋一・伊藤定良・高田和夫・松野妙子『世紀転換期の世界――帝国主義支配の重層構造――』未来社，1989年所収，271ページ。
149) A. H. Jeeves, *Migtant Labour in South Africa's Mining Economy*, p. 124.
150) *Ibid.*, p. 125.

の活動を規制する。募集員は鉱山に労働者を送り込む。鉱山は受け取った労働者を契約下におき，彼らを住まわせ，食わせ，そして，支払う。第3のシステムは第2のシステムの亜種ともいうべきもので，労働力供給と鉱山での労働者の生活について完全に労働請負人に依存する。すなわち，現実に労働者を雇用するのは労働請負人で，労働請負人は労働者を契約で拘束し，労働者の「労働」を働いたシフト単位で鉱山に売る。この最後のシステムを採用していたのは，特定されなかったけれども，ラントフォンテイン鉱山グループとERPMであった。

　第2に，すべての鉱業金融商会が，彼ら自身の募集員，契約労働エイジェントおよび労働請負人の募集員の間の激しいアフリカ人労働者争奪戦に巻き込まれていたこと。

　第3に，アフリカ人労働力をめぐる競争の激化とともに，募集費用は驚くほど高くなっていたこと。6カ月契約の志願者には鉱山は1人当り約50シリングの募集費用を支出していたが，労働請負人は多くの場合，その倍を支払っていた。

　中間報告は最後に，協力的募集を確立するのに必要な最低条件を提示した。すなわち，①募集員の手数料表と労働請負人に支払われるシフト当り支払率を確立すること，②募集員からの労働者の流れを統制する手段を考案すること，③協定に違反した場合の没収金を積み立てること，④これらの協定を順守するには監視する中央組織が必要なこと，である[151]。

　調査委員会は2つの報告書を出した。最初の報告書は，労働請負人が2つのグループと結んだ協定の詳細を明らかにした。ただし，2つのグループの名称も労働請負人の名前も出すことを禁じられた。第2の報告書は，南アフリカにおけるアフリカ人労働者募集システムにおける労働請負人の位置について報告した。それによると，労働請負人は，約10万人の南アフリカ鉱山労働者のうちおよそ2万人を供給していた。これらの労働者の募集コストは，鉱業金融商会が募集員を使用または雇用して募集する労働者よりも約50％がた高かった。逆に言えば，労働請負人はより高い手数料と支出を費やして労働者を獲得していたのである。その利益は，労働請負人を使用する2つのグループ鉱山の労働者定員充足率が競争者よりも高いことに示されていた[152]。

---

151) *Ibid.*, pp. 125–126.
152) *Ibid.*, pp. 126–127.

1911年の初め，募集手数料と賃金率に関して，ラントフォンテイン鉱山グループを除くすべての鉱業金融商会が協定をむすぶ直前まで進んだ。しかし，ERPM の代表者がこまごまとした反対を持ち出したため実現の運びにいたらなかった[153]。

ERPM とラントフォンテイン鉱山グループは，南アフリカと近隣の植民地におけるアフリカ人労働者モノプソニーの復活に執拗に反対した。他の鉱業金融商会は種々の細部については異論があったものの，原則において反対でなかった。もし2つの反対グループのうちひとつが脱落するならば，かなりの数の労働請負人が没落することになり，さらに，モノプソニーに反対するのはただひとつのグループとなることによって，モノプソニー確立の条件ははるかに改善されることとなるであろう。そして，このことが実際に生じたのである。

コーナーハウス傘下への ERPM の編入　ジョージ・ファッラーを首班とする ERPM は長らく経営不振に陥っていた。ERPM にはコーナーハウスが出資すると同時に，2人の取締役を送り込んでいた。しかしながら，ファッラーと彼の同僚は，労働請負人との関係を終わらせ，モノプソニーを再建する努力に加わるのを一貫して渋っていた。募集コストは高価についたが，労働請負人はERPM の労働者定員を高水準に満たしていたからである。1911年後半に，ERPM の経営不振が明らかになった。続いて，月々発表される損益計算書の改竄が暴露された。コーナーハウスのパートナーは派遣していた代表者を ERPM の取締役会から引き上げることを決定した。しかし，この行動は ERPM の経営に残っていた金融界の信頼を破壊するものであった。結局，ファッラーと彼の同僚にとって，コーナーハウスが指令する条件で取締役会を再建するより他に選択の道はなかった。新しく結ばれた協定では，ファッラーを取締役会長に据えたが，実質的権限をフィリップスと彼の同僚が指名する新しい経営陣が握ることとなった。一言で言えば，ERPM はコーナーハウス傘下に組み入れられたのである。このことは，南アフリカ諸領土における鉱山会議所のアフリカ人労働者モノプソニーへの進展にとって決定的な意義を有することになる[154]。

Native Recruiting Corporation の設立　しかしながら，鉱業金融商会間でモノ

---

153)　*Ibid.*, p. 131.
154)　*Ibid.*, pp. 131–132.

プソニーを完成させるにはなお 9 カ月を必要とした[155]。

モノプソニー成立の暁には，新しい中央組織で地位を見出だす募集員は少数であり，多数の募集員は解雇の憂き目にあうであろう。それ故，モノプソニーに対する彼らの抵抗は強かった[156]。1912 年初めにアフリカ人労働力不足は緩和し，アフリカ人労働者をめぐる競争は減退し，募集手数料もいくぶん低下した。一元的募集協定回復のひとつのチャンスであった。鉱山会議所会長 J・G・ハミルトンは，ラントフォンテイン鉱山グループの労働請負人を無視し，他の労働請負人を好条件で買収すべきだと主張した。それは実施に移され，1912 年 10 月，ラントフォンテイン鉱山グループを除くすべての主要鉱業金融商会が参加して協定が結ばれた。ここに鉱山会議所のエイジェンシーとしてNative Recruiting Corporation（NRC）が設立された[157]。NRC に参加しなかった鉱山は，ラントフォンテイン鉱山グループの他に，Premier Diamond 鉱山と，City and Suburban，Luipaards Vlei Estate，New Heriot の金鉱山だけであった[158]。

NRC は，WNLA と同じく非営利会社で，南アフリカと近隣の植民地でアフリカ人労働者を募集し，各鉱山に配分することを目的とした。NRC に加盟した個々の鉱山会社がその株式を所有したが，取締役会には，WNLA と同じように，鉱業金融商会の代表者が座った。そして，また，WNLA と同じく，鉱山会議所の幹部委員会（executive committee）が経営を支配した[159]。取締役会長に WNLA から移ってきたチャールズ・W・ヴィリアーズが就任し，NRC の中核を構成したコーナーハウスの原住民労働部長であるタベラーが総監督者となった。彼はその地位を以後 1 世代にわたり保持することになる。この 2 人の指導の下に，各鉱業金融商会の原住民労働部と契約労働請負人（商会）が NRC に統合されるとともに，指導的募集員も NRC のなかに地位を見出だした[160]。NRC は，南アフリカにおいて主要な募集地域に地区組織を確立した。地区支配人がそれぞれの地域の活動遂行の責任を担ったが，自らは直接募集に従事しなかった。地区支配人には以前独立していた労働請負人か鉱業金融商会

---

155) *Ibid.*, pp. 132.
156) *Ibid.*, p. 133.
157) *Ibid.*, pp. 134-135.
158) *Ibid.*, p. 136.
159) *Ibid.*, p. 136.
160) *Ibid.*, p. 135.

の募集部の代表者が就任していった[161]。

　NRCのモノプソニーは完全でなかったので，ヴィリアーズは，労働請負人がラントフォンテイン鉱山グループや非参加の鉱山へ逃げないように，丁重に取り扱わなければならなかった。NRC設立の1年後でさえも，労働請負人はなおNRC（5万7100人）に近い数の労働者を供給し（4万9414人），WNLA（4万2600人）より多かった[162]。鉱業は明らかにより徹底した協力的システムに向かっていたけれども，鉱業グループと外部の募集員との間の競争は相当なままであった。

　NRCに供給されるほとんどすべてのアフリカ人労働者は，長らく南アフリカで募集事業を支配する独立した商人／募集員からやってきた。1913年に，914人の商人／募集員がNRCの帳簿に登録されていた。彼らはその年に5万7100人の鉱山労働者をもたらした。NRCの推計では，彼らは各々年150ポンド稼いでいた。これは彼らの商売の利潤の上乗せとなった。重要なことは，NRCが彼らに賃金前貸しのための資金を提供することになったことである。賃金前貸し金はアフリカ人農村地域における現金流通の多くを提供していた。今や，NRCが農村における信用システムを引き継ぎ，商人／募集員に利子なしに資金を提供し，全リスクを負ったのである[163]。

募集コスト削減の試み　NRCの最初の目標は，この信用システムを統制し，募集コストを減らすことであった。2つの戦略が採用された。ひとつは，募集員とランナーを削減することである。鉱山会議所／NRCは，国家に対し，白人ランナーのライセンスを取り消し，一定地区の募集員に与えるライセンスの数を減らすよう要請した。国家は，これに応えて，白人ランナーと募集員の削減に決定的役割を演じた。ただし，募集員の数は緩慢に減少していっただけであった。他方，アフリカ人ランナーは即座に苦しんだ。今やアフリカ人鉱山労働志願者は自ら商店に赴いていたからである[164]。

　もうひとつは賃金前貸し額の制限である。商人／募集員はアフリカ人鉱山労働志願者1人当り30シリングから60シリングの手数料を受け取っていた。商人

---

161)　*Ibid.*, p. 136.
162)　*Ibid.*, p. 138.
163)　*Ibid.*, p. 137.
164)　*Ibid.*, pp. 137–138.

表5—8 WNLA加盟鉱山によるアフリカ人志願者の受入れ数（1905～1920年）

	募集志願者		自発的志願者				総合計
	WNLA[1]	非WNLA[2]	新規[3]	現地[4]	鉱山[5]	合計	
1905年	77,042	—	9,246	9,113	6,123	24,482	101,524
1906年	49,132	4,541	14,910	14,814	6,840	36,564	90,237
1907年	61,517	17,909	19,237	13,152	6,176	38,565	117,991
1908年	66,962	54,070	20,245	11,352	8,023	39,620	160,652
1909年	57,900	52,071	18,614	10,464	11,788	40,866	150,837
1910年	67,555	80,029	31,239	15,117	15,089	61,445	209,029
1911年	58,271	80,364	35,181	17,357	17,685	70,223	208,858
1912年	63,568	92,319	51,629	15,856	24,105	91,590	247,477
1913年	42,628	86,735	34,297	11,724	26,112	72,133	201,496
1914年	37,524	99,364	42,030	11,259	23,652	76,941	213,829
1915年	47,985	119,059	49,578	9,402	26,986	85,606	252,650
1916年	47,549	87,397	70,300	7,545	22,270	100,115	235,061
1917年	41,484	76,215	63,873	6,164	25,895	95,932	213,631
1918年	37,496	62,658	65,014	7,769	28,168	100,951	201,105
1919年	42,648	80,624	70,783	6,531	33,218	100,532	233,804
1920年	53,650	67,913	59,266	4,849	26,629	90,744	212,307

［注］ 1) 1902～06年、南部アフリカから募集されたもの。それ以降は、南部モザンビークからのみ。
2) 1912年以降は、NRCの募集を含む。
3) ラントに新しく到着したもの。
4) ラントにおける非鉱業部門から鉱山へ移ったもの。
5) 別の鉱山から移ってきたもの。
［出所］ A. H. Jeeves, *Migrant Labour in South Africa's Mining Economy : The Struggle for the Gold Mines' Labour Supply 1890-1920*, pp. 268-269.

／募集員は志願者に鉱山雇用を受け入れるタイミングを教えたり，鉱山の状態を伝えたりする情報源であり，さらに，信用を拡大したり制限することによって，彼らに相当の影響力を有していた。NRCは，この商人／募集員の志願者に対する影響力と賃金前貸しシステムを利用せざるを得なかった[165]。しかし，このシステムを大っぴらに攻撃することには大きな危険が含まれていた。鉱山労働部長と指導的募集員は，賃金前貸しがなければ，ケープ州のアフリカ人の鉱山労働への抵抗を打ち砕き，商人／募集員の忠誠を獲ち取ることに成功しないと信じていた。鉱業において競争が残るかぎり，どの鉱山会社も一方的にこの慣習を排斥できなかった[166]。

　鉱山会議所とNRCが公にできぬもうひとつの事柄があった。自発的労働者システムの推進である。

---

165) *Ibid.*, p. 138.
166) *Ibid.*, pp. 140-141.

自発的労働者システムは，鉱山，政府，自発的志願者自身の利益と一致していた。鉱山にとっては募集コストの削減となったし，官吏にとっては募集員によって広められる偽った情報から生じるトラブルを回避できた。自発的志願者は非鉱業部門に職を探すことができた。そして，そこに仕事を見つけるのを失敗して初めて，鉱山に向かった。鉱山の自発的志願者の数は，連邦結成後，激増した。1908年に4万人のアフリカ人鉱山労働者が自発的志願者であった。1916年には彼らは10万人を越えた（表5－8）。そのうち43％がケープ州から，約20％がトランスヴァールからやってきた[167]。

　南アフリカにおける自発的志願者の増大は鉱山のアフリカ人労働者構成に重要な変化をもたらした。鉱山労働の経験ある労働者の割合が大きくなった。経験者は通常NRCとの契約に含まれる制約を回避しようとして，自発的志願者となった[168]。

　1913年，政府は，原住民問題部長プリチャードと彼の同僚に促されて，賃金前貸し制限を2ポンドに引き下げた。政府は，翌年初めに，2ポンドの前貸しでさえも将来特別の許可がないかぎり許されないであろう，と発表した。この決定は非常に強い反対の反響を呼び，政府は急いで，早くとも1914年6月まで規制しない，と声明した[169]。

バックル原住民苦情調査報告書　政府は不名誉な退却を隠すために，前貸し問題をバックルに委ねた。彼は原住民の苦情の原因を調査中であった。彼は，1914年に出した原住民苦情調査報告書において，募集システムが抱える問題を列挙し，改善を勧告した。①競争的募集と賃金前貸システムとは，勧誘員と労働者に詐欺をするよう唆している。勧誘員は偽った説明をすることによって志願者をだまし，労働者は2重，3重の前貸しを受けた後，姿をくらましている。②競争的募集には60万ポンドもの巨額の資金を要し，このうち20万ポンドが募集手数料となり，残りが前貸しに結びついている。債務不履行と逃亡による損失は大きく，前貸し金の20％にも達している。前貸し金はアフリカ人労働者とその家族の生活に深く結びついており，直ちに廃止することはできないが，最終的には，後払いシステムの採用が望ましい。その間，旅費と旅行準備費に加

---

167) *Ibid.*, pp. 153-154.
168) *Ibid.*, p. 155.
169) *Ibid.*, p. 142.

えて，制限された2ポンドの前貸しが許されるべきである。③募集員にはアフリカ人労働者1人当りのベースで支払われているから，彼らは，互いに，かつ，労働局登録所から「ボーイをひったくる」あらゆる誘因を有している。したがって，募集員の支払いには，1人当り手数料に代えて，サラリーが支払われる非競争的募集システムが望ましい。④商人／募集員は，手数料のためばかりでなく，信用を拡大するために情け容赦なく競争している。悪弊は生じているけれども，ともかくも，労働者を供給している。手数料と信用システムに対する商人／募集員の金融的利害から生じる悪弊は募集員とランナーの過度の数から悪化している。それ故，一定地域において発行されるライセンスの数を制限すべきである[170]。

バックルの勧告に続いて，内閣は，後払いシステムに賛成であることを表明した。しかし，2ポンドの前貸しは1915年6月30日まで与えつづけられた。最終期限が近づくにつれて，それは，その年の終りまで延長され，次いで1916年末まで延ばされた。その延長には，志願者が行政官の立ち会いの下に与えられる前貸しを受け取った後，14日以内に鉱山へ出発しなければならないとの規制が伴っていた。しかし，アフリカ人鉱山労働志願者は，最大額2ポンドを越える前貸し金を与えられなければ，他の募集員と契約すると脅かして，限度を越える前貸し金を得ていた。賃金前貸しシステムが完全に廃止されなければ，そのような違反は必然的に継続した。1916年には，労働請負人J・M・マッケンジーが，行政官の立ち会いのもとでのみ前貸し金を与えることができるとの規制を否定する裁判所の判決を得た。政府は規制を撤回するより他なかった[171]。

アフリカ人労働者をめぐる競争の存続　政府は，南アフリカにおいてライセンスを受ける労働エイジェントと商人／募集員の数を減らすことに以前より成功していた。バックル報告に応じて，鉱山会議所も，募集員のライセンスを特定の地域に制限し，与えられた地域で1人の募集員だけに活動を許すことに同意した[172]。

この間，ラントフォンテイン鉱山グループのための募集員はNRCの外にいたままであったから，NRCの募集員と彼らとの競争は続いた。A・M・モス

---

170)　*Ibid.*, pp. 142–143.
171)　*Ibid.*, pp. 143–144.
172)　*Ibid.*, pp. 144–145.

タート会社は，モノプソニーの外で活動する唯一の大規模募集会社であった。モスタート会社は，他の2，3の募集会社とともにラントフォンテイン鉱山グループと契約していた[173]。

　ラントフォンテイン鉱山グループの労働者必要数は鉱業全体の必要数のうち小さな比重を占めるにすぎなかったが，NRC は独立募集会社の存在を安易に容認できなかった。それらの募集員は，NRC の募集員よりもうまくやっており，NRC を脅かした。彼らの存在そのものが NRC を崩壊させ，個別の募集組織に復帰しようとする誘因をつくりだしていた[174]。

　多くの悪弊はつづいていた。バックル報告が出された直後，原住民労働局の官吏が2つの組織の代表者と会い，募集方法に厳しい制限を設ける協定をむすぶよう圧力をかけた。NRC とモスタートは協定をむすばざるをえなかった。協定は次のことを取り決めた。①相互にエイジェントを引き抜かぬこと。②同意がなければ，他の会社によって「追放された」エイジェントを雇用しないこと。③現行水準の募集員定員を維持し，同意なくしてライセンスを移転しないこと。④両者の間に紛争が生じた場合には，原住民労働局長を仲裁者に立てること。続く3年間，新しいシステムはかなりうまく機能した。しかし，1916-17年には，契約の偽った説明に関しアフリカ人労働者からたくさんの苦情が原住民労働局に寄せられた。競争的募集と分かち難い悪弊が明らかに継続していた[175]。

アフリカ人労働者モノプソニーの確立　1916年，J・B・ロビンスンの引退によって，Randfontein Estates[176]が JCI に吸収された。当座の間，モスタートはラントフォンテイン鉱山クループとの契約によって保護された。しかし，それらが消滅するにつれて，当然に JCI は Randfontein Estates を NRC に組み入れた[177]。これはモスタートにとって決定的に深刻な事態であった。さらに，1917年末に，厳しい労働力不足がおこり，モスタートは困難に陥った。モス

---

173)　*Ibid.*, p. 135.
174)　*Ibid.*, p. 136.
175)　*Ibid.*, p. 145.
176)　Randfontein Estates は，12鉱山から成る Randfontein Central を支配する親会社。1918年末に，Randfontein Central の発行株式450万株（額面1ポンド）のうち243万1300株を所有していた（*Mining Manual & Mining Year Book, 1920*, pp. 474~476.）。
177)　A. H. Jeeves, *Migrant Labour in South Africa's Mining Economy*, p. 146.

タートは，ラントフォンテイン鉱山グループと契約した募集水準を維持するのに失敗すると，契約に書き込まれたペナルティ条項によって多額の現金支払いを Randfontein Estates[177] にしなければならなかった。

モスタートは，1917年末に，NRC との協定を更新しないとの声明を発表した[178]。1919年に Randfontein Estates がモスタートとの契約更新を断り，NRC に参加した。モスタート会社は遂に鉱山労働者募集事業を去り，それ以降，セロン会社（Theron and Co）と改名し，トランスヴァールで農業労働者の募集に集中することになる[179]。ここに，南アフリカ国内においては種々の悪弊を生んだ競争的募集が終り，NRC が一元的にアフリカ人労働者を募集するモノプソニーの確立を見たのである。

（3）北部トランスヴァール国境地域における外国アフリカ人労働者モノプソニーの模索

1910年代国別年平均アフリカ人労働者数　表5—9は，1910年から20年まで間にトランスヴァール鉱山に雇用されたアフリカ人労働者の国別・地域別年平均労働者数を示している。この期間の年平均労働者総数は，最大が1916年の22万4273人，最少が1914年の19万3127人で，ほぼ20万人前後であった。供給地の特徴をまとめれば，次の点が指摘できる。①最大の供給地は以前と同じくモザンビーク（南緯22度以南）で，1910年の7万7454人から1914年には7万463人に低下するが，1920年には9万人を越えていた。総数に占める比率で見ると，1920年には43.9％と非常に高くなっているが，それまでの9年間は34.3～38.9％であった。②第2位の供給地はケープ州である。1910年の6万509人から1916年には7万6109人まで増大し，1915年から1919年までは総数の3分の1前後を占める。この期間1917年と18年を除いてモザンビーク（南緯22度以南）の供給数に肉薄し，その差は1万人を大きく割っている。③トランスヴァールとナタール・ズールーランドはそれぞれ毎年2万人前後と1万人前後を供給し，両者で15％前後を占めている。④南アフリカ全体の供給はこの全期間をとおしてほぼ半分であった。⑤南緯22度以北のポルトガル領熱帯と「その他熱帯」の合計は1913年まで3万5000人前後であった。しかし，翌年からは5000人に激減

---

178) *Ibid.*, p. 147.
179) *Ibid.*, pp. 146, 149.

表5－9　トランスヴァール鉱山に雇用された

	1910年	1911年	1912年	1913年	1914年
ケープ植民地	60,509(29.1)	57,901(27.1)	61,938(28.1)	62,621(29.2)	56,867(29.4)
ナタール・ズールランド	14,419(6.9)	17,267(8.1)	17,971(8.1)	16,249(7.6)	14,787(7.7)
オレンジ・リバー植民地	1,149(0.5)	1,312(0.6)	1,243(0.6)	1,063(0.5)	1,282(0.7)
トランスヴァール	22,137(10.6)	21,331(10.0)	25,269(11.4)	22,956(10.7)	21,649(11.2)
小計	98,214(47.2)	97,811(45.8)	106,421(48.2)	102,889(48.1)	94,585(49.0)
バズトランド	7,877(3.8)	8,992(4.2)	10,600(4.8)	11,041(5.2)	13,146(6.8)
ベチュアナランド	1,797(0.9)	1,718(0.8)	2,451(1.1)	3,226(1.5)	4,350(2.2)
スワジランド	2,800(1.4)	3,089(1.4)	4,104(1.9)	3,969(1.9)	3,751(1.9)
小計	12,474(6.0)	13,799(6.5)	17,155(7.8)	18,236(8.5)	21,247(11.0)
モザンビーク(南緯22度以南)	77,454(37.3)	77,825(36.4)	75,938(34.4)	73,366(34.3)	70,463(36.5)
ニアサランド	3,735(1.8)	1,925(0.9)	2,110(1.0)	1,110(0.5)	694(0.4)
北ローデシア	121(0.1)	104(0.1)	89(—)	50(—)	40(—)
南ローデシア	1,033(0.5)	1,167(0.6)	1,792(0.8)	1,569(0.7)	1,350(0.7)
ポルトガル領熱帯	14,359(6.9)	20,379(9.6)	17,072(7.7)	16,665(7.8)	4,648(2.4)
その他熱帯	19,248(9.3)	23,575(11.0)	21,063(9.5)	19,394(9.1)	6,732(3.5)
その他	531(0.2)	451(0.2)	297(0.1)	144(0.1)	100(0.1)
合計	207,921 (100)	213,461 (100)	220,874(100)	214,029 (100)	193,127 (100)

[出所]　A. H. Jeeves, *Migrant Labour in South Africa's Mining Economy: The Struggle for the Gold Mines' Labour Supply*

し，その後も漸減する。⑥バズトランドからの労働者は1910年からの10年間に倍増し（1920年＝1万4285人），17年以降アフリカ人労働者の7％前後を占め，ひとつの重要な労働者供給源となる。

熱帯労働者の雇用と募集の禁止　この期間に実施されたアフリカ人労働者に対するひとつの重要な政策は，1913年に決められた南緯22度以北からの熱帯労働者の雇用と募集の禁止である。すでに，1906年に，イギリス政府はニアサランドからの労働者の募集を禁じていた。1907年にヘット・フォルク政府はニアサランドでの労働者募集再開に動いたが，イギリス政府はこれを拒否した。ただし，自発的志願者については，これを阻止できないとして，WNLAが志願者の輸送の手筈をとるのを許した。特許会社モザンビーク会社が支配する南緯22度以北の広大な領土における南ア金鉱山のための労働者募集は禁止されたままであったが，その他の熱帯モザンビークでは募集はつづけられた。そして，労働者は多数死んでいた[180]。

---

180)　*Ibid.*, pp. 228-229.

年平均労働者数（1910～20年）

(括弧内は%)

1915年	1916年	1917年	1918年	1919年	1920年
71,443(34.0)	76,109(33.9)	69,388(33.3)	66,700(32.3)	69,723(35.0)	65,650(31.8)
13,592(6.5)	13,522(6.0)	12,393(5.9)	12,932(6.3)	10,796(5.4)	8,840(4.3)
1,292(0.6)	1,262(0.6)	1,291(0.6)	1,340(0.7)	1,195(0.6)	1,120(0.5)
21,300(10.1)	26,714(11.9)	22,114(10.6)	20,003(9.7)	19,599(9.9)	18,260(8.9)
107,627(51.2)	117,607(52.4)	105,186(50.4)	100,975(49.0)	101,314(50.9)	93,870(45.5)
14,332(6.8)	14,092(6.3)	14,711(7.1)	13,195(7.4)	13,397(6.7)	14,285(6.9)
4,507(2.1)	4,031(1.8)	3,640(1.8)	2,934(1.4)	2,468(1.2)	2,580(1.3)
3,977(1.9)	4,655(2.1)	3,807(1.8)	4,784(2.3)	4,170(2.1)	3,684(1.8)
22,816(10.8)	22,778(10.2)	22,158(10.6)	22,913(11.1)	20,035(10.1)	20,549(10.0)
76,780(36.5)	81,125(36.2)	78,816(37.8)	80,126(38.9)	76,209(38.3)	90,592(43.9)
565(0.3)	624(0.3)	646(0.3)	598(0.3)	474(0.3)	469(0.2)
48(－)	45(－)	40(－)	55(－)	46(－)	46(－)
724(0.3)	638(0.3)	618(0.3)	555(0.3)	385(0.2)	334(0.1)
1,791(0.9)	1,397(0.6)	1,045(0.5)	841(0.4)	658(0.3)	506(0.2)
3,128(1.5)	2,708(1.2)	2,349(1.1)	2,049(1.0)	1,563(0.8)	1,355(0.7)
70(－)	55(－)	45(－)	39(－)	38(－)	28(－)
210,421 (100)	224,273 (100)	208,554 (100)	206,102 (100)	199,159 (100)	206,394 (100)

1890-1920, pp. 266-267.

　1905年の有色人労働者健康法（Coloured Labourers' Health Ordinance）によって，コンパウンドの両端は閉じられなくなった。その結果，冬には冷たい風が吹き曝しの状態となり，肺炎とそれに関連した病気を蔓延させていた。原住民問題部は駆り立てられて，熱帯労働者の健康を守るために，鉱山の竪坑の入口近くに更衣所を設けることを推進した。更衣所の設置によって，地下の仕事を終え，汗をしたたらせて地表に出てきた労働者は，そのまま高原の寒さのなかコンパウンドに帰る以前に着替えをすることができるようになった。これは病気の予防に役立った。WNLAは職員を各鉱山に派遣して規則的に監視させた[181]。

　これらの調査や政府の圧力にもかかわらず，いくつかの鉱山の状態は不満足なままであり，月々多くの死者を出していた。WNLA経営陣の改革努力によっても，鉱山レベルでは適切な行動はとられなかった。鉱業金融商会が鉱山支配人に要求したのはコスト引き下げと利潤の増大であった。責任は鉱業金融商会の最高責任者にあった。1912年3月半ば，熱帯労働者の死亡率の高さが議

---

181) *Ibid.*, p. 231.

会で取り上げられた。動議はクレスウェルによって提起された。彼の意図は例のごとく「白人のためのラント」にあったが，彼の攻撃に本質的真理があったことは否定できなかった。バートンは，抗肺炎ワクチンの開発をイギリス人医学専門家アルモス・ライトに依頼していることを明らかにするとともに，もし改善が見られなければ，鉱山会議所は熱帯労働者の導入をストップしなければならないと指摘した。この議会での討論の数カ月後，WNLA は，原住民労働局に対して，死亡率が高い鉱山への熱帯労働者の供給をやめることに合意した。熱帯労働者の雇用が禁止される直前の1913年4月，原住民労働局はコンパウンドにおける労働者の健康状態を発表した。鉱山には21万199人が雇用されていた。そのうち，約10％が病気もしくは事故のために働く能力を失っていた。それは，この月だけで19万1343人のシフトの喪失を表していた。疾病率と死亡率は熱帯労働者の間で高いままであった。WNLA は改革努力に失敗していた。1913年半ば，政府は熱帯労働者の雇用ばかりでなくその募集も強制的に禁止した。禁止が声明された直後，WNLA は政府の行動に対して法的挑戦を考えた。実際，政府が熱帯労働者の雇用を禁止する法的権限があるかどうかについてはいくぶん疑念があった。しかし，議会は移民制限の修正をはかり，事態を問題外とした[182]。

続く10年間に，南アフリカ鉱業は労働者への医療サービスを整備していった。以前個々の鉱業グループによって提供されていた不十分な病院施設に代えて，中央集権化され，適切な施設を整え，スタッフが充実した病院が設立された。また，鉱山の更衣所がいたるところで導入された。さらに，国家と鉱業の共同による南アフリカ医療研究所が設立され，後にリスター抗肺炎ワクチンが開発された。こうした努力が続けられていたにもかかわらず，ボータ政府は熱帯労働者の雇用を再開することを拒否した。南ア金鉱業においては，20数年間にわたり，最大の労働者動員と無慈悲な効率の追及によって，深刻な病気と高率の死亡がつづいた。ある推計によれば，1902～12年に5万人ものアフリカ人が鉱業で死んでいた[183]。

熱帯労働者の密入国 1906年のニアサランド人労働者の雇用禁止の場合と同じく，1913年の熱帯労働者の雇用禁止も，北ローデシア，南ローデシア，モザン

---

182) *Ibid.*, pp. 230, 233–234.
183) *Ibid.*, pp. 230, 233–234.

ビーク北部など，南緯22度以北の熱帯からの労働者の流入を阻止できなかった。それぞれの植民地の賃金はラントのそれに比べると余りに安く，鉱山への行き帰りの旅での危険と鉱山での疾病と死亡の危険を冒しても，南アフリカに密入国する熱帯労働者は後を絶たなかった。

トランスヴァール北部地域は，熱帯出稼ぎ労働者と，政府の熱帯労働者雇用禁止規制を回避しようとする労働者勧誘員の理想的な侵入地点であった。なぜなら，南アフリカの国境が南ローデシアならびにモザンビークと接するこの地域一帯は，ツエツエ蠅とマラリアの蚊が充満する不健康な荒地であり，3つの政府のいずれも効果的にこの地域を管理できていなかったからであり，しかも，熱帯出稼ぎ労働者が使う主要ルートの戦略的位置にあったからである[184]。

ニアサランド植民地政府もローデシアの特許会社（BSAC）も国境を十分に監視できず，南への労働者の流れを統制できなかった。北ローデシアとニアサランドからの出稼ぎ労働者は，確立された南ローデシア輸送システムを使わず，南ローデシア＝モザンビーク国境ぞいの陸路をとった。南ローデシア輸送システムを利用することは，南ローデシア内の低賃金雇用（プランテーションと鉱山）に組み入れられることを意味した。また，ラントまでの高い鉄道運賃を支払える出稼ぎ労働者はほとんどいなかった[185]。熱帯労働者が禁止される以前，WNLAの代表者を含む労働エイジェントは国境を越えてモザンビーク中部のあちこちにキャンプを張った。WNLAの代表者はできるだけ多くの労働者を集め，ベイラ港に送り，海路ロレンソ・マルクスへ，そして鉄道でヨハネスブルグに運んでいた。しかしながら，1913年の熱帯労働者の雇用禁止は，ベイラ経由での輸送を終わらせた。このことは，南に向かう出稼ぎ労働者の主要路として陸路ルートを残し，彼らをこの地域に巣くうライセンスのない勧誘員や盗賊の手に従来以上に投げ入れたのである[186]。

リンポポ川の北での募集は，熱帯労働者が禁止される以前と同様に，現地での募集ライセンスを受けていない勧誘員と彼らのランナーに依存していた。鉱山労働志願者は，これら勧誘員に連れられてリンポポ川を渡り，南アフリカ北部国境近くのマクレカスで，NRCかゼーリグ商会などライセンスを有する労働請負人に引き渡された[187]。ゼーリグ商会が強力なNRCのライバルであった。

---

184) *Ibid.*, pp. 235–236.
185) *Ibid.*, pp. 235–236.
186) *Ibid.*, p. 237–238.

ゼーリグ商会は，1890年代にトランスヴァール北部でアフリカ人労働者募集会社として自己を確立し，この地域と地域住民との深い接触を保持し，現地の詳細な知識を有していた。同商会は，長年ロビンスン・グループと Premier Diamond 鉱山のために募集していた[188]。

ギャングの横行　南アフリカ鉱業のための勧誘員は，熱帯アフリカ人労働者をめぐって，モザンビークならびに南ローデシアの現地雇用者のエイジェンシー，モザンビーク会社のエイジェンシーであるマニカ・アンド・ソファラ労働局，ザンベジア特許会社およびローデシア原住民労働局と激しい競争を展開していた[189]。勧誘員はしばしば武装しており，ラントに行こうとする大部分の出稼ぎ労働者が通過しなければならないルートの種々の交流点で待ち受けていた[190]。そして，銃を突きつけて命令に従わせた。

最も重要な交流点がサビ川とルンディ川の合流点であった。南に向かうほとんどの出稼ぎ労働者は，地勢によってこの地点を通過しなければならなかった。勧誘員は労働者をつかまえ，国境の南アフリカ側のライセンスを持った募集員に彼らを「売り渡した」。勧誘員間での激しい競争は暴力を生み，殺人すら起こしていた。トランスヴァール北部でと同じように，モザンビーク西部とローデシア東部国境付近においても，政府の権威は行き渡っていなかった。勧誘員はローデシアの警察を逃れ，モザンビーク当局を無視することができた[191]。

ローデシア当局は東部国境での無法な募集に関心を寄せた。彼らは，南ローデシアの多数の移民が，ラントおよびその他の雇用に就くために東部ルートを使用して南に向かっていることを知った。1915-16年に特許会社警察はリンポポ川とサビ川・ルンディ川の間で活動する18人か19人の不法募集員を確認した。この不法募集員のなかで，チャールズ・ディージェル（ドイツ国籍），バーナード（アフリカーナー），ルークス（「トランスヴァールの混血」）が3人でギャングを作っていた[192]。彼らは，南に向かう出稼ぎ労働者をつかまえ，リンポポ川の向こうのライセンスを持ったエイジェントに送っていた[193]。それ

---

187)　*Ibid.*, pp. 237, 240.
188)　*Ibid.*, p. 244.
189)　*Ibid.*, p. 239.
190)　*Ibid.*, p. 237.
191)　*Ibid.*, p. 243.
192)　*Ibid.*, p. 244.

のみか,村を焼き払って住民を脅かし,そして,盗んでいた[194]。また,彼らは,他の募集員の下で働くランナーに銃を突き付けて志願者を奪っていた[195]。

　特許会社（BSAC）の警官は,この地域を繰り返しパトロールし,また,私服の警官が見張ったけれども,彼らを逮捕できなかった。ローデシアの原住民主任弁務官と警察長官はそれぞれローデシア行政長官F・D・P・チャプリンに手紙を書き,事態の深刻さを知らせた。チャプリンは,南アフリカ政府に書簡を送り,チビ地区に警察署を設け,国境沿いの既存の駐在所を強化することを提案し,問題の根本原因は,南アフリカの北部トランスヴァールで大目に見られている無制限な競争的募集にあると警告した。彼はまた,特許会社モザンビーク会社総裁に手紙を書き,警察のパトロールを強化して,モザンビーク国境内20マイルにまで警官を派遣し,バーナードたちを逮捕すべきだと提案した。これは試みられた。しかし,成功しなかった[196]。

NRC＝ゼーリグ商会協定　NRCの設立が北部トランスヴァール国境地帯における募集競争の緩和に役立っていないことが明らかになると,南アフリカ政府は,1913年の早い時期に,北部トランスヴァール地域外でのアフリカ人募集を禁止した。しかし,禁止を強制することはできなかった。そこで,現地の官吏は,NRCとゼーリグ商会を和解させ,不法な活動を抑制しようとした。1915年10月ズートパンスベルグの原住民副弁務官E・スタッブズは,NRCの現地支配人デイビッド・エルスキンとH・ゼーリグ自身の会合をもたせた。スタッブズの驚いたことに,彼らの間で話し合いが行われ,次の諸点で合意に達した。①競争は排除されるべきこと。②国境を越えて募集は行わないこと。マクレカスに自発的に現れるボーイだけを受け入れるべきこと。③当地の代理人には手数料でなく,給与を支払うべきこと。④すべての志願者はピータースブルグに送られ,確認のために官吏によって取り扱われること。⑤手数料はプールされること[197]。

　次いで翌年,NRCとゼーリグ商会の間に正式の協定がむすばれた。それに

---

193) *Ibid.*, p. 247.
194) *Ibid.*, p. 249.
195) *Ibid.*, p. 247.
196) *Ibid.*, p. 245.
197) *Ibid.*, p. 245.

よって，次のことが約束された。①両当事者とも，1人の常置募集員と10人のランナーに限定する。②両当事者は，マクレカスに設置されたチャンネルをとおしてのみ自発的志願者を受け入れる。マクレカスでも国境外でも募集しない。③南東ローデシア付近とモザンビーク国境で自由に動き回る独立勧誘員や盗賊と取り引きしない。④マクレカスに集められた全志願者はプールされ，NRC 65％，ゼーリグ商会35％の比率で分ける[198]。後に，このNRC＝ゼーリグ協定にフィシャーも参加する[199]。

NRCの協定違反　この協定は，北部トランスヴァール地帯と国境に適用されるだけであり，また，NRCとひとつの会社を含むだけであったが，労働者モノプソニーの完成に向かってのひとつのステップになりえたかも知れない。しかし，現実はそのようには進まなかった。この地域でのNRCとゼーリグ商会は，規模は縮小されたが，依然として独立した組織を保持しており，また，不法労働エイジェントも活発に活動していた。協定が成立して2年経過しないうちに，それは完全に崩壊していた[200]。

　その崩壊に主として責任を負うべきはNRCであった。1917年，NRCは明らかに，バーナードなど3人組のサービスを利用していた。このギャングは，不法に志願者を掴まえているばかりか，ゼーリグとフィシャーのランナーに銃を突きつけて志願者を奪い，NRCに彼らを「売る」ことによって生計をたてていた。現地のNRCはプール協定の枠外で志願者を獲得していたわけである。このことは，ゼーリグおよびフイシャーとの協定違反であったばかりでなく，不法エイジェントと取り引きするのであるから，それ自体，違法であった。一方，ゼーリグの部下も単なる犠牲者とは言えなかった。彼らも協定に違反して国境の外で志願者を募り，しばしばバーナード一味やその他の不法エイジェントともめごとを起こしていたからである。しかしながら，主要な罪はNRC側にあった[201]。

　NRCが不法募集の主犯であったから，官吏はNRCの姉妹組織であるWNLAを使うことを考えた。すなわち，国境の向こう側に，WNLAの駐在所を設け，

---

198) *Ibid.*, p. 246.
199) *Ibid.*, p. 247.
200) *Ibid.*, p. 246.
201) *Ibid.*, p. 247.

南アフリカ国境に向かう出稼ぎ労働者を吸い上げ，WNLAのチャンネルを通してロレンソ・マルクスに送り，適切な監視の下にラントに輸送して，不法勧誘員の跋扈を押さえることである。しかし，この計画はローデシア政府からの強固な反対に逢った。ローデシア政府が最も嫌ったのはWNLAが国境にキャンプを張ることであった。ローデシアにとっては，不法募集を正すよりも，不法勧誘員の活動を我慢する方がましであった。連邦政府はこの計画を直ぐには実行しないことを決定した[202]。1918年9月，連邦政府の関係する官吏はピータースブルグに集まって，北からのアフリカ人移民を禁止する手段を討議した。しかし，新しい手段は見出だせなかった[203]。

　1919年にラントフォンテイン鉱山グループがNRCに加盟したことにより，南アフリカにおけるNRCのモノプソニーは最終的に完成した。しかし，それでも，トランスヴァール北部国境では完全な解決とはならなかった。NRCの募集員はなお，国境まで志願者を連れてくる不法勧誘員や盗賊と取り引きを続けていた。1920年代に，南アフリカと南ローデシアの警察がリンポポ川の両岸で監視を強化することによって，初めて不法取り引きは終了し，熱帯労働者の南アフリカ鉱業への流入はなくなるのである[204]。

---

202) *Ibid.*, p. 249.
203) *Ibid.*, p. 250.
204) *Ibid.*, p. 251.

第6章　白人労働者とジョブ・カラーバー[1]

　南ア金鉱業における人種差別的出稼ぎ労働システムの確立を考察する上で，ジョブ・カラーバーについて語らなければ，それは人種差別の核心から大きくはずれることになろう。なぜなら，南ア金鉱業において，アフリカ人労働者の熟練労働への昇進を阻止し，定住化と近代プロレタリア化をはばみ，低賃金不熟練出稼ぎ労働を永久化したのは，先に考察したアフリカ人からの一切の市民的権の剥奪とともに，まさにジョブ・カラーバーであったからである。

　すでに，①5章2節で，中国人年季労働者の輸入を決定する際，トランスヴァール議会で決められた労働輸入法は，職種制限リストを規定して，熟練労働はいうに及ばず半熟練労働からも中国人労働者を排除し，アフリカ人労働者に対するジョブ・カラーバーの確立に向けて大きな一歩となったこと，②5章3節においては，白人労働者の「脱技能化」が進み，多くの白人労働者は法的ならびに慣習的ジョブ・カラーバーに依存して自己の地位を守るようになったこと，さらに，③5章4節（1）において，南アフリカ連邦成立直後に制定された鉱山・仕事法の下に公布された鉱業規制において，以前の植民地で実施されていたジョブ・カラーバーはそのまま効力をもち，この規制に統合されたこと，を指摘した。本章では，南ア金鉱業におけるジョブ・カラーバーの成立，展開と確立をみることとする。なぜジョブ・カラーバーは始まったか，ジョブ・カラーバーの展開においてどのような矛盾がはらまれ，それに対して白人労働者，金鉱業主，および国家がどのような利害関係をもち，どのような態度をとったか，そして，ジョブ・カラーバーは最終的にどのよ

---

1) 本章は，主として，エレーヌ・N・カッツの諸論攷と，F. A. Johonstone, *Class, Race and Gold : A Study of Class Relations and Racial Discrimination in South Africa*, London, Routledge and Kegan Paul, 1976 および，D. Yudelman, *The Emergence of Modern South Africa ; State, Capital and the Incorporation of the Organized Labor on the South African Gold Fields, 1902–1939*, Connecticut and London, Westport, 1983 に依った。

うに確立されたか，これらの問題が取り上げられる。

　第1節は，ジョブ・カラーバーの始まりに焦点を置いている。ジョブ・カラーバーの発端は安全確保のためであった。しかし，直ぐに，機関士関係の白人労働者がジョブ・カラーバーを要求し，これを実現する。第2節は，直轄植民地期と責任政府期におけるジョブ・カラーバーの進展を取り扱っている。ミルナーは，クルーガー政権期のアフリカ人無権利状態を引き継ぐと同時に，ジョブ・カラーバーも継承・強化する。さらに，中国人年季労働者導入の際に決められた，中国人労働者を排除するための職種リストは，アフリカ人労働者を排除する職種リストとしても機能するにいたる。他方，アフリカーナー労働者の増大は白人鉱山労働の「脱技能化」をいっそう推進し，白人労働者は職をまもるために，法的ならびに慣習的ジョブ・カラーバーにますます依存するようになる。劣悪な労働条件とジョブ・カラーバーの浸食は，労働強化を契機に1907年最初の大きな白人労働者ストライキをひきおこす。

　第3節は，南アフリカ連邦結成時から1917年の現状維持協定までの期間のジョブ・カラーバーをめぐる金鉱業主と白人労働者のせめぎ合いを考察している。連邦結成とほぼ同時に決められた鉱山・仕事法にもとづく鉱業規制はそれ以前のジョブ・カラーバーを継承した。第一次世界大戦の勃発により，多くの白人労働者が戦争に赴いたことにより，残った白人労働者の交渉力が強まる。と同時に，白人労働者が確保していた職種にいっそうアフリカ人労働者が登場し，ジョブ・カラーバーは浸食される。白人労働者と金鉱業主の対立がいっそう昂まるなか，金鉱業主は，戦略的妥協として，白人労働者の労働条件の改善と交換に現状維持協定をむすぶ。

　第4節は，第一次世界大戦中と戦後における金鉱業の危機と，ラントの反乱およびその後の労働過程と人種的労働力構造の再編成を取り扱っている。金鉱業は，大戦末期に，物価騰貴と白人労働者賃金上昇，アフリカ人労働力不足によるコストの上昇によって収益性の危機をむかえた。危機は一時金プレミアムで救われるが，プレミアムの減少とともに危機は再燃する。大戦が終了し，階級間バランスが自己に有利となった金鉱業主は，現状維持協定を破棄することを白人労働者に通告する。それにたいして，白人労働者はゼネラル・ストライキとラントの反乱で応答する。国家は反乱を鎮圧し，金鉱業主は白人労働者の賃金を引き下げ，ジョブ・カラーバーの範囲を縮小し，労働過程の包括的再編成を実施して，収益性危機を克服する。他方，国家は，自己を労使の対立か

ら切り離し，産業争議を非政治化し，組織された白人労働者を国家の管理機構に吸収する。これを最終的に実現したのは，ヘルツォーグを首班とする協定政府であったが，協定政府の労働政策はスマッツの南アフリカ党の政策を継承するものであった。

第1節　クルーガー政権下におけるジョブ・カラーバーの成立

白人労働者の職種構成　ジョブ・カラーバーの成立を見るのに先立って，南ア金鉱業における白人鉱山労働者の職種構成に触れておくのが妥当であろう。けだし，それは，初期の金鉱業の労働構造を明らかにし，労働構造のどの位置（職種）で，どうして初めにジョブ・カラーバーが成立したかを明確にするからである。

南ア金鉱業の草創期，白人とアフリカ人との間に存在した圧倒的技術格差のゆえに，移民白人労働者が熟練労働を行ない，アフリカ人労働者が不熟練労働を担わざるをえなかった。白人労働者は，大別すると2つのグループに分かれた。職人と鉱夫である。職人の数は少なくともほぼ2対1の比率で鉱夫の数を凌駕していた[2]。

まず職人であるが，これも大きく2つのグループから成っていた。ひとつの重要なグループはエンジンで動かす昇降台とトロッコに関係していた。火夫またはボイラー管理人と，単純機関士と巻き上げ機関士，それに坑外監督と合図人である。火夫またはボイラー管理人はエンジンの釜を焚き，機関士は鉱石の入った大型金属容器を垂直または斜傾のトンネルの中で運ぶ比較的単純なエンジンを操作するか，トロッコの小型機関車の運転に従事した。巻き上げ機関士は昇降台を上げ下げするはるかに複雑な機械を操作し，人と鉱石を運んだ。坑外監督と合図人は地上と地下にある昇降台の駅で人と鉱石と物資の積み込みと荷下ろしを監督し，機関士に上げ下げの合図を送った。熟練度からいって，火夫，機関士，巻き上げ機関士は3つの段階的等級を成していた。これらの労働者は地下の仕事と地上の仕事を交互に行い，必ずしも地下の仕事に限られていなかった。しかし，ある一定数は地下で必要であった。南ア戦争が始まる直前

---

2) E. N. Katz, 'The Underground Route to Mining : Afrikaners and the Witwatersrand Gold Mining Industry', *Journal of African History*, No. 36 (1995), p. 467.

に，彼らは金鉱山白人地下労働者の約17％を構成していた（以下構成比は同時期）。職人のもうひとつのグループは取付工，旋盤工，ボイラー制作者，鍛冶工など固有な意味での職人で，彼らも地上の仕事と地下の仕事を交互に行なっていた。経営者は地上労働者と見なしていたが，彼らは作業時間の半分を地下で過ごしていた。同じく地下でも働くごく少数の標本採取人と金属分析者とともに，彼らは白人地下労働者の4.4〜7.4％を占めていた[3]。

　鉱夫は白人労働者のうち明確なカテゴリーを成していた。鉱夫は地下労働者であり，直接的に鉱山開発と鉱石採掘に従事していた。彼らは大きく3つのグループから成っていた。圧倒的多数は開発と採掘の専門鉱夫であった。鉱山開発は鉱脈まで岩石にトンネルを掘っていく仕事で，開発専門鉱夫が2人のアフリカ人助手を使って大きな扱いにくい空気機械ドリルを操作して遂行した。1897年頃この仕事に監督が導入され，各専門鉱夫は5人のアフリカ人助手を使って，2台の機械に責任を負うようになる。これは，技術進歩にともなう白人鉱夫の脱技能化の開始であった。採掘は，鉱脈にハンド・ドリルで穴を開け，ダイナマイトで鉱脈を破砕する仕事で，採掘鉱夫が，20人から25人のハンド・ドリルに従事するアフリカ人労働者に穴を開ける位置を指示し，その作業を監督した。そして，掘られた穴にダイナマイトを装填し，これを爆破して鉱脈を破砕した。開発と採掘の専門鉱夫は，鉱山の全白人労働者のほぼ18〜20％を占め，白人地下労働者の約50％を構成していた。第2のグループはラッシャーとトラマーである。ラッシングとはダイナマイトで破砕した鉱石をシャベルでトロッコに積み，採掘場を清掃する仕事で，トラミングとは鉱石を昇降台の駅までトロッコで運び，地上に引き上げるためにケージやバケツに入れる仕事を意味する。トロッコの運転を除きこれらの単純肉体労働は，アフリカ人労働者が行い，白人労働者のラッシャーとトラマーはこれを監督した。これらの監督者は熟練を必要としなかったので，一人前の鉱夫とは認められていなかった。これらの職種は，南ア戦争後，白人労働者，ことにアフリカーナーが熟練労働者になっていく足がかりとして使われることになる。これらの労働者は，南ア戦争の直前に白人地下労働者のほぼ9％を占めていた。第3のグループは専門坑

---

[3] E. N. Katz, 'Miners by Default : Afrikaners and the Gold Mining Industry before Union', *South African Journal of Economic History*, Vol. 6, No. 1 (March 1990), pp. 63–64 ; do,' Revisiting the Origins of the Industrial Colour Bar in the Witwatersrand Gold Mining Industry', *Journal of Southern African Studies*, Vol. 25, No. 1 (March 1999), pp. 77–78.

夫である。彼らは実際的鉱夫として訓練され，多くのものは発破資格証を有していた。しかし，経営は鉱夫の多技能には関心がなく，彼らは，経営が「熟練」に近いと見なす仕事——パイプ敷設，プレイト敷設，ポンプ管理，木組み——に従事した。坑夫としてその他，機械油差し等に従事する半熟練工がいた。専門坑夫は白人地下労働者のうち丁度10％を占め，その他坑夫は6〜9％を構成していた[4]。

最初のジョブ・カラーバー　ラント金鉱業の初期に白人労働者は多数のアフリカ人出稼ぎ労働者を自分たちの競争者とは見ていなかった。しかし，ごく少数ではあるが，比較的熟練したアフリカ人，カラード，およびインド人がいた。彼らは，キンバリーのダイヤモンド鉱山か，バーバートンもしくはリーデンブルグの金鉱山で経験を積んでいるか，あるいはラント金鉱山に長期勤めることによって，プロレタリア化するか半プロレタリア化していた。彼らは発破を「助け」，専門坑夫に関連する仕事を遂行し，坑外監督と合図人となり，ボイラー管理人，さらには巻き上げ機関士にさえなっていた。経営は，アフリカ人出稼ぎ労働者が稼ぐ賃金よりも僅かに高く，白人労働者よりもはるかに低い賃金で彼らを半熟練労働に使用した。そして，彼らこそ白人労働者の仕事を脅かす存在であった。白人鉱夫と職人は彼らを自分たちへの不当な競争者と見なしていた[5]。しかし，最初のジョブ・カラーバーが制定されたのは，白人労働者にとってこうした有色人労働者が脅威となったせいではなく，鉱山の安全のためであった。

1891年金鉱山規制法（Gold Mines Regulations Law）がトランスヴァール第一議会を通過した。この法の目的は，地上ならびに地下での鉱山の安全を確保し，鉱山労働者の生命を保護することであった。当時ラント金鉱山の事故率は異常に高く，1893年のデータ（不完全な病院の記録と鉱山支配人の記憶にもとづく）では448人が災害に遭い，そのうち204人が死んでいた[6]。金鉱山規制法で規定された鉱業規制の起草に携わったのは，1891年に国家鉱業技師に任命されたジョゼフ・アドルフ・クリムクであった。国家鉱業技師の任務は鉱山の

---

[4] E. N. Katz, 'Miners by Default', pp. 64–65 ; E. N. Katz,' The Underground Route to Mining', pp. 468–469 ; do, 'Revisiting the Origins of the Industrial Colour Bar', p. 77.

[5] *Ibid.*, pp. 74–75, 79.

[6] *Ibid.*, p. 83.

第6章 白人労働者とジョップ・カラーバー　281

一切の技術的ならびに工学的問題について政府に勧告することにあった[7]。

　クリムクは任命された当初から，深刻な鉱山事故のほとんどはダイナマイトの取り扱いと使用の際の不注意によるものと確信していた。もちろん事故は他の原因からも生じていた。不完全な木組みのために岩石が落下して労働者が傷ついたり，労働者が柵のない竪坑に落ちたり，ケージに押しつぶされて死んでいた。しかし彼は，ダイナマイトに関わる作業を調査した後，予期しない爆発が傷害と死亡の主要原因であるとの確信を強めた。

　1892年に彼は1人で鉱業規制案を作成した。規制案は第二議会に提出され，議会は9月に公表を整えた。それは明示的に，アフリカ人がダイナマイトの装填を準備し，穴に詰め，発火することを禁じていた。さらに，白人鉱夫がこれらの仕事にアフリカ人を使えば，重い罰金を支払わなければならないことを規定していた[8]。

　規制案が公表されて初めて，クリムクは鉱業界に助言と修正を求めた。公表の直前（1892年8月末）に結成された鉱山被雇用者・熟練工組合（Mine Employees' and Engineers' Union）の選出されたばかりの執行部は，規制案のカラー条項に賛成した。注目すべきは，クリムクが最初の案を起草したのは組合の圧力や示唆によるものでなかったことである。1892年10月，鉱山会議所は各鉱山の鉱業技師と鉱山支配人を招き，この規制案について検討した。多くの批判と修正が提起されたが，彼らが反対したのは条項の原則ではなく，その実際性であった。日々のシフトで採掘に従事するすべてのアフリカ人労働者の組はたくさんの穴を掘ったので，白人鉱夫がすべてのダイナマイトに点火することは不可能であった。彼らは，経験を積んだアフリカ人労働者に点火作業を任せていた。経営陣は明らかに，経験を積んだアフリカ人労働者が発破する能力を有することを認めていた。しかし，白人鉱夫の監督なしに，アフリカ人労働者に完全にそれを委ねる自信を持てなかった。それ故，彼らは現状維持を欲した。同月，続いて鉱山会議所の代表者は鉱山相クリスチャン・ジャコブス・ジューベルトとクリムクに会い，規制案の修正について討議した。ジューベルトは鉱山会議所の修正案を受け入れたが，クリムクは発破に関する規制について修正することを断固として拒絶した。彼は，低賃金のアフリカ人労働者から白人労働者を守るためにその職種を白人鉱夫に保留することを欲したのではなかった。

---

7) *Ibid.*, p. 83.
8) *Ibid.*, p. 84.

彼の考えでは、アフリカ人労働者こそがダイナマイトの事故の犠牲者であった。彼は、アフリカ人は子供のようであり、白人より能力が劣っていると考えていた点で、明らかに人種主義者であった。しかし、アフリカ人は白人によって保護されないといけないとする点で、彼の人種主義にはパターナリズムがともなっていた[9]。

1893年、クリムクは修正した鉱業規制案を第二議会に提出した。第二議会の24人のメンバーのうち4人が頑強にカラーバー条項に反対した。彼らは、民間農園でアフリカ人がダイナマイトの取り扱いを許されているのであれば、鉱山においても許されるべきであると主張した。リヒテンブルグ選出の議員は、地元選挙民の小さな鉱山所有者の利益を代表して、熟練したアフリカ人を発破に従事させれば月2ポンドですむのに、白人鉱夫を雇えば月5ポンドかかると指摘した。クリムクは、これらの例外は保証されるべきだとの提案を受け容れ、大規模鉱山においてのみアフリカ人によるダイナマイトの取り扱いを禁止する意図であると主張した。しかし、この言明は矛盾を惹き起こした。規制案の条項には「どのような環境においても」と規定されていたからである。彼は「カフィアの仕事は信用していない」と言わざるをえなかった。しかし、発破作業から排除される人びとがアフリカ人から「有色人」に拡大された後、この条項は19対5で議会を通過した。「有色人」にはアフリカ人のみならず、アジア人、カラードが含められていた。1893年5月24日鉱業規制案は議会を通過した。ここにトランスヴァールにおける最初のジョブ・カラーバーが成立し、9月から効力を発した[10]。

1896年鉱業規制法 経営陣は、そのスタートから、違反者に対する重い罰金を批判した。この批判はクリムクを困らせはしなかったが、引き続く高い事故率は彼を悩ませた。ラント金鉱山における1894年の事故による死亡率は1000人につき4.4人であった。事故はダイナマイトの爆発とケージを上げ下げする際の災難であった。ダイナマイトによる事故は170人に傷害を起こし、そのうち40人が死んでいた。クリムクは事故を白人労働者の監督不行き届きに帰した。1894年10月彼はもっと厳しい規制案を作成した（例えば、監督者は、アフリカ人労働者にドリルで穴を掘る場所を正確に指示し、それからの逸脱のないこと

---

9) *Ibid.*, pp. 84~86.
10) *Ibid.*, pp. 86-87.

を保証する義務を負う）が，これを撤回し，12月新しい規制案を提出した。それは，事故防止に特別な経験が必要とされるすべてのポスト，例えば，点火，信号，運転等の仕事にアフリカ人労働者が携わることを禁じていた。鉱山支配人たちは驚いて第一議会に請願書を提出し，この問題について調査し証言を集める委員会を設置するよう要請した。これは認められ，1895年11月，クリムクと他の2人の鉱業技師から成る委員会が指名された[11]。

　3人の委員は新しい鉱業規制案を作成した。1896年，新しい鉱業規制法が規制案に手を加えることなく制定された。1896年鉱業規制法における発破規制は1893年鉱業規制法法のそれと次の点で異なっていた。

　第1に，1896年鉱業規制法の新しい発破規制は「ホワイト」を「パースン」に置き換えて，1893年法で挿入されていた明示的な人種資格を削除した。しかし，ラントでは「パースン」とは白人を指していたから，事態はなんら変化なかった。以後，発破人（監督）の職種は白人に保留される慣習的ジョブ・カラーバーとなる。

　第2に，1896年鉱業規制法では，採掘に従事する鉱夫は，発破資格証を必要とすることになった。つまり，委員たちは，発破の資格が白人であるということだけでは安全の保障にならぬことを認めたのである。

　第3に，発破の際，アフリカ人労働者の援助を受けることが許された。1893年鉱業規制法の制定以来，採掘に従事する鉱夫はその条項を無視してアフリカ人に点火を任せつづけていた。これが許されることになったのである。しかし，鉱夫は，彼の庇護下に生じる事故に対して法的責任を負うこととなった。

　鉱山支配人たちは，1892年と同じように，この発破規制に反対した。彼らは，発破人（監督）が白人であるべきだとの原則を拒否したのではなく，資格証は，それが意図する目的，すなわち，安全の促進に役立たず，したがって，不必要であると考えたのである。なぜなら，海外の訓練で発破に習熟しているものにとっては，資格証は余計であり，単に書物に基づいて獲得したのでは，それは能力の証明とならなかったからである。さらに，彼らは，アフリカ人労働者が発破の折に鉱夫を助けることを許す条項に何の長所も見なかった。彼らは，鉱夫がどのアフリカ人労働者が点火作業を遂行できる能力があるのか判別することは困難であると見なした。しかも事故が生じた場合，白人鉱夫がその責任を

---

11) *Ibid.*, pp. 87-88.

問われるのである。しかし，彼らの不満は委員たちと議会に対してなんら影響しなかった[12]。

　第4に，1896年鉱業規制法はジョブ・カラーバーの拡大であった。

　竪抗のリフトで人を上げ下げする巻き上げ機関士も資格証を必要とすることになった。クリムクたち委員の意図は，無能な「労働者」を取り除き，リフトの安全を期すことにあった。労働者という言葉は当時明白に白人を意味していた。アフリカ人労働者は「ボーイ」と呼ばれていた。巻き上げ機関士の資格証を発破人のそれから区別するものは，資格証の保持者は白人であるとの明白な必要条件であった。発破人の白人条項の場合と異なり，巻き上げ機関士の白人条項は組合の強い直接的要請を反映していた。1894年7月に設立されたトランスヴァール機関士組合（Transvaal Engine Drivers' Association）は，巻き上げ機関士ばかりでなく，すべての等級のメンバーの仕事は資格証のある労働者に限定されるべきことを要請していた。それは，1894年8月に同組合の代表団がクリムクと討議した重要な問題のひとつであった。しかし，クリムクは，単純な機械を動かすにすぎない火夫と機関士に資格証を強制することを拒否した[13]。

　鉱山支配人もすべての等級の労働者が資格証を必要とするとする組合の主張に反対であった。資格証が必要となれば，明らかに，少数ではあるが，火夫と単純なエンジンの機関士に就いている非白人は資格証なしで違法に仕事をしなければならなくなるであろう。鉱山会議所の代表者も「皮膚の色よりも能力」で線引きされることを欲していた[14]。

　1896年鉱業規制法は坑外監督と合図人の半熟練労働をも白人に保留した。これらの職種のものは，トランスヴァール機関士組合に属していなかったけれども，機関士に信号を送り，安全を維持するための決定的な役割を果たしていた。トランスヴァール機関士組合がこのジョブ・カラーバーを直接要請したのは安全にたいする関心であったが，それには人種主義的偏狭さが織り合わさっていた。これらの職種には多数の非白人が就いていた。そのため，金鉱業主は，巻き上げ機関士の場合よりも強く反対した。鉱業金融商会の代表は議会に廃止を嘆願し，クリムクもまた組合ほど頑固に主張せず，これらの仕事から「カラード」を追放することは難しいとの鉱山支配人協会の見解を受け容れた。

---

12) *Ibid.*, pp. 88–89.
13) *Ibid.*, pp. 90–91.
14) *Ibid.*, p. 90.

1897年の鉱業規制法の修正で2つの職種における白人条項は廃止された[15]。

クリムクにとっての試練は，事故数が減少するかどうかであった。ラント金鉱業の事故数は，1897年には前年に比べて18件減って532件，傷害者と死亡者の数もそれぞれ15人と14人減って422人と305人となっていた。しかし，翌年には，前年に較べて事故数は162件増加し，傷害者と死亡者もそれぞれ69人と67人増えていた。しかし，ラント金鉱業全体の事故による傷害者・死亡者数に占めるリフト巻き上げ運転に関連するその比率は，1896年の19％から97年と98年には18％と13％に低下していた。また，ダイナマイトの事故によるその比率も1896年の25％から97年には18％に低下した。しかし，翌年には1％増加し，19％になっていた。僅か2年間では，新しい規制（発破人と巻き上げ機関士のジョブ・カラーバー）が事故を減少するのにどれ程の効果を発揮したかを評価するのは難しい。さらに評価を難しくしたのは，採掘がますます深くなったことから生じる岩盤崩落事故の増加である。1897年には，それは支配的事故原因となっていた。岩盤崩落は垂れ下がる岩壁への大きな圧力によって引き起こされたが，機械ドリルが手ドリルに替わったことやダイナマイトの使用の増加がそれらの原因となった。しかし，多くの事故は経営の職務怠慢の結果であった。当時，事故の犠牲者とその縁者に事故補償をすることを規定した法律は存在せず，経営は生産の「スピード・アップ」を安全規制と慎重さに優先し，発破資格証所持者が部下のアフリカ人労働者にダイナマイトの安全な取り扱いと作業を教えるゆとりを与えていなかった[16]。

第2節　直轄植民地期から第一次世界大戦終了前後までのジョブ・カラーバーの展開

ミルナー統治下における鉱業規制　南ア戦争後，1903年に，ミルナーの統治下，鉱山，仕事および機械法が制定された。これは，現地政府がイギリス政府に相談することなく，人種的に制限的な鉱業規制を制定できることを可能にした[17]。

---

15)　*Ibid.*, p. 92.
16)　*Ibid.*, pp. 91~94.
17)　N.Levy, *The Foundations of the South African Cheap Labour System*, London, Toutledge & Kegan Paul, 1982, p. 225.

表6—1　1904年トランスヴァール労働輸入法1表職種

A．監督職種	
1. 煉瓦作り監督	30. 原型制作者
2. 書記	31. 左官
3. 火夫監督	32. 配管工
4. 親方	33. 錫鍛冶
5. 山倉庫管理人	34. 施盤工
6. 鉱山監督	35. ワイヤー接続人
7. 労働者監督を除く監督	36. 木細工人
8. 石切り工監督	C．地下熟練職種と鉱業規制に規制
9. 信号係	された職種
10. 時間係	37. 試金者
B．地上職種（熟練）	38. アマルガム従事者
11. 鍛冶工	39. 坑外監督
12. ボイラー作り	40. 電気機械または機械の操作人
13. 真鍮鋳造	41. 機関士
14. 真鍮完成者	42. 技師
15. 煉瓦敷き工	43. 鉱山大工
16. 大工	44. ポンプ係
17. 銅鍛冶工	45. 石切人
18. シアニード取扱人	46. 標本作成者
19. ドリル研磨工	47. 製材工
20. 電気工	D．不熟練白人労働者によって為さ
21. 取付工	れるべく指定された職種
22. 鉄鋳造	48. ウインチ操作人
23. 建具師	49. ウインチ準備係
24. 機械鋸工	50. 鉱石容器運搬係
25. 機械工	51. 機械ドリラー
26. 石工	52. 合図人
27. 機械修理工	53. パイプ係
28. 粉砕工	54. 保線係
29. ペンキ職人	

［出所］　R. Davies, 'Mining Capital, The State and Unskilled White Worker in South Africa, 1901–13', *Journal of Southern African Studies*, Vol. 3, No. 1 (October 1976), p. 68.

同年，鉱業規制が制定されたとき，1896年に制定された巻き上げ機関士の白人条項と資格証の必要とはそのまま取り込まれた。さらに，坑外監督と合図人の白人条項も復活された[18]。

　1906年，鉱業規制は修正され，火夫と機関士は白人でなければならないと規定された。この規制は，機関士の雇用安定を強化した。なぜなら，彼らは，職種試験を受けることが許される前に，火夫または機関士と一緒に決められた期間働かなければならなくなったからである。鉱山会議所は，ジョッブ・カラーバーに反対であったけれども，有色人巻き上げ機関士に課された規制について

---

18)　E. N. Katz, 'White Workers' Grievances and the Industrlal Colour Bar, 1902–1913', *The South African Journal of Economics*, Vol. 3, No. 2 (1974), p. 147.

はひどく困ることはなかった。なぜなら，それは，1903年に「実際のところ，有色人の機関士」はいないことを容認していたからである[19]。

　ジョブ・カラーバーを大きく前進させたのは，1904年のトランスヴァール労働輸入法である。これは，金鉱業においてアジア人労働者が排除されるべき56の職種（表6—1参照）を包括的に規定することによって「不熟練労働」の曖昧さを取り除いた。この法律は1907年に廃止されたけれども，輸入される中国人に対して意図された職種制限の長いリストは，政府の通達の下に鉱山，仕事および機械法に吸収され，ジョブ・カラーバーをめぐる後年の戦いのなかで白人鉱夫の要求内容に大きな影響を与える基準となった。アジア人労働者に対する白人労働者の心配を和らげるために導入された法が，金鉱業のおけるアフリカ人労働者に対する人種的賃金差別とジョブ・カラーバーを押し進めることに貢献することになったのである[20]。

アフリカーナー労働者の増加　アフリカーナーは，ラント金鉱山開発当初よりこの産業を利用することはできなかった。1892年頃にはラント金鉱業は膨大な数の熟練ならびに不熟練労働者を擁する産業になっていたにもかかわらずそうであった。第1に，農業に従事していた彼らは鉱工業の技能がなかった。第2に，不熟練労働に就くとしても，彼らの賃金はアフリカ人労働者のそれよりも3倍から4倍高く，したがって，当然に不熟練労働からも排除された。しかしながら，1907年初めまでには，アフリカーナーはラント金鉱山の全白人労働者のほぼ17％を構成していた。一見すると，これは小さな比率に見える。しかし，彼らは，熟練地下労働者の個別カテゴリー，すなわち鉱夫の実にほぼ3分の1を占めていた。ただし，長年の修練を要する職人の地位は技能からいって彼らの手の届かぬところであった[21]。

　アフリカーナーは慣習とは異なるルート（南ア戦争直後の「白人労働実験」や友人に誘われた自発的志願）によって鉱夫となっていったが，アフリカーナー鉱夫の増大にはいくつかの理由が存在した。供給サイドでは，南ア戦争後の「プアー・ホワイト」の激増である。すでに19世紀末までに，白人農場の拡

---

19)　*Ibid.*, p. 147.
20)　R. Davies, 'Mining Capital, the State and Unskilled White Workers in South Africa', *Journal of Southern African Studies*, Vol. 3, No. 1 (October 1976), p. 58 ; N. Levy, *op. cit.*, p. 225.
21)　E. N. Katz, 'The Underground Route to Mining', p. 467.

大が頭打ちとなり、かつ、富裕な農場主に土地が集中して「プアー・ホワイト」が生まれていた。南ア戦争の際の戦火で農場が荒廃したため「プアー・ホワイト」は一挙に増大し、都市に流入していた。他方、需要サイドにも重要な3つの構造的理由があった。第1に、ラント金鉱業では、他国の鉱山では見られないほど熟練仕事の範囲が細分化され断片化されていたことである。多技能を有する熟練労働者は、ドリル作業に従事するアフリカ人労働者の監督か、あるいは多くの職種、例えば、ポンプ監視、パイプ敷設、木組み、プレート敷設、竪坑掘削等々のなかのひとつの仕事をする専門坑夫として雇用された。遂行すべき労働の細分化は労働節約的機械の導入によって生じたばかりでなく、オールラウンドな鉱夫がなす多くの仕事が安価なアフリカ人労働者に依存することからも生じた。鉱夫は自ら労働に従事するよりもアフリカ人労働者の作業の監督者となっていた。このようなオールラウンドな鉱夫の技能の細分化と監督化は、訓練の少ない労働者、とくにアフリカーナーの鉱夫としての採用を容易にした。第2に、南ア戦争後、海外からの鉱夫の移民が減少し、鉱夫の不足が生じた。1904年以降、ラント金鉱業は、戦争直後の停滞を抜け出して急速に拡大していたから、鉱夫不足はなおさら深刻であった。第3に、海外からラントにやってきた鉱夫にたいする珪肺症（ならびに結核）の破壊的影響である。珪肺症は、採掘現場での発破の直後、空中に漂う珪土の微粒子を長年吸い込むことから生じ、1890年代にラントにやってきて採掘に従事した多数の鉱夫を不具にしたり殺していた。そして、生き残った少数のものと1902年以降金鉱山の採掘現場に加わったものの肺を破壊していた。ここにアフリカーナーは海外からの鉱夫不足を埋めることになった。しかし、アフリカーナーも珪肺症（ならびに結核）の罹病から免れたわけではなかった。1912年には医者がアフリカーナーの惨事に関心を表明し始めるのである[22]。

　こうして、アフリカーナーは、唯ひとつの専門知識、すなわち、ドリルと発破に限定された知識だけで発破資格証を手に入れた。そして、それはアフリカーナー鉱夫に海外からやってきた経験あるオールラウンドな鉱夫と同じ条件で監督者となる資格を与えた[23]。

　1907年のストライキ以後、アフリカーナー鉱山労働者の数は急速に増大し、ストライキ直前には3255人であったのに対し、1910年には7287人（全白人労働

---

22)　*Ibid.*, pp. 470–471.
23)　*Ibid.*, p. 473.

者の27.2％)，1913年には1万人を越え（1万755人，36.2％)，1918年には1万4418人で白人労働者の半数を越えた（50.2％）（表5—6を参照）。

　1907年以降，アフリカーナーを中心に白人労働者は漸次増大していったにもかかわらず，また，ジョブ・カラーバーの存在にもかかわらず，アフリカ人労働者はますます半熟練労働に雇用され，地下での白人鉱夫の範囲は相対的に狭まっていった。1907年に，2234人の白人鉱夫がアフリカ人労働者が操作する1890台の機械ドリルを監督していた。1913年には2207人の白人鉱夫が監督する機械ドリル数は4781台となっていた。ここには機械化の進展にともなう労働強化がみられるが，金鉱業主は白人監督をアフリカ人のボス・ボーイに置き替えることによって，白人鉱夫の数の増大を押さえていた。1910年以降の電化の推進とともに，アフリカ人労働者による白人熟練職人の置き替えも生じた。多くの火夫は余分になった。他方，電力工場の半熟練労働はアフリカ人労働者がやっていた。アフリカ人労働者はまた駅機関士にも従事した。例えば，ラントフォンテイン鉱山グループでは，1911年と1913年の間に，この職種の白人労働者の数は40人から17人か18人に減少していた[24]。ジョブ・カラーバーが設けられていた半熟練職種へのアフリカ人労働者の採用は，どの鉱業金融商会の鉱山でも生じていた。1907年に鉱業規制委員会が設置された背景には，アフリカ人労働者によるジョブ・カラーバーへのこうした侵食があった。同委員会は1910年までに，採掘分野では白人以外のものが資格証を取得できないこと，監督と機械操作の分野では，一切の監督と機械操作に対してジョブ・カラーバーを一般化すること，を提案した[25]。

1911年鉱山・仕事法の下での鉱業規制　南アフリカ連邦成立の翌年，鉱山・労働法が制定され，かつその法の下に鉱業規制が公布された。鉱業規制は，トランスヴァールの鉱業規制委員会を継承した連邦鉱業規制委員会によって勧告されたジョブ・カラーバーを組み入れ，さらにそれを拡大した。多くの職種が白人労働者に留保された。機械技師，電気技師，巻き上げ機関士，蒸気機関車の機関士，ボイラー係，発破に従事する鉱夫のような熟練を要する職種は明確に資格証保持者に制限された。新しい広範な効果的な規定が鉱業規制285にあった。それには，「トランスヴァールとオレンジ・フリー・ステイトでは，

---

24)　E. N. Katz, 'White Workers' Grievances and the Industrlal Colour Bar', p. 151.
25)　F. A. Johnstone, *op. cit.*, p. 66.

資格証はいかなる有色人にも認められない。他の州で有色人に授与された資格証は当該州外では通用しない」と規定していた。これらの人種差別条項は鉱山・仕事法自体でなく，鉱業規制において規定された。法律は種々の事柄について，規制をつくる権限を与えていたが，人種差別的規制をつくる権限は与えていなかった。これは新しいことでなかった。1903年以来，それは鉱業に関する法律の制定における慣習であった。この慣習は人種差別を公然とすることを避けることから生じていた。後年鉱業規制における人種差別的規制は問題となる。人種差別的規制は法律の与える権限外であったからである[26]。

1913年白人労働者ストライキ　この時期，白人労働者は多くの苦情を有していた。例えば，労働組合，いわんやクローズド・ショップ制度を認めぬ経営の高圧的態度，長時間労働，有給休暇の少なさ，傷害への僅かな補償と医療手当，戦慄すべき労働条件，そして何よりもアフリカ人労働者によって彼らの地位に引き起こされる脅威があった。Central Rand 金鉱地で高品位鉱石が採掘され尽くすにつれて，金鉱業主はますます生産性を引き上げ，コストを引き下げる圧力の下におかれた[27]。

　1913年の金鉱山白人労働者のストライキは，5月末に生じた New Kleinfontein 鉱山での僅か5人の労働者の労働時間に影響する技術的問題から始まった。New Kleinfontein の経営者はこの問題を素早く解決したが，事件は白人労働者の一連の一般的苦情に点火した。異なった組合の代表者から構成されるストライキ委員会が結成され，彼らの要求は，バンクからバンクまでの（すなわち，地上から地下に降りて地上に帰ってくるまでの）8時間労働日，集団交渉を実現するための労働組合の承認にまでいたった。鉱業金融商会は，New Kleinfontein のストライカーを復職させることを提案したが，集団交渉を実行することは拒絶した。6月29日，鉱山労働者はベノイで大集会を開き，ゼネラル・ストライキを呼びかけた。新しい南アフリカ連邦では，古い軍隊は解散しており，新しい軍隊は編成中であった。市民軍の志願者は僅か4000人にすぎず，連邦全域に分散していた。したがって，政府はゼネラル・ストライキを押さえ込むのに必要な強制力をもっていなかった。しかもラントは警備するのに特別の困難があった。鉱脈は40マイルにわたって連なっており，政府の軍隊は薄く配

---

26) *Ibid.*, p. 69.
27) D. Yudelman, *op. cit.*, pp. 93~95.

置せねばならなかった。政府の手許には3日分の食糧しかなかった。鉱山に保管されている爆薬は強奪される恐れがあった。就中，25万人のアフリカ人労働者が蜂起する恐怖もあった。6月30日，スマッツは総督グラッドストーン卿に鉱山の財産を守るために帝国軍隊をつかう許可を求めた[28]。

7月2日，労働組合連合（Federation of Trades）とトランスヴァール鉱夫協会（Transvaal Miners' Association）はそれぞれ執行委員会をひらき，7月4日からのゼネラル・ストライキの実施を決定した[29]。

7月4日，1万8000人の鉱夫がゼネラル・ストライキに参加した。67金鉱山のうち63鉱山が操業を停止した。ヨハネスブルグのマーケット・スクェアーにおける労働者の大集会は無統制な暴動に転じ，パーク駅とスター紙の事務所が焼き払われた。警官と軍隊は発砲し，多くに負傷者がでた。翌日，ストライキは頂点に達した。67金鉱山のすべてが麻痺し，1万9000人の鉱夫がストライキに参加した。鉱山で暴動が続いたので，ボータとスマッツはプレトリアから駆けつけ，ストライカーの代表者と会合した。会談はボータとスマッツにとって屈辱的で危険な環境の下にヨハネスブルグのカールトン・ホテルで行われた。スマッツは署名した。しかし，ストライキの指導者も組合員の戦闘性を十分に利用することに失敗した。ストライキは勝利したが，労働者の唯一の成果は，New Kleinfontein のストライカーが復職するという政府の保証だけであった[30]。

1914年白人労働者ストライキ それから半年後の1914年1月に起きた金鉱山ストライキは鉄道ストライキに対する同情ストライキであった。鉱山会議所の調査では，ストライキの入った鉱山数は53，ストライキ参加労働者数は9059人，失われたシフト数は4万3957（1913年7月には6万9665）であった。スマッツは，鉱夫がストライキに入るまでに1万人の軍隊をラントに派遣し，戒厳令が公布される1月14日までに7万人の市民兵を召集していた。1月15日に労働組合連盟の全執行委員が逮捕されると，ストライキは次々に崩れていき，24日にゼネラル・ストライキは終了した。スマッツは，1913年7月と1914年1月の間に「効率的な軍隊組織」を再編成した功績が一般に認められた[31]。国家の抑圧

---

28) Ibid., pp. 05 08.
29) Ibid., p. 98.
30) Ibid., pp. 98~101.
31) Ibid., pp. 109-110.

的機能を固め強化する法的根拠として，暴動集会・犯罪修正法（Riotous Assembiles and Criminal Law Amendment Act）が1914年7月に制定された。それは，政府が産業騒動を支配下に置き，もし集会が行政官によって公共の平和に脅威を与えると判断されるならば，集会を禁止することを可能にした。この法律の3つの章のうち1つの章はストライキに当てられており，それは，雇用者の力によるピケを禁止し，労働者のアジ演説を禁止し，電気，電力，水道での公共事業妨害を刑事犯罪とした[32]。他方，ボータとスマッツの政府は，1907年と1913年および1914年のストライキの体験から，国家の抑圧的機能を強化するばかりでは十分でなく，雇用者と被雇用者の間の紛争を非政治化し，国家が労働と資本の対立から身を引き離して自らを表面上中立的な仲介者の役割を果たす立場におき，国家の存立に脅威を与える労働者を何らかの方法で国家の管理的構造に公式に吸収する機構的枠組みを構築せねばならないことの必要を痛感していた[33]。国家が白人労働者を何らかの方法で国家の管理機構の吸収しようとすれば，それは労働組合をとおしてであった。1913年ストライキの直後，産業調停と労働組合承認の2つの法案が公表された。1914年ストライキの後，それらは合わされ，産業争議・労働組合法案（Industrial Disputes and Trade Unions Bill）となった。それは下院を通過したが，時間切れで上院を通らなかった。その直後に第一次世界大戦が勃発し，それは議会に再提案されなかった。同じような法案が再提案されるのは，1922年のストライキ，否，ひとつの大きな反乱の後であった[34]。

第一次世界大戦中の白人労働者減少の影響　第一次世界大戦の勃発は南ア金鉱業の労働力構造に大きな衝撃を与えた。白人鉱山労働者は鉱地を去って続々と戦争に赴いた。1916年末までに3500人（金鉱山白人労働者の20％），全戦争期間中に4375人（25％）が雇用者の許しを得て戦場に向かった。戦争に赴いたほとんどの労働者は半熟練労働者であったが，機械工，機関士，親方，シフト・ボスのような熟練労働者もいた。半熟練労働者はかなり容易に置き替えることができたが，熟練労働者は置き換えるのが困難であった[35]。

---

32)　*Ibid.*, pp. 107–108.
33)　*Ibid.*, pp. 114–115.
34)　*Ibid.*, p. 107.
35)　F. A. Johnstone, *op. cit.*, p. 105.

表6—2　第一次世界大戦中と戦後，ラント金鉱業において白人労働者が獲得した主要な労働条件の改善

1915年
(a)　低賃金労働者にたいする特別戦時ボーナス
(a)　地下労働者といくつかの地上労働者にたいする有給休暇
(b)　機械工は週最大50時間，そして，超過勤務にたいしては1.25倍の支払い
(c)　鉱山会議所による南アフリカ産業連盟の事実上の承認

1916年
(a)　巻き上げ機関士は，最低賃金率，超過勤務手当と日曜勤務手当，長期勤務ボーナス，有給休暇を獲得。機械工は賃金標準の引き上げを獲得。低賃金労働者の戦時ボーナスは引き上げられ，また，より多くの労働者に拡大される
(b)　巻き上げ機関士は1日8時間労働制，機械工は週48時間制（プラス2時間の強制超過勤務）となる
(c)　鉱山会議所と機関士組合との間に共同調査委員会を設置

1917年
(a)　地下労働者は最低賃金を獲得し，戦時ボーナスを引き上げられる。機械工は賃金標準率の引き上げと戦時特別ボーナス手当を獲得。駅と蒸気機関車の機関士，ボイラー管理人と火夫は最低賃金率と超過ならびに日曜超過勤務手当と有給休暇を獲得
(b)　機械工は，強制超過勤務なしに週48時間制となる。地下労働者は地上から地上までの労働時間が48.5時間となるとともに，土曜日は半ドンとなる（1918年1月1日から実施）
(c)　労働組合費控除と鉱山における労働組合通知の配布が鉱山会議所の仕事として受け容れられる
鉱山会議所と機械工組合との間に共同調査委員会設置

1918年
(a)　戦時ボーナスはスライド制の自動生計費となる。抽出労働者は最低賃金率を獲得
(b)　地上から地上までの労働時間週48.5時間を導入
(c)　白人労働者を非白人労働者で置き替えることを禁止する現状維持協定むすぶ

1919年
(a)　生計費手当（戦時ボーナス）は，地下労働者にたいして30％から40％に引き上げられる。地上の役職者は最低賃金率と戦時ボーナス特典を得る。すべての労働者に2日の有給休暇（メー・デイとディガーンズ・デイ）が認められる
(b)　抽出労働者週6日労働制となる
(c)　鉱夫肺結核法

[注]　(a)は賃金，(b)は労働時間，(c)はその他。
[出所]　F. A. Johnstone, *Class, Race and Gold : A Study of Class Relations and Discrimination in South Africa*, pp. 98-99.

　大戦中における白人労働者不足のひとつの重要な影響は，残った白人労働者の交渉力を強化したことである。大戦中に白人労働者が獲得した労働条件の改善を見ると，賃金では，①戦時ボーナスの獲得と賃金への組み入れ，②最低賃金率と超過勤務手当の設定，③有給休暇の獲得，④週48時間労働制の導入，があげられる（表6—2参照）。週48時間労働制は，イギリスの鉱山では1908年の法律によって強制的となり，それは先進国の時代の趨勢であった。また，種々の形態での賃金の引き上げは，戦時インフレーションに対応するものであった。もうひとつの影響は，白人労働力構成を変えたことである。戦争に赴いた労働者の後は農村から移ってきたばかりの熟練度の低いアフリカーナーが

埋めた。彼らは鉱業技術を欠いていた。大戦の終わりには，これらのアフリカーナー労働者が白人労働者のうち，戦争勃発時の40％に比して，約75％を占めていた[36]。

　第3の影響は，半熟練労働に低賃金のアフリカ人労働者がますます雇用されていったことである。大戦勃発時，金鉱山の熟練労働は鉱業規制におけるジョブ・カラーバーによって白人労働者に公式に制限されていた。この法定ジョブ・カラーバーは約35の熟練職種を包含し，白人労働者のほぼ3分の2をカバーしていた。残りの3分の1の労働者は約20職種の半熟練労働に雇用されていたが，規制によっては保護されていず，雇用主との非公式な協定と，機械化が進められて新しい職種が生まれたところでは個々の鉱山での雇用主との文書協定に基づいていた。これらの労働者は非白人労働者に置き替えられることに対してきわめて脆弱であった[37]。他方，アフリカ人労働者の5～10％は，鉱山における労働の長い経験と白人労働者がほとんどの手の労働をアフリカ人に任せた慣習の結果，いくつかの鉱業技能を身につけるようになっていた。したがって，半熟練白人労働者が不足した大戦中に，経営者がこのようなアフリカ人を，ドリル研磨，支柱構築，パイプ敷設，レール敷設，木組みなどの半熟練労働に雇用したのも驚くに足りない。しかし，半熟練労働への非白人労働者の雇用は，雇用主と白人労働者との間に厳しい対立を生んでいた[38]。

　白人労働者は，非白人労働者の半熟練労働への進出を彼らの雇用確保と賃金率維持に対する脅威と受け取った。組合レベルでは，1916年9月と11月に，南アフリカ産業連盟（South African Industrial Federatoin）は，白人労働者が働く職種の範囲を拡大する問題を提起した。鉱山会議所は回答し，鉱業規制（法定ジョブ・カラーバー）がすでに白人を保護しているという理由で，この要請を断った[39]。鉱山レベルでは，Van Ryn Deep 鉱山で，支柱構築にアフリカ人を雇用したので，地下白人労働者はストライキに打って出た。政府は直ちに介入して調査を約束し，ストライキは程なくやんだ。調査が発見したことは，「Van Ryn Deep で公然たる反対をきたした不満はいたるところに存在し」，Van Ryn Deep のストライキは，解雇の恐怖によるばかりでなく，「そのような

---

36) *Ibid.*, p. 105.
37) *Ibid.*, p. 70.
38) *Ibid.*, pp. 106–107.
39) D. Yudelman, *op. cit.*, p. 146.

解雇がすでに他の鉱山で起きていた」事実に対する抗議であることであった[40]。

　1917年2月14日，鉱山会議所と南アフリカ鉱山労働者連合（South African Mines Workers' Union：1913年設立）の代表者は会合をもち，ジョブ・カラーバーについて議論した。鉱山会議所の代表者は，白人労働者をカラード（アフリカ人，インド人，ケープ・カラード）で置き替える意図的な試みをしていないと言明した。もちろん，この否認は偽りであった。1920年に，2万2400人の白人労働者にたいし，1000人のケープ・カラードが鉱山会議所加盟鉱山で雇用されていた。この会合の1週間後，鉱山会議所会長エブリン・ワラースは，鉱山会議所執行委員会で労働組合との妥協の必要を主張した。彼は，白人労働者をカラードで置き替える事態は「鉱脈に沿って相当の規模で着実かつ一貫して」おこっており，鉱業規制は白人に限られた保護しか与えていないことを正直に認めた。彼は，鉱業規制を支持すると言い続けるだけでは不十分であると指摘した。労働組合は，雇用者が，中国人労働者輸入の際に導入された白人保留職種表を遵守しているかどうか質問していた。その表に照らし合わせると，白人が保護を求めたいくつかの職種で彼らを保護していないことが判明した。さらに，熟練労働の分解は新しい職種をつくっていた。表はそれらをカバーしていなかった。なぜなら，表が作成された当時，それらの職種は存在していなかったからである。こうして，木組み，レール敷設，揚水，支柱構築の職種はますますケープ・カラードに取られていた。他方，その表は巻き上げ機操作のようないくつかの職種で白人を保護していた。ワラースと，鉱山会議所執行委員であるA・フレンチは妥協を示唆し，すでに雇用されているものは彼らの職種を維持したまま凍結されるべきだとする現状維持を主張した。幾人かの執行委員は鉱業規制におけるジョブ・カラーバー以上に進むことを喜ばなかった。ワラースは，カラー問題が有する政治的危険と民衆の潜在的動員力を指摘し，彼らを説得した。執行委員会開催の3日後，鉱山会議所は南アフリカ鉱山労働者連合に現状維持を提案した。しかし，これは拒否された[41]。

現状維持協定　1917年7月，白人労働者は「ドリルや道具は，……カラード労働者によって鋭くされたり修繕されたりすることはない」こと，また，「支柱構築は白人労働者によってなされる」ことを要求した。鉱山会議所は「カラー

---

40)　F. A. Johnstone, *op. cit.*, p. 107.
41)　D. Yudelman, *op. cit.*, pp. 146~149.

ドの被雇用者にも責任を負っている」と，これを断った。鉱山会議所は執拗に現状維持を繰り返した。南アフリカ鉱山労働者連合も最終的にこれを受け容れた。現状維持協定は，「ヨーロッパ人とカラードの被雇用者の雇用の相対的範囲に関して，各々の鉱山で存在する現状は維持されるべきである。現在ヨーロッパ人によって保持されている職種はカラードに与えられるべきでないし，逆もしかりである」と述べていた。現状維持協定は，1918年9月1日から効力をもつようになった[42]。

　白人労働者が現状維持協定を受け容れたひとつの理由は，現状維持が他の労働条件の改善——週48.5時間労働制，戦時ボーナスの拡大，地下労働者の最低賃金率の設定——とともに一括提案されたことである。南アフリカ鉱山労働者連合は，提案を全体として受け容れるか拒否するかしなければならなかった。連合の労働者の心的戦闘状態は協定を受け容れるかどうかを決める際の票数にも反映されていた。結局，議長のキャスティング・ボートによって決定されたのである。白人労働者の立場から見れば，協定を成立せしめた主要因は，白人労働者を犠牲にして低賃金のカラードの雇用範囲を拡大しようとする鉱山会社の企てに対して，「すでにひどく掘り崩された白人労働者の地位を擁護」せんとする試みであった。しかし，他方，僅差の票決に見られるように，半熟練労働からカラードを追放しようとする白人労働者の要求は協定成立後もやまなかった[43]。

　では鉱山会議所は現状維持協定で何を意図したのであろうか。大戦中に階級間のバランスは鉱業に決定的に不利となっていた。現状維持は従来の枠組みのジョブ・カラーバーに較べてその縮小の停止を意味した。それにもかかわらず鉱山会議所が現状維持協定を推進したのは，白人労働者の戦闘性の上昇気流を阻止せんとする戦略であった。現状維持協定は，鉱山雇用者にとって，一種の時を稼ぐ火消し協定，階級間のバランスが自分たちに有利になるまで階級対決を引き延ばす戦略的妥協であった[44]。しかし，現状維持協定をふくむ鉱山会議所の政策は，鉱業と白人労働者の間の対立と大戦中の後者における急進的傾向を取り除くことに成功しなかった[45]。しかも，大戦中に鉱業が白人労働者に

---

42) F. A. Johnstone, *op. cit.*, pp. 108-109.
43) *Ibid.*, p. 110.
44) *Ibid.*, p. 111.
45) *Ibid.*, p. 114.

与えた譲歩は鉱山の収益性を大きく損なっていた。その上，白人労働者の賃金引き上げも物価上昇にはとどかず，白人労働者の不満と戦闘性は高まる一方であった。

第3節　1922年ラント反乱とジョブ・カラーバーの確立

金鉱業の危機　第一次世界大戦開始直後から大戦直後までの期間は，南ア金鉱業にとって縮小と危機の時代であった。1915年と1921年の間に，粉砕鉱石量は2831万トンから2340万トンに低下し，粉砕鉱石トン当り営業コストは17シリング5ペンスから25シリング8ペンスに上昇，そして，同営業利潤は，1915年と1919年の間に8シリング5ペンスから5シリング6ペンスに低下した。同営業利潤が1920年と1921年に9シリング7ペンスと9シリング6ペンスに急上昇しているのは，後に述べるこの期間の金価格プレミアムによる（表6―3）。このコストの上昇，産出高の減少，利潤の低下の結果，ますます多くの鉱山が収益性のボーダーラインに近づくか，あるいはそれ以下に投げ出されることになった。

損失を出して操業しているか，あるいは，粉砕鉱石トン当り営業利潤が2シリング以下の鉱山は「低品位鉱山」と定義された。この定義からすると，1917年の最後の四半期に，14鉱山が低品位鉱山であり，粉砕鉱石トン当り利潤は平均9ペンスで，金鉱業の労働力の4分の1を雇用していた。1919年9月には，これらの鉱山のうち3鉱山が閉鎖され，さらに11鉱山がこの範疇に入り，低品位鉱山数は22となった。それらは生産鉱山の約半分を占め，労働者の約半分を雇用し，粉砕鉱石トン当り0.6ペンスの損失で操業していた。こうして大戦末期には，金鉱山会社の半分が利潤をあげて操業できなくなっていた[46]。まさに，南ア金鉱業存亡の危機であった。

この収益性の危機の直接的原因はコスト水準の上昇と産出高水準の低下であった。これらは，①大戦中に白人労働者が獲得した賃金上昇，雇用条件の改善などの利得，②大戦中の資材費と生活費のインフレ的上昇，③アフリカ人労働者不足の3つの要素から生じた。①についてはすでに述べたので，ここでは

---

46) *Ibid.*, p. 95.

表6－3　ラント金鉱山の基本指標（1915～1921年）

	粉砕鉱石量 100万トン	粉砕鉱石トン当りコスト	粉砕鉱石トン当り利潤	配当金 100ポンド
1915年	28.31	17s. 5d.	8s. 5d.	7.6
1916年	28.53	18s. 1d.	8s. 2d.	7.0
1917年	27.25	19s. 2d.	7s. 6d.	6.6
1918年	24.92	21s. 7d.	6s. 0d.	5.1
1919年	24.04	22s. 11d.	5s. 6d.	5.9
1920年	24.09	25s. 8d.	9s. 7d.**	8.2**
1921年	23.40	25s. 8d.	9s. 6d.**	7.1**

［注］　**は金価格の一時的プレミアムを反映する。
［出所］　F. A. Johnstone, *Class, Race and Gold : A Study of Class Relations and Discrimination in South Africa*, p. 94.

②と③を取り上げる。②の資材費とアフリカ人生活費の上昇についてみると，1914年と1920年の間に金鉱山によって消費される資材費とアフリカ人生活費の総額は約40％上昇し，1000万ポンドから1400万ポンドに膨れあがった。大戦はまた種々の雑費を鉱山に課し，鉱山が被ったコスト総額上昇分は年約600万ポンドにもなった[47]。他方③の大戦中のアフリカ人労働者不足についてであるが，鉱山必要定数に満たない不足は産出高の低下を招いた。もっとも，大戦の前半期には，鉱山はアフリカ人労働者定員を確保できなかったけれども，供給は漸次増大し，1913年の定員充足率65.6％から14年72.8％，そして，15年には記録的数字である93.8％となった。この膨大な供給は，産出高の最大化をもたらすことによって，コスト上昇の効果を中和するのを助けた。しかし，1915年後には供給は低下し始め，16年82.9％，17年72.6％，18年61.1％となった。大戦末期には，推定定員との比較で約4万人のアフリカ人労働者が不足していた。この不足は他産業の拡大と Far East Rand 金鉱地開発の進展によるアフリカ人労働力需要の増大とを反映していた。大戦中に製造業，炭鉱，農業は拡大した。製造業は輸入代替と価格の上昇にうながされて，1911年と1921年の間に年率18.7％で成長し，製造企業設立数は2400から7000へと3倍に増えた。それらに雇用される非白人数も3倍近くとなり，4万4000人から11万6000人になった。金鉱業のアフリカ人労働者不足はまた政府によって課された南緯22度以北からのアフリカ人労働者の輸入禁止からも生じた[48]。

---

47)　*Ibid.*, p. 96.
48)　*Ibid.*, p. 97.

南ア金鉱業の収益性の危機は大戦末期の金プレミアムによって一時的に回避されることになる。金鉱山会社は1919年まで産出金をオンス当り85シリングの固定価格でイングランド銀行に売っていた。しかし，1919年に新しい協定が結ばれ，ラント産金はイングランド銀行に送られるけれども，鉱山会社の代理人たるロスチャイルド商会によって最良の市場で売られることになった。1919年9月と1920年3月の間のプレミアム価格は金平価を16％から44％越えて変動していた。もしプレミアムが存在しなければ，1919年の最後の四半期には25鉱山が粉砕鉱石トン当り平均0.34ペンスに損失を出して操業していたことになっていた[49]。

プレミアムは1920年に記録的な水準に達した後，一時期変動し，それから1921年をとおして着実に低下し始めた。一方，コストは記録的高水準のままで，利潤は低下しつづけた。白人労働者が確保した利得は1920年と1921年にはさらに上昇すらした。1921年には白人労働コストは1914年よりも60％高くなっていた[50]。1921年11月に7鉱山が赤字または粉砕鉱石トン当り1シリング以下の利潤で操業していた。12月には，この地位にある鉱山の数は15に増えた。鉱山会議所の計算では，金価格が金平価に戻ると，生産鉱山のうち約3分の2が現状のコスト水準と産出高では収益不能となるはずであった[51]。

金鉱業主の反撃　こうして，プレミアムにもかかわらず，収益性危機は大戦直後もそのままであり，強まりさえした。しかし，金鉱業主と白人労働者の階級間バランスは前者に有利に振れた。大戦中の労働力不足は，大戦の終了とともに終わった。そして，それに代わって失業の時代がやってきた。この失業は，戦争からの兵士の帰還，ヨーロッパの戦後不況，農村不熟練白人の都市への移住，1920年に始まった南アフリカの不況から生じた。ラントでの白人の失業は1920年と1921年に強まった。1920年に約1400人の失業した白人が鉱業の仕事を求めて職業安定所に登録した。他方，鉱業の求人数は290人で，そのうち280人が雇用された。1921年には登録者1700人，求人180人，雇用されたものは175人にすぎなかった。そして，1921年5月にはラントに約5000人の失業白人が存在した。この膨大な白人失業者のプールは，階級力バランスを金鉱業主に有利に

---

49) *Ibid.*, pp. 95-96.
50) *Ibid.*, p. 125.
51) *Ibid.*, p. 130.

した$^{52)}$。

　階級間バランスの変化にもかかわらず, ラントの白人労働者の戦闘性は損なわれなかった。戦闘性は, 大戦中に獲得した利得によって高揚し, 解雇と失業の恐怖によって強められ, ロシア革命で鼓吹された。戦争直後, それまでの南アフリカ史上最大数の労働者がストライキに参加し, 1919～21年の3年間に延べ150万人に達していた。1920年5月には南アフリカ産業連盟は金鉱山, 炭鉱の国有化と白人労働者数と非白人労働者数の間の法的最低比率を提起し, 1920年10月には鉱山労働者連合は失業を生む資本主義を糾弾した$^{53)}$。

　1921年, 引き続く金鉱業の収益性の危機と, 白人労働者の失業と戦闘性を背景に, 鉱山会議所と鉱業労働組合は賃金とジョブ・カラーバーをめぐって何度も長い会議をおこなった。しかし, 合意に達しなかった$^{54)}$。同年12月, 鉱山会議所は白人労働者との新しい対決に動いた。会議所は3つの提案を行なった。すなわち, ①白人労働者の賃金引き下げ, ②現状維持協定の廃止, ③地下労働の再編成, である。会議所は, ジョブ・カラーバーは熟練労働に限定すべきであり, アフリカ人労働者を半熟練労働でもっと活用することが必要だと述べた。後者の提案に従えば, 約2000人の熟練度の低い白人労働者が削減される見通しであった。しかし, 鉱山会議所は, これは「金が正常価格に戻ったとき, 妥当な収益をあげる水準へコストを引き下げる唯一の途である」と結論した。鉱山会議所は, 1922年1月から提案を実施する意図を産業連盟に正式に伝えた$^{55)}$。

1922年ストライキとラントの反乱　この通知に反応して, 産業連盟はストライキ権確立投票の実施を決定し, 1922年1月8日に実施した。投票は圧倒的にストライキに賛成であった。連盟は, 鉱山会議所が通知を撤回しないのであれば, ストライキに突入すると回答した。1月9日白人労働者は再び鉱山会議所の最後通牒的通知を拒否し, 10日には, 金鉱山のすべての白人労働者と, 発電所, エンジニアリング工場がストライキに突入した$^{56)}$。

---

52) *Ibid.*, pp. 125–126.
53) *Ibid.*, p. 126.
54) *Ibid.*, pp. 128–129.
55) *Ibid.*, pp. 130–131.
56) *Ibid.*, p. 131.

第6章 白人労働者とジョップ・カラーバー 301

表6―4 ラント金鉱山白人労働者の賃金の変化
(1921年7月～1922年5月)

	1921年7月	1922年5月
アマルガメイター	27s. 9d.	21s. 6d.
坑外監督	24s. 8d.	17s. 5d.
巻き上げ機関士（電気）	31s. 5d.	24s. 3d.
巻き上げ機関士（その他）	31s. 11d.	24s. 2d.
ウィンチ機関士（電気）	24s. 4d.	17s. 3d.
取付工	29s. 0d.	22s. 11d.
鉱夫：機械採掘		
契約	49s. 10d.	28s. 8d.
日給	33s. 5d.	23s. 6d.
鉱夫：手採掘		
契約	41s. 8d.	28s. 8d.
日給	28s. 9d.	22s. 3d.
鉱夫：機械開発		
契約	61s. 7d.	36s. 10d.
日給	31s. 5d.	22s. 3d.
鉱夫：手開発		
契約	41s. 11d.	26s. 11d.
日給	38s. 10d.	22s. 0d.
鉱夫：堅坑掘削		
契約	68s. 1d.	52s. 10d.
日給	46s. 0d.	26s. 5d.
パイプ工	28s. 8d.	26s. 1d.
プレイト敷設工	28s. 8d.	26s. 1d.
ポンプ係	29s. 0d.	22s. 10d.
鉱石運搬係と合図人	25s. 9d.	18s. 4d.
木材人（堅坑）	32s. 2d.	23s. 11d.
トラマーズ	25s. 10d.	18s. 8d.

[出所] F. A. Johnstone, *Class, Race and Gold : A Study of Class Relations and Discrimination in South Africa*, p. 137.

　3月4日，ストライキ遂行のために設置されていた産業連盟の拡大執行部は，「ストライキ中止宣言ができる可能な条件を討論する目的で」鉱山会議所との新たな協議を提案した。鉱山会議所の回答は「これ以上の討論で得るものはなにもない」というものであった。鉱山会議所のこの非妥協的回答は労働者の間に広範な怒りと憤りを巻き起こした。その結果，行動委員会がつくられた。翌日の大衆集会で拡大執行部は，行動委員会と半軍事的組織である「コマンド」からの圧力に押されてゼネラル・ストライキを呼びかけることを決定し，指導権を行動委員会とコマンドに譲った[57]。
　ゼネラル・ストライキ宣言後，政府と労働者は武装衝突の準備を強化した。

---

57) *Ibid.*, pp. 134-135.

表6—5　1922年以降の半熟練労働における白人労働者の代替と解雇

(1921〜1924年)

	白人		アフリカ人	
	1921年12月	1924年9月	1921年12月	1924年9月
ドリル研磨	397	297	1,583	2,526
ウィンチ操作	99	32	382	547
蒸気機関車運転	90	67	361	523
木組み	1,253	864	12,346	14,439
支柱構築	312	67	3,276	4,791
パイプ敷設・プレイト敷設	695	461	5,210	6,346

[出所]　F. A. Johnstone, *Class, Race and Gold : A Study of Class Relations and Discrimination in South Africa*, p. 139.

政府は約7000人の軍隊でラントを包囲した。それは爆撃機，大砲，機関銃，装甲車，および戦車で武装していた。戦いは2段階を通過した。3月10〜12日に労働者のコマンドはラント周辺の警察と軍隊を攻撃し，ラントを支配下に収めた。続く2日間軍隊は反撃に転じ，労働者を攻め立てた。政府は飛行機で労働者を爆撃した。大砲も有効に使われた。14日の終わりには政府は反乱を鎮圧し，ラントの支配を回復した。およそ250人が殺され，500人から600人が傷ついた。約5000人が逮捕され，約1000人が法廷に引き出された。18人が死刑宣告を受け，4人が絞首刑にされた。ストライキは3月16日に公式に終わった。白人労働者は，鉱山会議所の解決の条件で無条件に職場に復帰した[58]。

白人労働者賃金引き下げと労働過程の再編成　ストライキと反乱に対する勝利によって，金鉱業主は，白人労働コストの最小化と労働生産性の最大化という収益性危機克服の2つの至上命令を実行に移すことができるようになった。これらはひとつには賃金引き下げによって確保された。しかし，それは主としてジョブ・カラーバーの実質的縮小と労働の包括的再編成とによって実現された[59]。

ストライキの後，すべての金鉱山会社が白人労働者の賃金を引き下げた。引き下げ率は一律ではなく，25〜50%の範囲にわたっていた（表6—4）。また，白人労働者が大戦中に獲得していた2日の有給休暇（メーデーとティンガーンズ・デー）も廃止した[60]。

---

58) *Ibid.*, pp. 135–136.
59) *Ibid.*, p. 137.

金鉱業主が実行した最も重要な政策は労働の根本的再編成とジョブ・カラーバーの範囲の縮小であった。この2つの政策は，相互に関連する次の4つの施策から成っていた。すなわち，①いくつかの半熟練職種で白人労働者を低賃金のアフリカ人労働者で置き替えること，②半熟練職種での置き替えなしの白人労働者の削減，③残る白人労働者の仕事と責任の拡大，④技術革新，である。

 半熟練労働分野での低賃金アフリカ人労働者による白人労働者の置き替えは大戦中に進んでいたが，1922年ストライキの後，これは加速された。表6—5が示すように，1921年12月と1924年9月の間に，ドリル研磨，巻き上げ機関士，蒸気機関車機関士，木組み，支柱構築，パイプ敷設およびレール敷設において白人労働者数はいずれも減少しているが，アフリカ人労働者は増大している。この7職種の合計では，白人労働者は2846人から1788人へ減っているが，アフリカ人労働者は2万3158人から2万9172人へと増大しているのである。同時に半熟練労働からの白人労働者の解雇が生じた。種々の組合は不満を述べた。機関士協会は，1921年と1924年の間に，地下の白人巻き上げ機関士は781人から703人に減少し，他方，アフリカ人巻き上げ機関士は170人から461人に増えたことに関心を寄せた。同じ期間に，抽出労働に従事する白人労働者も1825人から1454人に切り下げられ，それに従事するアフリカ人労働者は7971人から9722人に増大し，抽出労働者協会は，種々の半熟練職種で多数の白人労働者が解雇されていることに不満を漏らした。ボイラー制作人協会は，トロッコ修理のような従来白人労働者がしていた仕事にアフリカ人労働者が就くことに不満を言った。木材労働者協会も同じ不満を表明した。以前高賃金の白人労働者が行なっていたコンパウンドの修理や維持にもアフリカ人労働者が雇用された[61]。

 解雇を免れて鉱山に残った白人労働者の仕事と責任は拡大された。地下ではこのことは，白人鉱夫と，支柱構築，木組み，パイプ敷設，レール敷設および石壁づくりのような仕事に従事する白人労働者の責任の拡大を含んでいた。1922年までに白人鉱夫は岩の破砕と一組のアフリカ人労働者に責任を有するだけであった。1922年後，白人鉱夫は，採掘場の支持作業とより大きな一組のアフリカ人労働者に責任を負うようになった。鉱業規制委員会の報告によれば，「[責任増大の] 過程は，1人のヨーロッパ人監督の下に，それまで別の人の

---

60) *Ibid.*, p. 138.
61) *Ibid.*, pp. 138–139.

支配下にあった2組か3組の原住民を結合することに存」し、「1人のヨーロッパ人監督者の責任範囲は2倍か3倍になった。」また、ある鉱夫によれば、労働再編成後、トラミング、木組み、開発、機械採掘、手による採掘、パイプ敷設、ならびにレール敷設に責任を負うようにされ、鉱山のひとつの階でただ1人の鉱夫となり、80人から90人のアフリカ人労働者を監督するようにさせられていた。こうした白人労働者の減少と責任の拡大は一般的となり、鉱山のひとつの階に数人いた木組み工は2階あるいは3階につき1人に減少し、各階にほぼ1人いたパイプ敷設工の数は4階につき1人、そして各階に2人いた白人トラマーの数は数階につき約1人に減少した。この仕事の拡大は鉱業規制を遵守することを不可能にした。鉱山労働者連合のある幹部が「彼ら（白人鉱夫）はどのように切り抜けているのか」と問われて、「仕事をボス・ボーイに任せている」と答えた。

　同様な仕事拡大の過程が地上の抽出労働においても実行された。1921年と24年の間に、抽出作業に回された粉砕鉱石量は14.5％増大したが、それに雇用される白人労働者数は15％減少していた。こうして、残った白人労働者の責任は拡大され、より多くの作業過程により多数のアフリカ人労働者が使用されるようになった[62]。

技術革新　コスト引き下げと産出高増大のための、アフリカ人労働者による白人労働者の置き替え、白人労働者の削減、白人労働者およびアフリカ人労働者の責任の拡大には技術革新がともなっていた。1922年の反乱鎮圧の後、次の3つの技術革新が導入された。ジャック・ハンマー・ドリル、ドリル研磨機、金抽出のコールテン・ブランケット法である。

　最も重要な技術革新はジャック・ハンマー・ドリルであった。それは採掘作業における岩破砕を変革した。古いホルマン・ドリルでは1シフトに4つか6つの穴しか掘れなかったのに対し、ジャック・ハンマー・ドリルは20から40の穴を掘ることができた。ジャック・ハンマー・ドリルの導入により、1925年には岩破砕の効率は1921年よりも120％大きくなった。他方、手による採掘に従事する白人鉱夫数は930人から547人に減少していた[63]。

　ドリル研磨はかなりの熟練職種であり、従来白人労働者がアフリカ人労働者

---

62)　*Ibid.*, pp. 139–141.
63)　*Ibid.*, pp. 142–143.

の助手を使って手で行なっていた。ドリル研磨機は1922年以降大規模に使われ始めた。それはドリル研磨を単純にし，短期間の訓練を受けたアフリカ人労働者が容易に遂行できる半熟練労働に変えた。1921年と1924年の間に，ドリル研磨に雇用される白人労働者数は25％減少し，雇用されるアフリカ人労働者数は50％増加した。また，鉱山会社は，1922年以降，金の抽出過程を古いプレート・アマルガメイション法からコールテン・ブランケット法に置き換えた。コールテン・ブランケット法の導入によって，1922年以前に抽出作業に雇用されていた白人労働者は約10％削減された。このように，この3職種における技術革新は，白人労働の単純化をもたらした[64]ばかりか，アフリカ人労働者による白人労働者の置き替えと白人労働者の解雇を招いた。

1921年と1924年のラント金鉱業の白人労働者数，アフリカ人労働者数，粉砕鉱石量，粉砕鉱石トン当り営業利潤を比較すると次のように変化した。すなわち，白人労働者数は2万1036人（年平均）から1万8457人となり，アフリカ人労働者は17万2694人から17万8395人となった[65]。粉砕鉱石量は2340万トンから2821トンとなり，粉砕鉱石トン当りコストは25シリング8ペンスから19シリング7ペンスに低下した。この期間の粉砕鉱石トン当り利潤は，金価格が正常に復帰していたにもかかわらず，9シリング6ペンスから10シリング3ペンスに増大していた[66]から，技術革新をともなった労働の再編成は，金鉱業主にとって大成功であった。

ヒルディック・スミス判決　半熟練労働におけるアフリカ人労働者による白人労働者の置き替えと白人労働者の解雇による1922年後の金鉱山の労働力再編成は鉱業規制違反の増大を招いた。労働力再編成はジョブ・カラーバーの縮小とアフリカ人労働者の仕事の拡大を含んでいたからである。鉱業規制の管理と強制は鉱山・産業部（Department of Mines and Industries）の責任のひとつであった。同部は鉱業規制違反と，人種差別的規制の法的地位にますます関心を寄せるようになった。1911年鉱業規制におけるジョブ・カラーバーは，その

---

64)　*Ibid.*, p. 143.
65)　Chamber of Mines, *Annual Report 1985*, p. 109.
66)　粉砕鉱石量は，*The Mining Industry 1929*, Vol. 38, p. 293；粉砕鉱石トン当りコストと利潤は，*Official Year Book of the Union of South Africa and of Basutoland, Bechuanaland Protectorate, and Swaziland 1910–1924*, No. 7. p. 502.

制定時から合法性を疑われていた[67]。

　鉱業規制におけるジョブ・カラーバーの合法性に関して裁判に踏み切ったのは，鉱山・産業部をかかえる政府であった。1923年，Crown Mines の支配人ヒルディック・スミスは，地下の電気機関車の運転——鉱業規制179によって白人労働者に制限されていた職種——にアフリカ人労働者を使用した。スミスは，政府によっては鉱業規制におけるジョブ・カラーバーに違反した廉で行政法廷に告訴された。行政官は，問題となっている鉱業規制は1911年鉱山・仕事法の権限外であるとして彼を釈放した。なぜなら鉱業規制は人種差別的であり，鉱山・仕事法第4節は人種差別を是認していなかったからである。行政官の判断の含意は，鉱業規制のなかのジョブ・カラーバーを含むすべての人種差別規定は違法であるというものであった[68]。

　司法長官は，政府のために行政官の判決を裁定するよう最高裁判所に依頼した。最高裁は行政官の判決に有利な裁定を下した。最高裁の判事は，授権法は人種差別を認可していないことに合意した[69]。

　問題は，何故この訴訟がおこされたか，何故この時点でおこされたか，そして，誰がその背後にいたか，である。訴訟のイニシアチブをとったのは政府であった。1922年以降の金鉱山における労働力再編成はあまりに急速かつ根元的であったので，労働組織はいたるところで鉱業規制と齟齬をきたしていた。Crown Mines では電気機関車の運転ばかりでなく，地下の主要な機関車の運転にアフリカ人労働者を使用するようになっていた。Van Ryn Deep でも機関士にアフリカ人労働者が就いていた。事態を放置しておくならば，鉱業規制は有名無実となり，法の尊厳が損なわれることは明らかであった。これが，何故に，かつ，1923年の時点で政府が訴訟を起こしたかの理由である[70]。

　白人労働者は，鉱山会議所がこの訴訟の背後の動因力であり，金鉱業主はこの判決を利用すると感じていた。そして，白人労働者が恐れたのは，金鉱業主がこの新しい事態を利用して白人労働者をアフリカ人労働者でますます取り替えていくことであった。鉱山会議所が訴訟のイニシアチブをとったという証拠はない。もっとも，政府の行動を喚起したのは金鉱山における労働力再編成で

---

67)　F. A. Johnstone, *op. cit.*, p. 147.
68)　*Ibid.*, pp. 145–146.
69)　*Ibid.*, p. 146.
70)　*Ibid.*, p. 147.

あったという意味で,「訴訟の背後」の動因は鉱山会議所であった。しかし,金鉱業主はその判決を全面的に利用しなかった。これはパラドキシカルに見えるかもしれない。1922年の反乱の後,ここに弱い立場に追い込まれた白人労働者がいる。鉱業規制におけるジョブ・カラーバーは不法だと宣言された。何故に金鉱業主は彼らの勝利を最後まで追求し,ジョブ・カラーバーを完全に取り除き,高価なすべての白人労働者を安価なアフリカ人労働者で置き替えなかったのであろうか[71]。

これにたいする解答は,金鉱業主の関心がジョブ・カラーバーの廃止にでなく,単にその適用範囲の縮小にあったことである。確かに彼らは強制労働を遂行するできるだけ多くの無権利な安価な労働者をもつことを好んだであろう。しかし実際には,彼らはジョブ・カラーバーを受け容れた。彼らにはそうする合理的理由があった。第1に,ジョブ・カラーバーを完全に廃止しようとすれば,1922年の反乱を上回る大きな突発事件が生じるかもしれないし,そのような政策の潜在的危険とコストはその潜在的利益を凌駕すると考えられた。第2に,ジョブ・カラーバーは労働者階級の分裂をもたらし,鉱山会社が労働者を支配するのを容易にする積極的効果を有した[72]。

産業調停法　反乱鎮圧後,労使関係についての政府の関心は,産業争議を非政治化し,国家を労使の対立から離して中立的な仲介者の役割を果たす立場に置き,組織された労働者を国家の管理機構に吸収することにあった。政府による労使関係の再編成が金鉱山の労働力再編成と並行して計画された。1922年の反乱が終結して1月経たぬ1922年4月,政府によってブレイス委員会（Brace Commission）が指名された。同委員会は9月に報告書を提出したが、それには重要な警告が書かれていた。すなわち、「その（産業）部門が如何に重要で強力であろうとも、国家の利害は産業生活のあらゆる部門によって尊重されるべきである。」[73]

報告書提出の1月後、鉱山相F・S・マランはその勧告に具体的表現を与えるため、1913-1914年に失敗した法案に基づいて法案を起草することを承認した。11月、ブレイス委員会の1員であったコッツェが法案を準備するよう指示

---

71) *Ibid.*, pp. 147-148.
72) *Ibid.*, p. 149.
73) D.Yudelman, *op. cit.*, p. 198.

された。11月末彼は最初の草稿を完成し，さらに1週間以内に第3草稿へと進んだ。この草稿の18条項のうち15条項が1914年に上院を通過しなかった法案から取られていた[74]。

法案はすべての組織された産業に向けられていた。そして，いくつかの重要な側面は鉱業以外に起源を有していた。例えば，雇用者の組織と労働組合が欲するならば，それは雇用者と被雇用者が設置する委員会の条項を定めていた。このような委員会での協定は法的拘束力があり，もし大臣が協議者の組織が代表であると決定するならば，全産業に適用することができた[75]。

法案には次の3つの新しい条項が付け加えられていた。すなわち，①労働組合は登録され、訴訟を起こし起こされる法人となる。②国家がバックアップする調停機関が設けられる。③ストライキもしくはロックアウトは，争議解決の調停機関がすでに試みられていなければ，違法である。

1907年のトランスヴァール産業争議防止法の下では，国家の調停は特別に要請されねばならなかった。しかし今や，ストライキやロックアウトを行使する前に，国家の介入が強制的されることになったのである。12月，コッツェは，発電所や水道のような公共事業の場合には強制的調停を義務とする条項を付け加えた。12月末，スマッツは草稿にいくつかの修正をほどこした。その最も重要なものは，①調停機関は「大きい問題」だけを扱うべきで，「小さな重要性しかない問題」は扱わないこと，また，②「政府の投票支配は多大の反対に逢うから」，ストライキ投票は労働組合の管理下に任せられるべきこと，であった。1923年1月，産業調停法案（Industrial Conciliation Bill）の最初のヴァージョンが公表された[76]。

鉱山会議所は，強力の使用だけでは産業の問題を解決できないという事実と労使関係は機構化されるべきだとの国家の主張を受け容れ，公表された法案に満足した[77]。労働組合はいかなる修正も与えず，また求めもしなかった。労働組合は，国家の調停に服することは，労働者の最強の武器である直接的ストライキの行使を奪われることを熟知していた。それにもかかわらず労働組合が産業調停法案を受け容れた最も重要な理由は，政府の手に大きな権力を残したことにあった。ストライキ後，組織された労働者は弱体となっており，雇用者を

---

74) *Ibid.*, pp. 198–199.
75) *Ibid.*, p. 200.
76) *Ibid.*, p. 199.

支配することは到底ができないことを認識し，国家権力がバランスを維持してくれることを望んでいた。こうして，労使関係の新しい枠組みを確立する原理は資本と組織された労働者の双方によって支持されたのである[78]。

ところが，政府の秘密委員会の後，大幅に拡大された法案が1923年5月末に公表された。それには，雇用者が歓迎しないいくつかの条項が含まれていた。とくに，個人的不満をもつ個々の労働者が調停機関を発動する条項は鉱山会議所を怒らせた。以前，調停機関が個々の労働者と経営の間の些細な争いにしばしば使われ，経営の権威を落としていたからである。鉱山会議所会長 H・O・バックルと総支配人ウィリアム・ゲミルは，この条項を削除すべく精力的に動いた。40組織に余る雇用者協会，銀行，商業会議所，産業会議所に手紙や電信を送り，政府への抗議を要請した。ゲミルは，10月5日には，鉱山・産業次官 W・スミスの書簡から，鉱山相マランが修正案の修正に同意したことを確証した[79]。

しかしながら，1カ月後に今度は労働組合がこの修正に反対した。スミスは，今一度法案は秘密委員会のいくつかの条項に戻ったことを鉱山会議所に知らせた。ゲミルは再び攻勢に立ち返り，ストライキ前の産業規律の欠如は破滅的であったことを論じた。彼は反対のキャンペインを張った。1週間経たぬうちに6つの大雇用者がマランに抗議した[80]。

政府は敏捷に取り消した。被雇用者の「代表」メンバーだけが調停委員会に調停を申請できるようになり，調停委員会は個々の労働者の労働条件を処理しなくなった。1924年1月5日，法案の第3ヴァージョンが公表された。それには，鉱山会議所の求めたすべての主要な修正が含まれていた。続く3カ月間，ゲミルは雇用者の支持を動員してマランに圧力をかけ続けた。こうして，産業調停法（Industrial Conciliation Act）が1924年3月31日に成立した[81]。ここに，労使間に争議が生じた場合，ストライキやロックアウトを行使する前に，国家の傘の下に労働と資本が協議することが強制されることとなったのである。

こうして，産業調停法は，産業平和を強制する国家の干渉を正当化する原理

---

77)　*Ibid.*, pp. 199-200.
78)　*Ibid.*, pp. 202-203.
79)　*Ibid.*, pp. 203-204.
80)　*Ibid.*, p. 205.
81)　*Ibid.*, pp. 205-206.

の機構化を達成した。雇用者は産業調停法にいたく満足した。資本の「自律性」の喪失は，労働者の即座にストライキをする権利の喪失に較べると，名目的であった。雇用者は，彼らの主要な力をロックアウトを実行する権利から引き出していなかった。彼らは，通告することもなく，また，公式の手続きを踏むこともなく，個々の労働者の労働条件を変更する自由をもつことに関心を有し，その権利は産業調停法に書き込まれていた。労働者は，要求実現のための最高の実力行使たる直接的ストライキ権を喪失し，国家の政治的管理機構に組み入れられることによって非政治化された[82]。

　産業調停法は，それを管理する大臣――1924年以降は労働相――に大きな自由裁量権を残した。大臣は，何人の労働者が「十分に代表的」であるか，彼らの不満は調停手続きに回されるべきか，あるいは単に雇用者もしくは支配人によって処置されるかを決定できたし，また，争議が「原理の問題」であるか，雇用者と被雇用者の個人的争いであるかも決定できた[83]。産業調停法は，労使関係における国家の管理能力を拡大し，国家の「規制による統治」を確立したのである。

協定政府の労働政策　1924年の南アフリカ総選挙で、スマッツが率いる南アフリカ党が敗北し、J・B・M・ヘルツォーグが率いる国民党とクレスウェルが率いる労働党の連合が勝利し、6月末日に協定政府（The Pact Government）が成立した。この協定政府の成立は、金鉱業に代表される国際資本家の敗北であり，農民ナショナリストと白人労働者、ことに1922年の戦いに敗れた鉱山労働者にとって勝利であり、南アフリカ政治史上の根本的断絶、ひとつの転換点とみられてきた。その証拠として挙げられたのが、協定政府によって制定された1925年の賃金法（Wage Act）と1926年の鉱山・仕事修正法（Mines and Works Amendment Act），および「文明化労働政策（civilized labour policy）」である[84]。

　協定政府のこれらの法律と政策が南アフリカ党政権下で制定された産業調停法とどのように関わっていたかを吟味することによって、果たして協定政府の産業政策が新たな転換点であったか、あるいは、単なる南アフリカ党の政策の

---

82) *Ibid.*, p. 209.
83) *Ibid.*, pp. 209-210.
84) *Ibid.*, p. 221.

第6章　白人労働者とジョップ・カラーバー　311

論理的発展にすぎなかったかが明らかとなる。

　白人労働者保護の観点からするとき，産業調停法には3つの抜け穴が存在した。第1に，この法律は，調停機関が非常に高い賃金を設定すると，白人を労働力市場で雇用できないようにする（従って，白人に代えてアフリカ人を雇用する）望ましくない効果を発揮した。第2に，この法律は雇用者と被雇用者の代表団を召集できる「組織された産業」にだけ適用され，未組織産業は枠外におかれた。第3に，雇用者と被雇用者の両当事者が前以て合意していなければ，調停機関の勧告の受容を強制できなかった。このことは，どの程度まで国家あるいは資本が産業秩序を支配しているかの問題を未解決のままに残していた[85]。

　第1の抜け穴は1930年の産業調停修正法によって閉ざされた。産業調停法の目的が，アフリカ人労働者による白人労働者の代替によって実現されていないと考えられれば，修正法は，産業委員会がアフリカ人労働者の賃金と労働時間を規制できるようにした。第2の抜け穴は1925年賃金法によって塞がれた。賃金法は，組織されていない「苦汗産業」に対処するよう特別に企図されていた。第3の抜け穴を塞ぐには賃金法では不十分であった。そのため，協定政府は最終的に鉱山・仕事修正法を制定し，白人労働者を解雇から保護した。同法は，所轄大臣に白人のために公然かつ直接的に職種を保留する権限を与えた[86]。

　協定政府が1924年に公式に実施した「文明化労働政策」は，白人がアフリカ人と同じ仕事をする場合でも，「文明化した労働」（白人労働者）に「文明化した（賃金）率」（より高い賃金）を支払うことを意味した。しかし，この政策は鉱業と農業には適用されず，製造業，サービス業，および国家官僚と国営事業に向けられていた。従って，協定政府が育成し拠り所にしようとした製造業は，保護関税の設定によって保護こそされたが，その代価を「文明化労働政策」の実施によって支払うことになったわけである[87]。

　協定政府のこれら法律と政策の鉱業労働者に与えた効果はどのようなものであったであろうか。それは次の3点に要約できる[88]。

　①クレスウェルは，鉱業での白人労働政策（アフリカ人労働者に替えて白人労働者を漸次もちいてゆく）の採用を同僚の閣僚に説得したが成功しなかった。

---

85)　*Ibid.*, p. 223.
86)　*Ibid.*, pp. 223–224.
87)　*Ibid.*, p. 225.
88)　*Ibid.*, pp. 226–229.

その政策に代わって「文明化労働政策」が採用されたが，その「費用」は協定政府が代表すると考えられたグループと利害関係者——製造業と国家官僚制——によって負担され，鉱業と農業には降りかからなかった。

②白人労働者の賃金もアフリカ人労働者の賃金も改善されなかった。一般的に，アフリカ人労働者も白人労働者も南アフリカ連邦結成以後20余年にわたって実質賃金の低下を経験した。アフリカ人労働者の賃金低下の主要な要因は，鉱山会議所のモノプソニックな募集と鉱山の仕事へ依存するアフリカ人出稼ぎ労働者の供給増大にもとめることができる。白人労働者の賃金低下の要因は，機械化が進行する状況での職人的鉱夫にたいする半熟練労働者による代替と，資本と組織された労働者の関係にたいする国家の介入の増大，および白人労働者のストライキ権の事実上の破壊に帰せられる。

③白人の雇用機会は著しくは増大しなかった。協定政府の下で，鉱山での雇用水準はアフリカ人労働者に地歩を失っていった。鉱山・仕事修正法の援用による白人に利用できる半熟練職種のカテゴリーは何も拡大されなかった。

こうして，協定政府の下で，金鉱業では，白人労働者が特別に優遇されることもなければ，雇用者が著しく不利な扱いを受けることもなかった。金鉱業主はジョブ・カラーバーを完全に廃止することを望んでいたかもしれない。しかし，鉱山・仕事修正法によって保護された白人労働者は熟練労働者だけの最小限であり，半熟練労働をも低賃金のアフリカ人労働者が遂行するようになったことで十分に満足であった。もしジョブ・カラーバーの完全な廃止を要求するとすれば，白人からの厳しい政治的反発を覚悟しなければならなかったであろう。とにかく金鉱業主は最小限のジョブ・カラーバーと共存することを学んだのである。

そもそも，新産業秩序の礎石である産業調停法はスマッツの南アフリカ党の政権下に成立し，協定政府によって継承されたのであった。そして，協定政府が成立させた1925年賃金法には，1917年の賃金規制（特定業種）法案に関する秘密委員会と1921年の賃金局法案が先行し，鉱山・仕事修正法は，1923年に法廷によって権限外であるとされた1911年鉱山・仕事法の大部分を回復したものであった[89]。さらに，協定政府の「文明化労働政策」でさえも主として南アフリカ党の以前の政策の拡大され公式化されたヴァージョンであった。というの

---

89) *Ibid.*, p. 221.

も，南アフリカ党は長年灌漑事業や鉄道建設のような国家プロジェクトで，白人に雇用機会を提供する政策を遂行していたからである[90]。協定政府は南アフリカ党の計画を我がものとしたのであった。こうして，協定政府は，アフリカ人労働者をジョブ・カラーバーの下に低賃金で使い，白人労働者を国家の管理機構に吸収する体制の確立に成功したのである。ここに確立されたアフリカ人労働者と白人労働者にたいする体制はそのまま1970年代初期まで存続することになる。

　南ア金鉱業の人種差別的出稼ぎ労働システムにおいてまず特筆すべきは，アフリカ人労働者がまったく政治的・市民的権利を奪われていたことである。金鉱業主は政府を動かして，これを強化した。ここに超低賃金の出稼ぎアフリカ人労働者が維持された。超低賃金アフリカ人労働者の熟練労働への進出にたいして，白人労働者はジョブ・カラーバーの設定を要求し，政府に認めさせた。白人は有権者であり，政府は彼らの要求を無視できなかった。ジョブ・カラーバー設定によるアフリカ人労働者の熟練労働への昇進阻止は出稼ぎ労働を永久化した。金鉱業主にとって，鉱山に広範な不熟練労働が存するかぎり，アフリカ人労働者の低賃金出稼ぎ労働は歓迎すべきことであった。アフリカ人労働者の熟練度が増すにつれて，ジョブ・カラーバーは，金鉱業の収益性向上の障害となった。しかし，アフリカ人労働者の熟練労働への昇進，従って，定住化と近代プロレタリア化を認めることは白人労働者とアフリカ人労働者の共闘をうみ，収益性に脅威を与えることが予想された。それ故，ジョブ・カラーバーが収益性を維持する範囲に止まるかぎり，国家と金鉱業主はそれを容認した。しかし，その範囲を逸脱するや，国家と金鉱業主はこれに打撃を与えた。

　金鉱業主間のアフリカ人労働者確保をめぐる競争は長らくつづき，1920年にようやく一元的募集体制を確立できた。そして，人種差別的出稼ぎ労働システムは1926年の鉱山・仕事修正法で最終的に確立される。他方，1922年の白人労働者のストライキと反乱を鎮め，1924年の産業調停法によって，国家は白人労働者との労使関係を非政治化するとともに，白人労働者を国家の管理機構に吸収した。国家は金鉱業を最大の歳入源としていた。金鉱業は，収益性の枠内に

---

90) *Ibid.*, p. 237.

収まる白人労働者ならびにアフリカ人労働者の労働者システムを確立するのに国家に終始依存していた。ここに確立されたアフリカ人労働者と白人労働者にたいする金鉱業の支配体制はそのまま1970年代初めまで存続することになる。

　その間，第二次世界大戦中にアフリカ人居留地の農業生産は崩壊し，ますます多くのアフリカ人が町に永久的就職を探しにでるようになるが，連邦政府は出稼ぎ労働を維持するためにアフリカ人の都市への流入をよりいっそう厳しく取り締まるようになる。ここに単なる分離・隔離と異なる徹底した人種差別，すなわちアパルトヘイトが成立する。そして，1948以降，金鉱業に確立されていた人種差別的権威主義的労働者支配システムが他の産業にも拡張されアパルトヘイトの要となるのである。

あとがき

　本書は，私が南アフリカ金鉱業史の研究を志してから書いたもののうち，4つの論文を一書にまとめたものである。まとめるに際し，そのうちの2つの論文をそれぞれ2つの章に振り分け，2部6章構成とした。
　各章の初出を示せば次のとおりである。
第Ⅰ部
第1章：「南アフリカ金鉱山の開発と鉱業金融商会——ラント金鉱発見から第二次世界大戦まで——（Ⅰ～Ⅲ）」，山田秀雄編著『イギリス帝国経済の構造』新評論，1986年所収。（ただし，第2節（3）は，執筆論文に含まれていたが，紙幅の都合で，発表の際，削除したものである。）
第2章：「南ア金鉱業における鉱業金融商会とグループ・システム」『経済系』第147集（1986年4月）。
第3章：「南アフリカ金鉱山の開発と鉱業金融商会——ラント金鉱発見から第二次世界大戦まで——（結びに代えて）」，山田秀雄編著『イギリス帝国経済の構造』新評論，1986年所収。
第4章：「ロスチャイルド，金鉱業主と南ア戦争——研究史の整理から——（1），（2），（3）」『経済系』第186集（1996年1月），第189集（1996年10月），第191集（1997年4月）。
第Ⅱ部
第5章：「南アフリカ金鉱業における人種差別的出稼ぎ労働システムの確立——1886～1920年——（1），（2），（3），（4）」『経済系』第201集（1999年10月），第204集（2000年7月），第205集（2000年10月），第206集（2001年1月）。

第6章：「南アフリカ金鉱業における人種差別的出稼ぎ労働システムの確立——1886〜1920年——（5）（6）」『経済系』　第209集（2001年10月），第210集（2002年月）。

　4つの論文から本書を編むに際して，基本的内容は変更しなかったが，誤字や誤植，年の誤りや内容上の誤りをただす努力をするとともに，5章と6章については，論点を明確にするためにかなりの削除をおこなった。
　各論文を書く上で直接，間接に多くの人にお世話になったが，とくに，次の5人の方にお礼を申し述べなければならない。
　まず挙げなければならないのは，山田秀雄一橋大学名誉教授である。本書第1章と3章の論文が発表された『イギリス帝国経済の構造』は，山田秀雄教授が古希を迎えられたとき，「何かお祝いを」と申し上げたさい，「お祝いよりも研究会を」とのお言葉でつくられた，同教授が主宰する研究会の成果である。研究会に参加させていただいたばかりか，執筆に際して御指導をいただいた。
　第2章の論文は，小池賢治氏の玉稿（「鉱山商会と『グループ・システム』」『アジア経済』第23巻第7号（1982年6月）に刺激をうけて執筆したものである。グループ・システムの本質や意義をどこに見るかなど，多くのご教示を受けた。
　第4章の論文は，「南アフリカ金鉱山の開発と鉱業金融商会——ラント金鉱発見から第二次世界大戦まで——」にたいする木畑洋一東京大学大学院教授と井上巽小樽商科大学教授の批判的コメントに答えるべく執筆したものである。お二人の批判的コメントを挙げると，次のとおりである。木畑教授は，「……最近のチャップマンの研究に即して，南アフリカの金鉱山がロンドンの金融業者に支配されていたという主張を否定するのはよいとしても，それと南アフリカ戦争開始をめぐるシティの役割の検討とは別の問題であり，後者の論点が十分に考察されていないことは，残念であった」（木畑洋一「書評：山田秀雄編『イギリス帝国経済の構造』」『アジア経済』第29巻第3号（1988年3月），113—114ページ）と指摘され，井上教授は，「……この佐伯論文はイギリスの南ア鉱山投資に関する最近の研究成果に即しながら，暗に生川栄治氏の理論的把握を実証的立場から批判しており，実際また，そこで提示されている史実はきわめて興味深い。が，全体として，佐伯氏が生川氏の把握に代わりうるいかなる積極的見解を主張せんとしているのか，筆者は，この点をついに読みとること

ができなかった」と批判されている（「イギリス帝国経済の構造とポンド体制」桑原莞爾・井上巽・伊藤昌太編『イギリス資本主義と帝国主義世界』九州大学出版会，1990年，所収，200―201ページ）。井上教授においては，私の論文における南アフリカ鉱業支配構造の把握が，そして，木畑教授では，南アフリカ戦争開始をめぐる金鉱業主とロスチャイルドの役割についての見解が問題とされている。

　さらに，林晃史敬愛大学教授の名を逸することはできない。私が初めて南アフリカ金鉱業の研究に手を染めたのは，同教授が主査を務めておられたアジア研究所の研究会においてであった。その時の研究成果として「現代南アの鉱業と巨大独占体」（林晃史編著『現代南部アフリカの経済構造』アジア経済研究所，1979年所収。なお，この論文は，吉田昌夫編『地域研究シリーズ　12　アフリカ　II』アジア経済研究所，1992年，に抄録されている）を著したが，それは1970年代中葉における南アフリカ鉱業支配構造を解明したものである。もしこの研究がなければ，おそらく山田秀雄教授主宰の研究会で南アフリカ金鉱業史をテーマとすることもなかったであろう。

　私が関東学院大学経済学部に勤めて20数カ年が経過する。この間，必ずしも体調が万全でなかった私は，多くの先輩・同僚に援助され，激励されてきた。ことに，小林正彬教授，島崎久弥教授，清水嘉治教授，星野彰男教授には，何かと励ましていただき，研究の進展を見守っていただいた。宮崎犀一教授と村岡俊二教授には，日頃ご指導していただいているばかりか，第4章の論文を執筆する際にはコメントをいただいた。大森弘喜教授と渡辺憲正教授には，公私にわたってお世話になっているだけでなく，本書をまとめる際にも貴重な助言をいただいた。資料の収集にあたっては，関東学院大学図書館の職員のみなさんにしばしばお世話になった。この場をお借りして，先輩・同僚諸氏・図書館職員のみなさんにお礼を申し述べたい。

　恩師，高島善哉先生と山田秀雄先生に心からお礼を申し上げなければならない。私が今日研究生活を送ることができるのは，一に二人の恩師のお陰である。私に思想があるとすれば，高島善哉先生のお導きによるものであり，歴史観があるとすれば，山田秀雄先生のご指導によるものである。

　学術書の出版の困難な折，出版を引き受けてくださった二瓶一郎会長をはじめ新評論の方々にお礼を申し上げたい。吉住亜矢さんには面倒な編集の労をとっていただいた。感謝したい。

本書の公刊には，関東学院大学経済学会から出版助成金を受けた。学会長松田磐余教授をはじめ，学会員のみなさまに深く感謝したい。

　私事にわたって恐縮であるが，本書を，貧困のなか高等学校にやってくださった，母，佐伯アヤ，と，大学への進学を勧めてくれた，兄，佐伯濟，に捧げたい。

2002年11月

追記

　去る12月25日，山田秀雄先生が亡くなられた。39年間もの長きにわたる御指導を深く感謝いたしますとともに，謹んで哀悼の意を表します。

2003年2月
佐 伯 尤

事項索引

【ア行】

合図人　270, 280, 284, 286
アイルランド問題　236
後払い制度（システム）　247, 265
Anaconda Mining 社　171
アパルトヘイト　1, 4–5, 7, 314
アフリカ人居留地　257–8, 314
アフリカ人の政治的・市民的権利剝奪　225, 255, 313
アフリカ人労働者
　　　　　　　　　　数　32, 41, 58, 63, 225, 233, 235, 245, 267–8, 305
　　　　　　　　　賃金引き下げ　33–4, 37, 214, 216, 218–20, 223, 233–4
　　　　　　　　　　の確保　212
　　　　　　　　　　の戦闘性　57
　　　　　　　　　　の賃金　31, 63
　　　　　　　　　　の逃亡　34
　　　　　　　　　　の不足　15, 207, 213, 298
　　　　　　　　　モノプソニー　9, 212–3, 260–1
アフリカ人労働同盟（African Labour League）　228
アフリカーナー労働者　244–5, 279, 287, 289, 294
　　　　　　　　　　数　289
African Venture Syndicate (AVC)　50–1, 95

イギリス資本輸出　7, 142
イギリス政府　196–201, 203, 227, 239
East Rand Proprietary Mines (ERPM)　45, 93, 145, 259–60
一般管理費　106–7, 109
イングランド銀行　55, 129, 181–2, 184–5, 191, 200, 203, 299
　　　　　　　　　　の金準備　2, 180–1, 200, 202–6, 208
インド金本位制準備金　203
インド省　203

ウィットランダー　195, 206
Witwatersrand Native Labour Association (WNLA)　37, 213, 222–3, 227, 233, 235, 237–40, 258, 261, 269–71, 274–5
West Witwatersrand Areas 社　75
ウェルナー、バイト商会　18–9, 22–4, 36, 46, 50, 52–3, 78–9, 87, 93, 95, 97, 116–7, 123, 133–7, 140–2, 144–5, 148, 151, 159, 165–6, 170, 177, 188–93, 105–6, 198, 207
売主株（vendors' share）　77, 88, 112, 114, 166, 174, 192
売主発行　114–5

営業資本の募集　43

大型砕鉱機　43
Otavi Minen und Eisenbahn Gesellschaft　170

【カ行】

火夫　278, 284, 286–7, 259
株式引き受けシンジケート　169–70
関税改革キャンペイン　235

機関士
　　巻き上げ――　278, 281, 284, 286, 290, 301,

303
単純────── 278, 284, 285-7
技術革新 42-3, 304-5
キャンベル=バナマン政府 236
牛疫 221
協定政府 310-2
金（価格）プレミアム 55-7, 277, 297, 299
銀行
 ドイツの銀行
  A.Schaaffhausen'scher 銀行 120
  Darmstädter Bank 27, 80, 120
  Deutsche Bank 120, 122, 151, 170, 187-8, 192
  Dresdner Bank 27, 50, 79, 119, 134-5, 167, 189
  Disconto-Gesellschaft 27, 50, 79, 119, 122, 151, 167, 170
  Bank für Handel und Industrie 50, 120
  Berliner Handels-Gesellschaft 27, 80, 120, 187
 フランスの銀行
  Cie. Française de Mines d'Or du L' Afrique du Sud 49, 51
  Credit Lyonnais 51
  Compte de Comonde 167
  Comptoir D' Escompte 51
  Société Générale 51, 167
  Banque Internationale de Paris 167
  Banque de Paris et des Pays-Bas 51
  Banque Française pour Commerce et l' Industrie 49, 51
 ベルギーの銀行
  Cie International pour le Commerce et l'Industrie 170
金鉱株ブーム 25, 27, 38, 50, 79, 88, 94, 114-5, 163
 ──価低迷 48, 51-2, 94
金鉱業
 ──の危機 16, 297-300
 ──の南ア経済に対する影響 2
 ──の南ア国民所得に対する貢献度 3
 ──の南ア輸出に対する貢献度 3-4
金鉱業雇用状態委員会（Commission on Conditions of Employment in the Gold Mining Industry） 104
金鉱業主 113, 126, 129, 159, 183, 187-8, 196-200, 206, 212, 217, 221-2, 226, 242, 244-5, 253, 257, 276, 284, 289-90, 299-300, 302-3, 306-7, 313
金鉱山規制法（Gold Mines Regulation Law, 1891） 280
金鉱山のコスト構造 30, 62-3
金鉱山への投資額 113-5
 ──各国別投資額 116, 117-8, 127
金鉱地
 East Rand────── 5, 12
 West Rand────── 5, 12, 60, 63, 71, 74, 111
 Evander────── 12, 75, 112
 Orange Free State────── 5, 12, 75, 106, 111-
 Central Rand────── 5, 12, 27-8, 37, 47-8, 63, 67-8, 71-2, 74, 78, 95, 110
 Heiderberg────── 28
 Far East Rand────── 5-6, 12, 28, 47-8, 60, 63-68, 71, 74, 111, 128
 Far West Rand────── 5, 12, 27, 75, 106, 111-2
（金）鉱脈
 沖積世────── 17
 Far East Rand 金鉱地の────── 60-1, 63
 ラントの────── 15, 21, 29-30, 37-8
 露頭────── 17, 28, 47
金準備 200-1
金生産（産出）量 71, 128
 鉱山グループ別────── 28-9, 46, 66-8
金精錬業者
 イギリスの
  Johnson Matthey 183, 188, 194
  Brown and Wingrove 183
  Raphael and Sons 183
  Royal Mint Refinery 183, 188
 ドイツの
  Deutche Gold und Siberscheide Anstalt 187
金操作（gold devices） 181, 201-2, 208
キンバリーの大資本家 10, 15, 18, 79
金平価 70

事項索引 321

金法（gold law）の改定　109
金本位制　1, 16, 129, 178, 202, 212
　────からの離脱　69
　────の崩壊　69
金融業者（financier）　131–3, 136, 140–1, 155, 163, 165, 167–8, 172, 177, 195, 200, 206–9
　────の「共謀」　140, 194, 198

クルーガー政府（政権）　35, 37, 139, 195–6, 198, 201, 205, 206, 213, 220–2, 237–8
グループ・システム　8, 10, 25, 28, 76–79, 81, 85, 101, 113, 188
グレート・ディール協議　195, 197

経営契約　77, 112
経営代理制　76
珪肺症　288
ケープタウン労働会議　251–2
限界的鉱山　55
現金発行　114
　────株　88, 192
原住民苦情調査報告書　264, 266
原住民土地法（Native Land Act., 1913）　256–7
原住民労働規制法（Native Labour Regulation Act, 1911）　256
原住民労働局（Native Labour Bureau）　241
原住民労働部（Native Labour Department）　214–6
現状維持協定（モザンビークとの）　222–4, 234, 238, 247
現状維持協定（ジョブ・カラーバーの）　57, 293, 296–7, 300
憲法構想　254

坑外監督　278, 280, 284, 286, 301
公開金鉱地　17
鉱業規制（Mining Regulation）　257, 276–7, 286, 289–90, 294–5, 304, 313
　────違反　305–6
鉱業規制法（1893年）　282–3
鉱業規制法（1896年）　282–3, 284, 289
鉱業金融商会　7, 10, 15, 28, 45, 66, 76–8, 81, 88–9, 94, 104–5, 107, 111, 113, 115, 124–5, 131, 133, 136, 140, 145, 147, 149–52, 157, 159, 177–8, 189, 192–4, 198, 212–3, 220–1, 237–8, 240–1, 248–50, 253, 258–62, 269, 285, 289–90
　────の収益　87, 103
　────の株式売却収益　87–8, 94–5, 112
　────の手数料収益　103
　────の配当収益　87–8, 95, 97, 105, 112, 119
　────の利潤　68–9, 74
Anglo American Corporation of South Africa (AAC)　64, 69, 71, 86, 106
Anglo–Transvaal Consolidated Investment (Anglovaal)　106, 127
Anglo–French Exploration Co (Anglo–French)　19, 28, 30, 41, 47, 67, 71, 79, 84, 92, 94, 116–7, 133
エックシュタイン商会　18–25, 28, 30, 53, 78–9, 82, 85–7, 90, 96–8, 115–6
ゲルツ商会　19, 27–8, 30, 80, 83, 87, 92, 94, 106, 116–20, 124, 133–5, 142, 144, 149
Consolidated Gold Fields of South Africa (CGFSA)　24–8, 36, 41, 47–8, 64, 68, 71, 74–5, 79, 82, 85–6, 90–1, 93–4, 96–8, 101–1, 106, 116–7, 119, 121–6, 133–5, 141, 145–6, 151, 158–9, 166, 173, 192, 195–6, 214, 250–1, 258
Consolidated Mines Selection (CMS)　27, 47–8, 86, 116, 118–9, 124
General Mining and Finance Corporation (GM)　27, 30, 64, 74, 79, 83, 86–7, 92, 94, 116–9, 124, 133, 189
Central Mining and Investment Corporation　22, 46, 48, 50–1, 53, 64, 86, 97–8, 107–8, 116–7, 123–6, 151, 194
ノイマン商会　30, 81, 91–3, 96, 98, 116–8, 133–5, 149
Rand Mines (RM)　22, 24–5, 27–8, 30, 50, 53, 64, 78–9, 81–2, 85–8, –0–1, 95–8, 107–8, 1167, 125–6, 145, 149–51, 159, 169, 173, 192, 194, 214
　────の配当収益　95
Union Corporation　64, 69, 71, 86, 106
Johannesburg Consolidated Investment Co

(JCI)　19, 27–8, 30, 48, 67, 71, 74, 79, 83, 86
　　　–7, 90, 94, 98, 100, 106, 110, 116–7, 119, 133,
　　　189
鉱業商会　27–8, 79–81
　　アルビュ商会　19, 27, 79, 93, 134–5, 144, 177,
　　　189, 218
　　Gold Fields of South Africa (GFSA)　18–20,
　　　25–6, 146, 152–3, 158, 192
鉱山会議所　33–4, 69, 135, 149, 191, 193, 213–21,
　　223, 226–30, 232, 235, 240, 252, 262, 264, 270,
　　281, 181, 187, 291, 293–7, 300–2, 306–9
　　──────特別委員会　226, 240
鉱山協会（Association of Mines）　193, 218–9
鉱山合同　43–5
鉱山・仕事および機械法（Mines, Works and
　　Machinery Ordinance）　231–2, 285, 287
鉱山・仕事修正法（Mines and Works Amend-
　　ment Act, 1926）　310–3
鉱山・仕事法（Mines and Works Act, 1911）
　　256–7, 276–7, 289–90, 306, 313
　　（鉱山）支配人　79, 81, 86, 97, 220–1, 214, 223,
　　237, 269, 281, 283–4
鉱山支配人協会　218–9, 285
鉱山被雇用者・熟練工組合（Mine Employees'
　　and Engineers' Union）　281
鉱石埋蔵量　69, 71
鉱夫　278–9
国家　10, 276, 308–10, 313
コーナーハウス　22, 28, 30, 36, 45, 47–8, 67–8,
　　71, 74, 90, 96, 98, 106, 116–8, 250–1, 258, 260
コパーベルト　128
顧問技師　79, 81, 85–7, 97, 107, 150, 163, 165–6
小屋税　213, 242
コールテン・ブラッケット法　304–5
Consolidated Deep Levels　91, 150, 166, 169,
　　173–6, 190, 192
コンパウンド　32, 219, 225, 256, 269–70, 303

【サ行】

採鉱権　17
　　──────貸与鉱地　48
　　──────貸与制　47, 109
　　──────リース　48

──────リース料　110–1
South West Africa Co　148, 170
産業委員会報告（1897年）　207
産業争議・労働組合法案（Industrial Disputes
　　and Trade Unions Bill）　292
産業調停修正法（Industrial Conciliation
　　Amendment Act, 1930）　311
産業調停法（Industrial Conciliation Act, 1924）
　　310–3
産業調停法案（Industrial Conciliation Bill）
　　308
The Exploring Co　153–5
The Exploration Co　91, 131, 134–5, 141, 150–1,
　　154, 162–3, 165–71, 173–4, 176, 190, 192
　　──────────の配当　172

ジェイムスン襲撃事件　35–6, 126, 146, 158–9,
　　182, 196, 199, 205–6
資格証　284, 286, 289
　　発破──────　279, 283, 285, 288
　　能力──────　256–7
磁気探査法　74
事故　280, 282, 285
　　──数　285
　　──率　280–2, 285
持参人払い証券　106, 121–3, 151
シティ　125, 157, 200, 204
自発（的志願）者　233, 237, 241, 251–2, 264,
　　268, 274
自発的労働者計画　253
　　──────────システム　252–3, 264
資本の水増し　89, 94
主人・召使法（Master and Servant Law）　217,
　　225
商人／募集員　249, 262–3, 265
職人　278–9
植民地省　153, 195, 198
植民地連絡会議　254
ジョップ・カラーバー　5, 9, 57, 232, 257, 276–8,
　　280, 284–5, 287, 289, 294, 300, 302–3, 305–7,
　　312–3
　　法的──────────　16, 57, 245, 276–
　　7, 294

事項索引　323

慣習的─────── 16, 57–8, 245, 276–7, 283
所有と経営の分離　123
新産金の価値実現過程　131, 178–9, 189, 192
─────────費用　178–9, 184–7, 193
人種差別的権威主義的労働システム　1, 4, 7
人種差別的出稼ぎ労働システム　276, 313
人種的的分業　213
人種的労働力構造　16, 57, 232
深層鉱山　10, 16, 22–7, 33–4, 36–7, 78–80, 112, 115, 145–6, 150, 165–6, 214, 221, 250
─────の開発費　23

責任政府　225, 236
Central Search Association　153–4

創業者利得　166, 177

【夕行】

第一次世界大戦　292–3
ダイヤモンド・シンジケート　80, 150
脱技能化　57, 245, 276, 279

地区パス　216–7
中国人（年季）労働者　16, 40, 213, 231–2, 276–7
─────の影響　41–2, 232 3
─────の鉱業金融商会別割当て　40
─────の賃金　41
チューブ・ミル　43
直轄植民地　222–3, 239
賃金法（Wage Act, 1925）　310–2
賃金前貸し　249, 252–4, 263, 265
─────金　262
─────金制限　256, 264
─────制度（システム）　249, 265, 277

帝国主義　131, 159, 161–2
　経済的─────　200
低品位鉱業　35, 42
低品位鉱山　297
低品位鉱山委員会（Low Grade Mines Commission）　104
低品位鉱石　69, 71
Deep Levels Co　150, 166, 173–4
出稼ぎ労働　4, 313
─────者　242, 321
手数料　79
─────収益　105–7, 109
─────収入　105–7, 109
De Beers (Consolidated Mines)　19–20, 125–6, 128, 134, 136–7, 140–4, 147–9, 152, 157–9, 161, 165, 169–70, 173
─────終身総裁　126, 158, 162
デラゴア・ベイ線　31, 220, 249
ドゥンケルスプーラー商会　27, 120
土地開発金融会社　142, 144
特許会社（British South Africa Co：BSAC）　19, 51, 126, 136–8, 140, 143–4, 146–7, 152, 156–9, 162, 164, 234, 271–3
─────警察　272
─────設立時の株主　155
トラマー　279
トラミング　279
トランスヴァール　2, 117, 195, 197–201, 203–4, 206, 214, 217, 220
トランスヴァール機関士組合（Transvaal Engine Drivers' Associstion）　284
トランスヴァール鉱夫協会（Transvaal Miners' Association）　291
トランスヴァール政府　207, 213, 215–6, 227, 236
Transvaal Mining Labour Co (TMLC)　237–8, 249–50
トランスヴァール＝モザンビーク協定（1897年）　220, 223
トランスヴァール＝モザンビーク協定（1907年）　247
トランスヴァール労働委員会（Transvaal Labour Commission）　39, 228
トランスヴァール労働輸入法（Transvaal Labour Importation Ordinance）　231–3, 287
取締役会　81, 87, 97
ドリル

機械―― 43
　　――研磨　305
　　――研磨機　304
　　ジャック・ハンマー・――　16, 43, 57–60, 304–5

【ナ行】

南ア金鉱業史の時期区分　5
南ア鉱業支配構造　130–1, 133, 136, 142, 145
南ア戦争　2, 7, 35–8, 87, 116, 126–7, 132, 182, 188, 194, 196, 198–9, 201–3, 205, 207, 213, 221–2, 236, 242, 278–9, 185, 287–8

ニアサランド人労働者の雇用禁止　247, 268, 270
日清戦争での清の賠償金　200
Newmont Mining 社　127

Native Recruiing Corporation (NRC)　213, 261–3, 266–7, 272–5
　　――――――――――――　モノプソニーの完成　275
Netherland South Africa Railway 社　31
熱帯労働者　213, 272
　　――――雇用禁止　268, 270–1
　　――――死亡率　270
　　――――の密入国　213, 272

【ハ行】

配当　58, 63, 65, 74, 128
白人労働者
　　―――――数　31, 58, 63, 244, 305
　　―――――職種構成　278
　　―――――ストライキ（1907年）　242–4
　　―――――ストライキ（1913年）　290–1
　　―――――ストライキ（1914年）　291–2
　　―――――ストライキ（1922年）　300–2
　　―――――の賃金　31, 63
　　―――――の賃金高騰　54, 293–4
　　―――――の賃金引き下げ　58, 302–3
　　第一次世界大戦中の―――――数の減少　292–3
　　第一次世界大戦中の―――――の労働条件の改善　293–4
白人労働者（クレスウェルの）実験　242–3, 287
白人労働者政策　312
白人労働同盟　（White Labour League）　228
パス法　5, 10, 181, 217, 225, 242
　　特別――　10, 212, 217–8
バーナト・ブラザーズ商会　19, 79, 91, 94, 137, 142, 144, 177, 189
Burma Ruby Mines　169–70
バルフォア内閣　235
バンク・レート　181, 201–3, 208
反スクォター法　258

秘書役　78, 81–2, 84–7, 107
ヒルディック・スミス判決　305–6

プアー・ホワイト　242–3, 288
フェレーニヒング講和会議　222, 225
不熟練白人労働者　226, 228–30, 242–3
ブライヒレーダー商会　167, 170
ブレームフォンテイン会議（ミルナーとクルーガーの交渉）　206
ブレームフォンテイン会議（南ア4植民地とローデシアの代表者会議）　228
プロレタリア化　35, 254, 276, 280, 313
粉砕鉱石
　　――――トン当り営業コスト　39, 58, 62, 64–5, 297, 305
　　――――トン当り営業収入　39, 42, 64–65
　　――――トン当り営業利潤　39, 40, 42, 297, 299, 305
　　――――品位　39, 42, 59, 63
文明化労働政策　310–3

ベアリング恐慌　2, 180, 200
ペイ・リミット　69, 71
Bechuanaland Exploration Co　152–3
ヘット・フォルク　40, 94, 213, 236, 239–40, 242, 245, 254
　　――――政府　268

募集員

鉱山契約―― 213
　　独立―― 213
ポージェ商会　18–9, 115, 173, 190, 192
ボス・ボーイ　289, 304
ボータ政府　241–2, 270
発起業務　131–2, 160, 165, 168, 170, 176, 190
暴動集会・犯罪修正法（Riotous Assembles and Crimanal Law Amendment Act, 1914）　292
ボーリング社　157
ポルトガル当局　216, 218–9, 237–9
本店諸経費　103–7, 109
ポンド　1–2, 55, 179–80, 200
　――の価値維持　130
　――の交換性　181
　世界の――体制　206

【マ行】

マーチャント・バンカー　132–3, 142, 146–7, 152, 157, 159, 190
マーチャント・バンク　130, 161, 177, 180
　エルランガー商会　157, 161
　クラインボルト商会　161
　シュレーダー商会　161
　ベアリング商会　163–4, 180, 207
　ロスチャイルド商会　125, 161, 164, 180, 183, 188–92, 299
マッカーサー=フォレスト法　21–2, 26

未精錬金　178, 183, 188
南アフリカ海運同盟　183, 187–8
南アフリカ鉱山労働者連合（South African Mines Workers' Union）　295–6
南アフリカ産業連盟（South African Industrial Federation）　293–4, 300–1
南アフリカ準備銀行　69, 191
南アフリカ党（South African Party：ケープ植民地）　254
南アフリカ党（South African Party：南アフリカ連邦）　256, 310, 312
南アフリカ連邦（Union of South Africa）　255

Mocatta and Goldsmiths　183
モザンビーク（ポルトガル領東アフリカ）　33,
35, 37, 215, 217, 223, 234, 237–41
　熱帯―― 269
モザンビーク人労働者　23, 216, 247–9
モザンビーク内の特許会社
　ザンベジア会社　234, 272
　ニアサ特許会社　234
　モザンビーク会社　234–5, 268, 272
モルガン　132
モルガン商会　127, 203

【ヤ行】

有色人労働者健康法（Coloured Labours' Health Ordinance）　269
United Concession Co　154–5, 157

【ラ行】

ラッシャー　279
ラッシング　279
ラッド・コンセッション　152–4
Rand Native Labour Association (RNLA)　34–5, 37, 219, 221–2
ラントの（1922年の）反乱　10, 58, 301–2, 307, 314
Randfontein Estates　50, 93, 266–7
ラントフォンテイン鉱山グループ　238, 251, 229–62, 266–7, 275, 289
Rand Refinery社　69, 191

Rio Tinto社　161
利潤再投資　114–5
利潤の費用化　110–1

「連結支配体制」　143, 147, 159–60, 191

労働請負人　215, 241, 250, 259–61, 265, 272
労働過程再編成　16, 56–8, 61
労働組合連合（Federation of Trades）　291
労働者勧誘員　215–6, 218, 271
労働地区（鉱業地区）　33, 216–7, 225
労働力再編成　305, 307
ロシア革命　300
ローデシア原住民局　272
露頭鉱山　21, 23, 36, 78, 95, 97, 250

―――の開発費　23
ロビンスン・シンジケート　20
ロンドン宛て手形　183
ロンドン金市場　129, 179, 182-3, 189, 194, 201, 206
ロンドン資本市場　191

主要人名索引

(明朝体で表記した人名は,南アフリカ鉱業の経営・金融・政策などに直接・間接に関わった人物であり,ゴシック体で表記した人名は,研究者・著者である。)

【ア行】

アバコーン公爵 (Abercorn, Duke of) 154-6, 159
アーバスノット (Arbuthnot, W. R.) 18, 122, 146, 152
天野紳一郎 8
荒井政治 76
アリ,ラッセル (Ally, Russel) 129, 178, 184, 202, 204-5
アルビュ兄弟 19, 120, 137
アルビュ,ジョージ (Albu, George) 35, 133, 138, 149, 195, 198
アルビュ,レオポルド (Albu, Leopord) 138

生川榮治 7, 9, 130, 141-142, 147, 149, 157, 159-160, 190-1
市川承八郎 36
井上巽 130, 190-3
イングリッシュ (English, F. A.) 91, 137-8
イングリッシュ (English, R.) 137-8

ヴィリアーズ (Villiers, C. W.) 261
ウイリアムズ,ガードナー (Williams, Gardner) 165
ウイルスン (Wilson, A. E.) 237-8, 248, 253
ヴィルヘルム2世 (Wilhelm II) 2
ウェルナー,ジュリアス (Wernher, Jurius Charles) 19, 22, 48, 52-53, 124, 127, 133-6, 138, 147-9, 152, 154, 196, 207

エックシュタイン,フリードリッヒ (Eckstein, Friedrich Gustav Jonathan) 52, 124, 196

エックシュタイン,ヘルマン (Eckstein, Hermann Ludwig) 22, 52, 136, 156
エバンズ,サミュエル (Evans, Samuel) 116-7
エルギン (Elgin, Lord) 236, 238
エルランガー男爵 (d'Erlanger, Baron of, Emile Beaumont) 157, 161

オッペンハイマー,アーネスト (Oppenheimer, Ernest) 127
大西威人 39

【カ行】

カッセル,アーネスト (Cassel, Ernest) 24-25, 49-50, 116, 145, 149, 164, 207
カーティス,ヨゼフ (Curtis, Joseph Story) 23
カートライト (Cartwright, A.P.) 22
カリー,ドナード (Currie, Donard) 148, 152
ガルブレイス,ジョン (Galbraith, John) 158
カン (Kann, R.) 19, 24, 150

キッチナー (Kitchener, Horatio Herbert) 207
木畑洋一 236
キャンベル=バナマン,ヘンリー (Campbell-Bannerman, Henry) 235-6
キュビセック,ロバート (Kubicek, Robert V.) 49, 94, 117, 123, 146

クラマン,ルドルフ (Krahmann, Rudolf) 74
クリムク,ヨゼフ (Klimke, Joseph Adolf) 280-5

グレイ，アルバート（Grey, Albert） 154, 156, 159
グレイアム，マイケル（Graham, Michael Richard） 111
グレゴリー，セオドア（Gregory, Theodore） 100, 104, 109
クレスウェル，フレデリック（Creswell, Frederick Hugh Page） 41, 242-3, 270, 310
クルーガー，ポール（Kruger, S.J.Paul） 2, 30, 35, 195-8, 206

ケッペル=ジョーンズ，アーサー（Keppel-Jones, Arthur） 20, 155
ゲミル，ウイリアム（Gemmill, William） 309
ゲルツ，アドルフ（Goerz, Adolph） 35, 121, 133, 149, 195, 198

小池賢治 8, 77, 104, 111
ゴーシェン，ジョージ（Goshen, George Joachim） 180
コーストン，ジョージ（Cawston, George） 152-157
コッツェ（Kotze, R.N.） 308
ゴールドマン（Goldmann, C.S.） 137-138, 196
ゴールドマン（Goldmann, S.） 137-8

【サ行】

ジェイムスン，リアンダー・スター（Jameson, Leander Starr） 35-6, 153-4, 156
ジェニングズ，ヘネン（Jennings, Hennen C. E.） 24, 151, 243
ジフォード，モーリス（Giffford, Maurice） 152-6
ジューベルト，クリスチャン（Joubert, Christian Jacobus） 281
ジョウル，ソリー（Joel, Solomon (Solly) Barnato） 48, 137-8, 149

スタッブズ（Stubbs, E.） 273
スマッツ，ジャン（Smuts, Jan Christian） 236, 240, 242, 254, 256, 278, 291, 308, 310
スミス，イアン（Smith, Iain R.） 196-197, 199, 202, 207

スミス，ハミルトン（Smith, Hamilton） 24, 150-151, 163-8
スミス（Smith, W.） 309

セルボーン，ウイリアム（Selborne, William Waldegrave Palmer） 236, 238

【タ行】

ダウアー，エドワード（Dower, Edward） 241, 251
谷口栄一 36
ターバト，パーシィ（Tarbutt, Percy） 23, 26, 79, 121
タベラー（Taberer, H.M.） 241, 249-53
タレル，ロバート（Turrell, Robert Vicat） 20, 129, 131, 150-1, 160, 162-5, 169-73, 193, 202, 204, 208

チェックランド（Checkland, S. G.） 208
チェンバレン，ヨゼフ（Chamberlain, Joseph） 36, 140, 199-200, 206, 224, 235
チャーチル，ウィンストン（Churchill, Winston Leonard Spencer） 236
チャップマン，スタンリー（Chapman, Stanley） 125, 129, 160-2, 177
チャプリン，ドラモンド（Chaplin, Francis Drummond Percy） 273
チャルマーズ（Chalmers, J.A.） 23

デイヴィス，ヘルバート（Davies, Herbert .E. M.） 26, 79, 121-2
デイヴィス，リチャード（Davis, Richard） 208
テイラー，ジェイムズ（Tailor, James Benjamin） 22, 173

ド-クレイノー，エドマンド（de Crano, Edmund） 24, 151, 163-7
ド-セコ，マルチェロ（de Cecco, Marcello） 200
トラピド，スタンリー（Trapido, Stanley） 131, 199-206

主要人名索引　329

【ナ行】

ノイマン，シジスマンド（Neumannn, Sigismund）24-25, 133, 136-8, 145, 149-50, 154, 173

ノイマン，ルードヴィッヒ（Neumannn, Ludwig）124

【ハ行】

バイト，アルフレッド（Beit, Alfred）7, 19, 20, 22-3, 25-6, 35-6, 48, 51-2, 127, 133-8, 141, 145, 147-58, 196, 199, 207

バイト，オット（Beit, Otto John）124

バイリス，ローリンスン（Bayliss, Rawlinson）168

パーキンス，ヘンリー，クリーブランド（Perkins, Henry Cleveland）24, 151, 166, 173

バックル，ハリー（Buckle, Harry Osborne）264-5, 309

ハッチ，フレデリック（Hatch, Frederick,H.）23

バートン，ヘンリー（Burton, Henry）270

ハナウ，カール（Hanau, Carl）24-25, 150

バーナト，バーニィ（Barnato, Barnett Isacs (Barney)）20, 45, 126, 133-5, 147, 149, 156

ハミルトン（Hamilton, J. G.）261

ハモンド，ジョン・ヘイズ（Hammond, John Hays）25

ハリス（Harris, Lord, George Robert Canning）121, 159

ヒンリックセン（Hinrichsen, R.）150

ファイフェ公爵（Fife, Duke of, Alexander Duff）154-6, 164

ファークワ（Farquhar, Horace Brand T.）49-50, 124, 154-6, 164, 168

ファラー兄弟　137

ファラー，シドニー（Farrar, Sidney Howard）137-8

ファラー，ジョージ（Farrar, George Herbert）27, 35, 41, 94, 133-135, 137-8, 260

ファン-ヘルテン（Van Helten, Jean Jacques）49, 116-7, 129-31, 150, 160, 162-5, 169-73, 178-89, 193-4, 201-6

ファン-リーベック（Van Riebeeck, J.）5

フィッツパトリック，ジェイムズ（Fitzpatrick, James Percy）127, 196, 207

フィリップス，ハロルド（Phillips, Francis Rudoph）109

フィリップス，ライオネル（Phillps, Harold Lionel）22-3, 35, 124, 136-18, 194, 196, 199, 260

フィリップスン゠ストウ，フレデリック（Philipson-Stow, Frederic）147-8

フォレスト，ウイリアム（Forrest, William）22

フォレスト，ロバート（Forrest, Robert）22

ブッシャウ（Busschau, W. J.）111

ブライトメイヤー，ルードヴィッヒ（Breitmeyer, Ludwig）49, 124

ブライヒレーダー（Bleichroeder, S.）79, 119

フランケル，ヘルバート（Frankel, S. Herbert）2, 87-8, 113, 116

プリチャード（Pritchard, S. M.）252-3, 264

フリッカー，ロバート（Fricker, Robert George）250

フリードランダー，エルネスト（Friedlander, Ernest）167

ブレイニー，ジオフレイ（Blainey, Geoffrey）36, 45

フレンチ（French, A.）295

ベアリング゠グールド（Baring-Gould, F.）147-8

ベイリー，アベ（Bailey, Abraham (Abe)）24-5, 134-5, 145, 149-50

ヘルツォーグ（Hertzog, James Barrry Munik）278, 310

ポージェ，ジュレ（Porges, Jules）18-9, 49, 173

ボータ，ルイス（Botha, Louis）236, 240, 242, 254, 256, 291, 310

ポーター（Porter, A.）202, 205

ホブスン，ジョン・アトキンスン（Hobson, John Atkinson） 7, 36, 130-3, 135, 137, 140-1, 158-60, 162, 194-99, 209
ホルムズ（Holmes, G. G.） 238-9

【マ行】

マウンド，ジョン（Maund, John Oakley） 153, 156
マギール，ロックフォート（Maguire, Rochfort） 137-8, 153-4, 156, 168
マークス，シュラ（Marks, Shula） 129, 131, 199-201, 203-6, 208
マッカーサー，ジョン（MacArthur, John S.） 22
マーティン，ジョン（Martin, John） 77, 81, 94, 100, 104
マラン（Malan, F. S.） 308-9
マレー（Marais, J. S.） 194-7, 199

ミカエリス，マクシミリアン（Michaelis, Maximilian） 19, 124, 148
ミッチェル，ルイス（Michell, Lewis Lloyd） 137-8
峯陽一 7
ミルナー，アルフレッド（Milner, Alfred） 116, 126-7, 140, 197, 199-200, 204, 206-8, 222-8, 231, 234, 236, 285

メイヤー，カール（Meyer, Carl） 49, 137-8, 141, 148, 164

モスタート（Mostert, A. M.） 249-50, 266-7
モーゼンタール，ハリー（Mosenthal, Harry） 148, 150, 164, 168
モルガン（Morgan, J. P.） 132

【ヤ行】

ヤッフェ（Jaffe, E.） 177
山田秀雄 7, 36

【ラ行】

ラッド，チャールズ（Rudd, Charles Dunell） 7, 18-20, 26, 79, 121-2, 132-5, 141, 146, 149-58, 192
ラッド，トーマス（Rudd, Thomas） 18, 121, 146, 153-5

ルーベ，チャールズ（Rube, Charles Edward） 19, 49, 124, 136, 138
ルーメイ（Le May, G. H. L.） 195-7, 199
ルーリオ，ジョージ（Rouliot, Georges） 52, 124, 196

レイアースバック，ルイ（Reyersback, Louis Julius） 124, 137-8
レーベルストーク（Revelstoke, John Baring） 164, 207

ローズ，セシル（Rhodes, Cecil John） 18-20, 24-5, 35-6, 51, 79, 121-2, 125-6, 129, 132-6, 141-59, 162, 164-5, 191, 193, 196, -197, 207, 255
ロスチャイルド（Rothschild） 20, 24-5, 40-1, 116, 125-36, 141, 143, 145-6, 148-53, 155, 157-68, 171, 173, 177-8, 183, 188-94, 207, 209
ロスチャイルド，アルフレッド（Rothschild, Alfred） 24, 121, 164
ロスチャイルド兄弟 122, 163, 176, 207
ロスチャイルド，ナサニエル・メイヤー（Rothschild, Nathaniel Mayer） 24, 49, 121, 124, 148, 153-6, 164, 204
ロスチャイルド，レオポルド（Rothschild, Leopord de） 24, 121-2, 124, 164
ロッホ（Loch, Lord） 199
ロビンスン，ヘルクレス（Robinson, Hercules） 152-4
ロビンスン，ヨゼフ（Robinson, Joseph Benjamin） 20, 35, 50, 80, 94, 133-5, 142, 144, 149, 193, 218, 237-9, 266
ロベングラ（Lobengula） 152-3

【ワ行】

ワラース，エブリン（Wallers, Evelyn Ashley） 295

本書を執筆する際に参照・使用した文献目録

I. 外国語文献

1. 原資料
Company Registration Office (Cardiff) : List of Shareholders of the Central Mining and Investment Corporation, Ltd. (File No. 84511.)
Company Registration Office (Cardiff) : List of Shareholders of the Consolidated Gold Fields of South Africa, Ltd. (File No. 36936.)
Rhodes House Library : List of Major Shareholders of the De Beers Consolidated Mines, Ltd. (Rhodes Papers, C 7 B De Beers.)

2. 年鑑, 雑誌, 年次報告書
Chamber of Mines, *Annual Report*.
Fortune.
Mining Manual and Mining Year Book.
Official Year Book of the Union of South Africa and of Basutoland, Bechuanaland Protectorate, and Swaziland.
South African Mining Journal
South African Mining Manual.
Stock Exchange Official Intelligence.
The Economist.
The Mineral Industry.
The South African Mining and Engineering Journal.
The Statist.
The Statist's Mines of Africa

3. 書物, 論文
Allen, V. L., *The History of Black Mine Workers in South Africa, Vol. 1 : The Techniques of Resistance 1871–1948*, West Yorkshire, The Moor Press, 1992.
Ally, R., 'War and Gold : The Bank of England, the London Gold Market and South Africa's Gold, 1914–1919', *Journal of Southern African Studies*', Vol. 17, No. 2 (June 1991).
Ally, R., *Gold and Empire : the Bank of England and South African Gold Producers, 1886–1926*, Johannesburg, Witwatersrand University Press, 1994.
Atmore, A., and S. Marks, 'The Imperial Factor in South Africa in the Nineteenth Century : Towards a Reassessment', in *European Imperialism and the Partition of Africa*, ed. by E. F. Penrose, London, Frank Cass, 1975.
Avery, D., *Not on Queen Victoria's Birthday : The Story of the Rio Tinto Mines*, London, Collins, 1974.
Blainey, G., 'Lost Causes of the Jameson Raid', *The Economic History Review*, sec. ser., Vol. 18 (1965).
Bundy, C., *The Rise and Fall of South African Peasantry*, London, Heinemanm, 1979.

Burk, K., *Morgan Grennfell 1838-1988 : The Biography of a Merchant Bank*, Oxford University Press, 1989.
Busschau, W. J., *The Theory of Gold Supply*, London, Oxford University Press, 1936.
Cartwright, A. P., *The Gold Miners*, Cape Town, Purnell, 1962.
Cartwright, A. P., *The Corner House : The Early History of Johannesburg*, Cape Town, Purnell, 1965, p. 5.
Cartwright, A. P., *Gold Paved the Way : The Story of the Gold Fields Group of Compaies*, London, Macmillan, 1967.
Cartwright, A. P., *Golden Age : The Study of the Industrialization of South Africa and the Part Played in it by the Corner House Group of Companies*, Cape Town, Purnell, 1968.
Chapman, S. D., *The Rise of Merchant Banking*, London and Sydney , George Allen & Unwin, 1984. (布目真生・荻原登訳『マーチャント・バンキングの興隆』有斐閣、昭和62年。)
Chapman, S. D., 'British Based Investment Groups before 1914', *The Economic History Review*, sec. sers,., Vol. 38, No. 2 (March 1985).
Chapman, S. D., 'Rhodes and the City of London : Another View of Imperialism', *The Historical Journal*, Vol. 28, No. 3 (1985).
Checkland, S. G., 'The Mind of the City 1870–1914', *Oxford Economic Papers*, new ser., Vol. 9, No. 3 (October 1957).
Chilvers, H. A., *The Story of De Beers*, London, Cassell and Co., 1939.
Crush J., A. Jeeves and D. Yudelman, *South Africa's Labor Empire : A History of Black Migrancy to the Gold Mines*, Boulder, Westview Press, 1991.
Davies, R., 'Mining Capital, the State and Unskilled White Workers in South Africa', *Journal of Southern African Studies*, Vol. 3, No. 1 (October 1976).
Davis, R., *The English Rothschilds*, Chapel Hill, The University of North Carolina Press, 1983. de Cecco, M., *Money and Empire : The International Gold Standard, 1890–1914*, Oxford, Basil Blackwell, 1974.
Denoon, D. J. N., 'Labour Crisis in Transvaal', *Journal of African History*, Vol. 7, No. 3 (1967).
Denoon, D. J. N., ' "Capitalist Influence" and the Transvaal Government during the Crown Colony Period, 1900–1906', *The Historical Journal*, Vol. 11, No. 2 (1968).
Evans, j. E. (British vice-counsul at Johannesburg), *Report of the Trade, Commerce, and Gold Mining Industry of the South African Republic for the Year 1897* (C 9093), (1898), Irish University Press Series of British Parliamentary Papers, Colonies Africa 43.
Frankel, S. H., *Capital Investment in Africa : Its Course and Effects*, London, Oxford University Press, 1938.
Frankel, S. H., *Investment and the Return to the Equity Capital in the South African Gold Mining Industry 1887–1965 : An International Comparison*, Oxford, Basil Blackwell, 1967.
Fraser, M., and A. Jeeves, *All That Glittered : Selected Correspondence of Lionel Phllips 1890–1924*, Cape Town, Oxford University Press, 1977.
Galbraith, J. S., 'The British South Africa Company and the Jameson Raid', The *Journal of British Studies*, Vol. 10 (1970).
Galbraith, J. S., *Crown and Charter : The Early Years of the British South Africa Company*, Berkeley, University of California., 1974.
Goldmann, C. S., *South African Miners : Their Position, Results, & Development ; Together with an Account of Diamond, Land, Finance, and Kindred Concerns*, Vol. 1, London, Effingham, 1895.
Graham, M. R., *The Gold-Mining Finance System in South Africa, with Special Reference to the Financing and Development of the Orange Free State Goldfield up to 1960*, 1964, unpublished

Ph. D. Thesis (University of London).

Green, T., *The New World of Gold : The Inside Story of the Mines, Markets, the Politics, the Investors*, London' Weidenfeld and NicoIson, 1982.

Gregory, T., *Ernest Oppenheimer and the Economic Development of Southern Africa*, Cape Town, Oxford University Press, 1962

Harvey, C. H., *The Rio Tinto Company : An Economic History of a Leading International Mining Concern*, 1873–1954, Cornwall, Alison Hodge, 1981.

Hatch, F. H., and J. A. Chalmers, *The Gold Mines of the Rand*, London, Macmillan and Co, 1895.

Herbertson, A. J., and O.J. R. Howarth, *The Oxford Survey of the British Empire : Africa*, Oxford, Clarendon Prees, 1914.

Hobson, J. A., 'Free Trade and Foreign Policy', *The Contemporary Review*, Vol. 74 (1898).

Hobson, J. A., 'Imperialism and Capitalism in South Africa', *The Contemporary Review*, Vol. 77 (January 1900).

Hobson, J. A., *The War in South Africa : Its Causes and Effects*, London, Macmillan, 1900.

Hobson, J. A., *The Psychology of Jingoism*, London, G. Richard, 1901.

Hobson, J. A., *Imperialism : A Study*, London, George Allen & Unwin, (1902), Sixth Edition, 1961, p. 59. (矢内原忠雄・川田侃訳『帝国主義論』上下，岩波文庫。)

Hobson, J. A., *The Evolution of Modern Capitalism : . A Study of Machine Production*, New and Revised Edition, London, The Water Scott Publishing, 1906.

Houghton, D. H. and J. Dagut, *Source Material on the South African Economy 1860 ~ 1970, Vol. II, 1899 ~ 1919*, Lonfon, Oxford University Press, 1972.

Innes, D., *Anglo American and the Rise of Modern South Africa*, London, Heinemann Educational Books Ltd, 1984.

Jaffe, E., *Das Englishes Bankwesen*, 2 Affl., Leipzig, Duncker und Humblot, 1910.

Jeeves, A., 'The Control of Migratory Labour on the South African Gold Mines in the Era of Kruger and Milner', *Journal of Southern African Studies*, Vol. 2, No. 1 (Oct. 1975).

Jeeves, A. H., *Migrant Labour in South Africa's Mining Economy : The Struggle for the Gold Mines' Labour Supply 1890–1920*, Kingston and Montreal, McGill-Queen's Unversity Press, 1985.

Jessup, E., *Ernest Oppenheimer : A Study in Power*, London, Rex Collings, 1979.

Johnstone, F. A., *Class, Race and Gold : A Study of Class Relations and Racial Discrimination in South Africa*, London, Routledge and Paul, 1976.

Katz, E. N., 'White Workers' Grievances and the Industrlal Colour Bar, 1902–1913', *The South African Journal of Economics*, Vol. 3, No. 2 (1974).

Katz, E. N., 'Miners by Default : Afrikaners and the Gold Mining Industry before Union', *South African Journal of Economic History*, Vol. 6, No. 1 (March 1990).

Katz, E.N., 'Outcrop and Deep Level Mining in South Africa before the Anglo-Boer War : Reexamining the Blainey Thesis ', *Economic History Review*, Vol. .XLIII, No. 2 (1995).

Katz, E.N., 'The Underground Route to Mining : Afrikaners and the Witwatersrand Gold Mining Industry', *Journal of African History*, No. 36 (1995).

Katz, E.N., 'Revisiting the Origins of the Industrial Colour Bar in the Witwatersrand Gold Mining Industry', *Journal of Southern African Studies*, Vol. 25, No. 1 (March 1999).

Katzen, L., *Gold and the South African Economy : The Influence of the Goldminig Industry on Business Cycles and Economic Growth in South Africa 1886–1961*, Cape Town, A. A. Balkema, 1964.

Katzenellenbogen, S. E., *South Africa and Southern Mozambique : Labour, Railways and Trade in the Making of a Relationship*, Manchester, Manchester Unversity Press, 1982.

Keppel Johns, A., *Rhodes and Rhodesia : The White Conquest of Zimbabwe 1884–1902*, Kingston and Montreal, McGilll-Queens University Press, 1983.

Kubicek, R. V., 'The Randlords in 1895 : A Reassessment', *The Journal of British Studies*, Vol. 11 (1972).

Kubicek, R. V., *Economic Imperialism in Theory and Practice : The Case of South African Gold Mining Finance 1886-1914*, Durham, Duke University Press, 1979.

Lanning, G. and M. Mueller, *Africa Undermined ; A History of the Mining Companies and the Underdevelopment of Africa*, Penguin Book, 1979.

Le May, G. H. L., *British Supremacy in South Africa 1899-1907*, Oxford, Clarendon Press, 1965.

Letcher, O., *The Gold Mines of Southern Africa : The History, Technology and Statistcs of the Gold Industry*, (1936), reprint, New York, Arno Press, 1974, p. 80.

Levy, N., *The Foundations of the South African Cheap Labour System*, London, Routledge & Kegan Paul, 1982.

Lunn, J., 'The Political Economy of Primary Railway Construction in the Rhodesia, 1891-1911', *Journal of African History*, Vol. 33 (1992).

Marais, J. S., *The Fall of the Kruger Republic*, Oxford, Clarendon Press, 1961.

Marks, S. and S. Trapido, 'Lord Milner and the South African State', in *Working Papers in Southern African Studies*, Vol. 2, Johannesburug, Ravan Press, 1981.

Marks, S., 'Review Article : Scrambling for South Africa', *Journal of African History*, No. 23 (1982).

Marks, S., 'Southern and Central Africa', in *The Cambridge History of Africa, Vol. 6, From 1870 to 1905*, ed. by J. D. Fage and R. Oliver, London, Cambridge University Press, 1985.

Marks, S. and S. Trapido, 'Lord Milner and the South African State Reconsidered', in *Imperialism, the State and the Third World*, ed., by Michael Twaddle, London, British Academic Press, 1992.

Martin, J., 'Group Administration in the Gold Mining Industry of the Witwatersrand', *The Economic Journal*, Vol. 34, No. 56 (Dec. 1929),

Mawby, A. A., 'Capital, Government and Politics in the Transvaal, 1900-1907 : A Revision and A Reversion', Vol. 17. No. 2 (1974).

Mendelsohn, R., 'Blainey and the Jameson Raid : The Debate Renewed', *Journal of Southern African Studies*, Vol, 6. No. 2 (April 1980).

Newbury, C., 'Out of the Pit : The Capital Accumulation of Cecil Rhodes', *The Journal of Imperial and Commonwealth History*, Vol. 10, No, 1 (Oct. 1981).

Pakenham, T., *The Boer War*, New York, Random House, 1979.

Phimister, I. R., 'Rhodes, Rhodesia, and the Rand', *Journal of Southern African Studies*, Vol. 1, No. 1 (1974).

Porter, A., 'The South African War : Context and Motive Reconsidered', *Journal of African History*, No. 31 (1990).

Porter, B., *Critics of Empire : British Radical Attitude to Colonialism in Africa 1895-1914*, London, Macmillan, 1968.

Rathbone, E. P., 'Some Economic Features in Connexion with Mining on the Witwatersrand Goldfields, South African Republic', *Transactions of Institute of Mining and Metallurgy, 1896-97*, Vol. 5.

Rhodes, C. J., 'Letter to the Secretaries of the De Beers Consolidated Mines', Rhodes Papers 7 B De Beers Consolidated Mine 1897-99 (Rhodes House Library). (佐伯尤訳「セシル・ローズの De Beers Consolidated Mines 社秘書への手紙（1899年4月19日）」『経済系』第163集（1990年4月）。

Richardson, P., *Chinese Mine Labour in the Transvaal*, London, The Macmillan Press, 1982.

Richardson, P., 'Chinese Indentured Labour in tbe Transvaal', in *Indentured Labour in the British Empire 1834-1920*, 1984, edited by K. Saunders, London, Croom Helm, 1984.

Richardson, P. and J. J. Van-Helten, 'The Gold Mining Industry in the Transvaal 1886-99', in *The

South African War : The Anglo-Boer War 1899–1902, Essex, Longman, 1980, edited by P. Warwick.

Richardson, P. and J. J. Van-Helten, 'The Development of the South African Gold-Mining Industry, 1895–1918', *The Economic History Review*, sec. sers,., Vol. 37, No. 3 (August 1984).

Royal Institute of International Affairs, *The Problem of Intenational Investment*, (1937), new impression, London, Frank Cass & Co., 1965.

Sacks, B., *South Africa : An Imperial Dilemma ; Non-Europeans and British Nation 1902–1914*, Albuquerque, U, S. A., The University of New Mexico Press, 1967.

Saunders, C., *Historical Dictionary of South Africa*, Metuen, N. J., and London, The Scarecrow Press, Inc., 1983.

Schmitz, C. J., *World Non-Ferrous Metal Production and Prices 1700–1976*, Sussex, R. J. Ackford Ltd.,1979.

Smith, I. R., *The Origins of the South African War 1899–1902*, London, Longman, 1996.

The Consolidated Gold Fields of South Africa, Ltd., *The Gold Fields 1887–1937*, London, The Consolidated Gold Fields of South Africa, Ltd., 1937.

Thompson, L., *A History of South Africa*, New Haven and London, Yale University Press, 1990. (宮本正興・吉国恒雄・峯陽一訳『南アフリカの歴史』明石書店，1995年。)

Thoms, J. C., 'Gold Mining Taxation in South Africa', *Optima*, Vol. 4, No. 2 (June 1954).

Turrell, R., 'Rhodes, De Beers, and Monopoly', *The Journal of Imperial and Commonwealth History*, Vol. 1, No. 1 (1982).

Turrell, R., 'Sir Frederic Philipson Stow : The Unknown Diamond Magnate', in *Speculators and Patriots : Essays in Business Biography*, ed., by R. P. T. Davenport-Hines, London, Frank Cass, 1986.

Turrell, R. V., with J. J. Van-Helten, 'The Rothschilds, The Exploration Company and Mining Finance', *Business History*, No. 38 (1986).

Turrell, R.V., 'Review Article : "Finance⋯The Governor of the Imperial Engine" : Hobson and the Case of Rothschild and Rhodes', *Journal of Southern African Studies*', Vol. 13, No. 3 (April 1987).

Union of South Africa, *Report of the Witwatersrand Mine Native's Wage Commission of the Remuneration and Conditions of Employment of Nateves on Witwatersrand of Gold Mines and Regulation and Conditions of Employment of Natives at Transvaal Undertakings of Victoria Falls and Transvaal Power Company, Limited 1943, 1944*

Van der Horst, S. T., *Native Labour in South Africa*, London, Oxford University Press, 1971.

Van-Helten, J. J., 'German Capital, the Netherlands Railway Company and the Political Economy of the Transvaal 1886–1900', *Journal of African History*, Vol. 19, No. 3 (1978).

Van-Helten, J. J., *British and European Economic Investment in the Transvaal with Specific Reference to the Witwatersrand Gold Fields and District, 1886–1910*, unpublisbed Ph. D. Thesis (The University of London), 1981.

Van-Helten, J. J., 'Empire and High Finance : South African and the International Gold Standard 1890–1914', Journal of African History, No. 23 (1982).

Van-Helten, J. J., 'La France et des Boers : Some Aspect French Investment in South Afrlca between 1890 and 1914', *African Affairs*, Vol. 84, No. 335 (April 1985).

Wilson, F., *Labour in the South African Gold Mines, 1911–1969*, Cambridge, Cambridge University Press, 1972.

Yudelman, D., *The Emergence of Modern South Africa ; State, Capital and the Incorporation of the Organized Labor on the South African Gold Fields, 1902–1939*, Connecticut and London, Westport, 1983.

Ⅱ. 邦語文献

天野紳一郎『金の研究：貨幣論批判序説』弘文堂，1960年。
荒井政治「イギリスと植民地」，社会経済史学会編『社会経済史学の課題と展望』（社会経済史学会創立50周年記念）有斐閣，1984年所収。
生川榮治『イギリス金融資本の成立』有斐閣，1956年。
市川承八郎「ジエイムソン侵入事件とラント金山二大会社」『史林』第3巻第2号，1970年。
市川承八郎「帝国植民省とジェイムソン侵入事件」『史林』第54巻第1号（1971年）。
市川承八郎『イギリス帝国主義と南アフリカ』晃洋社，1982年。
井上巽「イギリスの南阿投資小論――ひとつの研究史再検討――」『商学討究』第38巻第3・4号（1988年3月）。
井上巽「第一次世界大戦前のイギリス中央銀行政策と金準備論争」『商学討究』第39巻第4号（1989年3月）。
井上巽「イギリス帝国経済の構造とポンド体制」，桑原莞爾・井上巽・伊藤昌太編『イギリス資本主義と帝国主義世界』九州大学出版会，1990年所収。
井上巽『金融と帝国――イギリス帝国経済史――』名古屋大学出版会，1995年。
大西威人「南アフリカ金鉱業と原住民労働――1903年『トランスヴァール労働委員会報告を中心に――」，杉原薫・玉井金五編『世界資本主義と非白人労働』（大阪市立大学経済学会・研究叢書13），1983年刊所収。
木畑洋一「『中国人奴隷』とイギリス政治――南アフリカへの中国人労働者導入をめぐって――」，油井大三郎・木畑洋一・伊藤定良・高田和夫・松野妙子『世紀転換期の世界――帝国主義支配の重層構造――』未来社，1989年所収。
小池賢治「鉱山商会と『グループ・システム』」『アジア経済』第23巻第7号（1982年）。
佐伯尤「現代南アの鉱業と巨大独占体」，林晃史編著『現代南部アフリカの経済構造』アジア経済研究所，1979年。
佐伯尤「南ア鉱業金融商会の再編成――（1），（2）」『経済系』第180，181集（1994年7月，10月）。
谷口栄一「アングロ＝ボーア戦争におけるランド鉱山金融会社の経済利害について」『経済と経済学』第37号（1976年2月）。
松野妙子「南アフリカ人種差別土地立法の起源――1913年の「土地法」についての一考察――」，油井大三郎・木畑洋一・伊藤定良・高田和夫・松野妙子『世紀転換期の世界――帝国主義支配の重層構造――』未来社，1989年所収。
峯陽一『南アフリカ：「虹の国」への歩み』岩波新書，1996年。
山田秀雄「ホブスン『帝国主義論』に関する覚書――financierの評価をめぐって――」『経済研究』第10巻第1号，1959年1月。
山田秀雄「イギリスにおける帝国主義論の生成」，内田義彦・小林昇・宮崎義一・宮崎犀一編『経済学史講座3：経済学の展開』有斐閣，1965年刊所収。
山田秀雄『イギリス植民地経済史』岩波書店，1971年。

著者紹介

佐伯　尤（さえき・もと）

1939年　愛媛県に生まれる
1964年　一橋大學社会学部卒業
1973年　一橋大學大学院社会学研究科博士課程中退
現在　　関東学院大学経済学部教授
専攻　　世界経済史, アフリカ経済

主要著書・論文

『アフリカ植民地における資本と労働』（共著：アジア経済研究所, 1975年）
『アフリカ植民地における資本と労働（続）』（共著：アジア経済研究所, 1976年）
『現代南部アフリカの経済構造』（共著：アジア経済研究所, 1979年）
「ザンビアの経済的自立の模索」(『経済系』第133集, 1982年10月)
「南アフリカにおける新金鉱地の発見と鉱業金融商会──1930年代～60年代(1), (2), (3)」(『経済系』第162集（1990年1月）, 第164集（1990年7月）, 第165集（1990年10月））
「南ア金鉱業の新展開──1930～70年──(1), (2), (3)」(『経済系』第178集（1994年1月）, 第193集（1997年10月）, 第198集（1999年1月））
「南ア鉱業金融商会の再編成──1940年～1975年──(1), (2), (3), (4), (5)」(『経済系』第180集（1994年7月）, 第181集（1994年10月）, 第182集（1995年1月）, 第190集（1997年1月）, 第192集（1997年7月））

南アフリカ金鉱業史
ラント金鉱発見から第二次世界大戦勃発まで　　　（検印廃止）

2003年4月10日　初版第1刷発行

著　者　佐　伯　　　尤
発行者　武　市　一　幸
発行所　株式会社　新　評　論

〒169-0051　東京都新宿区西早稲田3-16-28
http://www.shinhyoron.co.jp

電話　03（3202）7391番
FAX　03（3202）5832番
振替　00160-1-113487番

落丁・乱丁本はお取り替えします
定価はカバーに表示してあります

装丁　山田英春
印刷　新栄堂
製本　清水製本

©佐伯　尤　2003　　ISBN4-7948-0594-2　C3033
Printed in Japan

竹内幸雄	自由貿易主義と大英帝国 アフリカ分割の政治経済学	3800円
本多健吉	世界経済システムと南北関係	2400円
清水嘉治 石井伸一	新EU論──欧州社会経済の発展と展望	2400円
A・H・バー／ 樋口裕一・山口雅敏・冨田高嗣訳	アフリカのいのち──大地と人間の記憶 ／あるプール人の自叙伝	3800円
G・リシャール監修 藤野邦夫訳	移民の一万年史──人口移動・ 遙かなる民族の旅	3400円

表示価格はすべて消費税抜きの本体価格です。